U0161978

普 洱 茶 学

主　编　单治国　张春花
副主编　成文章　蒋智林

中国林业出版社

内容提要

本教材从普洱茶的形成与发展、普洱茶加工学、普洱茶鉴评与收藏学、普洱茶文学、茶与素质教育等方面对普洱茶做了精心梳理,有了这样一个梳理,茶就不再是一个单纯的饮料商品,人们可以通过品饮普洱茶,在闲适中潜移默化地、多角度地品味一种民族文化、民族心理和民族风情。

这本教材适合选修该门课程的大学生使用,同时也可满足喜欢普洱茶及其文化的人们了解普洱茶知识、普洱茶文化的需要。

图书在版编目(CIP)数据

普洱茶学/单治国,张春花主编. —北京:中国林业出版社,2019.12
ISBN 978-7-5219-0464-2

Ⅰ.①普… Ⅱ.①单… ②张… Ⅲ.①普洱茶—茶文化 Ⅳ.①TS971.21

中国版本图书馆CIP数据核字(2020)第021150号

中国林业出版社

策划编辑:熊盛明
责任编辑:张 佳 孙源璞
电 话:(010)83143561

出版发行 中国林业出版社(100009 北京市西城区德内大街刘海胡同7号)
        E-mail:thewaysedu@163.com 电话:(010)83143500

经 销 新华书店
印 刷 固安县京平诚乾印刷有限公司
版 次 2020年4月第1版
印 次 2020年4月第1次印刷
开 本 787mm×1092mm 1/16
印 张 18
字 数 404千字
定 价 54.00元

本教材得到国家林业和草原局院校教材建设办公室、中国林业教育学会等的大力支持。

本教材还得到以下项目资助：

云南省教育厅科学研究基金项目"普洱茶贮存陈化工艺与品质关系的研究（2018JS513）"。

普洱学院重点项目"冲泡条件对普洱茶中品质成分溶出规律的影响（K2018012）"。

云南省教育厅科学研究基金项目"普洱固态发酵的微生物宏转录组研究初探（K2017058）"。

云南省教育厅"农学专业普洱茶实验实习实训基地与加工技术创新服务中心"项目（项目批准文件：云高教2015—56号）。

普洱学院高层次人才科研启动项目"云南茶云纹叶枯病发生条件及病害对茶树相关成分的影响（K2015032）"。

云南省中青年学术与技术带头人后备人才项目（项目代码：2014HB027）。

普洱学院"普洱考烟草、茶叶科技创新研究团队（K2017047）"。

国家现代农业产业园创建项目：思茅区国家现代农业产业园（茶产业）建设项目-普洱创新创业（双创）平台项目（财农〔2017〕118号，项目代码：Z175070020002）。

思茅区茶与特色产业局科技项目：思茅区常规茶园转化有机茶园项目研究。

国土资源部"西南多样性区域土地优化配置与生态整治科技创新团队"开放基金项目"澜沧江流域茶叶景观格局变化及其生态环境效应"。

普洱市傅伯杰院士工作站项目（普科发〔2017〕31号）"景迈山茶园生态结构与功能研究"。

普洱学院生物安全与生物产业创新团队项目（CXTD005）。

普洱市科技局科技计划项目（2014kjxm01）。

编写委员会

序

《普洱茶学》这本教材历时一年有余终于编撰完成了,这对于宣传推广普洱茶、擦亮普洱茶金字招牌而言是一件可喜可贺的茶界盛事。

云南普洱茶源远流长,最早可溯及武王伐纣时期,其至唐朝时就有被转运和贸易的记载,南宋李石的《续博物志》记载:"西藩之用普茶,已自唐朝。"1993年4月,首届中国普洱茶国际学术研讨会暨首届中国普洱茶叶节在思茅隆重举办,从那以后,普洱茶的知名度越来越大,成了茶中翘楚。如今,普洱茶产业已成为云南区域性产业经济的重要支柱之一,普洱茶的声誉也早已远播海内外。

普洱茶不仅是"柴米油盐酱醋茶"的日常生活所需,更是"琴棋书画诗酒茶"的精神涵养载体,而精神教化内涵的传承和发展,要靠发展教育。教育是国家和民族强盛的法宝。基于此,这部教材的编写,是新时代发展中国特色社会主义经济和文化的一个积极举措,"普洱茶都"建设不仅要使古老的普洱茶广为天下知,还要进一步让世界了解普洱茶、认识普洱茶、品饮普洱茶、了解普洱茶深刻的文化内涵,就这一点来讲,《普洱茶学》的编写是及时、必要和实用的。

这本教材的问世,恰逢其时,恰逢其事。它将有助于普洱茶文化的快速普及和系统化推广,作为一种饮品,普洱茶需要注入文化的、历史的意蕴,以维护其源源不断的生命力,由此开创更加辉煌的普洱新时代,普洱茶在中华盛世必将携历史文化之雄风而通达天下。文化和历史底蕴使普洱茶拥有强大的生命力,《普洱茶学》恰恰可助力普洱茶发展一臂之力。

本教材从普洱茶的形成与发展、普洱茶加工学、普洱茶鉴评与收藏学、普洱茶文学、茶与素质教育等方面对普洱茶做了精心梳理,有了如此阐述,茶就不再是一个单纯的饮品,我们可以通过在文化历史的陶冶中真切地感知普洱茶,在闲适中从容不迫,如沐春风般品味一种民族文化、民族心理和民族风情。

普洱茶乡有民歌唱曰:"喝了普洱茶,脚下生风走天涯;喝了普洱茶,交得朋友遍天下。"由此可知,唱普洱是一种生活方式,也是一种人生意趣,这是一种自豪之意气,一种容纳天下的情怀,任山高路远,世间坎坷,走出去才能海阔天空,才能友谊遍天下。这部教材所要做的也正是将"一味普洱济苍生"的理念传至天涯海角。

"万茶归宗到普洱","普洱茶是喝茶人的最后一站",显然,在"人口普茶"时代浪潮中,"普洱茶都"普洱市的各族群众自身也提高了见识和境界,大家除了持续关注技艺与技术外,更加注重艺术、科技、道德、哲学、宗教等诸方面。茶事不仅仅只是随手抓一把、冲上白开、一喝了之的俗事,茶事活动更注重饮茶者在与人交往中的道德与礼仪,探寻普洱茶深厚的文化底蕴与内涵,在修身养性中追求个人的思想与精神的陶冶与升华。

《普洱茶学》为打造云南文化强省,发展云南地方特色文化和特色经济而添砖加瓦,我们要适应新时代新发展要求,针对经济和文化建设的实际需要,团结一致,统筹兼顾,不断完善教学内容,在教学实践中努力将普洱茶这一饮誉世界的名茶宣传和推介得更好。

普洱市是"茶之源,道之始",茶是普洱的根、普洱的魂、普洱的历史和记忆。在普洱市,茶是一种信仰。普洱学院根植于普洱大地,正在努力打造"地方离不了,业内都认可,国际能交流"的地方应用型本科院校和"国门大学"。宣传和推动普洱茶文化,我们责无旁贷,打造"爱上普洱"茶文化精品课程是我校的光荣使命。《普洱茶学》作为"爱上普洱"课程的配套教材,体现了我校发展茶学学科、普及普洱茶学知识的决心和诚意。

这本教材的每一章后面都有思考题,为的是检验学习效果,使学习者能够巩固和提高所学的知识与技能,望同学们加以重视,自觉做好习题,以便于加深理解,巩固学习成绩。

这本教材适合选修"爱上普洱"该门课程的大学生使用,同时也可满足喜欢普洱茶及其文化的人们了解普洱茶知识、普洱茶文化的需要。

成文章
2019 年秋于普洱

前　言

  茶,起源于中国,自神农氏最初发现和利用以来,在中国历史上已被饮用了几千年之久,伴随着中华民族的繁衍而生生不息。在漫长的历史发展过程中,种茶、采茶、制茶、饮茶以及与民族生活相融形成的茶礼茶俗已成为我国茶文化体系中的有机组成部分,蕴含着高度的艺术与文化价值。

  作为世界茶树的起源中心,云南具有丰富的茶文化资源,尤其是云南的普洱茶,可以说是茶叶大家族中最受青睐的佳茗之一,普洱茶是一个代表着历史与茶文化的名词,云南各少数民族的婚丧嫁娶都离不开普洱茶。"普洱"原本为哈尼语,"普"为寨,"洱"为水湾,"普洱"即指水湾寨,普洱茶就是指水湾寨周围茶山出产的优质茶叶。与其他茶类相比,普洱茶在种植、加工、品质、花色、品饮及保健功效等方面都具有诸多的独特性。

  普洱市是"世界茶源、中国茶城、普洱茶都",为了突出普洱茶产业的优势及特色,传播普洱茶文化及知识,普洱学院于2007年在学校中开设了"普洱茶文化学"课程,作为全校选修课开设。由于教学内容既突出普洱茶的文化性及思想性,又注重知识的深度、广度和实用性,因而形成了一门独具特色、富有创新性的茶学专业课。

  近年来,随着人们生活水平的不断提高,茶与健康的关系倍受人们关注。曾经创造过辉煌历史的普洱茶,在经历了百年沉寂之后,又得以兴起。普洱茶越来越受到人们的青睐,在市场经济、学术研究的影响下云南普洱茶的发展正处于一个战略机遇期。社会上希望了解、学习普洱茶知识的人也越来越多,为了满足专业教学及普洱茶知识宣传需要,在国家林业和草原局院校教材建设办公室、中国林业教育学会等的大力支持下,普洱学院组织相关教师编写完成了这本教材。

  各章节的主要编写者为:第一章成文章、单治国;第二章张春花、蒋智林;第三章单治国、陶忠、肖广;第四章张春花、舒梅、王娅玲;第五章单治国、强继业;第六章单治国、张春花;第七章单治国、郭振华、范星;第八章谭佳吉、何雪涓、李萍、王郁君;第九章张春花、单治国;第十章单治国、陈黎黎、张春花。

  本书不仅突出了普洱茶学的丰富内涵,重点介绍普洱茶的发展历史、加工特色、品鉴要领、民族习俗,同时,还总结了近年来团队成员在普洱茶化学成分、加工方式、保健功效等方面所取得的一些研究成果,旨在对广大普洱茶爱好者及消费者客观认识普洱茶有所帮助,并对带动普洱茶消费及促进普洱茶产业健康良性发展发挥积极的作用。

  本书是普洱学院"爱上普洱"课程教学团队集体智慧的结晶,倾注了编写者大量的心血,书中大量图片由许保超拍摄完成,部分插图由何竟晓完成,学生罗梓峻、赵志洁、杨淳霞、何宛玲、鲍学萍、俞鹏、龚敏、赵应涛、左涛、秦智慧、盘海艳、李灿香、刘艳涛、赵辉、赵媛、李永明、谢元松、杨新欢、廖宇豪和朱正等参加了书稿的整理和校对工作。在此,一并表示诚挚谢意。

由于编者水平所限,书中部分内容难免存在错误或不足之处,敬请读者批评指正。

编　者
2019 年 10 月

目　录

第一章　普洱茶的形成与发展

第一节　普洱茶历史发展

普洱茶是云南地区的一种经典的历史名茶,唐代樊绰《蛮书》记录了"散收无采造之法"的早期状态,明代时期的"蒸而成团",再到清代及其末期的芽茶、大团茶、饼茶、沱茶、茶膏等各种茶的形态,最终至现代采用纯人工发酵的方法实现了规模化生产,普洱茶可谓历经了上千年的发展与演变。清代时期阮福在《普洱茶记》中有言"普洱茶名遍天下。味最酽,京师尤重之",尤为重视地记载了普洱茶的辉煌历史。

一、普洱茶的种植历史

1. 认识茶树

茶树[*Camellia sinensis*(L.)O.Kuntze]隶属于山茶科(*Theaceae*)山茶属(*Camellia L.*),为多年生常绿木本植物,是中国重要的经济作物之一。茶树的起源地在西南地区,其栽培历程已有3000多年的历史,现已进入日本、印度等50多个国家,在全球范围内均属于一种重要的饮料作物。

1998年,植物分类学家张宏达教授将山茶科进行梳理与调整,证实山茶属茶组植物共有34个种(包括4个变种),除了南川茶(*C. nanchuanica*)等8个种以外,其余26个种在云南地区均有一定程度的分布。张宏达教授经多年研究,以充分的事实和证据把阿萨姆种改为普洱茶种,作为世界茶树原种,奠定了中国是世界茶树原产地的地位。

1983年建成的国家大叶茶树种质资源圃,位于云南勐海县,占地面积4.53公顷。2018年年底,已搜集了大量依据张宏达教授的茶组植物分类系统中的25个种,以及其他3个变种,珍贵的茶树资源材料共达2000多份。

2. 云南大叶种茶树的特性

大叶种(大叶茶)、小叶种(小叶茶)是一种辨别茶树品种叶片大小的简便方法,并不是划分茶树植物品种的一项标准指标,因此便不是划分"种"的方法。大叶种茶(图1-1),以 *C. assamica* 或 *C. sinensis var. assamica* 为主要代表品种;小叶种茶,以 *C. sinensis* 或 *C. sinensis var. sinensis* 为典型代表。普洱茶的适制原料是云南大叶种,云南大叶种茶树是山茶科、山茶属、茶种以 *C. assamica* 或 *C. sinensis var. assamica* 代表植物,由于云南独特的地理位置与环境条件为品种的栽培提供了良好的环境条件保障,因此所栽培的各个品种均具有独特性优势,受到了广泛关注与欢迎。

普洱茶[*Camellia sinensis var. assamica* (Masters) Kitamara],乔木或小乔木,植株高大,自然生长株高可达5米;树姿多直立或半直立,叶片呈水平或稍上斜状着生。嫩枝、叶背和叶柄被短茸毛,且宿存,无毛。叶片多变异,叶形有椭圆、长椭圆和卵圆等。叶大,长12~17厘米,少数超过20厘米,叶质薄软,叶脉显,叶尖渐尖或尾尖,芽叶黄绿色或绿色,多毛。花腋生或顶生,冠径2.5~4.5厘米,花瓣5~7枚,无毛,萼片3~6枚,长3~4毫米,外面无毛,少数有细毛。子房3室,密被茸毛,花柱下部有稀毛,顶端3裂,偶4裂。蒴果呈果球形或扁球形、三角形等,果皮厚2~3毫米,果片薄,中轴短。种子球形,种皮较光滑,

图1-1 云南大叶种茶成熟叶片

棕褐色,种径1.0~1.4厘米。该变种主要分布在华南、西南大叶红茶生产区。

二、普洱茶的发展历史及现状

(一)普洱茶的历史演变与发展

据相关考证,在元朝之前,云南的大部分地区处于一种管辖游离的状态,并不属于中央王朝管辖范围。在战国时期,秦始皇下达指令,要求人员打通连接宜宾至曲靖两地之间的"五尺栈道",从而将云南地区予以临时增至版图,历经约十年的时间,由于南夷一片混乱,发生战争,因此在汉初之时就已经关闭了巴蜀与云南之间的所有通道要塞,禁止一切人员流通;在《汉书·西南夷列传》一书中记录有"秦时尚破,略通五尺道,诸此国颇置吏焉。十余岁,秦灭。及汉兴,皆弃此国而关蜀故徼"。

在东汉三国年间,诸葛亮平定南中等地,深刻而久远地影响了云南的经济文化等各方面的发展,云南濮人才逐渐着手种植与使用茶叶,至此是巴蜀文化对云南发展影响的巅峰时期,为云南人民的种茶之路奠定了坚实的基础。

由晋至唐期间,中央政府并没有对云南地区设立治所、实施管理,此时巴蜀和江南茶叶均已经实现了突破性的发展,由最初的生晒羹饮演变至蒸青饼茶,但由于云南茶与中原主流茶的交流欠缺,导致其发展处于停滞状态。

唐初时期,有关人员集中全力管理经营云南等地,于公元733年,蒙舍蛮皮氏在与唐军的战争中大获全胜,便在此建立了一个独立的南诏王国,因此陆羽《茶经》中也并未将云南茶区纳入其中,仅有在此之前出使云南的唐使樊绰于咸通四年(863年)在《蛮书》一书中郑重记载道"茶出银生城界诸山,散收无采造法,蒙舍蛮以椒、姜、桂和烹而饮之"。根据《蛮书》记载可知"银生城界诸山"(主要指"六大茶山")的茶叶是亘古以来

就有的。人们对茶叶的认识、驯化、使用和人工种植是一个长期的历史发展过程,在三国时期就已经开始有了人工种植,至少在唐朝以前就已经为世人所普遍认识和使用,以茶易马已自唐时,只是当时没有"普洱"和"普洱茶"这一名称,更没有普洱府。其"银生城界诸山"就是银生节度使管辖的云南边界茶山。银生城是南诏时期茶叶集散地,南诏时期的"普洱"叫作"步日睑"。此时,已经有了"普洱茶"的大体产地,但无"普洱"和"普洱茶"的说法。

宋朝年间,段思平已经完全掌握了各项政权,并于云南地区建立起了一个大理国,从而与宋代版图相区别,严重阻碍了宋代中原地区龙团凤饼、斗茶之风等进入云南传播。唐宋时期是我国茶叶事业发展速度最快的时期,实现了突破性发展,至此"普洱茶"区归银生城统一管理,"普洱茶"处于一种"隔离于世"的背景下,缓慢地传播与发展,整体状况不佳。

南宋年间,大理国政权将南诏所设置的"步日睑"改为"步日部"。步日部先属威楚府(今楚雄),后归蒙舍镇(今巍山)管辖。此时中原南方的宋朝和北方的金朝连续几年发生战争,一片混乱,急需大量的战马,大理国便于"步日部"开设了以茶马交易为主营的市场,以茶叶换西藏之马,由于茶叶市场逐步扩大,使古茶山的茶叶种植得到了大力发展。这时,李石撰写的《续博物志》也只写了"茶出银生诸山,采无时,杂椒姜桂煮而饮之"。此时进一步肯定了"普洱茶"的产地和饮用方法,但也无"普洱茶"一说。

明朝开始在云南地区推出了一项"改土归流"政策,并且"洪武调卫"与屯兵制得以贯彻落实,大量的汉人迁移至云南等地,促进了中原文化在云南等地的传播发展,为云南茶叶由散收过渡至团饼茶的发展奠定了良好的基础。云南大叶种茶含有丰富的物质成分,滋味中带有强烈的苦涩之感,并不为人所喜爱,因此元、明中央政府并未对其予以高度重视,使其任处于一个自由发展的状态。元朝忽思慧编写的《饮膳正要》中有"西番茶,出本土,味苦涩,煎用酥油"的描述。明朝宋濂在《元史·茶课》一书中记载道:"西番大叶茶,建宁胯茶,亦无从知始末,故皆不著。"《明会典·茶课》言:"茶课数,云南银一十七两三钱一分四厘"。

元朝(1271—1368年),由于蒙古铁骑占领云南,实行蒙古贵族军事统治,又将宋代的"步日部"改为"普日",普日加设"普日思么甸司",归元江万户府(后改路节制),辖两甸及南方各地。这时的"普洱茶"得到食肉食乳的蒙古人的普遍青睐,并随蒙古人的征战开始北上向西进入俄国和欧洲,并被俄国作家写入《战争与和平》。

"普洱茶"交易日趋繁荣完善且固定下来。当时,李京撰写的《云南志略》的"诸夷风俗"一节,记有"交易五日一集,旦则夫人为市,日中男子为市,以毡布茶盐互相交易"。此时,仍无"普洱"和"普洱茶"的名称。

1. 普洱地名的出现

明洪武十四年(1381年),元江土酋那直委派其弟那崑占据"普日",两年后,也就是洪武十六年(1383年),才把"普日"改成"普耳",划为车里宣慰使司管辖,并把"普耳"称为"勐缅"。当时由于茶马互市与郑和(云南人)下西洋,使茶叶、丝绸、陶瓷的贸易大为繁荣,车里宣慰使司利用自然优越(气候、土壤、海拔都适合种植茶叶)的天然条件、历史上的古茶山资源条件(茶出银生城界诸山)和安定团结的社会条件,在中央政府的支持和市场需求的引导下有组织地发展大规模茶叶种植,为清朝"普洱茶"发展达到巅峰时期打下了坚实基础。嘉靖九年(1530年),钱春年著的《茶谱》请当时的茶人雇元庆删校,他在"普耳"的"耳"字旁加上了三点水,写成"普洱",把城边有水显现了出来,才正式出现了普洱地名。明万历四年(1576年),李元阳撰写的《云南通志》有了"车里之普洱,此处产茶"的记载。"普洱"地名才出现在史志书上,并肯定了其产茶。但此时还是没有"普洱茶"之说。(其"普洱"地名,一说为哈尼语"水湾寨"之意,一说是佤语"濮人兄弟"之意。)

2. 普洱茶名称的出现

明朝时期,车里宣慰使司除大规模发展种植茶叶外,还在其管理的北部边境交通要道重镇"普洱"设立了相当于现在的"边境贸易口岸",车里所产茶叶和其他物产在此交易(因为车里宣慰使司作为以傣族为主的少数民族自治王国,不允许汉人长期入境盘踞,而茶叶等地方物产又需要与汉藏商人进行交易),车里宣慰使司派了一名官员到普洱进行管理,有史书记载:"普洱地方售茶,车里一头目居之。"由于在普洱集散的茶叶"较他茶为盛",所以普洱茶市日趋繁荣。对于车里宣慰使司境内的少数民族来说,一方面其境内山山都有茶叶,一方面没有文字或多数不懂文字,更不会记录茶叶产自易武、倚邦或者是什么茶山,而普洱作为车里的"边境贸易口岸"有大量汉藏商人来此进行茶叶交易,于是从汉字记载上逐渐有了普洱茶的名称,从汉字上就有了普洱茶的记载。到了明万历末年(约1620年),在谢肇淛的《滇略》一书中,有言"士庶所用,皆普茶也,蒸而成团,瀹作草气,差胜饮水耳","普茶"才在史书中出现。这里的"普茶"就是"普洱茶"。由此看出,明嘉靖九年(1530年)出现"普洱"地名,到明万历末年(约1620年)出现"普(洱)茶",其间整整相隔90年的时间。明朝末年(1660年),方以智《物理小识》的"普雨茶蒸之成团,西番市之,最能化物,与六安同",又一次提出了"普雨茶"的名称,也提出了"普雨茶"的制法、销路和药用功效。这里所说的"普雨茶"也是"普洱茶"。同年间,李时珍著的《本草纲目》有了普洱茶"出云南普洱,通肠下泻,最能化物"的记载。这些书一出,一致将"普洱"与"普洱茶"名称固定了下来。而"普洱"地名的出现,到雍正七年(1729年)普洱府的成立,却整整相隔了199年。

普洱府是靠大规模改土归流建立起来的南部边境府。《嘉庆重修统一志》卷四百八十六就记述了成立普洱府前后的经过:"普洱府,……元大德中,置车里路军民总管府,领六。明洪武十四年(1381年)开滇,土酋那直率众来归,置车里宣慰使司,属元江府。后为那崀所据。本朝顺治十六年(1659年),平云南,编隶元江府。"

这时的普洱府所辖范围,据《普洱府志》"建制一"记载:"雍正七年(1729年)裁元江通判,以所属普洱等处六大茶山及橄榄坝江内六版纳地设普洱府,又设同知分驻攸乐,通判分驻思茅。其江外六版纳地仍属宣慰使司,岁纳粮银于攸乐。"当时,普洱府的建制只相当于今宁洱县、思茅区、勐腊县和景洪市澜沧江以东地区的勐罕(橄榄坝)、攸乐、大渡岗、普文、勐旺、景糯六个乡镇,江城县的整董,目前老挝的勐乌、乌得,比明朝时期车里宣慰使司的辖地还要小。普洱府对江外车里宣慰司实行羁縻管理,江外六版纳地宣慰使司,每年纳贡于攸乐同知。

雍正七年(1729年)云南总督于普洱茶区开设了一个贡茶场,并且禁止一切商民在此经商,设总茶店从而集中权力,加之官茶对民众的正常经营产生严重的影响,造成了茶山荒芜的凄惨景象。雍正十二年(1734年),专门为普洱茶区颁布了"禁压买官茶告谕"和"再禁办茶官弊徵"等通告,减少一部分贡茶数量,从而恢复原先的经商自由,至此普洱茶才予以传进京师,得到清朝宫廷等重要人员的关注,从而有效地带动了普洱茶的快速发展。

雍正十三年(1735年)移攸乐同知驻思茅,分车里、六顺、倚邦、易武、勐腊、勐遮、勐阿、勐龙、橄榄坝九土司及攸乐土目共八版纳地方隶思茅厅。光绪《普洱府志》就这样记述了这个时期思茅厅的建制情况:"思茅厅……东接宁洱,西接镇边,南接英界,北接宁洱。兼管车里宣慰使司及八版纳地,统六茶山蛮夷杂处,为边陲要地。"这时的普洱府近似于明朝时期车里宣慰使司的辖地。由此,南部边境的土司,包括车里宣慰使司在内,即由普洱府管辖。

直到乾隆三十五年(1770年),普洱府成立41年后,据《墨江县志》和《景谷县志》记载,元江、镇沅二府由府降为直隶州,他郎厅(今墨江)不符合州管辖,改隶属于普洱府;同年,威远厅(今景谷)抚夷清饷同知,也由镇沅府改隶属于普洱府。《普洱府志》"建制一"也记述了这一建制:"乾隆三十五年降元江、镇沅二府为直隶州,以元江通判分防之他郎,镇沅同知分防之威远并归府,辖领厅三县一。"由此,从乾隆三十五年(1770年)始,普洱府范围扩大至一县三厅一司。

在1780年,《清朝通典》一书中记载道"茶课,云南行引三千,额征银九百六十两",普洱茶的生产与发展达到了巅峰时期。清末时期,资本主义在我国进一步渗透与发展,普洱茶也得到了快速有效的发展。

从"普洱茶"的演进历程来看,云南地区的归属性质长期处于一种游离的状态,并不归属于中央政府统一管辖,正是以上原因严重阻碍了普洱茶区的茶叶正常发展与推进。随后,普洱茶区与中原文化之间的有效合作与交流,是促进普洱茶产业快速有效发展的主要因素。

(1)历史上的"普洱茶"——"普洱茶"以出产地和聚散地名命名。历史上的普洱茶,以聚散地名命名,主要是指原思普区(今思茅地区和西双版纳州)出产的以云南大叶种茶为原料制成的青毛茶,以及用青毛茶压制成各种规格的团茶,"紧团茶"也称元宝茶,是易武名茶,过去主销港澳及南洋一带。而销往康藏一带的茶叶称"边销茶"或"蛮装茶"。

在唐宋时期,中原、巴蜀地区茶已进入团饼茶的兴盛期,而"普洱茶"的加工尚为"茶出银生城界诸山,散收无采造法"(相对于团饼茶而言)。直到元朝以后,因"改土归流"政策的推行,团饼茶加工方法逐步传入普洱茶区。至元末明初,中原茶文化在明太祖的旨意下形成了团改散的巨大变革,而"普洱茶"的生产加工却因其主要消费群体为边疆少数民族和长距离运输的需要而得到更快发展。

"普洱茶"一词未曾在历史资料《蛮书》中出现,那么"普洱茶"这一名称究竟来自何处?现在的宁洱县在元朝时被称为"步日部",后来朝代更迭,进入明朝后,"步日部"被音译为普洱,再后来更名为"宁洱"。明朝万历年间,谢肇淛在《滇略》中提到"士庶所用,皆普茶也,蒸而成团,瀹作草气,差胜饮水耳",第一次提到了"普洱茶"这个茶名。

文章中用"蒸而成团"简单概括了"普洱茶"的制作方式,说明明朝时期云南的"普洱茶"由人工揉搓制成。

《滇略》一书简单提到普茶,但并没有具体说明普洱茶的产地,也未对普洱茶名称的由来进行阐述。后来清康熙年间章履成在《元江府志》首次提到"普洱茶,其来自于普洱山,茶味温和,味道奇香,与其他地方出产的茶叶完全不同",指明了普洱茶的产地,因为这种茶出产于普洱山,所以名为"普洱茶"。

那么普洱山位于何处呢?

清代师范《滇系·山川》曾提到过普洱山:"普洱府宁洱县有六座茶山,它们分布的位置有所不同,其中一座名为攸乐,东北二百二十里处有莽芝,二百六十里处有革登,三百四十里处有曼砖,三百六十五里处有倚邦,五百二十里处有曼洒。这些山高低错落,布满茶树……莽芝山上有巨大的茶王树,比这几座茶山上的任何茶树都大……"

清代师范《滇系·异产》记载:"普洱茶基本都产自六茶山,其中产自倚邦、蛮砖两座山的茶味道更胜一筹。"

雪渔《鸿泥杂志·卷二》记载道:"云南省使用的茶叶基本都来自普洱。普洱有莽枝、蛮专、攸乐、革登、倚邦、曼洒六座茶山,其中倚邦、蛮专两座山上种植的茶叶味道最佳。云南府出产的太华茶以及大理出产的感通茶都是非常有名的茶,仅仅是听过它们的名字,至今没有品尝过其真正的味道。"

檀萃《滇海虞衡志·卷十一志草木》有记:"普洱的茶闻名天下,所以当地的人都依靠生产茶叶盈利,普洱有六座茶山,茶山周围八百里皆以种植茶叶为主。在六茶山中种茶、以茶为生的人有数十万名,茶客在茶农手中收茶,再将茶叶运往全国各地,每次都能挣得一大笔钱。"

清代阮福《普洱茶记》有记:"普洱茶不仅包括生产于普洱府界内的茶,同时涵盖了思茅厅生产的茶叶。厅治有倚邦、革登、熠岭、架布、曼砖、易武六座茶山,与通志中记载的名称并非完全一致。"

雍正七年(1729年),朝廷为了巩固对六大茶山茶叶的控制,将六大茶山统一归纳于普洱府名下,乾隆元年(1736年)将宁洱县定为普洱府的治所。刘慰三在《滇南志略》中提到:"普洱府在元二十九年设置散府……顺治十六年朝廷征得其土地,设立元江府,车里十二版纳依旧隶属于宣慰司。雍正七年撤销元江通判,将处六大茶山等地归至普洱府名下。乾隆元年,增加设置宁洱县。"

由此可知,"普洱茶"名起自明朝,兴盛于清朝。

"普洱茶"因产自普洱山而得此名称,同时普洱这个地方也因为生产"普洱茶"而闻名天下,该地从明朝起成了"普洱茶"专属的交易中心。后来"普洱茶"成为清朝朝廷的贡品,深受宫廷欢迎,遂进入鼎盛时期,由此普洱府城成为普洱茶的主要加工地以及周转地。"普洱茶"的名气正是从此时开始越来越大,这也是普洱茶的鼎盛时期,该时期普洱茶制造技术精良,花色品种丰富多彩。

这时"普洱茶"的栽种特点:清人阮福著《普洱茶记》中云:"普洱茶名遍天下。味最酽,京师尤重之。"其特点是:茶产六山,气味随土性而异,生于赤土或土中杂石者最佳,消食、散寒、解毒。

品种特点:茶树似紫薇无皮,曲拳而高,叶尖而长,花白色,结实圆,匀如拼擱子,蒂似丁香,根如胡桃,土人以茶果种之,数年新株长成,叶极茂密,老树则叶稀多瘤如云物状,大者制成瓶,甚古雅,细者如拷褚,可为杖甚坚。

采摘加工特点:以鲜叶原料和采摘时间不同,分为"毛尖""芽茶""小满茶""谷花茶"4种。《普洱府志》有载:"二月间采,蕊极细而白,谓之毛尖,以作贡,贡后方许民间贩卖,采而蒸之,揉为团饼。其叶之少放而嫩者名芽茶。采于三、四月者名小满茶。采于六、七月者名谷花茶,大而紧者名紧团茶,小而圆者名女儿茶。女儿茶为妇女所采,于雨前得之,即四两重团茶也。其入商贩之手,而外细内粗者名改造茶。"揉茶时预先把里面不能搓揉卷起的叶片拣出来,这种黄片老叶单独加工,取名叫金月天;揉制后解不开的团茶,取名叫疙瘩茶,味极厚;对最粗老的茶叶,就熬制成茶膏,并摹印。

普洱茶质量上乘,"名遍天下","京师尤重之",遂成为贡茶而备受清宫喜爱,阮福《普洱茶记》有载:"每年进贡之茶例于布政司铜息项下,动支银一千两,由思茅厅领去转发采办,并置办收茶锡瓶、缎匣、木箱茶费。其茶在思茅本地收取鲜叶时,须以三四斤鲜茶方能折成一斤干茶,每年备贡者,五斤重团茶,三斤重团茶,一斤重团茶,四两重团茶。一两五钱重团茶;又瓶盛芽茶、蕊茶,匣盛茶膏共八色,思茅同知领银承办。"由于进贡茶不易得,市场上出现假冒伪劣普洱茶,据赵学敏1765年撰《本草纲目拾遗》记载:"普洱茶成团,有大、中、小三种等。大者一团五斤,如人头式,名人头茶,每年入贡,民间不易得也。有伪作者,名川茶,乃川省与滇南交界处士人所造,其饼不坚,色也黄,不如普洱清香独绝也。"19世纪,茶商开始参与茶叶的再加工,商人收购"毛茶"以后,加工成外表细嫩而内中粗大的"改造茶"。

制作分毛茶加工和精制,其基本加工方法如图1-2所示。

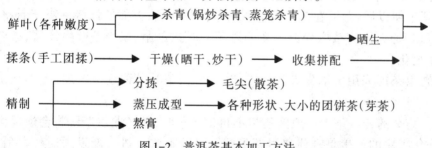

图1-2　普洱茶基本加工方法

这时"普洱茶"因加工技术理论比较落后,存在初制加工十分零散,杀青不及时、不匀、不透,加上干燥不及时而造成不可逆转的酶性氧化比较严重,同时精制汽蒸时间较长,而团饼茶又多采用缓慢晾干的方式,成品茶含水量较高,加之较长时间的运输、销售及消费存放过程而造成后发酵与水热氧化,使茶叶产品呈现干茶金黄而茶汤橙红,滋味相对醇和的品质特点,但这时的产品有绿色、黄色和红色。

19世纪初,普洱茶不仅面向云南、西藏、四川等地区进行销售,也开始面向其他国家开展销售活动,比如泰国、越南等国家,普洱茶不仅逐步进入了其他国家,也受到了国外居民的青睐。

(2)传统普洱茶。20世纪,清朝逐步走向灭亡,虽然普洱茶不再是贡茶,但是也逐步在民间出售。普洱茶是"蒸制以竹箸成团裹"的竹篓装大茶。详细制作方法可见冯军撰写的《云南茶叶产销概况》,制作过程当中涉及初制、复制。

初制是新鲜的茶叶加热以后用手揉的方式进行制作,然后进行晾晒。复制当中涉及两个工序,它们分别为毛茶精制、蒸揉。精制是针对毛茶进行筛选等,除去片、梗、末,按照条索粗细的形状划分成不同种类的茶坯料,经过挑选的最细的茶叶被称作"头盖",大多数是春尖白毫,其次比最细略粗的茶叶被称作"二盖",大部分是夏天出产的细茶;最粗的茶叶被称作"里茶",是将茶坯按不同花色的规定配料称重,然后分层放进蒸甑当中,品质好的茶叶放在表层,用蒸汽蒸约20分钟后可将茶叶放置到三角布袋子里,并揉成圆扁形,接下来放到通风处慢慢晾干。最后,再按不同类色包装进篓,运往西藏、香港等地。

此阶段的普洱茶会出现变色的现象。对于茶叶来讲,它通过蒸揉成型后需要通风晾干,运输队伍运送茶叶的路途中茶叶会出现变色现象。从西双版纳产区运销到西藏、香港和中南亚各地,运送时间较长,大概要花费6个月的时间,运输中的大多数时间都在各滇南地区,其气候非常湿润,有助于茶叶颜色改变,补成品茶变色之不足,是形成普洱茶特殊品质风格不可少的变色过程。

(3)现代普洱茶,即现代普洱茶生产加工技术的萌生。进入新时代以后,普洱茶生产技术的出现,是一个继承与创新的发展过程,是自清末以来,因自然、社会、商业、科技等多种因素共同作用的结果。

①自然条件。云南大叶种茶鲜叶能够体现出的特点为持嫩性好、芽叶肥壮,蕴含多种有益成分且内含成分含量相对较高,比如茶多酚、氨基酸、蛋白质,这些都能够确保普洱茶能够体现出其应有的味道和品质,多次冲泡依然味道浓郁。

②传统普洱茶产区逐步不再生产茶。

•清朝末期以后,普洱在茶叶精加工、茶叶集中销售方面的优势逐步减弱,行政区划新调整以后,原普洱府茶区变成了新的思茅、勐海、勐腊、景洪茶叶生产区,茶叶的出产地出现了变化。

•原普洱茶区采用更加先进的加工技术以后,茶叶品种逐步增加,比如红茶、烘青、晒青等。

•历史悠久的普洱茶生产地区逐步不再生产茶叶,新产业生产区将会焕发生机。

③陈化工序的产生是现代普洱茶形成的重要标志。进入新发展时代以后,茶叶生产技术也得到了快速发展,原普洱茶区生产的茶叶出现了多个种类,杀青技术更加先进后,晒青毛茶酶性氧化将会得到有效控制,先进的晾晒方法有助于茶叶口感更好,茶叶的颜色不仅会变为黄褐色,而且还能够展现出太阳般的独特味道,最后再进行茶叶的蒸压、干燥、理化转变,上述制作流程有助于形成更加先进的茶叶加工技术。

随着交通设施的不断完善,茶叶运送效率不断提升,这不仅能够促进对外贸易活动的有效开展,也要求普洱茶的品质方面更加稳定。

历史上"普洱茶"运输时间较长,可在路途当中完成发酵工序。购买了普洱茶的消费者能够总结出的经验为:储存时间较长的普洱茶口感更好,并且能体现出良好的治疗效果。为此,业内人士非常重视茶叶的陈化价值。清朝末期社会比较动荡,香港购买茶叶的商家为了避免断货都会大量进购茶叶,这些商家利用了陈化的方法提升茶叶价值,也总结出了茶叶陈化的经验。此后,消费者意识到了茶叶长期储存以后在品质方面的变化,有相当一部分消费者特别乐于购买陈年普洱茶。

为了满足人们在普洱茶方面的需求,20世纪70年代的云南省茶叶进出口公司等茶叶生产厂家积极开展了研究活动,对原茶叶生产工艺进行了重新优化,利用黑茶生产技术以及现代茶叶生产技术研发出了新普洱茶加工工艺。生产原料方面选用了云南的"晒青毛茶",并采用了人工"渥堆"等方法,最终生产出了深受消费者喜爱的新普洱茶(目前我国香港和台湾消费者提及的"熟普洱")。产品当中涵盖了两个种类,它们分别为普洱散茶、普洱紧茶。普洱散茶蒸压后可变成不同形状的花色品种,例如普洱沱茶、七子饼茶、普洱茶砖等。上述产品深受中国香港、台湾等地区消费者的青睐,每年度的销售量都比较大,通过技术革新,产品品质方面始终较好,也能体现出治疗方面的有效价值。目前,现代普洱茶产品已经面向各个地区出售,也建立了相应的工艺加工体系,在将来会逐步对工艺流程进行优化。现代普洱茶加工工艺如图1-3所示。

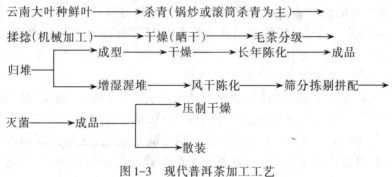

图1-3 现代普洱茶加工工艺

当下,普洱茶渥堆的真正原因已经被找到,晒青毛茶当中含有基质,在解除微生物的胞外酶(多酚氧化酶、抗坏血酸酶等)、微生物呼吸代谢的热量、茶叶水分的作用下,茶多酚可氧化,蛋白质与氨基酸会进一步降解,碳水化合物也会分解,不同产物之间会相互作用。上述过程展现了普洱茶渥堆的真实反应过程。20世纪80年代以后业内人士开展研究人工接种渥堆的方法,并取得了良好的效果。

(二)普洱茶的发展现状

由于普洱茶既有饮用价值,又有收藏价值,因此近年来颇受消费者青睐。当下,普洱茶销售量不断增长。通过权威部门公布的数据能够发现,2017年此类茶叶的销售量为15.7万吨。

普洱茶的销售地区不断拓展,全国各地的产品销售情况都比较乐观。普洱茶的生产技术在将来也会进一步进行革新,也会生产出产品形式各异、口感不同的产品。

(1)普洱茶生产企业技术水平不高,缺乏创新能力。茶叶种植方面需要满足较多条件才能产出品质较高的茶叶,这也是普洱茶生产不集中、生产规模无法有效拓展的原因之一。通过了解发现,目前初加工茶叶的厂家共计978个,加工茶叶的企业数量达到了174个。大部分茶叶企业都采用人工操作的方式进行生产,没有能力开展创新发展活动,出售的产品基本上是原料茶、传统普洱茶,这些产品价格较低,无法获取更多收益。尽管多家企业通过共同合作已经研发出了功能性更强的新茶叶品种,但是这不足以促进普洱茶产业在将来得到进一步发展。

（2）"普洱茶"公共品牌产权主体缺位,导致公共品牌的滥用。多年以来,普洱茶都是地域公共品牌,本地的生产厂家都可以采用普洱茶品牌进行生产和销售,这会导致生产厂家不够明确,各个生产厂家都不能规范性地利用品牌开展生产活动和销售活动,而且茶叶生产厂家只是借助品牌获取收益,没有认识到品牌维护的重要价值,这极易损害普洱茶品牌的良好外部形象。

（3）普洱茶市场"企业品牌"多而混乱,缺乏消费者的信赖。普洱茶生产厂家不够集中,诸多企业的品牌各有差异,大部分企业在生产、储存等方面虽然得到认证,但无法确保产品品质始终较好。目前,市场当中经常出现以次充好的茶叶产品,例如"中茶""大益"是行业内影响力较大的茶叶品牌,它们经常被不法商家冒用。假如伪劣产品损害了知名产品的拥有利益,那么也会导致品牌的外部形象受到影响,不仅无法带动整个产业尽快得以发展,消费者对于某个品牌的信任程度也会下降。通过调查能够发现,按照品牌选购普洱茶的消费者只占据到了8%,认为选购普洱茶必须亲自进行试验才能购买的消费者占据到了81%。某些产品在销售茶叶时没有提及产品是否符合国家标准,只是在销售当中提及了"野生""陈年"等字样,也有部分企业特意夸大了普洱茶的治疗功能,这都会让消费者认为这些产品无从选择。

（4）普洱茶企业品牌内涵模糊,缺乏特色。社会经济得到快速发展以后,人们希望购买到品质更好的产品,在挑选商品时会十分谨慎,也非常注重茶叶消费当中的文化内涵。然而,大部分生产厂家没有注重产品内涵方面的问题,无法体现出产品方面的特色,各家企业推出的产品非常类似,这不利于品牌建设活动有效开展,也会让消费者认为选购难度较大。

（5）虚假宣传现象屡见不鲜。大部分生产厂家都扩大了普洱茶的保健作用,这会导致消费者在选购茶叶时更加关注茶叶的年份。某些生产厂家为了获取更多的收益,也会出售劣质的茶叶产品,把古树茶等当成普洱茶冠,也有部分生产厂家把其他地区的大叶种充当原产地的材料进行销售,或者将新茶谎称为老茶。可见,普洱茶销售市场当中的产品问题较多,消费者无法有效辨别。

（6）科技与管理水平的滞后性。某些茶园种植地区的经济发展速度较慢,专业技术人员较少,这会造成生产技术始终不能有效提高。传统粗放型和先进集约型的运营模式同时存在将会导致普洱茶产业在发展方面出现各种问题。茶农没有认识到规范性管理的真正价值,也不懂得如何采用先进技术开展生产活动,这都不利于生产企业在将来得到进一步发展。

（7）市场定位缺乏准确性。对于普洱茶来讲,它在各方面都能够体现出自身特色,口感方面比较独特,这也是消费者乐于购买此类产品的真正缘由。购买普洱茶的消费者比较重视同类产品的治疗价值以及收藏意义。在此环境下,某些普洱茶的生产厂家为了获取更多收益会故意夸大产品在治疗方面体现出的功效,这也会误导消费者。假如生产厂家长时间采用此方式开展销售活动,那么也无法确保普洱茶产业在将来拥有更大的发展空间。

三、茶马古道

从狭义方面来讲,茶马古道是唐朝开展交易活动时非常重要的贸易通道。从广义方面来讲,茶马古道的出现是由于人们需要互相交易产品,这些通道在后期变成了我国与其他国家进行贸易活动的重要通道,对于我国贸易发展来讲非常关键,唐朝和宋朝时期的文献当中能够找到这条道路有关的记载,它不仅能见证我国经济发展的过程,也能够展现中华民族的发展历史。

茶马古道的位置在我国的三大高原,它们是云南高原、川西高原、青藏高原。茶马古道当中有陕甘茶马古道、陕康藏茶马古道、滇藏茶马古道、川藏茶马古道。我国茶马古道得到快速发展后各个地区都能找到茶马古道的踪迹,例如西藏、四川、云南,还有新疆、甘肃、贵州等。另外,茶马古道不仅出现在国内,也涉及国外地区,例如泰国、越南等。

通过了解文献资料能够发现,唐朝和吐鲁番进行交易的年代已经出现了茶马古道,在此时期我国的茶叶开始运输到吐鲁番地区。藏文史籍《汉藏史集》当中记录了如下内容:赞普赤都松赞(676—704年)统治时期,社会当中有地位的人也都非常喜欢茶叶,而且茶叶已经出现了不同品种,人们对于不同茶叶品种非常了解,懂得如何鉴别茶叶的品质,此方面的书籍为《甘露之海》(达仓宗巴·班觉桑布,1986)。唐人李肇撰写了《国史补》,其中内容提到,唐德宗统治时期,官员经常到吐蕃进行视察,"烹茶帐中,赞普问曰:'此为何物?'鲁公曰:'涤烦疗渴,所谓茶也。'赞普曰:'我处亦有。'遂命出之,以指曰:'此寿州者,此舒州者,此顾渚者,此蕲门者,此昌明者,此溷湖者。'"此方面记载和《汉藏史集》当中的内容可以相互验证当时的历史。对比建中二年(781年)常鲁入蕃的时间可发现,时间方面晚于赤都松赞统治的年代,具体时间晚了80年到90年。唐人封演撰写了《封氏见闻录》,其中内容提到,唐朝乐于饮茶的风气和佛教密宗的传播之间有一定的关联性,大部分僧侣都会打坐,"务于不寐,又多不夕食,皆许其饮茶,人自怀挟,到处煮饮。从此辗转相仿效,遂成风俗"。在唐朝时期,汉地佛教对吐蕃带来了一定的影响,例如禅宗,当时出现的"渐顿之争"是汉地禅宗(顿悟派)和印度显宗(渐悟派)出现了矛盾。因而,茶叶进入吐蕃的原因是由于禅宗逐步传播到了吐鲁番地区,僧侣到吐鲁番后也将饮茶习惯带入了当地。《汉藏史集》当中提到"汉地和尚非常懂得如何饮茶",而且吐鲁番地区社会地位较高的人士都乐于饮茶。这说明,当时吐蕃地区的茶叶比较珍贵,能够饮用茶叶的都是社会当中有地位的人士。

宋代,茶马古道得到了快速发展,规模不断扩大,此时也是吐蕃王朝衰落以后的分裂阶段。此时期,茶叶不是上层人士独享的产品,百姓都能在日常生活当中饮用茶叶,这也增加了茶叶的需求量。为此,宋朝政府非常关注茶马古道的建设问题,也积极进行了扩建。两宋年代,政府为了有效对抗周边游牧民族的侵犯,必须购买更多马匹。北宋熙宁七年(1074年)茶马司机构正式成立,西北地区建设了大量马场以及销售茶叶的场所,政府每年都会面向吐鲁番地区运输茶叶,并设置了众多买马场和卖茶场。此外,官府每年也会为了购买更多马匹将茶叶运往吐鲁番等地区,在四川利用茶叶开展马匹交易活动。从此以后,藏茶马贸易逐步兴旺。

元代战马充足,统治者不必因战马问题烦忧,所以不再用川茶与西北藏区交换战马,而是将川茶直接卖出去。元朝依旧非常重视藏区的茶叶生意,由官府出面买卖茶叶,但后来因官府私自提价,茶叶生意因价格过高而无法维持。元朝官府直接将经营权交由商人,商人可根据生意规模买卖茶叶,销往藏区,但需要定期向官府纳税。久而久之,销往藏区的茶因形式特殊成为新品种,即"西番茶",今称"马茶",这种茶味道苦中带涩,用其制作的酥油茶口感较好,深得藏区人民喜爱。

在明代,汉藏地区的茶马贸易十分繁荣。当时朝廷对藏区实施的治理对策是设立茶课司,因为藏区以肉食为主,中国茶是他们唯一的茶叶,所以专门设立茶课司,开展贩卖马匹的生意,而进贡者准备的贡品通常是茶叶或布匹。番地首领贪恋贡品市场的利益,并且希望保住自己的官职,所以一直不敢更改,由此茶叶成为明朝廷对藏区首领进行统一管理的主要物品,同时这些首领按时朝贡也是为了从中央获得更多珍贵的茶叶,他们向朝廷进贡,朝廷给予他们大量茶叶,他们在返回藏区时也沿途购入大量私茶等货物,并用船、车等交通工具运回藏区。由此可见,当时运往藏区的茶叶数量繁多。明朝时期,茶叶不仅是汉族与藏族之间进行经济沟通的主要物品,同时也是两族进行文化交流的主要物品,茶叶稳固了中央与西藏地方地区之间的友好关系,拉近了汉族人民与藏族人民之间的关系。为了增强茶叶在汉、藏两族之间的关联性,明朝政府规定"今后乌斯藏地方使用的茶叶都由碉门茶马司供给"。成化三年(1467年)又规定"自乌斯藏来的进贡番僧者必须途经四川,不得通过其他地区。"成化六年(1470年),又明令西藏僧俗官员必须从四川进入中央地区。此后,川藏道成为茶叶输藏的主要通道。

进入清朝后,茶叶输藏规模再次扩大,汉、藏茶道的发展更加迅速。尽管清雍正十三年(1735年)中止了茶马贸易,但茶叶输藏依旧稳步进行,朝廷不再限制藏区茶叶供应的数量,大量茶叶被运往藏区,由此汉藏贸易的发展更加顺利。清代,不仅有川茶大量入藏,滇茶也成为进入藏族地区的茶叶品种。顺治十八年(1661年),五世达赖喇嘛请求在云南胜州设立茶叶交易市场,用马匹交换茶叶,该提议得到朝廷认可。茶叶和糖是云南销往藏区的主要物品,因为当时普洱茶受到藏区民众的喜爱,所以中甸、德钦的商队每年都会用400多匹马到西双版纳运茶,然后将这些茶叶销往西藏,以这种形式销售的茶被称为"边销茶""蛮装茶"。朝廷会将一些物品馈赠藏族上层,茶叶就是其中之一,如清廷每年都会赐5000斤茶给达赖,班禅所得茶的数量是达赖的一半。清代有大量茶叶入藏,由此茶马古道沿线市镇得到很好的发展机会,并在短时间内进入繁荣时期。

雍正时设立了打箭炉厅,并设兵防卫其地,由此边茶市场深入藏区。乾隆时,松潘的发展进入鼎盛时期,成为川西北乃至蒙古的西路边茶集散地,"人口逐渐聚集于此,商人、小贩都在此经营生意,是西部边陲的一大都会"(王世睿,1985)。此外,道孚、理塘等集镇也因茶叶的运转以及茶叶市场的建成而逐渐兴起。尤其是当时的察木多,因位于川藏茶路与滇藏茶路的交汇处,全国各地的茶商都聚集此处经营茶叶生意,所以其在短时间内成为"口外一大都会"。从明朝到清朝,川藏茶道分别形成了"小路茶道"和"大路茶道",再往西,有南路茶道和北路茶道。不管是南路茶道还是北路茶道,其在畜力帮助下,行至拉萨单程都需要至少3个月的时间。清朝末期,大量印茶运往西藏,对通往茶马古道而开展的茶马贸易产生一定影响,贸易规模明显减小。为与印茶竞争,清朝末期在雅安设立边茶公司,对茶种进行改良,并制定了对应的管理政策,在打箭炉设立分公司的同时在多个地方设立茶叶销售的分号,保证内地的茶叶能在最短时间内输送至各藏区。当时汉、藏两族就是利用茶叶共同抵抗英帝国主义,反对印茶倾销。

民国时期,国内动荡,川藏纠纷不断,尽管国家或政府减少了入藏茶叶的数量,但汉、藏商人之间的茶叶交易依旧如火如荼地进行着,内地茶叶依旧受到藏区人民的欢迎,同时也是当时连接内地与藏区的重要经济纽带,这种现象一直持续到民国末年。

云南茶马古道:7世纪初,藏王松赞干布统一了青藏高原各部落,建立了吐蕃王朝,其势力日益增强,唐王朝希望利用和亲政策平定吐蕃王朝。就此吐蕃势力逐步扩大至滇西北地区。公元687年吐蕃势力掌控了洱海北部地区,七年后在今丽江塔城置神川都督。当时南诏政权与中央朝廷之间存在难以化解的矛盾,而吐蕃正是利用这一点使南诏归附自己。由此藏族文化开始对今四川西部、云南西北部产生巨大影响。明嘉靖、万历年间,朝廷重用丽江木氏土司,后者势力逐渐增强。木氏土司的管理区域不断扩大,其在控制区鼓励农耕,使得这些地区受到农耕文化的影响,以至于后来大获丰收。现在我们依然可以在藏区见到诸多白族或纳西族独有的建筑。

历史上,茶马古道以马帮为主要运输工具,其起点在云南勐海,途径西双版纳、大理、丽江等地,最后到达西藏。

滇藏茶马古道产生于公元前的西汉时期,《华阳国志》记载道:汉武帝德行广大,开通了不宾这个地方。人们要经过博南山,再渡过兰津桥。越过澜沧江,就变成异国他乡之人了。博南山在大理,兰津即澜沧江。早在西汉时期就有马帮在博南古道上运送物资,为日后茶马古道的开辟奠定基础。云南、四川等地各民族人民以古道为主线进行茶马交易,由此产生了滇藏茶马古道。后来依次经过宋朝、元朝、明朝、清朝以及民国不同时期的扩展,茶马古道的价值明显提升,且成为西南地区影响力最大的商业之路。滇藏茶马古道在一定基础上推动了汉族、藏族、白族、彝族等民族的经济交流,拉近了各民族之间的距离,同时为各民族文化创造了更多交流的机会,稳定了西南边疆的局势,推动了该地区的经济发展。

第二节 辉 煌 贡 茶

一、贡茶的起源

普洱茶作为贡品,起始于何年? 据史料记载,在清雍正四年(1726年)鄂尔泰在云南推行"改土归流"时期普洱茶已岁贡。

二、贡茶的花色品种

清代雍正年间以来,宫廷将普洱茶列为贡茶,视为朝廷进贡珍品。清乾隆六十年(1795年),定普洱府上贡茶4种:团茶(分五斤、三斤、一斤、四两、一两五钱重)(注:清朝的一斤、一两、一钱分别相当于现在的500克、37.3克、3.73克)、芽茶、茶膏和饼茶。其后,清政府又规定,贡茶由思茅厅置办。清《普洱府志》卷十九有载,年均大约有4种贡茶:团茶(五斤团茶、三斤团茶、一斤团茶、四两团茶、一两五钱团茶)、瓶盛芽茶、蕊茶、匣盛茶膏,共有8种不同的颜色。作为贡茶的还有景谷民乐秧塔白茶,即"白龙须贡茶"和墨江的"须立贡茶"。

清《普洱府志》中曾有记录,普洱茶最开始归属于银生府,在西蕃等地使用该茶已经处于唐朝。以后历代皇朝常用云南普洱茶同吐蕃交换马匹,即"茶马贸易",茶名可能当时称"银生茶",茶叶的销售逐渐趋于稳定,市场上对其的需求持续增长,有力地推动了茶叶的生产与发展,铸就了所谓的"普洱府六大茶山"声誉远播。明代万历时期,谢肇淛在个人的经典著作《滇略》一文中首次提及士庶们所品用的一般都是普茶,经过蒸之后形成团。"普茶"即濮人所种之"濮茶",亦即"普洱茶",此后各种史料亦见有普洱茶名记载。清雍正四年(1726年),总督针对少数民族推出了一项"改土归流"政策,并予以实行,废除了土司,设置了官府与流官,建立了军队,加大了行政统治的管辖力度。雍正七年(1729年)设立了"普洱府"治,雍正十三年(1735年),又设置了"思茅厅",对车里、六顺、倚邦、易武、勐腊等九土司及八勐地方予以统一管辖治理,裁思茅作出重大改变,攸乐同知转移至思茅等地,将其改名为思茅同知,六大茶山当时均归思茅厅统一管辖治理。至此,思茅厅发展成为茶叶销售与购买的集散核心场所,集市交通发达,贸易繁荣,一片良景。普洱茶的名声传到了京师等地,一时引起轰动,清政府批准面向该地全面征收茶捐,《大清会典事例》称:"雍正十三年题准,云南商贩茶,系每七团为一筒,重四十九两(折合现在的1800克),征收税银一分,每百斤(即斤)给一引,应以茶三十二筒为一引(折合现在的57.6千克),每引收税银三钱二分。于雍正十三年为始,颁给茶引(执照)三千(折合现今3582担,每担为当今的50千克)颁发各商,行销办课(税收),作为定额造册题销。"清政府为对普洱茶的购销权予以全面掌控,鄂尔泰总督便于雍正七年(1729年)即在思茅承办了一家茶叶总店,并且专门委派"通判"官员对总茶店的经营交易予以实时掌控,推出了一项茶叶统购专卖土政策,禁止一切私相买卖交易,集中权力予以垄断,获取全权利益,推出并落实岁进上用茶芽制,挑选上品普洱茶用于进贡,从而赢得皇上的芳心与喜爱,岁岁如此。云贵总督和云南巡抚"按例恭进"的贡茶有:普洱小茶四百圆,普洱女儿茶、蕊茶各一百瓶,普洱芽茶、蕊茶各一百瓶,普洱茶膏一百盒。故精制上好的普洱茶珍品即成了岁进皇宫的贡茶,普洱茶之名也因是贡茶而在海内外享有更高声誉。

三、贡茶的功效

作为一种贡茶进京清宫之后,普洱茶引得皇室人员纷纷品尝,对比全国各地的贡茶,可以看出普洱茶是一种非常独特的茶叶,与其他小叶种茶相比而言极具特色,深受各位皇室成员的喜爱。通过分析其中的原因可知,普洱茶是一款源自云南地区深山老林中的大叶种树上的嫩枝芽叶经加工而成的茶品,茶味浓郁醇厚,促进消化,可以起到非常好的治疗、保健等各种功效。普洱茶的特性,明、清时代人士深有体会,且已有文字专门记载,明代学者方以智在个人的《物理小识》一文中谈及:"将普洱茶予以蒸汽处理,使之形成团状,在西蕃等地进行交易,从而起到化物的作用。"清乾隆时期赵学敏在《本草纲目拾遗》中说道,普洱茶的味道苦涩,滋味苦烈,可以帮助消解油腻,帮助消化,排除牛羊毒;可以帮助化痰下气,清理肠道,通气排泄。普洱茶膏非常黑,像油漆似的,是醒酒的最佳选择。绿色的效果最好,可以帮助消化解食,化痰下气,助长精神,清理肠胃,可以生津,可以起到最佳的效果。在《木部》中又表达道,普洱茶膏有利于解决肚胀、受寒等身体问题,具有多种功效,采用姜汤起到发散的作用。出汗之后就代表病症已痊愈。如果嘴巴舌头溃烂,喉咙痛痒,全身发热,深感疼痛,在嘴里含大约5分钟第二天早上便可痊愈。《思茅厅采访》中谈到,普洱茶具有助消化、祛湿驱寒、解毒清胃等多重功效。正因为普洱茶具有以上如此多的功效与品质,满足了清宫贵族的多项需求,所以深受皇室的青睐与喜爱。

清朝满族最初属于我国东北游牧民族,日常的食物以肉为主,进京之后成为帝王贵族,生活条件好,可以享受到来自全国各地的各种美食,由于长期饮食比较油腻,因此需要一种可以促进人体肠胃消化的茶叶饮料,普洱茶正好具备了解油腻、清肠胃的多重功效,普洱茶、女儿茶、普洱茶膏等各种贡茶,赢得了皇宫贵族们的喜爱与青睐,甚至在宫内引起了一种普洱茶的热潮,以品饮普洱茶为主流文化,将其用于泡茶饮品、制作奶茶等各方面,特别是对于北方的冬天,气候干燥,多喝普洱茶可以达到清火的功效,对人体的健康非常有帮助。皇宫贵族们青睐于普洱茶,而庶民百姓们便纷纷响应满足他们的需求,以赢得赏识,至此云南普洱茶北京城内一时引起轰动,享有广泛声誉,在各个地方的官吏对普洱茶予以认证,民间人士品尝评价以后,认定其是一种我国后发酵茶中的绝佳上品,由清雍正初年至清末两百年的时间里,均是皇宫指定饮用的一款佳茗。

清代文学家曹雪芹关于普洱茶也有一定的认知与理解,在以贵族生活为主要内容的经典名著《红楼梦》的《寿怡红群芳开夜宴》一章中,就写到了普洱茶、女儿茶有助于人体肠胃消化的故事。那天是贾宝玉的生日,几位姑娘为了庆祝宝玉的生日,整夜忙碌未见休息,荣国府女管家和几位老婆子来到怡红院巡逻查夜,看到大家这么晚了还不见睡觉,就劝告她们赶紧休息。宝玉说道:"今天吃了太多的面食,害怕积食,因此才多玩会好消化一下。"又向袭人笑着说:"那就应该煮些普洱茶来喝,效果可比这好多了。"袭人、晴雯二人连忙回答道:"已经煮了一壶女儿茶,喝了两大碗……"女儿茶也就是所谓的普洱名茶,清人阮福在《普洱茶记》记载道,普洱茶的叶子非常小,圆圆的,妇女们在下雨前将它采下,就可以得到四两重团茶。因此,普洱茶在上流社会中居于崇高地位。清朝宫廷品饮、重视普洱茶的风尚传到贡茶产地云南地区,因此檀萃等人在《滇海虞衡志》中谈到普洱茶"其名声已经传遍了天下,享有广泛声誉"。清人阮福在《普洱茶记》中写道"普洱茶已经名扬千里,味道非常酽,京师人们最喜爱它",刻画了清代时期普洱茶的发展现状以及饮茶主流文化。上流阶层们非常喜欢喝普洱茶,并且成为一种主流文化,一代代地传播下去,从晚清、民国直至20世纪60年代。清朝灭亡之后,从出宫太监、宫女们的言语描述中也可以反映出饮茶的文化。慈禧太后贴身宫女金易、沈仪羚在《宫女谈往录》中说道:"老太后进屋之后,坐到条山炕的东边方向上。有人为其送上一碗普洱茶。老太后正值高龄,冬季里吃完油腻的食物,需要喝大量普洱茶,从而起到暖胃、解油腻的功效。"清末皇帝爱新觉罗·溥仪对其予以证实,云南普洱茶深受皇室成员的喜爱与青睐,甚至成为身份的象征,拥有普洱茶代表其身份显贵。溥仪先生、老舍先生都是满族人,两人拥有深刻的友谊,1966年两人在孙中山先生诞辰一百周年纪念活动中共同工作与学习,工作处理完成以后,老舍先生还专门陪同溥仪并送其回府,溥仪便挽留了老舍让其在府中稍作休息,两人共同饮茶畅谈言欢。老舍问溥仪在皇位期间一般都喝些什么茶,溥仪回答道:"在清宫已经形成了固定的生活习惯,夏天喝龙井茶,冬天就品普洱茶,普洱茶是身份高贵的重要象征之一。皇帝每年都特别重视品茗普洱头贡茶的事项,不肯错过。"也就是"香于九腕芳阑气,圆如三秋皓月轮",皇帝非常喜欢品茗,尤其是云南当地的一种叶子细而嫩、形状小而圆的普洱茶,可以起到延年益寿的功效。清宫在普洱茶的饮用方面认知颇多,为后人的养生之道提供了思路,这便是皇室喜爱普洱茶的原因。

四、普洱贡茶采办

贡茶的采办要求非常严格,清朝皇家中常用的贡茶仍然使用明代时期的方法,清康熙二十九年(1690年)《清会典》一书中谈到"每年都会进一批茶芽。顺治初期,由户部统一掌管,七年之后又转移至礼部手中","顺治七年(1650年),礼部学习模仿产茶省市政司的方法,每年谷雨之后的十天左右,限定时间到部,如迟到延缓的话还需参处"。云南普洱茶开始作为贡品的时期,由相关资料文献中可以得知:最晚于雍正四年(1726年)鄂尔泰推出一项"改土归流"政策的时期,就已经成为贡品了。雍正十二年(1734年)的文告《禁压买官茶告谕》中记录有"每年都应该办理贡茶,系动公件银雨,到思茅通判承领办送",由此可以得知向朝廷进贡普洱茶的事项均由思茅统一采购办理。清《普洱府志》中也有记载:"检验贡茶的事项,册知,进贡的茶与布政司库铜息项不同,大约需要花费一千两的银子,统一由思茅厅采购承办,同时还需要购买茶锡瓶、锻匣、木箱、茶费等一些配套用品,茶在思茅当地大量采购鲜茶的时候,三四斤鲜茶就可以制成一斤干茶。每斤备贡者,其中共包括五斤团茶、三斤团茶、一斤团茶、四两团茶、一两五钱团茶……茅与知领共同负责该事件的采购与办理"。清光绪二十年(1894年),经贸商李开基的"安乐号"茶庄,以及车顺来的"车顺号"茶庄,由于需要进贡"易武正山七子饼茶",从而获得了一块由云南布政史书赐予的"瑞贡天朝"匾,李开基、车顺来被封为"例贡进士",同时李开基被任职为修职佐郎,直到现在易武车顺来茶庄的传承人们还保留着清光绪云南布政史书赐予的一块印有"瑞贡天朝"大字的匾额。清光绪(1903年)思茅官府在催促倚邦茶山上交贡茶的书"札"中写有:"为札饬遵循办事照本府在二月初二日的事件,任命思茅府谢札开予以统一采办,首先应该贡典,等到长成熟蕊芽之后,才可以允许客茶下山,因此每当春茶发芽的时候,都等待着这个时机将茶叶的采办事情予以处理,不可因为任何原因而有所推迟,奉命本府票差到各寨专门去催交,现在行札知。至此,仰本山头目及管茶人都能够按照命令照办事项,只要指令下达就即催促茶民,把握时机尽快采摘贡品芽茶以及细嫩官茶,迅速广泛收集茶叶运往仓库完成交办任务,从而转移至解思(茅)辕(官署),这件事关于贡典,责任非常重大,切不可大意,该(土)目必须对札催申解予以实时监督负责,不可错过最佳时机而耽误茶叶采摘的时间,到达约定期限后如果仍然未上缴,必须对其予以严厉惩罚,切切特札。右札仰本山头目及管茶人予以批准。光绪曰札。"

此札反映了思茅官府对于贡茶的采办事项是非常重视的,时间紧急,过程严苛,清代《普洱茶记》中记载道,每年的二月时间就可以采毛尖,将其作为上贡,进贡时间过后就可以对外销售了。普洱贡茶有8个不同的衣色,统一由思茅等多位官员(同知)统一承办"贡茶"的进贡事项,将其运往清宫。

对于普洱六大茶山与其他的产茶民族而言,茶是一种主要经济来源,可以与物质相互交换,因此很多地方都种植了茶,家家户户都是茶叶经销商,马帮遍布了道路,整条街道都是一片经商的繁荣景象。采购与制定贡茶注重的是"五选八弃","五选"是指定日期、时辰、茶山、茶丛、茶枝等;"八弃"是指将无芽、叶大、叶小、芽瘦、芽曲、色淡、食虫、色紫等出现偏差的都去掉。贡茶厂在制茶之前必须祭"茶祖"诸葛亮,掌锅揉茶师傅沐浴对其予以斋戒,即可"请锅"。揉茶师使用双手在热锅内进行提、翻、抖等操作处理,不停地重复轻揉、轻拌、轻按、轻转、轻搓等动作,还有人帮忙为其擦汗,御用贡茶必须保证与汗之间的隔离。清代儒生许廷勖在《普茶吟》中写道:"整个园里都种满了茶树,仅和豪强作斗争。山中烘焙完之后来到集市中交易,人的肩上都是汗。大量的茶叶扬起来之后就可以分辨出粗细,使用手指将其挑出来。丁妃壬女们共同蒸煮,笋叶藤丝就可以重新检括。好随筐筐贡官家里,直上梯至宫阙中。一个茗有什么惊奇的,耗尽了大量的人工。"诗中生动形象地描绘了入市卖茶以及精选贡茶的场景。

清朝的《普洱府志》中记录了普洱贡茶的采制时间与制茶名称:"每年的2月开始采茶,其花蕊非常小且白,称其为毛尖,用于进贡,进贡之后就可以在民间大规模地贩卖。采完之后将其予以蒸煮,揉成团饼。叶如果比较少的话应放点嫩芽茶。三、四月期间采的茶叶是小满茶。六、七月的是谷花茶。叶子大而圆的是紧团茶,小而圆的命名为女儿茶。女儿茶都是由妇女们采摘的,在下雨之前必须采完,就是所谓的四两重团茶。"采茶时节与现在的基本一致,志书记载的内容具有一定的真实可靠性。由此可以得知,准备贡茶是一件非常讲究的事项,选用好茶"毛尖,以作贡";挑选花色、八色贡茶;贡茶数目固定,年缴上万斤;由思茅厅长官统一领取钱财承包采茶事项。进贡普洱茶比例固定,直至清朝末期,历经了长达两百年的历史。皇用贡茶一般都储放在清宫"茶库"中,该"茶库"据说建址于北京故宫永和宫东。1937年,故宫博物院的《总管内务府现行则例》中有记录道,"茶库,设置了员外郎二位,六品司库二位,无品级司库二位,库使共十五位,共同管理",专司收存管理,反映了清皇朝非常重视对贡茶的统一管理。

五、送呈贡茶的方法

贡茶制好后,要从中抽取部分,先由制茶师傅尝试,后经官员尝试,再经过宫廷派来的御医到茶山或思茅初选和复选,验证合格后,要用黄布包好密封、"用印"、"封缄",才能送上朝廷。

依据相关记载,普洱清末运送贡茶的"夫头",在与后辈的谈话中,后辈告诉普洱朱俊先生:等贡茶制备完成之后,贡茶还未送上马前,县、府、道官员还需进一步会同"恭选",对其予以精挑细选,选出最佳上品茶。将被选的团茶、饼茶(女儿茶)、蕊茶等,使用黄包袱将其包裹紧实;普洱芽茶、普洱蕊茶都属于散茶,放到锡瓶中,也需要使用黄包袱包裹紧实再缝好,女儿茶膏储放到锦缎木盒中,使用黄包袱盖住即可。"恭送"官员、千总、把总与众多兵丁将贡茶顶放在头上,直至县衙门,再跪地于大堂。县官叩迎贡茶后,拿出大印,在黄包袱上印上专用章,即"用印"。然后至府台衙门用印。直至道台衙门用印。道台为运茶人员颁发一枚"火牌"。押运贡茶人员,就可以拿着"火牌"随意"过州吃州,过县吃县"。拿到火牌之后,将贡茶装进木箱中,上架,抬驮子上马背,并由督辕承差解员随马帮押运。在茶马古道上,驮运贡茶的马帮,由于押运人员抬有"奉旨纳贡"的黄旗,敲牌开道,所有路过马帮和行人都要让道。贡茶马帮走后,其他马帮和行人才能行走。这些护送贡茶马帮的官兵,持着火令剑,通行无阻。路上到州吃州,到县吃县,有府衙和驿站周全接待,协助防卫。到普洱府后,普洱府官员出迎、验收、施行礼仪,派员押送昆明。送贡茶的马帮声势浩大,由普洱府宁洱县城至磨黑,再到上把边,以及通关哨、黄草坝、大歇厂、莫浪……共需要通过17个"栈口",抵达昆明后,上交至巡抚衙门销差予以检验,督抚大吏委派相关人员将其送往京城。

六、普洱贡茶的地位

清朝时期,用于赠送国外的国礼包括珍宝、玉器、漆器、绸缎、普洱茶等众多绝佳上品。清皇朝年均缴纳的普洱贡茶,不但要提供茶品于清宫皇家,以及赠送皇亲国戚,同时还要为外国使节赠予礼品茶,将其认定为象征中国的绝佳土特产礼品,依据相关史籍记载,乾隆时期,清朝与英国在两国贸易的过程中,赠送的礼品中就包含了普洱茶。专家王郁风由故宫博物院《掌故丛编》中的长期研究考证中得知,英国在清乾隆五十七年(1792年),专门委派总督马戛尔尼勋爵等95位人员,来到我国以庆祝乾隆皇帝的八十大寿,请求清朝皇帝改变广州作为单一口岸,必须进一步扩大通商口岸规模,降低一定的关税,还必须给予开设租界的权利,让驻公使长期留在中国,谈判此事予以达成协议。英使觐见团带来了地球仪、天文钟、聚光镜、战舰模型、铜炮、火枪、马车、玻璃彩灯、金线毯、毛料等多种礼物,从而赢得清朝皇帝的心意,顺利达成目的。乾隆五十八年(1793年),皇帝在热河行宫正式接见英使团,同时还专门在万树园设宴用餐,乾隆帝婉言拒绝了,并没有同意此事,但为了秉持礼尚往来的良好传统,为英使团回赠了普洱茶、女儿茶、普洱茶膏等大量的珍贵茶品,以尽地主之谊。依据清朝礼例,接见、宴请、参观等很多时候,都必须赠予一定的礼物,即所谓的"赏赐",人均一份。王郁风从《掌故丛编》中整理出了3次回赠英王的礼物:

(1)赏英吉利国王珐琅、珍宝、玉器、漆器、瓷器及土产共92项(封、套)479件(个),普洱共有8团、茶膏有4匣、六安茶与武夷茶分别8瓶、4瓶。

(2)为英国国王加赏的绫罗丝缎、漆器、扇、笺等物品共40项,有455件,具体有普洱茶40团、茶膏5匣、武夷茶10瓶、六安茶10瓶。

(3)随"敕书",为英国答复的国书,共有41项1016件,普洱茶40团、茶膏5匣、武夷茶10瓶、六安茶10瓶。赠予的国礼均由"军机处"罗列事项清单,经由皇帝批阅之后即可送礼。礼品茶计数单位为:普洱茶"团",女儿茶"个",茶膏"匣",正好与思茅厅普洱贡茶、《普洱府志》中的计数单位达成了一致,因此思茅厅进贡清宫的必然是普洱贡茶。普洱贡茶作为皇宫的饮品与礼物,名声传遍全球范围,是一件理所当然的事。

第三节　云　南　茶　区

一、自然地理概况

1. 地形地貌概况

云南位于北纬 21°8′32″~29°15′8″ 和东经 97°31′39″~106°11′47″ 之间,北回归线横贯南部,属低纬度内陆区。

东部北段与贵州连成中国三级高原的云贵高原,西北角为"世界屋脊"青藏高原的东南延伸坡,北部连四川,南段与广西中山连成一体,东南接老挝、越南,西南与缅甸接界。主产茶区位于东西贯穿的北纬 23°27′ 处。其在北回归线 30° 纬度之内,被美称为"生物优生地带"。

地质古老,由于喜马拉雅山的造山运动,地壳有明显上升,地层出现皱褶,从而形成山岭纵横、山高谷深的复杂地形。全省地形错综复杂,大体西北高、南部低。西部为横断山地,属横断山脉的南段;东部是云贵高原的组成部分。横断山及其余脉盘亘省境西部,北段高山大河都是整齐平行排列的,由西至东依次为高黎贡山、怒江、澜沧江、玉龙雪山。山地海拔平均维持在 4000 米,各河强烈下切成幽深的峡谷,高差可达 3000 米,形成著名的"滇西纵谷区"。梅里雪山主峰海拔 6740 米,为云南省最高峰,向南,各河成帚状分散,山脉高度逐渐降低,演化成为高原形态,一般海拔在 2000 米左右。

全境地形主要是高原,海拔非常高。东部平均海拔为 2000 米,南部海拔为 1500~2000米,西南部平均海拔为 800~1000 米。

云南的河流纵横整个境内,共有 600 多条,重要的有 180 多条,归属于伊洛瓦底江、红河、南盘江。河流注入印度洋、太平洋,各河流量大,落差大,水力资源丰富,水位季节变化也很大。横断山区各大河发源于青藏高原,在云南省内峡谷陡峻,支流短小,金沙江为长江上源,石鼓以下的虎跳峡最狭处仅 30 米宽,峡区长 16 公里,落差约 200 米,与两岸相对高差达 3000 多米,为世界最深峡谷之一;澜沧江出国境后称湄公河,入太平洋;怒江出境后称萨尔温江,入印度洋,怒江以西各河属伊洛瓦底江流域,以龙川江(瑞丽江)较大;东部高原上的河流,元江又称红河,向东南出国境经越南入太平洋;南盘江为珠江上游,支流较多,常潜入岩溶洞穴成地下河。

云南优越的自然条件,孕育了丰富多彩的云南茶树品种资源。茶树品种具有不同的品性特征,依据植物形态的不同,灌木型包括中、小叶,乔木型、半乔木型只有大叶种。大叶种具有良好的品性,可以抵抗来自外界的不良因素,育芽能力强,芽叶大,生长周期比较长,休眠期相对比较短,一年的时间内可以多次发芽,采期长,产量高;由于其叶子的质量柔软,含肉肥厚丰满,适制性能优异,所以适合制作红茶和普洱茶。

云南大叶种茶区主要在北纬 25° 滇南地区,滇西南、滇东南顺延着怒江,澜沧江等;中小叶种茶区集中在金沙江、南盘江等区域。

　　茶园(图1-4)主要分布在海拔1000～2000米的丘陵、山地等地貌地形中,茶树在高海拔低纬度的生长环境中,可以受到来自紫外线以及红黄光线强烈的辐射,为茶芽芳香物质的生成与积累提供了良好的外部条件。茶区内河流遍布,湿度大,云雾密布,日光在水汽之后就可以形成大量的漫射光,增加一定量的紫色短波光,从而加强叶片的光合作用,在叶片内形成与积累大量的蛋白质、氨基酸、维生素、咖啡碱及多酚等物质。回归线穿过茶区的地方,阳光充沛,拥有绝佳的地理位置优势。

　　南北纵横910平方千米,东西横跨864.9平方千米,面积39万平方千米。除西北三江并流上游的西北迪庆无茶,怒江、丽江有少量茶外,其他各地均为普洱茶区。茶区面积分布32.4万平方千米,有茶园37万平方千米,涉及茶叶生产事业的农民大约有1000多万,是全省人口的1/3。

图1-4　茶　园　环　境

　2. 土壤

　　从土壤条件来看,依据相性规律(土壤与经度之间的变化规律)与海洋距离之间的关系,云南地区位于东经97°31′39″～106°12′位置处,与南海相邻,因此土壤大多均属于森林土壤第四类型——红壤。由于气候、生物、地质、地形等各种因素的作用以及耕作施肥方法的差异性,在红壤中可以形成多种土壤类型。茶园的土壤切面如图1-5所示。种植茶的土壤具有分布广泛、整齐规律的特征,以下为可以种茶的主要土壤类型的水平以及垂直分布的基本规律:

　　(1)砖红壤。多分布在滇西的北纬23°以南、海拔低于1000米的热带雨林、季雨林以及次生橡胶林的植被下面,其占全省土地总面积的3%。其地带具有全年无霜、风化严重、土层深厚、有机质含量大等多重特征,表层土壤的有机质大约含2%～5%,有的可至6%,积累与分解速度非常快,pH值集中在4.5～5.5区间,非常适宜种茶。

　　(2)砖红性红壤。主要分布在滇南北纬23°～24°之间的山区、丘陵等地形地貌中,滇西至北纬25°以南,海拔低于1400米的地带,是云南亚热带分布的主要地区。土壤颜色为暗红,有机质含量大约在2%,表土含量为5%,层厚质黏,pH值处在4.5～5.4的区间内。分布区具有优越的水热条件。这种类型的土壤大约占全省总面积的10%。

(3)红壤(或称山地红壤)。分布广泛,大约占全省总面积的36%,主要分布在北纬27°以南、海拔为1400～2300米的山地中。年均气温大约为15℃,年降水量平均维持在1000毫米,表土有机质的含量为1%～2%,土壤为酸性,pH值大约在5.5～6范围内,氮磷含量较少,含钾适宜。

(4)黄壤。其水平分布与红壤都属于同一地带,但热量相比于红壤地区略低,年降水量大约为1000～1700毫米,云雾缭绕,日照量也相对较少,土层深,结构好,黄棕色土壤,有机质1%～2%,有效磷相对比较匮乏,pH值处在4.5～5.5区间内。占全省土地总面积的21%。

(5)黄棕壤。该种土壤垂直分布于红壤、黄壤与棕壤的中间,滇南在海拔为1800～2400米的区域中,土层比较厚且结实,表层有机质为5%,肥力高,呈酸性、弱酸性,大约占总土地面积的10%。

图1-5 茶园土壤切面

3. 茶区气候

由于长期处于特殊的地形地貌中以及印度洋、太平洋季风的作用,当地气候具有多变的特征,寒、温、热三带兼备,气候垂直变化显著,具有典型的"一山可以划分为四季,十里之内的天都是各有差异的"气候特征。依据全国气候的划分标准,云南的气候类型属于热带、亚热带,具有夏热冬干、雨热同季的典型特征,降雨的有效值非常高,全境除了个别区域,几乎没有明显的严寒盛暑的特征,拥有得天独厚的热量资源。年平均气温大都在17～20℃,相对湿度大部分县都在80%左右,年降雨量多数县为1000～2000毫米。

4. 茶区分布

云南16个地州,有15个地州有茶(除迪庆州外),129个县市中有120个产茶,93%的地区为茶区。

以澜沧江流域、地域最广,面积最大,产量最大,其面积和产量占全省60%以上,著名普洱茶区(普洱茶区、西双版纳茶区、临沧茶区、保山茶区)几乎全都在此区域。而且这一区域广大地区,到处都是雾锁千树茶,云开万壑葱,云南大叶种(普洱茶种 C. sinensis var assamica)几乎也在这一区域。这里的生态环境极其优越,如古时的六大茶山、攸乐山、南糯山、布朗山、大渡岗、邦马山、勐库、临沧、凤庆、云县、南涧、大理、云龙、保山、施甸、龙陵、昌宁、腾冲、潞西、盈江、思茅、景谷、景东、镇沅、普洱、澜沧、江城、元阳、安宁等山区茶园平均海拔高度为世界茶区所罕见。

二、主要普洱茶茶区

1. 版纳茶区

西双版纳地处于中国云南省南端地区,毗邻老挝、缅甸等国家的山水,相靠于泰国、越南等国家,共计2万平方公里的面积,国境线长966公里。西双版纳辖景洪市、勐腊县等,面积总计为6959平方公里。山区6662平方公里,大约是总面积的95%;坝区341.1平方公里,是总面积的5%。

西双版纳茶区的气候类型主要为热带、亚热带季风气候,年均气温维持在21℃的水平,这里的人们从来没有见过当地降过冰雪。该地区一年分为两季,每年11月至次年4月是旱季;5月至10月为雨季。1月天气最冷,月均温度大约为16℃,6月天的温度最高,均温为28℃。中等海拔区域共有超过320天的无霜期,低海拔几乎从来没有霜降;年日照时长为1800~2200小时。该区集中分布在海拔为800~1800米的区域内,相对湿度超过82%、年降水量为1300~1800毫米的山地、土壤等区域,其土壤类型为赤红壤、砖红壤,层厚肥高。拥有良好的生态植被条件,主要是一些橡胶林、阔叶林等,植被覆盖率超过了50%,是种植茶树的最佳地理环境,拥有丰富的种质资源。

西双版纳茶区内的古茶树、古茶园面积共12万亩(每亩约等于666.7平方米),生存周期超过1年的上古茶园面积高达82234亩,具体情况为:勐海县46216亩,勐腊县27793亩;这种保存完备的古茶园、古茶树非常罕见,极其珍贵,非常适宜于茶叶历史的研究探讨,同时还可以生产最优质的绝佳普洱茶。在西双版纳勐海的省茶叶研究所中,通过充分整合各种优质的茶树种质资源,现已培育出了"云抗10号""云抗14号""长叶白毫""云选9号"等众多云南大叶茶种的最佳无性系品种。

正因为西双版纳拥有得天独厚的地理位置,优越的气候环境,土壤肥力高,阳光充沛,温度适中,雨量丰富,植被多样,为茶叶的生长与发展提供了良好的外部环境条件,因而可以进行有机茶、绿色食品茶、无公害茶的大规模生产。

茶叶在西双版纳已历经了长期的发展,拥有有悠久的历史文化,植茶历史与民族文化两者之间相互融合,从而造就了多元化、独特性的茶文化。"古六大茶山"是指西双版纳境内的攸乐茶山、革登茶山、倚邦茶山、莽枝茶山、蛮砖茶山、曼撒(易武)茶山,深厚的历史积淀和得天独厚的地理气候条件使西双版纳成为普洱茶的主产区,西双版纳地区的涉茶人口推动着当地茶叶产业稳步发展。

2. 普洱茶区

普洱位于云南省西南部地区,毗邻西双版纳,在北回归线上。其内部包含了汉族以及傣、佤等十几个少数民族。

普洱茶区覆盖面广泛,普洱区内共有镇沅千家寨、景谷、景东、孟连等八大著名茶区,是普洱茶的核心产区之一。年均温度范围在15～20.2℃,最冷(1月)均温为10.3～13.2℃,最热(5、6月)均温为17.9～24.6℃,年差气温为7.9～12.3℃,四季交替不明显,全年几乎没有霜降。年降水量大约在1100～2780毫米的水平,大部分地区为1300～1600毫米,第一年的11月至第二年的4月都属于旱季,降水量低于全年的15%;5月到10月期间均为雨季,降水量高达全年的85%。全市降雨天数超过150天,相对湿度维持在76%～85%,年日照总时长为1873.9～2206.3小时,日照覆盖率一般在43%～50%。普洱的冬季并不寒冷,夏季也不炎热,全面气温持平,温和无显著变化。"一山有四季,十里不同天"是普洱最为显著的气候特征,这为茶树的生长提供了一个良好的外部环境保障。

普洱茶区的茶树种质资源非常丰富多样,有景迈山古茶园等多个独特的古茶园。普洱区的土地面积总计为6652万亩,是该省面积最大的城市。海拔低于1400米的热区面积共计3480万亩,是市总面积的51%,是市热区总面积的28.6%。普洱茶区的海拔平均在1200～1800米范围内,年平均气温为17.8℃,有效积温大约为4500～7500℃,年降雨量总计为1000～2000毫米,雨热可出现在同一季节,拥有充沛的阳光与日照,主要土壤类型为砖红壤,pH值维持在4～6,茶树四季均可生长,品质基本相同,是茶树生长环境最佳的Ⅰ类地区;普洱茶园更多地集中在山区、半山区等,与污染源相距比较远,由于各种地理条件、经济水平、种植方式等多重影响因素的共同作用,茶叶农药的残量远低于我国平均水平,有利于无公害茶、有机茶的生长与制备。

普洱市实行"以茶名市、以茶富市、以茶兴市"的经济发展战略,集中全力打造一个"世界茶源、中国茶城、普洱茶都"的经典品牌。

截至2018年末,全市农户共有20多万、100多万农业人口都已涉及茶叶生产的事业工作,茶园面积总计为160万亩,乔木型为35万亩;现代茶园面积总共为30万亩,茶叶产量12万吨,其产量、面积位居全省第二。茶叶生产在这几年中得到了飞速的发展,高产量、品性优良的良种茶生产比例得以持续提升,茶叶产量和质量呈现稳定增长的趋势。

3. 临沧茶区

临沧位于澜沧江、怒江之间,年均温度维持在17.5℃的水平,年降水量为1400毫米,北回归线穿过其境内,气候温和无明显差异,阳光充沛,纬度低,海拔高,拥有丰富优质的水资源,红壤pH值呈酸性,为茶树的生长提供了良好的环境条件。高海拔地区的茶叶生长时间比较长,品性优良,即"高山云雾出好茶"。茶园集中分布在温暖湿润、云雾密布的澜沧江两岸之间的深山密林中,与污染源相距比较远,是得到全国高度认可的无公害茶,土层深厚,落叶层比较厚,土壤的有机质含量丰富,土壤肥力高,透气性能优良,气候温暖湿润,适宜茶叶的生长,拥有丰富良好的茶树资源。茶叶品性优良。1982年,我国茶叶专家吴觉农明确指出,临沧可以建立全球一流的大茶园。

临沧是云南地区的第一产茶城市,是普洱茶原料以及勐库大叶种茶规模最大的原生地,同时还是闻名的"滇红之乡"。临沧茶园的海拔为1500～2000米,茶园总面积共计143.5万亩,总产量可高达12.5万吨,野生古茶树面积总计为40万亩,栽培型古茶园总面积大约为65万亩(百年古茶园超过9万亩),无性系优质茶园为35万亩,有机为3.5万亩。涉及茶事业的人口非常多,全市人口为230万人,农业人口为190万人,涉茶人口为160万人。

4. 保山茶区

保山位于云南省西部地区,整体地势分布为北高南低,怒江从北到南全面贯穿,澜沧江穿过了东部地区,是云南主产茶区中纬度高、海拔高、气温低、雨量少的极值地区。辖区保山市、施甸等地区,都已经实现了茶叶的大规模生产。

保山境内拥有得天独厚的自然环境,是茶树生长的最适宜地区,拥有丰富的茶树品种资源,同时也是云南"滇红"及普洱茶的核心产地之一,由1986年到1987年这一段时间,昌宁、腾冲、龙陵三县均是我国第一批优质茶基地县、出口红茶商品基地县。市内共有10万亩无性系良种茶叶,15万亩为无公害茶叶种植地。

2018年年底,保山茶叶面积总计为68.3万亩,产量5.1万吨。涉茶事业人口共达60多万人,是全市总人数的1/4,茶农人口共计45万人。茶叶集中于25个主产茶乡镇,当地40%农民家庭的主要收入来源均是茶叶。茶产业产值是总值的5.4%,是当地的主要支柱产业之一。

第四节 茶 树 品 种

一、古茶树、古茶园

云南拥有得天独厚的地理位置与生态条件,为古茶树(图1-6和图1-7)资源的孕育提供了良好的条件,云南茶树资源丰富多样,是古茶树、野生茶树等品种分布最为广泛的一个省份。各种丰富的资源均见证了云南茶树原产地的发展历程,是人类文明的宝贵财富。

图1-6 古茶树(1)　　　　图1-7古茶树(2)

1. 普洱市古茶树群落

普洱市古茶树群落具有分布广泛的特征,主要在无量山、哀牢山等地区,海拔为1450～2600米。全区茶组植物共有2茶系、4茶种。野生茶中主要的品种是大理茶种(C. taliensis),景东、镇沅等地也分布了一定量的滇缅茶种(C. irrawadiensis);栽培茶中主要品种是普洱茶种(C. assamica)以及微量的茶种(C. sinensis);同时,澜沧县富东乡有一种珍奇的过渡型茶树邦崴大茶树(Camelliasp.)。普洱市野生大茶树分布在镇沅、景谷、景东等地区。依据相关数据统计,野生茶树大约分布在7县29处,主要形态为散生,大多数生长于原始森林。千家寨古茶树群落是其中的代表性地区,集中分布在镇沅县九甲乡等地的原始森林里,地理位置在东经101°14′,北纬24°7′,海拔持平在2100～2500米范围内。千家寨上坝1号古茶树的平均高度为25.6米,胸径平均为0.89米。依据相关调查,千家寨附近的2000公顷原始森林中的茶树优势地总计6片,具体包括上坝、古炮台、大空树、吊水头等,总面积共达666.6公顷。九甲猴子箐大约有2块面积为666.67公顷生长良好的古茶树群落,胸径都超过了0.60米,树高为20米的古茶树遍布各地。典型的就是位于澜沧县地区的一块面积为666.67公顷的古茶园。景迈古茶园的地理位置在澜沧县景迈与芒景中间位置,海拔平均为1500～1700米,是一种非常独特的栽培型古茶园。依据相关记载,保留至今的古茶树基本都是明、清时期人为种植或自然生长的,树高2～5米,底部的直径为0.2米,株距2～4米。

西双版纳傣族古茶园,遍布于海拔760米至2060米等各个地区,其中最低的位于勐腊县曼乃新寨,最高的位于大黑山,分布最为密集的在海拔1400～1800米山区中,"古六大茶山"便在此地。古茶园集中分布在勐海县巴达乡、勐混乡等地区,勐腊县的象明乡等,景洪市基诺乡等地。其野茶树的茶园面积共计高达5333.3公顷,主要是人工栽培的古茶园,树龄分布较宽,最短有100年,最长可至1700年,大多集中在200～500年树龄。其中最有代表性的便是南糯古茶山,其地处于勐海县,总面积共计为1000公顷,是云南省一个面积最大的以栽培型为主的著名古茶园。树高2～5米,直径超过0.2米;主要是一些小乔木大叶,以及其他的乔木类,享有广泛声誉的"古茶树王"南糯山大茶树便生长于此;勐腊县曼腊乡有高为23.5米的大茶树,是全球自然生长栽培型最高的一棵古茶树。当地茶组植物共涵盖了3茶系、7种以及少量的变种。人工栽培型古茶园中分布最为广泛的就是普洱茶种(Camelliaassamica),以及勐腊县800公顷的茶种(C. sinensis)(倚邦小叶茶);苦茶变种(C. sinensis var. kucha)集中分布在景洪、勐宋等地;勐腊县和景洪市还有勐腊茶(C. manglaensis)、滇缅茶(C. irrawadiensis)、多萼茶(C. multisepala)等各种品种稀奇的茶种。野生茶树群落主要位居于大黑山里海拔高达1900米的森林中。由于大阔叶林的全面覆盖,茶株的生长非常茂密集中,基部围均超过了1米,1.5米以上的共有11株,野生茶树王"巴达大茶树"便生长于此。野生茶树大多都是大理茶种(C. taliensis),具有叶片绿、新叶红、叶毛稀、树干白、苔藓地衣密布等特征,多种藤本植物缠绕生长在上面。与野生茶树混生相似的还有一种厚短蕊茶(C. pachyandra)。

2. 临沧市古茶树群落分布

临沧市拥有丰富、多样的茶树资源,南始于单甲乡,北到达诗礼乡,全长为200千米,平均海拔为1050～2750米,在9000平方米面积的原始森林以及次生林中,分布着大量的古茶树群落,面积都大于10000公顷,其拥有大量的古茶树遗存,有一定的象征性。全区茶组共计4茶系、7茶种。野生茶中主要包括大理茶种(*C. taliensis*)、滇缅茶种(*C. irrawadiensis*)等,临沧市有一个独特的品种,即大苞茶种(*C. grandibracteata*),非常罕见,其他地方均未见;栽培茶具有代表性的为普洱茶种(*C. assamica*),但也有一定量的茶种(*C. sinensis*)、细萼茶种(*C. parvisepala*)和勐腊茶种(*C. manglaensis*)。临沧古茶树群落大多都是野生茶树,集中分布于双江、凤庆等地区,最具象征意义的野生茶树资源就是双江勐库野生古茶树。具体位置在东经99°46′～99°49′,北纬23°40′～23°42′,海拔大约在2250～2800米的水平。总面积为666.67公顷,密度1样方(62m²)19株,整个群落中的一个优势种群就是大理茶种(*C. taliensis*)。基围超过1.5米茶树遍布各地,最大基围为3.25米,高15米,冠幅为10.6～13.7米,在全球范围内都称得上是一个海拔最高、密度最大的茶种群落。

临沧茶区人工栽培茶树已历经了1000多年的发展历程。凤庆、双江等地区均分布着高树龄的栽培型大茶树,凤庆香竹箐大茶树的基围5米,高9.3米,冠幅大约为7～8米,是最粗的一棵大茶树。最有代表性的栽培型古茶树群落就是所谓的冰岛古茶园,其发展历程已有500年。在2002年的一次调查中,基部干径在0.30～0.60米范围内的古茶树共有1000多株。德宏、红河、文山等地区也分布着一定量的古茶树,具体包括德宏州、红河州、文山州等地。虽然群落面积比较小,但有大量的云南茶组种类,文山、红河两个地区已经发现了17种以及2变种的茶组植物,9个是云南地区独有的树种。

3. 保山市古茶树群落分布

保山市的腾冲、高黎贡山等地都分布着一片片古茶园以及散种区。保山隆阳区、施甸关摆马村的栽培型大茶树的树龄可以长达300～800年。古茶树群落的垂直分布海拔在1200～2400米范围,大多数为1640～2200米,百年树龄的古茶树面积共计666.67公顷。全市共有茶组植物3茶系、5茶种。野生茶中的主要代表为大理茶种(*C. taliensis*)、滇缅茶种(*C. irrawadiensis*);栽培茶的代表性品种为普洱茶种(*C. assamica*)、茶种(*C. sinensis*)具有分布广泛、幅员辽阔的特征,勐腊茶种(*C. manglaensis*)在昌宁、隆阳等地也有一定量的分布。同时,当地还存在大量山茶科非茶组植物,具体包括落瓣油茶(*C. kissi*)、怒江红山茶(*C. saluenensis*)、猴子木(*C. yunnanensis*)等。保山市栽培古茶树群落最为集中的就是腾冲坝外以及上营文家塘两大古茶树群落,树高大约在6～12米,基围在30厘米以上,树龄为300～500年。

二、云南大叶种茶树品种介绍

云南大叶种是中国著名茶树良种,主要包括勐库大叶种(又名大黑茶)、凤庆大叶种和勐海大叶种等。原产云南省西南部和南部澜沧江流域,主要分布在云南省双江、澜沧、勐海、凤庆、昌宁、云县、保山、元江等县(市)。

1. 勐海大叶茶

又称佛海茶。属有性系、乔木型、大叶类、早生种。

最初的产地在西双版纳格朗乡南糯山。集中分布于西双版纳等滇南茶地区。植株最高达7米以上。芽叶肥壮,黄绿色,茸毛多,鲜叶叶片呈长椭圆形,叶长16厘米,宽9.5厘米左右。叶着生状态稍上斜,叶色绿,叶肉厚而软,叶面隆起、革质。新梢年生长5~6轮。春茶开采期在3月上旬,一芽三叶盛期在3月中旬。春茶一芽二叶干样约含氨基酸2.3%、茶多酚32.8%、儿茶素18.2%、咖啡碱4.1%。芽叶生育力强,持嫩性强。

此种茶茶气强烈浓厚,味道烈而甜,最适宜于普洱茶的加工制备。

2. 凤庆大叶种

又名凤庆长叶茶、凤庆种。属有性系、乔木型、大叶类、早生种。我国1984年第一次批准的国家级优良品种,为其编号"华茶13号(GsCT13)"。

此茶的产地在临沧市凤庆县等各地区,是明代时期的《徐霞客游记》中提及的"太华茶"。集中分布在凤庆、昌宁等滇西产茶的多个地区。叶长椭圆形,鲜叶叶长13.5厘米,宽5.5厘米,叶着生状态稍水平,叶尖渐尖,叶质柔软,叶缘平,叶色绿,锯齿稀而浅,叶脉8~10对,芽头绿色肥壮,茸毛多。春茶一芽二叶含氨基酸2.9%、茶多酚30.19%、咖啡碱3.2%、儿茶素总量13.4%、水浸出物45.83%。

成品茶具有条秀、鲜爽等优良特性,收敛性相比于勐库茶比较弱,味道浓烈,带有一定的甜味,最适宜于普洱茶的加工。

3. 双江勐库大叶种

属有性系、乔木型、大叶类、早生种。

双江勐库茶叶被中国茶叶界权威赞为"云南大叶茶正宗""云南大叶茶的英豪"。勐库大叶茶是有性群体优良茶树品种。1984年,全国茶树良种审定委员会将其认定为第一批全国优良茶种。

此茶原产于双江县勐库镇冰岛公弄村。在明初勐库土司时开始广泛种植,原种种性纯度高,主要分布在双江、临沧、镇康、永德、凤庆、昌宁等县。鲜叶叶片较大,长13.8~21.9厘米,宽5.8~9.0厘米,以椭圆形为主。叶着生状态稍上斜,叶尖急尖,芽叶肥壮,叶色绿色,叶肉厚而软,革质,叶缘平,锯齿密而浅,主脉明显,芽叶肥壮,茸毛多,持嫩性强。育芽能力强,发芽早,易采摘。茶多酚与儿茶素含量高。春茶一芽二叶含咖啡碱4.04%、氨基酸1.66%、茶多酚33.76%、儿茶素18.25%、水浸出物48%。

此茶茶气特强,滋味浓烈甘甜,适合制作红茶、普洱茶及绿茶。

4. 南糯山大叶茶

属有性系、乔木型、大叶类、早生种。

最初的产地在我国西双版纳格朗河乡南糯山等地区,是当地最为关键的一个栽培品种,同时还被认定为"南糯山茶树王"后代。春茶一芽二叶中的成分含量:氨基酸为2.1%,茶多酚为31.9%,咖啡碱为4.1%。

这种茶具有非常强的收敛性(茶气),味道浓烈且甜,最适宜于普洱茶的加工。

5. 邦东大叶茶

亦称"邦东黑大叶"。属有性系、乔木型、大叶类、晚生种。

原产于云南临沧邦东乡曼岗村。鲜叶芽叶绿色,茸毛多,春茶一芽二叶含氨基酸2.8%、茶多酚28.3%、儿茶素总量18.5%、咖啡碱4.4%。

此茶茶气特强,滋味浓烈甘甜,适合制作红茶和滇绿,红碎茶味浓强鲜爽,品质优良。适宜在滇西南红茶、绿茶区种植。

6. 冰岛长叶茶

属有性系、乔木型、大叶类、中生种。

其最初的产地位于云南省双江勐库乡冰岛村。鲜叶叶片特大,叶形长椭圆,芽叶黄绿色,茸毛特多。春茶一芽二叶的各种成分含量:氨基酸3.4%、茶多酚35.1%、咖啡碱4.9%、儿茶素16.7%、水浸物48.1%。

这种茶具有非常强的收敛性(茶气),味道烈而甜,可用于普洱茶的加工制备,是绝佳的上品。

7. 荞水大叶茶

属有性系、乔木型、大叶类、中生种。

最早的产地在云南省漭水乡黄家寨。鲜叶叶片非常大,叶形比较长且圆。叶子的颜色为绿色,具有良好的光泽,叶面略微隆起,叶质比较绵软。嫩芽为黄绿色,丰厚肥满,茸毛密布。春茶一芽二叶中的各成分含量分布:氨基酸3.2%、茶多酚34.9%、咖啡碱4.9%、儿茶素26.7%、水浸物50.0%。

8. 云抗10号

属无性系、乔木型、大叶类、早生种。

云抗10号是云南省农科院茶叶研究所1954年从南糯山自然群体中单株选出南糯大叶54-20之抗寒后代,经系统选育而成的品种。审定编号:滇茶一号。1987年,已经顺利被全国茶树良种审定委员会组织批准且认定为国家级良种之一,为其编号"华茶50号(GSCT50)"。芽叶肥壮,黄绿色,茸毛特多,育芽力强而密。叶椭圆形,叶长13厘米,宽5厘米左右,叶色黄绿,叶脉明显9~11对,叶肉稍厚,叶质较软,叶面隆起,稍内卷,叶缘微波,锯齿粗浅,叶尖急尖。叶着生较平。春茶一芽二叶含氨基酸2.9%、茶多酚35.4%、儿茶素15.4%、咖啡碱6.2%、水浸出物45.5%。

此品种茶气较强,滋味浓烈甘甜,制红碎茶香气甜香、高鲜,滋味浓鲜;制绿茶香气带花香,滋味较浓爽、回味、带花香。

9. 云抗14号

属无性系、乔木型、大叶类、中生种。云抗14号是云南省农科院茶叶研究所于1956年从南糯山群体良种中选单株引种,经无性选择繁育选出之抗寒后代。审定编号:滇茶二号。1987年,全国茶树良种审定委员会将其认定为国家级优良品种之一,编号为"华茶51号(GSCT51)"。

鲜叶肥厚丰满,形状长且圆。颜色呈现深绿色,有良好的光泽,叶面略微隆起,叶质非常厚且软,叶身微微卷起,叶边呈明显的波浪状。嫩芽肥厚,呈现黄绿色,茸毛密布,具有良好的持嫩性。春茶一芽二叶的各种成分含量为:氨基酸4.1%、茶多酚36.1%、咖啡碱4.8%、儿茶素14.6%。

这种茶具有较强的茶气,味道强烈浓厚,最适宜于普洱茶的加工。

10. 云抗37号

属无性系、乔木型、大叶类、晚生种。1995年,云南省农作物品种审定委员会将其划定为省级优良品种之一。云南省农业科学院茶叶研究所将其育成。

鲜叶的形状长且圆。颜色为黄绿色,叶面有略微的隆起,叶质丰厚软绵。嫩芽肥厚壮大,叶片为黄绿色,茸毛密布,具有非常强的持嫩性。春茶一芽二叶的成分含量分布为:氨基酸2.4%、茶多酚39.3%、儿茶素16.3%。具有非常强的茶气,味道浓且甜。

11. 易武绿芽茶

又称易武大叶茶。属有性系、乔木型、大叶类、中生种。

原产于西双版纳勐腊县易武镇。易武地区茶生长季节平均温差不大,白天27～32℃,晚上降温缓慢,故茶叶进行光合作用效率低,叶绿素制造缓慢,滋味充足,甜滑性好。此茶叶片特大,芽叶较肥壮,颜色绿带微紫,茸毛多。茶梗瘦长,叶片角质化单薄。新梢年生长5轮。春茶开采期在3月上中旬,一芽三叶盛期在3月下旬,产量中等。春茶一芽二叶干样约含氨基酸2.9%、茶多酚31.0%、儿茶素总量24.8%、咖啡碱5.1%。

此品种茶气特强,滋味浓烈甘滑,耐泡,不宜重闷,是加工普洱茶的上乘品种。

12. 元江糯茶

又名软茶。属有性系、小乔木型、大叶类、中生种。

原产云南省元江县羊岔街和猪街。主要分布在云南玉溪地区各产茶县。此茶叶片特大,呈椭圆或卵圆形,叶长18厘米,宽8厘米左右,叶着生状态稍上斜,叶尖钝尖,叶色绿或深绿,有光泽,芽叶肥壮,叶肉厚而软,叶缘平,锯齿粗而浅,芽叶肥壮,育芽力强,黄绿色,茸毛特多,芽叶持嫩性强,新梢年生长5轮。春茶开采期在3月中旬,一芽三叶盛期在4月初。产量高,比当地其他群体种高20%。春茶一芽二叶干样约含氨基酸3.4%、茶多酚33.2%、儿茶素总量10.0%、咖啡碱4.9%。

适制红茶和普洱茶,品质优良。

13. 景谷大白茶

属有性系、乔木型、大叶类、中生种。

大白茶是一个唯景谷独有的品种,相比于普通普洱茶,普通茶的嫩芽处会长出白毛(白毫),这种白毛只有在某一季节才会长出。1981年,大白茶被划定为云南省八大名茶之一,属于地方名茶的优良品种。

原产于云南省景谷县民乐乡秧塔村。此茶叶片特大,长椭圆形,叶色黄绿,芽叶粗壮,叶面隆起,叶肉厚,叶质较软,叶缘平直,叶脉有茸毛,叶脉11对左右,茸毛特多,闪白色银光。生长势和持嫩性均强,发芽整齐,新梢年生长6轮。春茶开采期在3月上旬,产量高,春茶一芽二叶干样约含氨基酸3.8%、茶多酚29.9%、儿茶素总量15.3%、咖啡碱5.2%。这一品种具有非常强的茶气,味道浓且甜,囊括了云南大叶种茶树原料的多重优良品性,适合制作红茶、绿茶和普洱茶。

此茶茶气特强,滋味浓烈甘甜,是加工普洱茶的上乘品种。

14. 小古德大叶茶

属有性系、乔木型、大叶类、晚生种。

最早产于大理市小古德茶场。鲜叶的叶片非常大,形状多为椭圆、长椭圆形。颜色深绿,光泽良好,叶面有略微的隆起,叶质肥厚但较脆。嫩芽为绿色,茸毛密布。春茶一芽二叶的成分含量分布为:氨基酸1.3%、茶多酚32.1%、咖啡碱3.4%、儿茶素26.7%。

这种茶具有较强的收敛性(茶气),味道浓且甜,是加工普洱茶的上乘品种。

15. 田大叶茶

属有性系、乔木型、大叶类、早生种。

最早的产地位于云南省保山市腾冲县团田乡(腾冲最早开发使用茶树,历史悠久)。鲜叶叶片较大,形状多呈现为椭圆或卵圆。叶子的颜色呈现为绿色,叶面略微地鼓起,叶质绵软,嫩芽呈现黄绿色,茸毛密布。春茶一芽二叶的主要成分含量为:氨基酸2.4%、茶多酚33.0%、咖啡碱5.0%、儿茶素22.8%。

这种茶具有非常强的收敛性(茶气),味道浓且甜,最适宜于普洱茶的加工制备。相似的品种风格为"腾冲浦川大折浪茶"。

16. 云选9号

属无性系、乔木型、大叶类、中生种。云南省农科院茶科所1975年从双江勐库茶中系统选育而成。1995年,云南省农作物品种审定委员会将其划定为省级优良品种,与云抗37号具有相同的来源,勐库种的后裔品种。

鲜叶叶长椭圆形,叶长17.8厘米,叶宽6.5厘米,芽叶肥壮,叶色绿黄,茸毛特多,持嫩性强。内含水浸出物46.24%、茶多酚33.18%、儿茶素16.1%、氨基酸2.93%、咖啡碱5.48%。

茶气较强,滋味浓强甘甜。制绿茶具有熟板栗香味,制红碎茶外形紧结较重实匀齐,香气嫩香高锐,制工夫红茶香气清甜,滋味浓醇,是优质红茶品种。

思考题

1. 请论述普洱茶的发展现状。
2. 请简述普洱贡茶的发展。
3. 简述现代普洱茶加工技术出现的原因。

第二章　普洱茶加工学

第一节　普洱茶加工技术的历史发展与产品
花色品种的演变

　　普洱茶区的种茶历史长达1700多年,普洱茶制法也历经多次演变,其品质特性发生了显著的变化。加工演变过程可划分为3个不同的阶段:①唐宋之前的散收无采造法;②清末之前的普洱茶;③现代普洱茶。

　　20世纪70年代以来,现代普洱茶(即普洱熟茶)加工工艺逐步走向成熟。根据微生物接种方式的不同,普洱茶加工工艺可分为两种:一是人工渥堆快速发酵,即利用周围环境中的微生物自然接种发酵生产普洱熟茶,这实际上是一个复杂的多种微生物发酵体系。二是人工接种优势微生物进行微生物固态发酵加工生产普洱熟茶,此工艺是利用普洱茶中分离出的有益微生物,经纯化、快繁等工序,将纯化的有益菌种按照一定的数量比接种于普洱熟茶的加工原料,用于发酵生产普洱熟茶,在这一生产过程中,结合人为控制固态发酵时间、发酵用菌量及发酵茶叶的温度和湿度等方法,加工的普洱茶具有优良的品性、耐泡、生产周期短等多重典型特征。以上方法都可以依据微生物渥堆发酵的原理进行普洱茶的大规模生产与制备,微生物的作用是不可替代的。研究普洱熟茶发酵过程中的微生物及其与普洱熟茶品质的相互关系,对普洱茶产业的发展具有重要意义。目前,这方面的研究已取得一些成果。

　　普洱熟茶的品性与原料鲜叶、晒青毛茶成分、制造工艺、储存环境、时间等多种因素有直接的关系。

第二节　普洱茶原料的加工

一、产地分布

　　纵观普洱茶的发展历程,若将"古六大茶山"划定为普洱茶原产地中心予以理解与认知,那么自1973年以来其产地可一直延伸到昆明、大理等多个地方。在发展普洱茶的过程中,昆明、大理、下关、临沧、凤庆、镇康、沧源、保山、潞西、勐腊等县(市)已成为云南普洱茶的重要生产地。

2006年对云南普洱茶的原产地区域保护在地理范围有了新的界定:普洱茶生产区域又扩展到思茅、临沧、昆明、大理、保山、文山、红河等地州(市)。《普洱茶产地环境条件》(DB53/T171—2006)中明确指出:"普洱茶产地范围在云南省北纬21°08′～25°43′,东经97°30′～105°38′的区域;海拔800～2300米,年均气温15℃,极端最低气温-6℃,活动积温4600℃以上,降雨量800毫米左右……"区域的扩大及确定为云南的普洱茶走入国际市场有了统一定位。

二、适制品种

研究表明,茶树品种中含有丰富的基质茶多酚、氨基酸等物质,其含量与普洱茶品性呈正相关的关系,芽叶(图2-1)肥厚、茸毛多可谓是上品。最适宜于加工制备普洱茶的鲜叶品种有勐海大叶茶、易武绿芽茶、元江糯茶、景谷大白茶、云抗10号、云抗14号、云选9号、双江勐库大叶种、凤庆大叶种等品种。

图2-1 茶 芽

三、鲜叶分级

根据云南大叶种茶树生长特性和普洱茶原料加工的要求进行合理采摘。鲜叶应采自符合普洱茶产地环境条件的茶园,应新鲜、匀净,无其他植物和杂物,并符合DB53/T1726—2006的要求。鲜叶分级指标见表2-1。

表2-1 鲜叶分级指标

级 别	芽叶比例
特 级	一芽一叶占70%,一芽二叶占30%
一 级	一芽二叶占70%,同等嫩度其他芽叶占30%

（续表）

级　别	芽叶比例
二　级	一芽二、三叶占60%,同等嫩度其他芽叶占40%
三　级	一芽二、三叶占50%,同等嫩度其他芽叶占50%
四　级	一芽三、四叶占50%,同等嫩度其他芽叶占50%
五　级	一芽三、四叶占70%,同等嫩度其他芽叶占30%

四、云南大叶种晒青毛茶的加工

普洱茶原料的加工工艺主要为:鲜叶→摊晾→杀青→揉捻→解块→干燥等工序。经加工而成的普洱茶原料具有条索紧结、色泽墨绿或褐绿、汤色橙黄明亮、有日晒气味的特征。

（1）摊晾（图2-2）。摊放厚度一般都是以15～20厘米为度。鲜叶摊放程度,观察鲜叶呈碧绿色、有墨绿之感,叶片柔软即可,失重率处于20%～25%的范围内,以使杀青工序顺利进行和提高内质。在大叶种鲜叶摊放过程中,尽量少翻动,最好不翻动,应保持稳定的摊放状态,最多小心翻动1～2次,因为大叶种叶质柔软,频繁翻动极易损伤叶子,从而导致红变。

图2-2　摊　晾

（2）杀青（图2-3）。杀青的方法分锅炒杀青和蒸笼杀青两种:

①锅炒杀青:杀青锅温应该保持在240～300℃范围内,依据鲜叶原料老嫩程度,应该对投茶量予以严格把控。春秋时节可以增加投茶量,夏季减少投茶量。当鲜叶下锅之后,使用双手将其不停地翻炒,直到叶子的温度升高至手烫时为止,这时应该使用右

手拿着炒茶杈,左手拿着草把,从右到左不断地翻炒,使叶子均匀加热至一定的温度,使用双手拿着木杈由前到后不断地翻炒至均匀,直到"噼啪"声发出即可,将叶子不断地予以抛炒和闷炒等操作,使叶子的水分得以蒸发散出,不断地翻炒上两三次,每一次大约为8~10杈。杀青的周期,一、二级鲜叶为4~5分钟,三、四级为6~7分钟。从杀青叶色转变至青绿色,手捏成团状,叶子不焦灼,有清香时即可达到杀青适度。扫出茶叶,趁着热量高将其予以揉捻。

图2-3 杀 青

②蒸笼杀青。手工生产是将鲜叶薄摊在蒸笼内用蒸汽蒸;工业化大生产则采用蒸汽锅炉产生的热蒸汽,通过蒸青机来进行杀青处理。茶叶在蒸青时必须掌握恰当。蒸青必须蒸透,但蒸青过度和蒸青不足一样,都会给茶叶品质带来不利的影响。蒸青适度的茶叶,叶色青绿,底面色泽一致,清甘香味,无青草气。叶色柔软而有黏手感,梗折不断;蒸青过度,叶片褐黄,香气低闷,缺乏清香;蒸青不足,叶背有白点,梗茎易折断,挤出的叶汁有青臭气。对于蒸青时间的长短,应视原料老嫩、水分多少和品种而定。因为含水量越高的茶叶其热传导性就越好,故细嫩、水分多的叶子,施肥量多的叶子,蒸的时间可以短些;含水分少和较硬的老叶,时间要延长些。夏秋茶涩味重,水分少,应充分地蒸,以减少涩味,一般在15~45秒之间。时间的长短用调节蒸桶的倾斜度来控制。蒸青使用的温度为98~100℃。

(3)揉捻。普洱茶原料加工时根据鲜叶老嫩的不同,粗老的鲜叶在揉捻的过程中必须注重轻轻地按压,揉机转速要保持在一个较慢的速度,揉捻时间适中,否则会导致叶肉与叶脉发生严重的分离,从而形成"丝瓜络",梗皮脱落之后即可形成大量的脱皮梗。在生产过程中,揉捻时间与加压程度必须依据茶叶的新鲜程度以及揉捻机转速予以确定,一、二级茶在揉捏时,首先揉捏大约5分钟,再对其予以加压5分钟,松压轻揉大约5分钟;三、四级茶因叶子比较老,加压较轻,揉捻可缩至10分钟。后发酵茶上机复揉时加压不宜重,复揉时间一般是一、二级茶揉5~7分钟,三、四级茶约揉10分钟。必须满足一、二级茶条索紧卷的要求,三级茶泥鳅茶比较多,四级茶会发生皱褶效果。复揉茶坯应该保持一个较短时间的摊放,必须尽快干燥,不断翻炒,将其予以透气散热处理。

（4）解块。在解散团块的过程中，如果不停地抖松条索，会对条索紧度造成一定的影响，所以不解散团块，应保持块状的形态。细嫩叶非常小，应该增加投叶量；粗老叶的体积非常大，应减少投叶量。细嫩的叶子，采取一次揉捻；较老叶子，可分二次揉捻，中间解块一次。一、二级的杀青叶，以一次揉捻为主，揉捻之后将其予以解块筛分处理。三级或者老嫩分布不均的杀青叶，应该分多次予以揉捻处理。中间过程中进行解块筛分，头子二次揉捻。解块筛分的筛网配置要求应该为：上段4孔/25.4毫米；下3孔/25.4毫米。在操作的过程中，上叶要均匀，筛底叶继续下一步加工，粗头可再揉捻一次，以使茶条更加紧结。

（5）干燥。普洱茶原料加工的干燥主要是通过日光干燥。加工后的普洱茶原料含水量在10%左右，就可以经过较长时间的保存，同时还能让其向着普洱茶品质形成的方向发展。但是普洱茶原料中具有非常高的含水量，茶叶中发生大量的化学反应，微生物的生长速度非常快，茶叶即可快速霉变，阻碍了后续的加工流程。

采用干净的摊笆，将揉捻形成的叶薄放置在摊笆上面，在日光下晒上30～40分钟，转移到比较阴凉的地方摊放上10～15分钟，晒上大约一两次直至完全干燥。将茶条作以紧结操作，在中间应该重复揉捻。普洱茶原料的干燥时间长，在各种自然条件的共同作用下，阴雨天只能在家庭中使用厨房锅灶的余热予以烘干处理，直至晾干，但干燥茶叶品质较差。总的来说，普洱茶原料的干燥成本低，但应注意摊晒时的卫生，不能混入其他非茶类夹杂物。普洱茶原料加工厂必须具备一定加工要求的专用晒场。晒场可采用水泥、地板砖、竹木、不锈钢等各种材料予以建立，保持其干净的状态，与冲洗设施配套共同使用，保持时刻洁净无垢。

第三节　普洱茶（生茶）的加工

普洱茶（生茶）是以普洱茶原料，经蒸压成型工艺处理后制备而成的紧压茶。基本品性可概括为：外形墨绿、香气清纯、滋味浓厚甘甜、汤色为绿黄色，叶底肥且厚。普洱茶的毛茶来自云南省各地茶区，主要集中在大理、西双版纳和昆明等地生产，产品有紧茶、七子饼茶、方茶、圆茶、沱茶等花色品种，主要内销、侨销和边销，也有少部分外销。

一、普洱茶（生茶）压制特点及成品规格

普洱茶（生茶）的外形要求平滑、整齐、厚薄大小匀正，凡分洒面、包心的茶，其洒面茶应分布均匀，不起层掉面，包心不外露。

现将普洱茶（生茶）成品规格等列表（表2-2～表2-5）以供参考。

表2-2 成品形状、规格和感官特点

成品名称	净重(克)	形状、规格	色泽	香气	滋味	汤色	叶底嫩度
沱茶(个)	100	碗臼状，口直径8.8厘米，高4.8厘米	乌润白毫显	醇浓	浓厚	黄明	嫩匀尚亮
饼茶(个)	125	圆饼形，直径11.8厘米，边厚1.8厘米	尚乌有白毫	醇和	醇正	橙黄	尚嫩欠匀
方茶(个)	125	正方块，10厘米×10厘米×2.2厘米	尚乌有白毫	醇和	醇正	橙黄	尚嫩欠匀
青砖(个)	500	长方块，14厘米×9厘米×2.2厘米	尚乌有白毫	醇正	醇正	橙黄	尚嫩欠匀

表2-3 成品重量与出厂成分检验标准

项目 茶类	重量(千克) 每块	每件	水分(%)	灰分(%)	含梗(%)	杂质(%)
紧茶	0.85	30	≤13.0	≤7.5	5～12	≤1.0
饼茶	0.125	37.5	≤12.5	≤7.5	6.0	≤1.0
方茶	0.125	37.5	≤12.5	≤7.5	6.0	≤1.0
圆茶	0.357	30	≤11.0	≤7.5	4～6	≤0.5

表2-4 成品形状与品质要求

项目 茶类	形状	规格	色泽	香气	滋味	汤色	叶底
紧茶	砖形	14厘米×9厘米×2厘米	乌润	醇正	醇和尚厚	黄红	粗嫩不匀
饼茶	饼形	直径11.6厘米，边厚1.3厘米，中厚1.6厘米	灰黄	醇正	浓厚微涩	黄明	花杂细碎
方茶	正方形	10厘米×10厘米×2.2厘米	灰黄	醇正	浓厚微涩	黄明	花杂细碎
圆茶	圆饼形	直径20厘米，边厚1.3厘米，中厚2.5厘米	乌润	醇正	醇和尚陈	橙黄	尚匀

表2-5 包装规格

项目\品名	单位净重（千克）	每筒个数	每件筒数	每件净重（千克）	包装规格
紧茶	0.25	5	30	30	每5个为一筒，用牛皮纸袋装，底线扎，24筒为一件，用篾笋盛装
饼茶	0.125	4	75	37.5	每4个为一筒，用商标纸包，底线扎，75筒为一件，用篾笋盛装
方茶	0.125	4	75	37.5	每4个为一筒，用商标纸包，底线扎，75筒为一件
圆茶	0.375	7	12	30	每圆茶用绵纸装，每筒7圆，用牛皮纸袋装，12筒合装一箱

二、普洱茶（生茶）加工技术

云南普洱茶（生茶），因消费者饮用习惯的不同，对普洱茶（生茶）的花色品种有着不同的要求，从而对普洱茶原料嫩度要求不一。边销普洱茶（生茶）较粗老，并允许有一定的含梗量；内销、侨销和外销的普洱方茶，以较细嫩的普洱茶原料做主要原料。普洱茶（生茶）的加工，先把加工好的普洱茶原料经拼配、筛分形成半成品，再按茶叶品质的要求拼配、蒸茶压制、烘房干燥和检验包装即成。

（1）原料拼配。原料进厂后，对照收购标准样复评验收，按验收等级归堆入仓，级内分10堆，级外共11个堆。同时，检测含水量，如1～8级，含水分9%～12%即可入仓。付制前，各种普洱茶（生茶）须按不同原料拼配比例取料。原料拼配应根据成品规格的要求，保证内质，如某一毛茶比较短缺，上、下级之外都应该予以调剂的合理搭配处理，拼配比例必须保持稳定性，保证品茶的优良品性。

（2）筛分切细。筛分，除沱茶比较细致外，其余均较简单，但必须分出盖面（又称洒面茶）、底茶（又称里茶或包心茶），剔除杂物。茶厂一般采取按产品单级付制、单级收回。筛分实行联机作业，各级各堆的普洱茶（生茶）原料按比例拼配，混合筛分，先抖后圆再抖，分出筛号茶（平圆机筛网组合4、5、7、9孔，4孔上为一号茶最粗大，9孔下为五号茶最细），经风选、拣剔后分别拼成面茶与里茶。

（3）半成品拼配。经过筛切后的半成品的筛号茶，依据不同的普洱茶（生茶）加工方法予以科学评价，确定各筛号茶拼入面茶及里茶的比例。按比例拼入面茶和里茶的各筛号茶，经拼堆机充分混合后，喷水进行软化蒸压。

（4）蒸茶压制。一般分为称茶、蒸茶、压模、脱模等工序。

①称茶。经拼堆喷水后的付压茶坯含水量一般在15%以上，而各种普洱茶（生茶）成品计量水分为10%，保质含水量为9%～12%，为了保证成品出厂时单位重量符合规定

标准,在付压前根据付制压茶水分含量、成品标准干度,结合加工损耗率计算确定称茶的重量。为了保证品质规格,称量要准确,正差不能超过1%,负差不得超过0.5%。称茶动作要熟练、精确、快速,一般先称里茶,再称面茶,按先后倒入铝合金蒸模、投入小标签一张,交给蒸茶工序。

②蒸茶。普遍使用锅炉蒸汽,高温蒸汽通过管道输入蒸压作业机,将茶迅速蒸热,促进其变色,便于成型。锅炉蒸汽蒸茶只需5秒,蒸后,水分增加3%～4%,即茶坯含水达18%～19%。

③压模。茶厂生产各种规格普洱茶(生茶),多数采用冲压装置,装入铝模,置于甑内由带柄的压盖压住,由冲头对压盖加压,压力一般为10公斤左右,偏心轴转速(80～100转/分钟),一般每甑茶冲3～5次,最多不能超过6～7次,使茶块厚薄均匀,松紧适度。

④脱模。压过的茶块在模内冷却定型后脱模。冷却时间视定型情况而定。机压定型较好,施压后稍加放置即可脱模;而手工压制则须经冷却半小时后方可脱模。

⑤烘房干燥(图2-4)。传统制法指的是将成品放在晾干架,在自然条件下失去水分干燥后即可达到成品的标准含水量,时长为5～8天,多则10天以上,这种制法会造成人力、物力浪费,而且影响品质,现已改用烘房干燥。烘房干燥是利用锅炉蒸汽余热,由管道通向干燥室,室内设烘架,下面排列加温管道,温度可达45℃,而紧茶、饼茶、方茶在30℃的温度条件下,只需13～14小时的烘干,水分即可降到出厂水分13%左右。在烘房干燥中,如室内湿度大于室外,在2～3小时之内,应该打开气窗排除湿度。

图2-4 烘房干燥

(6)检验包装。经过干燥的成品茶,进行抽样,检验水分、单位重量、灰分、含梗等,并对品质进行审评。检验包装的过程如图2-5和图2-6所示。

图 2-5 包 棉 纸

图 2-6 扎 笋 叶

第四节 普洱茶(熟茶)的加工

一、普洱茶(熟茶)散茶的加工

普洱茶(熟茶)的加工分为原料准备、潮水、后发酵(微生物固态发酵)、翻堆、干燥、筛分、拣剔、拼配匀堆、仓储陈化等过程。

1. 原料的准备

普洱茶原料通过筛分、拣剔、干燥可使水分保持在10%以下。对水分、杂质进行检验,合格后即可付制。用于加工普洱茶的原料分为十一级,逢双设样,各级别品质特征见表2-6和表2-7。

表2-6 普洱茶原料各级品质特征(DB53/T171—2006)

级别	外形内质							
	条索	色泽	整碎	净度	香气	滋味	汤色	叶底
特级	肥嫩紧结显锋苗	油润芽毫特多	匀整	稍有嫩茎	清香浓郁	浓醇回甘	黄绿清净	柔嫩显芽
二级	肥壮紧结有锋苗	油润显毫	匀整	有嫩茎	清香尚浓	浓厚	黄绿明亮	嫩匀
四级	紧结	墨绿润泽	尚匀整	稍有梗片	清香	醇厚	黄绿	肥厚
六级	紧结	深绿	尚匀整	有梗片	醇正	醇和	绿黄	肥壮
八级	粗实	黄绿	尚匀整	梗片稍多	平和	平和	绿黄稍浊	粗壮
十级	粗实	黄褐	欠匀整	梗片较多	粗老	粗淡	黄浊	粗老

表2-7　普洱茶原料理化指标（DB53/T171—2006）

项　目	指　标
水分（%）	≤10.0
总灰分（%）	≤7.0
粉末（%）	≤0.8
水浸出物（%）	≥40.0
茶多酚（%）	≥30.0

2. 潮水

普洱茶后发酵（微生物固态发酵）前在普洱茶原料中加入一定量的清水，拌匀后即可后发酵（微生物固态发酵）。加入水量按如下公式计算：

$$加水量（公斤）= 付制原料（公斤）× \frac{预定潮水茶含水率（\%）- 原料茶含水率（\%）}{1 - 预定潮水茶含水率}$$

预定潮水茶含水量，视原料老嫩、空气湿度、气温高低而有不同的要求。老叶潮水率高，嫩叶反之；空气干燥、气温高，则潮水率高，反之亦然。潮水时宜用冷水。在大生产中，大体积堆放普洱茶原料进行后发酵（微生物固态发酵），普洱茶原料成堆后，表面可适当压水，盖上湿布，以增温保湿，利于后发酵（微生物固态发酵）的进行。

3. 后发酵

后发酵（微生物固态发酵）在普洱茶加工技术中是一项非常关键的流程，同时也是决定普洱茶优良品性的关键性工序。普洱茶品质的形成主要是以大叶种普洱茶原料的内含成分为基础，在后发酵过程中微生物代谢产热量以及茶叶湿热作用以后，内部的物质发生氧化、聚合、缩合等多重物理化学反应，塑造出普洱茶（熟茶）绝佳的优良品性。普洱茶加工原料含水量应该保持在9%～12%程度，在加工的过程中应该增加一定的茶叶含水量，即可保证湿热作用的充分发挥。图2-7所示为长在茶坯上的微生物。

（a）　　　　　　　　　　（b）

图2-7　长在茶坯上的微生物

对后发酵（微生物固态发酵）效果可以产生影响的因素包括叶温、含水量、供氧等。其中，水的介质作用是极其重要的。普洱茶（熟茶）后发酵前，加入一定量的水，在后发酵过程中，若采取了保水措施，在出堆前水分的变化是很小的。在后发酵过程中，水分含量是逐渐减少的,温度持续不断地上升,最高温必须保持在65℃以下。时刻把控水分和温度,从而保证可溶性成分的最佳转化效果。多酚类化合物后发酵时的氧化效果与温度、时间的长短有关。随着后发酵(微生物固态发酵)温度的升高,氧化的程度也会加剧,故后发酵温度不能过高,时间也不能过长,否则茶叶会"碳化"(俗称"烧堆"),茶叶香低、味淡、汤色红暗。总之,后发酵(微生物固态发酵)温度与时间不当,都可能会导致发酵效果不佳的后果,多酚类化合物氧化程度欠缺,茶叶具有清香气,味道浓烈苦涩,汤色呈现为黄绿色,与标准普洱茶(熟茶)品性相差甚远。

4. 翻堆

在普洱茶(熟茶)的后发酵(微生物固态发酵)时,翻堆(图2-8)技术可以对普洱茶品性以及制茶率起到决定性作用,发酵程度、堆温、湿度等各种环境因素都是非常重要的,必须在恰当的时间予以翻堆处理。如潮水不足,应在"翻堆"时补足。翻堆可以起到降低堆温与使茶叶均匀受热、湿、氧、微生物以及酶等作用的多重效果,从而与普洱茶品性达成一致。翻堆间隔时间为5～10天,依据发酵地方、堆温、湿度、程度对其予以调整。翻堆的过程中应该将团块打散,不断翻拌,使其受热均匀,堆温严控在40～65℃范围内。经过几次翻堆后,当茶叶呈现红褐色时,即可进行摊晾干燥。

（a）　　　　　　　　（b）

图2-8　翻　堆

5. 干燥

在普洱茶加工过程中,当后发酵(微生物固态发酵)完成之后,为了保证适宜的发酵程度,还需对其予以干燥处理。由于普洱茶(熟茶)有一个后续陈化过程,这个过程对普洱茶品质的形成有醇化的作用,因此普洱茶(熟茶)在干燥过程中千万不能完全烘干、炒干、晒干,否则会增加大约5%的茶叶损耗,从而败坏普洱茶(熟茶)的风味。普洱茶(熟茶)干燥应该采用室内通沟法对其进行通风晾干。通沟大约间隔50～80厘米即可,正反不断交替,直至将茶叶含水量降低到13%以下,便可以进入起堆筛分的流程了。

6. 筛分

筛分(图2-9)是一个普洱茶(熟茶)散茶加工中把粗细长短分出的重要环节。以筛分要求定普洱茶各号头,一般圆筛、抖筛及风选联机使用筛孔的配置按茶叶老嫩而决定,即"看茶做茶"。根据筛网的配置把普洱茶分筛为正茶(1、2、3、4个号头)、茶头、脚茶3种品类。正茶运往拣剔场予以挑拣处理,茶头洒水出现回潮之后即可将团块解散,脚茶分筛之后即可制备成碎茶及末茶。普洱茶后发酵(微生物固态发酵)结束后,通过抽样审评,即可按品质差异、级别差异进行归堆。再按普洱茶成品茶要求配置筛号筛分。通常普洱茶（熟茶）散茶级别筛孔配置为：宫廷是抖筛9号底,圆筛8号底拼配的茶叶；特级是抖筛7号底,圆筛6号底拼配的茶叶；一级是抖筛5号底,圆筛4、6号底拼配的茶叶；三级是抖筛3号底,圆筛4号底拼配的茶叶；五级是切碎茶经抖筛3号底,圆筛4、6号底拼配的茶叶；七级是抖筛3号底,圆筛4号底拼配的茶叶；九级是抖筛3号底,圆筛3号底拼配的茶叶；十级是抖筛2和3号底,切碎茶经圆筛3号底拼配的茶叶。各级别对样评定,进行分别堆码。筛分好的级号散茶可以分装销售,也可以蒸压后做成紧压成型茶。

(a)

(b)

图2-9　筛分各级号茶

7. 拣剔

拣剔是指把茶叶中的杂质除去。拣剔是保证普洱茶品质的基础。必须对不同的级号予以严格地挑选,挑拣出其他夹杂物,保证没有其他的茶果、茶梗等物质。挑拣完成之后等待验收,如果达到标准,即可堆码,进入下一个拼配流程。

8. 拼配匀堆

拼配匀堆指的是依据不同的茶叶花色等级筛号的质量标准,按照比例拼和出不同级别、筛号、品性的茶叶,各种茶叶之间显优避次、优化品质,从而为产品质量的合格性提供保障,这是可以实现茶叶经济价值最大化的一个重要环节。

二、普洱（熟茶）紧压茶的加工

普洱紧压茶（熟茶）是一种后发酵（微生物固态发酵）后再加以做型的茶,味道浓厚甘甜,汤色红亮,叶底为红褐色,具有独特的陈香。普洱紧压茶的制备方法是采用普洱散茶在高温条件下予以蒸压,外形比较端正,松紧适宜,规格分布均匀,包括碗状普洱沱茶、矩形普洱砖茶、正方形普洱方茶、饼状七子饼茶、心形紧茶等各种造型的普洱紧压茶。

决定普洱紧压茶(熟茶)独特品性的因素是加工技术的优越性。具体工艺流程包括:原料付制→筛分→半成品拼配→润茶→称茶→蒸压→干燥→包装→储存陈化。

1. 原料付制

普洱紧压茶(熟茶)本质上属于优质大叶种普洱茶原料经后发酵(微生物固态发酵)加工而成的普洱散茶。水分含量应在保质水分标准(12%~14%)范围之内,放置在干燥、无异味、洁净的环境中,以防出现严重的受潮、变质问题。在加工之前必须检验其中的水分才可以进入付制流程,以便决定最终的核算制茶率和拼配比例。

2. 筛分

筛分是分出茶叶的粗细、长短、大小、轻重的重要环节,也是明确茶叶号头的依据。圆筛、抖筛及风选联机应该选用一些含有筛孔原理的配置,具体依据茶叶的老嫩程度来确定。一般普洱茶(熟茶)筛分分为正茶、头茶和脚茶。根据各级别对样评定后,分别堆码;同时,通过筛分整理后可确定紧压茶的洒面茶、包心茶。

3. 半成品拼配

拼配是调剂普洱茶口味的重要环节。在拼配时要考虑普洱茶是"陈"茶的特点,其色、香、味、形要突出"陈"字。因此,拼配前要进行单号茶开汤审评,明确发酵程度以及半成品贮存周期、贮存品性变化等实际情况,对其予以轻重、好次、新旧的合理调整,保持和发扬云南普洱茶的独特性。依据普洱茶各花色、等级、筛号的质量标准,按照比例拼和各种级别、筛号、品质的茶叶,使各种筛号茶叶予以显优规避、调整品性,从而实现产品质量的稳定性与优越性,实现普洱茶的经济价值最大化。依据蒸压茶加工标准予以客观评价,从而最终明确各筛号茶在面茶与里茶中的比例。

对筛分好的级号茶,根据厂家、地域、品种、季节的不同,结合普洱茶市场的要求,拼配出所需的茶样,再根据茶样制定生产样和贸易样。

4. 润茶

润茶是为了防止茶叶在压制时破碎,是为了保持茶叶芽叶的完好。润茶水量的多少依据茶叶的老嫩程度、空气湿度的大小而定。润茶后的茶叶容易蒸压成型,但润茶后的原料应立即蒸压,否则茶叶可能会变质。

5. 蒸压

(1)称茶。称茶对于成品单位重量的标准性是非常重要的,在一定程度上可以规避原料的严重浪费,应实时予以校正和检查;称茶应按照拼配原料含水量、付制原料水分要求、加工损耗率等3个指标最终计算出称茶量,超重即作为废品处理。其计算公式如下:

$$每块茶应称重 = 每块茶标准重 \times \frac{1 - 计重水分标准}{1 - 配料含水量} + 半制品耗损量 - 洒面茶重量$$

为保证品质规格,称量要正确,正差不能超过1%,负差不能超过0.5%。

(2)蒸茶。蒸茶是为了让茶胚变软,从而进行压制成型的操作。茶叶吸收水分后开始进行后发酵,可以起到消毒杀菌的作用。蒸茶温度应大于90℃。必须保证时长的适宜性以及蒸汽透遍,否则会为后续的干燥流程带来一定的困难,最终对茶叶品质造成严重影响。当蒸气温度大于90℃时,一般1分钟蒸4次,茶叶出现变软的现象时即可进行压制处理。

(3)压茶。具体包括手工、机械两种压制方法,必须保证压力的适宜均匀性,装模时应小心缓慢,以防大量茶外露。

(4)退压。压制所得的茶坯还需在茶模中冷却、定型大约3分钟,再退压处理,随后普洱紧压茶应该摊晾,散出其中的热气与水分,再进入下一步干燥流程。

6. 干燥

普洱紧压茶(熟茶)的干燥方法有室内自然风干和室内加温干燥两种,干燥的时间随气温、空气相对湿度、茶类及各地具体条件而有所不同。在干季,室内自然风干的时间要120~190小时才能达到云南普洱紧压茶标准干度。室内加温干燥因地区气候情况的不同而有所不同,一般加温干燥在烘房中进行,温度不超过60℃,过高会产生不良后果。

7. 包装

包装应选用符合食品卫生要求、保障人体健康的材料。普洱紧压茶(熟茶)通常选取传统的材料进行包装,例如用于内部包装的棉纸、用于外部包装的竹箬和树叶以及用于捆扎的麻绳和小条。在对茶叶进行包装之前,需要对水分作详细检查,这是不可或缺的一步,确保其达到出厂成品的水分含量标准,同时要求所有的包装材料既清洁又无其他不良味道,并且包装必须密闭,以保证成茶不因搬运而松散、脱面。包装标签应标注产品名称、净含量、生产厂名、厂址、生产日期、质量等级、执行标准编号。

第五节　云南普洱茶品质形成的主要影响因子

一、优质的原料

云南大叶种晒青毛茶,是指对云南大叶种茶树的新鲜叶子进行加工而形成的茶叶,作为普洱茶(熟茶)的原始材料,其优质性决定着普洱茶的质量,鲜叶则间接影响着普洱茶形成的品味。优质的万亩茶园生态环境和肥壮的茶芽如图2-10和图2-11所示。

图2-10　优质的万亩茶园生态环境

图2-11　肥壮的茶芽

云南大叶种茶鲜叶的芽和叶饱满,节间长而粗,能够较长时间保持鲜嫩;同时,蕴含丰富的茶多酚、生物碱、维生素、氨基酸、糖和芳香物质,为形成云南普洱茶质感浓郁、口感醇厚、香气浓郁的品质提供了条件。

刘勤晋教授之前进行过云南普洱茶质量和数量方面的定性研究,采取的方法是核磁共振波谱法和气液色谱法。他从中得出结论,云南大叶种鲜叶中蕴含的高糖类和由糖类引发的一些代谢物质极大地影响着普洱茶的香味,普洱茶中的不同原料的香味成分也存在很大的不同。罗龙新等研究人员对多个地方原料加工后的不同普洱茶的香分作了对比,从中得知浓度高是普洱茶的整体特征。

普洱茶含有为数不多的苦味多酚物质,主要是游离儿茶素,苦味较浅。另外,被氧化后的儿茶素和多酚的产物含有较少刺激性的茶黄素,含有较多较弱刺激性的茶红素,因此造就了醇厚味道的普洱茶。只有确保了一定量的多酚和茶红素含量,才能使普洱茶有更好的醇度。为了进一步保证高品质地饮用普洱茶,不仅要科学合理地运用工艺和技术,还要注重云南大叶种晒青毛茶这一原料的选择。

通过邵宛芳等人的分析与研究,我们发现影响普洱茶风味和品质的物质包括浸出的水浸出物、多酚物质和咖啡碱,此3种物质越多,则普洱茶越醇香。

二、独特的原料加工方式

普洱茶的原料加工方式:云南大叶种茶树鲜叶,先经锅式杀青或滚筒杀青,然后揉捻,再放于阳光下晒干。后续的发酵及陈化涉及丰富的微生物。太阳晒干且无高温的过程保证了微生物可以存活下来。若通过高于110℃的温度烘烤,则会杀死毛茶中部分难以耐受高温的微生物,这对后续普洱茶的发酵会产生不利影响。对此,茶叶学者认为:茶叶通过阳光的照射会发生化学反应,继而产生丰富多样的香气,并使得苦涩物质的苦味得到有效降低,从而获得醇厚的品味。此外,紫外线能够在低温环境下杀死致病和有害物质并将有利的微生物激活。

三、科学的微生物固态发酵工艺

在普洱熟茶的加工方法中,通过"渥堆"实施"快速后发酵"是普洱熟茶加工的主要方法。所谓"渥堆",是形成普洱熟茶高品质的最重要过程。通过生化动力(胞外酶)、物化动力(微生物呼吸代谢产生的热量)、茶叶水分湿热及微生物生长和繁殖过程中的代谢的共同协调,获得各种各样的变化,例如氧化、聚合、凝结及分解等,这些变化都在云南大叶种晒青毛茶芽叶和幼茎中进行,继而呈现出普洱茶的独特品质和风味。有关"渥堆"的理论有大量报道。

鉴于"渥堆"这一黑茶加工专业术语在食品生产上不能与当代发酵工程很好地契合,龚加顺等认为,从"微生物固态发酵"的角度更容易阐明普洱熟茶品质形成的机理。

微生物固态发酵(图2-12),是指一种生物反应过程,其中一种或多种微生物(图2-13)通过不同接种方式,例如自然、人工或二者相结合的方式,在几乎没有游离水或存在相当湿度水的不溶性固态基质中发酵。以上固体基质不仅含有微生物繁殖和生长代谢的所有营养素,包括碳、氮、无机盐和水等,而且还为微生物生长提供了微环境,以保证其生长。从其本质来看,固态发酵的过程就是以气相为连续相的反应过程,对于好氧微生物来说,有利于其生长。固态发酵所含底物大部分是与水不溶的物质,若此物质含有不高于12%的水量,则会抑制微生物的正常生长,因此,要将含水量控制在高于12%的范围内。对大多数固态发酵物料来说,其含水量高于80%就会出现游离水,因此大多数固态发酵的物料含水量通常控制在60%左右。晒青毛茶通过潮水达到标准含水量,有益菌接种完成后可开始固态发酵,而茶则作为此发酵中的发酵底物。

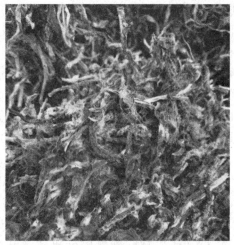

图 2-12 固 态 发 酵　　　　　　图 2-13 发酵中的微生物

普洱熟茶微生物固态发酵时,在微生物分泌的胞外酶酶促作用及微生物呼吸代谢产生的热量和茶叶水分的湿热协同作用下,发酵茶叶中大量多酚、茶黄素以及茶红素被氧化并聚合产生茶褐素(TB),茶褐素的含量得以翻倍增长,因而明显降低了茶汤的涩味和苦味;水溶性多糖大幅度增加,而蛋白质、氨基酸、咖啡碱和碳水化合物则发生了氧化和分解等反应,且产生的各种物质又继续聚合并转化成新的物质,为形成普洱熟茶特有的品质奠定了基础。现代科学研究表明,影响普洱茶形成的品质和风味的关键因素是微生物的生长和代谢。普洱茶整个品质的形成是微生物生命活动代谢和酶促氧化的变化过程,其中微生物所分泌产生的胞外酶(多酚氧化酶、抗坏血酸酶等)发生各种反应,例如:茶多酚物质的氧化和聚合;蛋白质与氨基酸发生分解反应以及降解反应;碳水化合物发生分解,分解所得产物互相聚合,等等。茶中儿茶素与氨基酸也发生了总量以及内部各比例的变化,嘌呤碱各产物间相互作用、转换,增加了有机酸的含量,有机酸含量增加,鲜、甜、酸、涩、苦、醇味的物质得到了全面平衡,从而获得品质独特的普洱茶。在普洱熟茶微生物固态发酵的一系列反应中,微生物的参与起到了极为关键的作用。

简而言之,微生物固态发酵决定着普洱茶快速后发酵过程能否顺利完成。过去,关于在使用快速后发酵的方法来生产普洱茶的过程中微生物产生香气的研究很少,只是抽象地说是陈香;而最近通过研究我们发现,有益微生物与传统的快速后发酵过程是分离的。普洱茶新的固态发酵工艺经过一系列程序,包括分离、纯化以及快速繁殖后,制得的普洱茶不仅香气独特持久,而且还具有良好的耐泡性。这对形成普洱茶的品质和风味有着直接的影响。这种独特香气丰富多样,有如蘑菇、樟脑、莲花、枣和蜂蜜等的香气。

1. 温度

后发酵完成后的质量和热化学反应都受到温度的极大影响。对于后者而言,低温度会很好地减缓不利的细菌的生长速度,使酶活性得以提高,同时使发酵叶片的各种生化反应得以顺利进行。一定温度的保持保证了微生物能够完成大规模的繁殖。这样对茶叶也是相当有益处的。一方面,通过繁殖以及代谢,微生物会产生大量的热,对茶叶内含物的转化起到很好的促进作用;另一方面,微生物所分泌的外源转化酶在数量和活性方面都有增多,可以提高茶内含物的催化功能和转化速度,还可以加快茶内含物一系列生化反应速度。

通常,适合微生物进行繁殖的温度范围为35～60℃,在此范围内,外源转化酶具有最强的活性。高温会减缓微生物的生长速度,同时也会降低分泌的催化酶含量,减弱或钝化内含酶的活性,影响茶内物含量的有序转化;而低温又不利于微生物的大量繁殖,同时过氧化氢酶的分泌量也会减少,活性也会变弱,这都极大影响了茶内物含量的生化反应,进而影响普洱茶形成独特的品质。

当渥堆叶处于微生物固态发酵中时,其温度通常保持在微生物的适宜生长温度范围以内。因为合适的温度对发酵叶内含物的各种生化反应有良好的促进作用,同时也减缓了不利的细菌的生长速度。最为关键的一点在于能够促进大量有益微生物的大规模繁殖,增加微生物胞外酶的分泌数量并增强其活性,使发酵叶片顺利进行一系列变化。此外,温度也决定着发酵中普洱茶独特品质的形成,当渥堆叶的温度处于合适温度范围内时,有利于微生物进行大规模繁殖,从而形成良好品质的普洱茶。当渥堆叶的温度不在合适温度范围内时,或高或低都难以得到良好品质的普洱茶。低温情况下,某些化学成分缺乏足够的热量去进行氧化和降解反应,从而使发酵不彻底;而高温情况下,茶叶很容易被碳化,从而影响形成良好品质的普洱茶。

2. 湿度

在加工普洱茶的过程中一定少不了水这种关键成分。通常,用于普洱茶加工中的晒青毛茶有较低的含水量,因此有必要增加茶的水分含量以使其发挥更好的作用。在微生物的固态发酵过程中,更多的水有利于物质间的相互作用及各自的扩散和移动。这样,水自然而然就成为促进化学反应必不可少的溶剂,同时成为促进微生物大量繁殖的有利因素。特别是对于微生物的快速生长而言,水更是一种推动力,能促进良好品质普洱茶的形成。水作为一种溶剂既影响着微生物固态发酵过程,又直接参与各种物质的反应。水所分解而得的产物包括原子、基团以及氧化发酵过程中产生的多酚物和其他化合物。此外,水还作为茶堆中的吸氧物,而茶叶进行固态发酵离不开氧的存在,通常,初期发酵时,茶堆含有高于20%的含水量,具备吸氧功能,促进了茶叶的氧化反应。隋华嵩等人在研究过程,向茶叶中添加了4种其他物质,分别是葡萄糖、没食子酸、甘氨酸和水,通过观察抗坏血酸氧化酶在发酵中的活性的变化得出结论,有水存在的发酵过程酶活性得到增强,而其他无水参与的发酵过程略有减少。当发酵茶含有低于20%的水含量时,发酵不彻底,会抑制某些物质的反应,这样形成的普洱茶为绿色、味苦,汤为橙红色,香气较淡,不能达到高品质普洱茶的要求。然而,当发酵茶含有的水量大于30%时,会导致发酵叶腐烂,这样得到的普洱茶不论是汤色还是口感都很差。总之,我们必须将发酵茶的水含量控制在适度范围内,通常是20%～30%。

3. 通气量

茶中有许多物质的氧化都能自动完成,例如多酚类物质、醛类、酮类、类脂、维生素C等,特别是茶多酚,需氧量相对要多些。因为在茶叶的固态发酵过程中,氧气扮演着很重要的角色。此外,微生物也需要借助氧气来进行代谢。所以,我们必须及时采取措施通风,以供给发酵过程中的氧气量。一旦氧气量难以达标,则会阻碍各物质顺利完成氧化。如果二氧化碳的残留量较多,则后发酵叶无法顺利进行。

4. 微生物作用

曾有研究表明,决定普洱茶形成高品质的关键因素是发酵过程中各种微生物的相互作用和其新陈代谢,其中不同微生物的类别和数量是直接影响因素。综上所述,要想不断提高普洱茶的品质,完善创新渥堆工艺,我们需要对微生物进行细致的研究,鉴别有益细菌并充分利用好它们。在渥堆工艺的不同发酵阶段,有益菌群的种类和各种类的优势程度也在发生变化,不同种类微生物的菌群数量有如下关系:在渥堆工艺的初期,霉菌数量发展迅速,中后期时酵母菌又大量繁殖,而细菌多出现在早期,随着工艺的进行而越来越少,在这期间,我们并没有看到致病细菌的存在,这多亏了微生物各物种之间的拮抗作用,并且茶多酚也对致病细菌的生长有抑制作用。

5. pH值

pH值会随着微生物在发酵各阶段的互相作用和一系列变化而改变,培养基的pH值对发酵过程中营养物的可利用情况产生一定影响,例如细胞膜所具有的带电特性、膜所具有的稳定性以及膜吸收外物的能力,从而使蛋白质的性质得以改变或使其水解。

有益微生物在发酵过程中会释放出很大的热量,以致渥堆的温度迅速升高,同时还产生大量的有机酸,使pH值显著降低,除此之外,也给有益微生物提供了一个很好的生长和新陈代谢的酸环境。韩俊通过研究发现,酸因子在发酵过程中最合适的pH值范围通常是4.57～5.90。

6. 渥堆时间

渥堆时间也是影响普洱茶高品质形成的重要因素之一。罗龙新等人经过研究发现,水不溶性茶多酚和茶氨酸含量随渥堆时间的增加而明显增加,以此可获得更好的普洱茶。茶叶不同,则其整个发酵过程需要的时间也不同。一般若原料是春茶,则需要50～60天的渥堆时间;而原料若为夏秋季茶,则需要40～55天的渥堆时间。在炎热和潮湿地区需要较短的时间,而在凉爽和温暖地区则需要较长的时间。

四、科学的储藏方法

对于普洱茶固态发酵过程,其实质是各类微生物和它们的细胞胞外酶相互作用、相互结合的过程。此过程完成后,迎来的是酯化后熟这一缓慢的过程,随着时间的推移,逐步优化茶香,酯化时间越长,香味越醇厚。因此,在完成普洱茶的包装后,必须将所有包装放于干燥阴凉、透气无异味的仓库,以利于其缓慢酯化。时刻关注茶叶的温度和湿度有何变化,保证二者的相对稳定性,以利于普洱茶品质的稳定形成。龚淑英、周树红曾研究不同茶叶含水量和贮藏温度对普洱茶风味的影响,结果发现,普洱茶品质形成的最有利的贮存水含量约为9%;所处仓库温度不同,普洱茶形成的口味也各不相同。通常,处于常温状态所得的普洱茶口感自然,香味醇厚;当储存温度低于37℃时,所得普洱茶最初呈现出陈香,最后是甜香;如果温度为55℃,则最初散发的是枣香风格,而后期出现酸味。因此,采取科学的贮藏方法,才能使普洱茶保持陈香风格,随存放时间的延长而越陈越香,品质也越好。科学的贮存条件如图2-14所示。

图2-14　科学的贮存条件

思考题

1. 论述普洱茶制造过程中各化学成分的变化。
2. 请论述云南普洱茶品质形成的主要影响因子。
3. 简述普洱熟茶紧压茶的加工工序。

第三章　普洱茶鉴评与收藏学

第一节　普洱茶品质的鉴评

一、普洱茶品质特征概述

1. 普洱茶概念

普洱茶是指以地理标志保护范围内的云南大叶种晒青茶为原料,并在地理标志保护范围内采用特定的加工工艺制成,具有独特品质特征的茶叶。按其加工工艺品质特征划分,普洱茶分为普洱茶(生茶)和普洱茶(熟茶)两种类型。

2. 普洱茶类型

除了按照具体的加工工艺和品质特点分成普洱茶(生茶)和普洱茶(熟茶)外,普洱茶还可以分为紧压茶和散茶两种类型,这是根据其外形特点进行分类的。柱形、方形、碗臼形、圆饼形等是普洱茶(生茶、熟茶)紧压茶比较常见的一些茶饼形状及规格。

3. 普洱茶等级

普洱茶(熟茶)散茶可以分级为11个级别,这是按照茶的品质特点进行划分的,依次为特级、一级、二级直至十级,共11个等级。

4. 普洱茶产地地理条件

云南具备种植普洱茶原料(云南大叶种茶树)和加工普洱茶的区域,具体为北纬21°10′～26°22′、东经97°31′～105°38′的区域,该区域地处低纬度,高海拔,具备适宜茶树生长的气候、海拔以及土壤条件。云南普洱茶产区的土壤有机质含量大于≥1%,pH值在4.5到6.0之间,土壤多为山地黄壤、砖红壤、砖红性红壤、山地红壤。

5. 普洱茶加工

普洱茶加工工艺:

(1)普洱茶(生茶):鲜叶→摊放→杀青→揉捻→晒干→蒸压成型→干燥。

①采摘。普洱茶的采摘可分为机器采摘和人工采摘两种方式。通常普洱茶采摘的鲜叶标准主要以一芽一叶(极少)、一芽两叶(较多)为标准,有时也会采摘一芽三叶。

②摊放。鲜叶分级均匀摊放一个通风的场所散发水分,让茶鲜叶由脆硬变得萎蔫,

直到鲜叶剩余含水量大约为70%时再进行下一步加工步骤。

③杀青。因大叶种含水量高,杀青时必须炒、闷、抖、翻结合,使茶叶失水均匀,去除大量青草味,利用高温快速钝化氧化酶活性,制止多酚氧化,蒸发一部分水分,以利于揉捻成条。

④揉捻。利用外力破坏茶叶表面与内部细胞组织,使茶鲜叶中的内含物质均匀释放出,有利于提升品质。掌握揉的轻重缓急十分重要,揉捻要根据加工原料的老嫩程度灵活掌握,比较嫩的鲜叶动作需要平缓,时间短一些;而粗枝老叶就需要加重揉捻的力度,增长揉捻的时间。或缓或急,要有揉捻的节奏感,这样揉出来的普洱茶才有利于其口感转化的。

⑤晒干(晒青)。把揉捻好的茶叶在太阳光下自然晒干,其间可再揉捻一次以使茶条紧结,晒青茶含水量≤10%。此种晒干方式而成的晒青茶叶,因太阳的自然光温度适宜最大程度地保留了茶叶当中大量的活性酶。经过晒青的茶叶,因为有这些酶等物质的存在,后续转化有了空间。另外,晒干的茶叶表面细胞孔隙最大,有利于在发酵过程中产生大量热量。

⑥蒸压成型。把晒干的茶叶用蒸汽蒸湿,通过水蒸气使得干茶变软,胶质物质浸出。放在不同模具里便于压制成型,并形成压制茶有别于散茶的独特香味。

蒸压前须测定每批预制茶的含水率并计算确定称茶量。

将要进行加工的原料茶的称量和含水量的检测是蒸压之前的必要步骤。

⑦干燥。干燥是制作成饼的最后一个环节。在压制完成之后,为了避免后期储存中发生发霉劣变的情况,需要将成品茶的水分含量控制在12.5%以下。

(2)普洱茶(熟茶):鲜叶→摊放→杀青→揉捻→晒干→湿水→渥堆→蒸压成型→干燥。

①湿水。水质的好坏对发酵茶的品质影响很大,水质要求清澈,回甘好。优质的地下水,富含各种对人体有益的微量元素,是发酵茶的首选。

②渥堆。将晒青毛茶堆放成一定高度(通常在70厘米左右)后洒水,上覆麻布,促进茶叶酵素作用的进行,使之在湿热作用下发酵,致使茶叶转化到一定的程度后,再摊开来晾干。

③蒸压成型。把晒干的茶叶用蒸汽蒸湿,放在不同模具里压成型,形成有别于散茶的独特香味。蒸压前须测定每批预制茶的含水率并计算确定称茶量。

④干燥。刚制成的茶品水分含量通常在9%以上,而在静置存放两天左右后,水分含量会逐渐减(蒸发)到9%左右;但在自然环境存放后,茶品中的水分含量会随环境变化而增减。

二、普洱茶品质的基本要求

1. 晒青茶

(1)感官品质。晒青茶作为普洱茶的加工原料,被划分为10个等级,两等一级,即二、四、六、八、十等分5级。表3-1呈现了每一级的晒青茶的品质特征。

表3-1　晒青茶各级品质特征

品名	外形				内质			
	条索	色泽	整碎	净度	香气	滋味	汤色	叶底
特级	肥嫩紧结显锋苗	油润芽毫特多	匀整	稍有嫩茎	清香浓郁	浓醇回甘	黄绿清净	柔嫩显芽
二级	肥壮紧结有锋苗	油润显毫	匀整	有嫩茎	清香尚浓	浓厚	黄绿明亮	嫩匀
四级	紧结	墨绿润泽	尚匀整	稍有梗片	清香	醇厚	黄绿	肥厚
六级	紧实	深绿	尚匀整	有梗片	醇正	醇和	绿黄	肥壮
八级	粗实	黄绿	尚匀整	梗片稍多	平和	平和	绿黄稍浊	粗壮
十级	粗松	黄褐	欠匀整	梗片较多	粗老	粗淡	黄浊	粗老

（2）理化指标。晒青茶需要达到表3-2中呈现的理化指标。

表3-2　晒青茶理化指标情况一览表

项目	指标
水分（%）	≤10.0
总灰分（%）	≤7.5
粉末（%）	≤0.8
水浸出物（%）	≥35.0
茶多酚（%）	≥28.0

普洱茶（生茶）的理化指标应符合表3-3的规定。

表3-3　普洱茶（生茶）理化指标

项目	指标
水分（%）	≤13.0[a]
总灰分（%）	≤7.5
水浸出物（%）	≥35.0
茶多酚（%）	≥28.0

注：a净含量检验时计重水分为10.0%

2. 普洱茶（熟茶）散茶

（1）感官品质指标。普洱茶（熟茶）散茶各级品质特征见表3-4。

表3-4　普洱茶(熟茶)散茶各级品质特征

品名	外形				内质			
	条索	整碎	色泽	净度	香气	滋味	汤色	叶底
特级	紧细	匀整	红褐润显毫	匀净	陈香浓郁	浓醇甘爽	红艳明亮	红褐柔嫩
一级	紧结	匀整	红褐润较显毫	匀净	陈香浓厚	浓醇回甘	红浓明亮	红褐较嫩
三级	尚紧结	匀整	褐润尚显毫	匀净带嫩梗	陈香浓纯	醇厚回甘	红浓明亮	红褐尚嫩
五级	紧实	匀齐	褐尚润	尚匀稍带梗	陈香尚浓	浓厚回甘	深红明亮	红褐欠嫩
七级	尚紧实	尚匀齐	褐欠润	尚匀带梗	陈香醇正	醇和回甘	褐红尚浓	红褐粗实
九级	粗松	欠匀齐	褐稍花	欠匀带梗片	陈香平和	纯正回甘	褐红尚浓	红褐粗松

(2)理化指标。普洱茶(熟茶)的理化指标应符合表3-5的规定。

表3-5　普洱茶(熟茶)理化指标

项目	指标	
	散茶	紧压茶
水分(%)	≤12.0[a]	≤12.5[a]
总灰分(%)	≤8.0	≤8.5
粉末(%)	≤0.8	≤—
水浸出物(%)	≥28.0	≥28.0
粗纤维(%)	≤14.0	≤15.0
茶多酚(%)	≤15.0	≤15.0

注:a净含量检验时计重水分为10.0%

3. 普洱茶品质特征

(1)普洱茶有越陈越香的品质特征。随着贮藏时间的增加,普洱茶的品质也会得到提升,其他茶不具备这个特征。普洱茶"陈化生香"的原因是茶叶内所含化学成分发生氧化、降解和转化,致使形成褐色物质和香味改变。晒青茶自然陈化和经发酵制成熟普洱茶后,都有一个缓慢的酯化后熟过程,逐步形成特有的陈香风味,陈香随酯化时间的延长而增加,存放时间越长的普洱茶,其陈香风味越浓厚,质量也越高。原西南农业大学刘勤晋教授指出,相较于中、小叶种,普洱茶陈香特征中的16个香气组分含量高出一筹,而且普洱茶具有陈香和甜醇口感的品质也是由于这些组分的存在。一份高品质的普洱茶,喝茶时能在其中品出樟香、枣香、荷香或者参香。

(2)一方水土养育一方人,一座茶山培育万亩茶。普洱茶生于云南,长于不同的茶山。目前云南省已经有多处普洱茶地理标志产品保护区域,分别分布在11个州部分现辖行政区域,有德宏州、临沧市、保山市、大理州、西双版纳州、普洱市、文山州、红河州、玉溪市、楚雄州、昆明市等地。云南耿马、双江、沧源、元江、大理、马关、河口、文山、永德、广南等地是主要产地。已故的茶叶老前辈马兴曾就职于云南茶叶进出口公司,他对于云南普洱茶赞不绝口,不仅称赞普洱茶而且对其产地也进行了夸赞,用"雾锁千树茶,云开垦葱,香飘十里外,味酽一杯中"总结概括了普洱茶产地的优美以及普洱茶本身的高品质。

(3)普洱茶的制作工序。普洱茶的加工需要经过种种环节,从鲜叶变成晒青茶就需要经过杀青、揉捻、晒干。接着对已经得到的晒青茶进行蒸压,经过紧压工序,即可制成种种形态的普洱紧压茶。经长期贮存陈化为自然陈化普洱茶。用晒青茶渥堆后发酵,制成熟普洱散茶和各种形状的紧压茶普洱茶。

(4)普洱茶的收藏鉴赏。普洱茶具有收藏价值和鉴赏价值,并且还会随时间流逝提升口感,所以普洱茶是名副其实的"可以喝的古董",因此很多人选择对其进行收藏。根据自己的收藏爱好、收藏目的、收藏时间、收藏形状、收藏年份、收藏产地,购买者可以选择不同的普洱茶,等待升值的可以选择生茶,等待提升品茶口感自己品尝的可以选择熟茶。另外,收藏者也可以依据生产的年限以及外形来进行购买。

(5)普洱茶有老少皆宜的品质特点。普洱茶性温和,是一种适合男女老少饮用的饮料,春夏秋冬四季能饮,临睡前喝普洱茶,也不会影响睡眠。难怪喝普洱茶的地方流传这样一首谚语:"早茶一盅,一天威风。午茶一盅,劳动轻松。晚茶一盅,提神去痛。一天三盅,雷打不动。"

(6)普洱茶的品种特点。制作普洱茶的茶树品种是云南大叶种,又称乔木型的大叶种,素称普洱茶种,芽叶发得又大又嫩,白毫特多,内含的化学成分特别丰富,制出的茶叶不仅香气四溢而且口感醇厚。

(7)普洱茶的形状各异。普洱茶除各种级别的散茶外,还有小如丸药茶、糖果状茶、沱茶、紧茶、饼茶、方茶、牌匾茶、柱形茶、巨型圆饼茶、象棋茶、金瓜茶、金元宝茶等。

(8)普洱茶的饮法多样。品茶者喝普洱茶有很多方式可以选择。比如打酥油茶、盐巴茶,可煮饮也可以泡饮、生熟混饮等。

(9)普洱茶有益健康。普洱茶茶性比较温和,浓度合适的情况下,长期饮用普洱茶具有暖胃、健胃、助消化、防止人体血管硬化、降胆固醇、降血脂、防癌抗癌等功效。普洱茶的功效多多,常喝普洱茶对人体益处多多。

第二节　普洱茶审评与品鉴

茶叶感官审评源于人们的饮茶方式,并逐步发展成为一项强调专业技能的工作。但是,要顺利地开展工作,还必须注意审评时的操作程序、外部条件和各种影响因素。众所周知,即使是同一种茶叶,在不同的冲泡条件下,茶叶的风味表现也会出现差异,如果缺少统一的操作规范和设备,感官审评的结果就难以获得确认和重现。因此,特定的外部条件、统一的审评设备和规范的操作程序,是确保茶叶感官审评顺利完成的前提和保证。

一、审评意义

每个等级的普洱茶都有自己的品质特征和品质标准,各个级别普洱茶的特征、品质的优次、价值的高低等,都必须通过审评与检验才能确定。检验合格的普洱茶才能够进入市场被人们购买选择。审评检验在茶叶市场中扮演着不可或缺的角色,它全方位高标准地判定着茶叶的质量。

普洱茶的审评与检验,是普洱茶生产的一道关卡。普洱茶生产需要通过许多繁杂的环节,普洱茶的鲜叶需要经过杀青、揉捻、晒干变成晒青茶,再对晒青茶进行蒸压,经过紧压工序制成种种形态的普洱紧压茶。原材料鲜叶的质量高低以及各个加工过程中的技术水平都影响着普洱茶的品质。所以,普洱茶的所有制作环节均应该通过严格的质量检验再进行下一个环节,最终产品需要根据党和政府的条例规定进行审核,合格之后方可进行流通。原材料的选择、茶叶的制造工序与审评检验积极配合,茶叶的品质高低才能被判定,加工技术的缺点才能被发现,这样茶叶的生产水平才能得到有效提高。

普洱茶的审核工作不仅具有技术性,而且具备政策性。茶叶的贸易出口是我国一项重大商业活动,严格的审评检验标准有利于提升我国茶叶贸易在国际上的可信度并扩大茶叶出口贸易范围,推动经济发展。茶叶在国内的内销活动,涉及国家、集体以及个人三方面的利益,只有提高审评检验标准、切实落实审核,才能够有效维护国家、集体和个人的利益。

二、审评环境及用具

1. 审评环境

审评环境是普洱茶审评工作场所的基本构成要素之一。选择和规范审评的各种主要环境因素、建立满足审评需要的适宜工作环境,是进行审评工作的先决条件。

(1)温度。普洱茶审评环境温度一般以20～27℃为宜,20～27℃通常是比较合适的普洱茶审评环境温度。如果温度过低,在造成审评人员感觉灵敏性下降的同时,也会因审评杯热量散失过快,影响茶叶的冲泡效果。实验还发现,在较低的室温下,5分钟后冷的审评杯的茶汤温度比烫杯的审评杯的茶汤温度多下降约20℃。此外,某些茶叶的浸出成分会因温度过低而发生络合,改变茶汤的特征表现,如出现"冷后浑"。同时,低温也限制了高沸点气体分子的扩散活动,使香气的表现产生变化。如果温度过高,不仅会给审评人员造成不适感、影响审评人员的正常心态,也会给审评操作带来不便,甚至造成失误。例如手上出汗,审评人员在称样和沥茶汤时就必须予以注意。

如果审评室的温度不能达到审评要求,有条件的地方可以通过空调以及风扇来调整温度。但需要注意的是,空调排放出的气流方向不能直接朝向湿评台,否则在进行多只茶样审评时,可能会导致冲泡时彼此间温度的不均衡,并干扰香气的审评。在夏季利用风扇降温,也同样需要注意气流对室内局部温度及香气审评的干扰问题。

(2)光照。审评室要求光照充足、均匀,但不得有直射的阳光。强烈的阳光将导致光化学反应的发生,会改变茶叶的香气和滋味,造成茶叶风味的下降。反之,光线不充足也会有不好的影响,不均匀的光线会影响审评人员对茶叶色泽的辨识,对外形、汤色和叶底审评也会产生影响。此外,不充足的光线,还容易使审评人员产生压抑感。

在自然光照不足时,可视需要用人工光源进行部分补充或全部以人工光源替代。此时必须注意光照的均匀性,而且不能使用白炽灯泡或类似白炽灯的发光源,因为此类光源会导致茶叶颜色失真,与茶叶在自然光下的颜色表现出现极大差异,影响审评的结果。

同样道理,审评室的窗户也不可使用有色玻璃。

(3)噪声。常常容易被忽略的一点是审评环境的隔音情况,审评室需要安静的环境。审评人员在噪音环境中会产生压力,并且噪声越大,审评人员的压力也会随之增加。有关研究指出,人在超出80分贝的连续噪声中情绪会不稳定。不管是故意的还是无意的,审评人员情绪的起伏,都会影响其对于茶叶的检验工作。所以,审评室的音量需要限制在60分贝以内,应提高其封闭性。

(4)异味。异味不仅包括让人不愉快的刺激性的气体,还包括带有香味的化妆品、清洁用品等。这在审评过程中也会产生很大的影响,对审评工作产生不利影响。

所以,在创建审评室的过程中,需要注意到周边不可以具有浓烈的味道,也不可以在审评室中放置和使用化妆品、清洁剂等东西。并且,需要开窗让审评室的气流进行流通,提高空气质量水平,以推动审评工作的进行。

2. 审评室

专供普洱茶感官审评的工作室,一般应置于二层楼以上,地面要求干燥。房间采取南北朝向,室内墙壁和天花板为白色,水磨石地面或铺地板、瓷砖;由北面自然采光,无太阳光直射,室内光线应明快柔和,可装日光灯弥补阴雨天光线不足。室内左右(即东西向)墙面不开窗;背(南)面开门与气窗;正面采光墙面的开窗面积应不少于35%。室内保持空气流畅,各种设备无明显的杂异气味。四周环境要安静,无杂异气味和噪声源。北面视野宽广,有利于减少视力疲倦。审评室的面积应根据工作量而定。

若审评室自然采光不足,则在干评、湿评台正上方1.5米处各安装双排2支40瓦日光灯,灯管长度不得小于茶样盘排列长度。除白色日光灯外,其他色调的灯具都不适合于审评室使用。

3. 审评用具

普洱茶审评应具备审评用具,包括审评杯、碗和汤碗、汤匙、电茶壶(烧水壶)、茶样盘、审评台、样茶橱、定时钟、天平、叶底盘或搪瓷盘、审评记录表等。

(1)审评盘。审评盘是用于盛装审评茶样外形的木盘,也称样盘、茶样盘。审评盘有长方形和正方形,用无气味的木板制成,涂上白漆并且编写号码,木盘的一角有一个倾斜形的缺口。审评盘的框板采用杉木板,厚度为8毫米。底板以五夹板的为好,但不能带异味。正方形的审评盘,规格为长×宽×高=220毫米×220毫米×30毫米,也有采用规格为200毫米×200毫米×40毫米的。

此外,审评时需要准备数只长×宽×高=350毫米×350毫米×50毫米的大规格的茶样盘,并且在盘的对角处开缺口,用来拼配茶样以及分样。

(2)审评杯。审评杯用于开汤冲泡茶叶及审评香气。审评杯为特制白色圆柱形瓷杯,杯盖有小孔,在杯柄对面杯口上有齿形或弧形缺口,容量为150毫升。审评毛茶有时也用200毫升审评杯,其结构除容量外与150毫升杯相似。在某些紧压茶审评中,由于使用的茶样数量较大,因此审评杯的容积也相应较大,评茶杯也使用纯白瓷烧制,其中评茶杯容量310毫升,外径95毫米,内径81毫米,高76毫米,具盖,盖上有一小孔,在杯柄对面一侧的杯口上缘有一呈月牙形的小缺口。评茶碗容量380毫升,上口外径117毫米,内径100毫米,高60毫米。在对某些紧压成型前的茶样进行审评时,有时并无特定的要求,只要保持茶与水比例为1∶50(克/毫升)即可。

(3)审评碗。审评碗用于审评汤色和滋味。审评碗容量一般为200毫升,白色瓷碗,碗口稍大于碗底。审评杯、碗是配套的,用于审评精茶和毛茶的杯、碗若规格不一,则不能交叉匹配使用。审评碗也应编号。

(4)叶底盘。叶底盘用于审评叶底。叶底盘为木质方形小盘,规格为长×宽×高=100毫米×100毫米×20毫米,漆成黑色。还有长方形白色搪瓷盘,用于开大汤评定叶底。

(5)样茶秤。常用感量为0.1克的托盘天平或电子天平。

(6)定时器。常规使用可预定5分钟自动响铃的定时钟(器)或用5分钟的砂时器。

(7)汤碗。碗内放茶匙、网匙,用时冲入开水,有消毒清洗的作用。

(8)茶匙。茶匙也称汤匙。用于取茶汤品评滋味的白色瓷匙。因金属匙导热过快,有碍于品味,故不宜使用。

(9)网匙。网匙用于捞取审评碗中茶汤内的碎片末茶,用细密的60目左右不锈钢或尼龙丝网制作。不宜用铜丝网,以免产生铜腥味。

(10)水壶。水壶是用于制备沸水的电茶壶,水容量2.5～5升。以铝质或不锈钢的为好,忌用黄铜或铁的壶煮沸水,以防异味或影响茶汤色泽。

(11)吐茶桶。吐茶桶是盛装茶渣、评茶时吐茶汤及倾倒汤液的容器。通常用镀锌铁皮或者塑料制作而成。一般规格为中腰直径160毫米,桶高800毫升,上直径320毫升,呈喇叭状。

(12)审评表。审评表是用于审评记录的表格。表内分外形、汤色、香气、滋味和叶底5个栏目,可设置计分栏。为了便于综合审评茶叶品质,表内常设总评栏。此外,还有茶名及编号或批、唛、数量,审评人和审评日期、备注等内容。

（13）干评台。检验干茶外形的审评台。在审评时也用于放置茶样罐、茶样盘、天平等。规格一般是：台的高度为850～900毫米，宽度为600毫米，长度依据具体要求制定，台下可设抽斗。台面光洁，为黑色，无杂异气味。

（14）湿评台。开汤审评茶叶内质的审评台。用于放置审评杯、碗、汤碗、汤匙、定时器等，供审评茶叶汤色、香气、滋味和叶底用。台的高度为850～900毫米，宽度为600毫米，长度视需要而定。台面为黑色（也有白色），应不渗水，沸水溢于台面不留斑纹，无杂异气味。

（15）碗橱。用于盛放审评杯、碗、汤碗、汤匙、网匙等。橱的尺寸可根据盛放用具数量而定。一般采用长×宽×高=400毫米×600毫米×700毫米。橱的高度上开设5格，设置5只抽屉。要求上下左右通风，无杂异气味。

（16）茶样贮存桶。用于放置有保存价值的普洱茶。要求密封性好，桶内常放生石灰作干燥剂。

4. 审评用水

评茶用水的质量大大影响着茶冲泡的口感、汤色、香味，特别是水的金属离子成分与水的酸碱度都是影响因素。水质趋于中性和微碱性，会促进茶多酚加深氧化，色泽趋暗，滋味变钝；水质呈微酸性，汤色透明度好。

井水通常呈碱性，江湖水大多数浑浊带异味，自来水常有漂白粉的气味。经蒸汽锅炉煮沸的水，常显熟汤味，影响滋味与香气审评。

新安装的自来水镀锌铁管，含铁离子较多，泡茶易产生深暗的汤色，应将管内滞留水放清后再取水。此外，某些金属离子还会使水带上特殊的金属味，影响审评。

评茶以使用深井水、自然界中的矿泉水及山涧流动的溪水为好。为了弥补当地水质之不足，较为有效的办法是使用瓶装纯净水，能明显去除杂质，提高水质的透明度与可口性。经煮沸的水应立即用于冲泡，如久煮或用热水瓶中开过的水继续回炉煮开，易产生熟汤味，有损于香气和滋味的审评结果。

三、审评标准与流程

（一）普洱茶审评标准

干茶审评、取样称量、冲泡、开汤审评依次组成了普洱茶感官审评的全部环节。

干茶审评的别称是干看或者干评（图3-1），开汤审评的别称是湿看或者湿评。感官审评品质的结果一般来说主要以湿评内质（普洱茶冲泡后的汤色、滋味、香气、叶底等项目）为主要依据，而干评可以提供前期参数，把盘、取样、冲泡可保持审评结果的科学性。

1. 干评

把盘：俗称摇样匾或摇样盘，是审评干茶外形的首要操作步骤。

审评外形一般是用分样器或四分法从标准样（收购样、实物样）和供试样品中将适量茶叶（毛茶250～500克，精茶200～250克）放入样茶盘中，双手持样盘的边沿，运用手势作前后左右的回旋转动，将评茶盘运转数次，这样做的作用是使样茶盘里的茶叶均匀地按轻重、大小、长短、粗细等不同有次序地分布，并通过"筛"与"收"的动作，使茶叶分出上中下三层次。

图3-1 干 评

通常,毛茶是比较粗长轻飘的茶叶浮在表面,叫面张茶,或称上段茶;细紧重实的集中于中层,叫中段茶,俗称"腰档"或"肚货";体小的碎茶和片末沉积于底层,叫下身茶,或称下段茶。

审评外形时,先看面张,后看中段,再看下身。看完面张茶后,拨开面张茶抓起放在样匾边沿,看中段茶,看后又用手拨在一边,再看下身茶。看三段茶时,根据外形审评各项因子对样茶评比分析确定等级时,要注意各段茶的比重,分析三层茶的品质情况。如下段茶断碎片末含量多,表明做工、品质有问题;如果下身茶过多,要注意是否属于本茶本末;如面张茶过多,表示粗老茶叶多,身骨差,一般以中段茶多为好。

看完三段茶后再把评茶盘运转数次,用三指抓一撮茶叶(包括上、中、下三段茶),撒在另一空盘中,观察条索粗细松紧情况。按外形要求项目与标准比较,作出外形结论。

审评精茶要看对样评比上、中、下三档茶叶的拼配比例是否恰当和相符,是否平伏匀齐不脱档。虽不能严格分出上、中、下三段茶,但样茶盘筛转后要对样评比粗细度、匀齐度和净度。同时抓一撮茶在盘中散开,使颗粒型碎茶的重实度和匀净度更容易区别。审评精茶外形时,各盘样茶容量应大体一致,以便于评比。

干茶审评主要是从茶品外形的4个因子(形状、整碎、净度、色泽)来审评。

(1)形状。形状是指各类茶品的外形规格,如茶品的粗细、轻重、大小、长短。压制茶的外形审评包括审评产品压制的形状、匀整度、松紧度;分面茶、里茶的压制茶,还应审评是否起层脱面,包心是否外露等。

(2)整碎。一是指上、中、下各段茶在比例方面做到平衡;二是指茶品个体条索的外形情况,例如大小、粗细等。整碎会影响茶品的外在形象和整体感觉,毛茶要求在保持原有特点的同时,还要尽量保证其完整性,如果出现破碎则品质相对较差。精制茶在评价时则主要判断茶品的搭配是否科学合理,比例是否得当。

(3)净度。主要是指茶品中非茶类夹杂物(杂草、树叶等及其他)和茶类夹杂物

（梗、籽、朴、片等）含量的多少。不含夹杂物的净度好，反之则净度差。

（4）色泽。茶品外形的色泽主要从光泽度和色度来看。光泽度指茶品接受外来光线后，一部分被反射，一部分被茶品吸收，形成茶品色面的亮暗程度。色度即指茶品的颜色及色的深浅程度。干茶的色度比颜色深浅，光泽度可以从鲜暗、润枯、匀杂等方面评比。色泽差的茶品呈暗灰色，色泽好的茶品带有油润感。

①深浅：不同的茶品其色泽度有着不同的要求，因此首先要判断其色泽是否符合标准，一般原料细嫩的茶品，颜色更加呈现为深色，颜色深浅会随着茶品品质的变化而变化。

②润枯："润"形容茶品带有油润感，可以反射大部分光线，一般是较为新鲜的茶叶，而且加工方式合理，反映茶品的质量比较高。"枯"则是指茶品的色泽较差，反映茶品不是很新鲜或者加工方式不正确，这种茶品的质量则比较差。

③鲜暗："鲜"主要是指茶品新鲜且色泽度较好，一般这种茶具有特殊的色泽度，而"暗"则表示茶品的颜色比较深而且光泽度较差，茶品不够新鲜，可能是在制作运输过程中不合理所导致的。

④匀杂："匀"表示茶品的色调比较协调，颜色方面不会突兀，例如茶品中不含有黄片、青条等一些杂物。

2. 湿评

开汤，俗称"泡茶"或"沏茶"，为湿评（图3-2）内质中的重要步骤。开汤前应先将审评杯碗洗净擦干按号码次序排列在湿评台上。称取样茶3克投入审评杯内，杯盖应放入审评碗内，然后以沸滚适度的开水以慢快慢的速度冲泡满杯，每个杯子的泡水量应齐杯口一致。冲泡时第一杯起即应计时，并从低级茶泡起，随泡随加杯盖，盖孔朝向杯柄，5分钟时按冲泡次序将杯内茶汤滤入审评碗内，倒茶汤时，杯应卧搁在碗口上，杯中残余茶汁应完全滤尽。

图3-2　湿　评

湿评主要审评茶品内质的4个因子（香气、汤色、滋味、叶底），开汤后应快看汤色，后嗅香气，再尝滋味，最后评叶底，审评普洱生茶有时应先看汤色。

(1)汤色。开汤:汤色在进行评价时主要依靠视力观察,在开汤后,茶叶中含有的一些成分受到沸水的冲泡后,会溶解在开水当中,因此开水的颜色也会因之发生变化,茶汤呈现出来的颜色称之为汤色,又称水色。在审评一个茶汤的颜色时,要及时进行观察,由于开水倒进茶碗后,受到空气等外界因素的影响,茶汤中的成分可能会发生一些新的变化,导致茶汤颜色发生改变,因此在评价一个茶品好坏时,首先就是评汤色,其次才是尝茶汤的味道。汤色会受到光线、茶碗容量、冲泡的时间等因素的影响。

在不同的季节,茶汤的颜色会受到影响。如在冬季评茶,随着茶水温度的下降,茶汤的颜色会变得越来越深;若在相同的温度和时间内,红茶茶汤颜色的变化相比绿茶会更明显,大叶子的茶相比小叶子的茶茶汤颜色变化更加明显,新鲜的茶叶茶汤颜色变化更加明显,这些变化上的不同,在审评时应引起足够的注意。如果各碗茶汤水量不一,也要尽快进行调整,避免影响茶汤颜色。如茶汤中混入茶渣残叶,要使用网丝匙捞出这些杂物,用茶匙在碗里打一圆圈,使沉淀物旋集于碗中央,然后开始审评,茶品汤色审评主要从色度、亮度和清浊度三方面去评比优次。

评价一个茶品的汤色要做到及时迅速,因为茶品受到开水冲泡后,其中含有的一些多酚类物质会溶于开水当中,与空气接触后,这些物质会氧化,因此会导致茶汤颜色的改变。

①色度:指茶汤颜色。茶汤汤色与茶品的性质和特点有着密切的关系,同时加工的方式也会影响茶品茶汤的颜色。

②亮度:指茶汤明暗的程度。如果茶汤反射了大部分光线,那么茶汤的颜色更亮;反之,如果茶汤吸收了大部分光线,那么茶汤的颜色偏暗。茶汤的亮度与茶品的品质呈现正相关关系。

③清浊度:指茶汤的透明程度。如果茶汤中不含有杂质,可以看到茶杯底部的状态,那么说明这个茶汤清晰明了;反之,茶汤中如果含有较多杂物,无法看清杯底的情况,那么其浊度则较大。

(2)香气。茶品经过开水冲泡之后,会发出独特的香味,不同茶品所发出来的香味也会不同,会受到茶叶种类、产地、制作方式等因素的影响,因此茶品的气味具有较大的独特性。在评价茶品香气的同时,除了分辨不同的茶品类型外,还要比较茶品香气的持久度、纯异和高低。

嗅香气:香气主要是依靠人的嗅觉来进行判断的使用开水来冲泡,茶叶中含有的芳香物质充分释放出来,这种物质会产生独特的香味进入人的鼻腔,从而刺激人的嗅觉神经。人的嗅觉感官是非常敏感的,其中起关键作用的是嗅细胞,即鼻黏膜黏液。嗅细胞表面为负电性,当感受到挥发性物质分子时,电荷产生电流,从而刺激人的神经末梢,带来一种兴奋感,传递到大脑后,人就可以感受到这种香气。

在嗅茶汤香气时,一手拿着杯子,揭开杯盖后,鼻子靠近杯沿,深入杯内接近叶底,以最大程度地感受茶汤的香味,可以重复嗅闻一到两次,以正确地判断其香气类型、高低和长短。每次嗅的时间不能太长,否则容易导致对该香气的不敏感,影响判断,一般最佳嗅闻时间是3秒钟左右。在嗅闻茶汤的气味时,如果茶品种类较多,那么不同的茶汤可能温度不一样,这会给评审工作带来影响,因此在每次嗅评开始时,可以摇动茶杯,将叶底抖动,而且在评审工作没有开始之前,不能打开杯盖。

嗅香气应热嗅、温嗅、冷嗅相结合进行。

①热嗅:重点是辨别香气是否正常,有没有一些异味,判断香气的类型及高低,茶汤刚刚冲泡完成时,会产生温度较高的蒸汽,刺激人的嗅觉神经,影响其敏感性。

②温嗅:主要是辨别香气的质量高低,这种方式可以最大程度保证结果的准确性,排除外界的干扰。

③冷嗅:主要是了解茶叶香气的持久程度,当之前的评审无法判断茶汤香气的高低时,可以采取这种方式来得出结论,即闻嗅茶汤冷却后的余香。一般叶底温度是55℃左右时,茶汤的香气是最佳的;如果温度超过65℃,那么高温刺激人的嗅觉器官;当温度在30℃以下时,茶汤的香气有所消散,此时不易被人的嗅觉器官所察觉,尤其是一些有异味的茶叶,其气味可能挥发。在评审工作中,有时会同时评判多杯茶汤的香气,在评审时会按照茶品质量的高低进行排序,即质量从高到低进行嗅评,判断不同茶汤香气的高低,但是不能把红茶和绿茶放在一起审评,还要最大程度地避免外在因素的影响,例如香水等气味干扰了判读。

纯异:“纯”指茶本身具备的香气,“异”指其中还含有一些异味,一般茶的香气分为3种情况,即茶类香、地域香和附加香。

茶类香指茶类所特有的香气,例如普洱茶具有陈香等;地域香则是茶叶受到产地的影响,而带有的独特气味,例如兰花香、花果香等;附加香则是外源添加的香气,如茉莉花茶。异气则是一些不佳的外来气味融入茶香当中,例如馊味等。

高低:香气高低分为浓、鲜、清、纯、平、粗。“浓”是指茶的气味强烈,给人的嗅觉器官带来较大的刺激;“鲜”是指茶的味道使人神清气爽;“清”是指茶的味道较淡,没有给人带来较大刺激;“纯”是指茶香中不含有其他异味;“平”是指茶的香气平淡;“粗”则是指茶香不够新鲜细腻。

持久:即香气的持久程度。随着茶汤温度的冷却,茶品仍然散发出明显的香气,说明该茶品的香气持久度较高,香气越持久,那么茶品的质量越高。如果茶品中含有烟、焦、酸、馊、霉、陈等味道,则茶品的质量较差。

(3)滋味。滋味主要由味觉器官来区别。不同的茶叶带给人的味感是有很大不同的,味感也会影响一个茶品的质量,茶品之所以会呈现出不同的味感,一个重要的原因是茶叶的呈味物质的数量有所差别。味感可以分为甜、酸、苦、辣、鲜、涩、咸、碱及金属味等,主要是由舌头上的味蕾所感知,品尝茶汤时,味蕾会将受到的兴奋通过神经传递给大脑,大脑感知不同的味觉,舌头各个部分味蕾的感受能力是不一致的,例如舌尖最容易感知甜味,舌头的两侧最容易感知咸味,而舌头的后部分最容易感知到酸味,舌心最容易感知到鲜味、涩味,舌根最容易感知到苦味。

在审评完汤色后,接下来就是评价其滋味,茶汤的温度不能过高或者过低,最佳温度是50℃左右。如果茶汤的温度太高,则会强烈刺激人的味觉感官,影响评审结果;如果茶汤温度过低,则味觉的灵敏度较差的同时原本融入水中的物质会逐渐析出,影响茶汤的味道。在评品茶味时,用汤匙取一浅匙吮入口内,由舌头不同部位的味蕾来进行感知,最后对茶味做出全面的评价。尝第二碗时,要保证匙中干净,倒出残留茶液,以免影响接下来的品尝,滋味按照浓淡、鲜滞及纯异等进行评价,确定其等级。为了确保评味工作不受到外部因素的干扰,在评审开始之前,不能吃一些刺激性强的食物,例如辣椒等,保证感官的灵敏度。

审评滋味先要区别是否纯正:

纯正的滋味可区别其浓淡、强弱、鲜、爽、醇、和;不纯的可区别其苦、涩、粗、异。

①纯正:指该类茶本身应该具有的滋味。

•浓淡:"浓"指茶叶经过开水冲泡后,较多内含物融入水中,给人浓稠的感觉,反之如果茶叶的内含物较少,茶汤的味道则比较淡。

•强弱:"强"指茶汤入口后带给人味觉上的刺激,吐出后味感增强;"弱"指茶汤入口后没有较大的刺激,吐出后没有留下余味。

•鲜爽:"鲜"指茶汤带给人水果般的新鲜口感,"爽"则是指爽口。

•醇与和:"醇"表示茶品的味道比较浓,但是没有产生较大的刺激;"和"表示茶的味道平常。

②不纯正:指茶的味道中有明显异味。

•苦味是茶汤带有的特点,可以进行区分,例如微苦后回甘,反映茶品的质量比较高,其次是微苦后没有回甘的,再次是先微苦后回味也苦,最差的则是先苦回味之后还是苦。

•涩:指茶品的味道有麻嘴、厚唇、紧舌之感。涩味如果不重,那么仅在舌头两侧有所感觉;如果涩味较重,那么整个舌头都会有所感觉。茶汤有涩味表示茶品的质量不高,同时也会受到季节的影响。

•粗:粗老茶汤味给人粗糙的口感。

•异:则是指茶汤含有酸、馊等其他异味。

•在评价茶汤味道时,出现异味可能与其操作加工方式有关,因此要注意判别。

茶的味道和香气有着密切的关系,闻到的花香等香气在品尝时也可以感觉到,两者一般是相辅相成的,香气好的茶品味道一般也不错。

(4)叶底。茶品冲泡后剩下的茶渣称之为叶底。干茶冲泡时吸入水分,茶叶舒展开来,通过叶底可以辨别茶叶的新鲜程度和加工方式是否合理等,主要评判其嫩度、色泽和匀度。

在品评完滋味后,将叶底倒在盘子中进行仔细观察,包括其老嫩、整碎、色泽等,这是判断茶品质量的重要指标。

在评判叶底时,还要考虑其中是否含有其他异物,将叶底放入审评盖中,将叶片完全地拌匀、铺开,观察其色泽等多方面指标,如果还不明显,可以加入部分茶汤后再慢慢倒出,让叶片平铺或者慢慢翻转,以便于观察。用漂盘看则可以在茶叶中加入部分清水,让茶片在清水中漂浮来进行观测。评叶底时,要利用人的多个感觉器官,例如用手指去接触叶底,判断其软硬、厚薄等,用眼睛去观察叶片芽头和嫩叶含量、色泽颜色等,最后得出相应的判断结果。

•嫩度:主要考察其芽及嫩叶的含量。芽若含量多且长,则表示茶品的质量比较好,反之则表示茶品的质量不佳,但是在判断时还要考虑到不同茶品的实际特点,因为不同的茶品其评价标准也会有所差异,例如碧螺春细嫩多芽,其芽比较短。茶叶中若含有病芽和蛀芽则茶品的质量不高。在判断叶质老嫩时,主要是用手指去按压,通过其软硬和弹性来进行判别,新鲜的茶叶按压后不会弹起,相反较为粗老的茶叶按压后会马上弹起,同时还可以触摸其叶脉,如果叶脉隆起,则表示叶片较老,反之则表示叶片较嫩。另外,还可以根据叶边缘锯齿状来判断,叶边缘锯齿明显的叶片较老,反之则较嫩;叶肉厚的,说明叶片较嫩。叶片的大小则不能说明叶片情况。

• 色泽:主要看色度和亮度。审评时要清楚该类茶叶应有的光泽和新茶的色泽,例如绿茶叶底如果呈现出嫩绿、黄绿、翠绿的颜色,则表示其质量较高,反之则表示其质量较低;带青张或红梗者更次一等;如果绿茶中含有青蓝叶底,则品质较差,红茶具明亮叶底,则质量较高;红暗、乌暗花杂者较差。

• 匀度:主要从老嫩、大小、厚薄、色泽和整碎的角度去看。若这些指标较为接近,则反映其匀度好。匀度与加工方式有着密切关系,也直接影响叶底的质量。匀度与嫩度没有直接的关系,合理的操作方式也可以让粗老鲜叶的叶底较为均匀。匀度主要受到芽叶和加工方式的影响。

在评价叶底时还要考虑叶张舒展情况,是否含有异物,等等。如果干燥温度过高,则会使叶的条索紧致,难以泡开,叶底亮、嫩、厚、稍卷等反映其质量较高,有焦片、霉叶等则质量较差。

茶叶品质审评一般是观察干茶外形、汤色、香气、滋味、叶底几个指标,最后确定茶品的质量和等级。依靠某一个单一的指标是无法全面反映茶品质量的,每个指标之间相互联系、相互影响,在进行综合评审时,要考虑到不同指标之间的关系,进行比较分析,最后得出评审结果。对于难以判断或者存在争议的茶样,可以冲泡两杯茶品进行对比,最后取得正确结果,在开展评审工作时,根据实际情况选择合适的方式,要随机应变,例如有的可以选择一些重点指标进行对比或者从整体角度进行评价。总而言之,在开展感官审评工作时,必须遵照相应的规则和程序来进行评价,确保结果的准确性。

(二)普洱茶审评操作

普洱茶在进行审评时,主要是观察其外形,评品其内质,即干看和湿看,但是不管是采用哪一种方式,最后都要对照实物标准样,根据评价因子来进行审评并得出结果,最后判断整个茶品质量的高低。普洱茶(熟茶)感官审评项目是色、香、味、形等构成的外形和内在质量。按照步骤进行操作,根据人的感觉器官所得出的结果来判断普洱茶的质量。普洱茶(熟茶)的感官审评分为散茶(级别茶)和紧压茶的感官审评两部分。

在评价时分为干看及湿看。依次评价其外形、香气、汤色、味道、叶底,一般步骤如下:

1. 取样

取样是指从一批茶叶中取出样品作为代表来进行审评。茶叶品质只能通过抽样方式进行检验,因此样品的代表性尤其重要,必须重视检验的第一步工作——取样。为确保规范地完成取样工作,我国专门制定了相关的国家标准《茶取样》(GB/T 8302—2013)。

(1)取样数量。取样件数按下列规定执行:1~5件,取样1件;6~50件,取样2件;

50件以上,每增加50件(不足50件者按50件计)增取1件;500件以上,每增加100件(不足100件者按100件计)增取1件;1000件以上,每增加500件(不足500件者按500件计)增取1件。

(2)取样、分样步骤。大包装茶在产品包装过程中取样时,应在茶叶定量装件时,每装若干件后(按取样数量规定),用取样工具取出样品约250克。所取的原始样品盛于有盖的专用茶箱中混在一起,用分样器或四分法取500~1000克茶叶放置在专用容器中作为样品进行评审。大包装茶在产品成件、打包、刷唛后取样时,在整批茶叶任意位置随机抽取足够的数量,用取样工具在每件的上、中、下位置处各取出有代表性的样品约250克置于有盖的专用茶箱中,混匀。再将茶叶全部倒在洁净的塑料布上。用分样器或四分法逐步缩分至500~1000克放置在专用容器中作为样品进行评审。

小包装茶在产品包装过程中取样时,操作与大包装茶相同。在包装后取样时,应在不同堆放位置随机抽取,再从各件内上、中、下位置处,取出2~3盒。所取样品放在密闭的容器中,分别进行相应的检查,其余的茶品拆开后混在一起,用分样器或四分法取出500~1000克作为评审时使用的样品,将其放置在专门的容器中。

紧压茶(砖茶、饼茶)取样时,应随机抽取规定的件数,逐件开启,再从各件内不同位置处,取出1~2个(块),除供现场检查外,单重在500克以上的留取3个(块),500克以下的留取5个(块),盛于密闭的容器中,供审评用。

捆包的散茶取样时,应从各件的上、中、下部位采样,再用四分法或分样器缩分至所需数量。

2. 外形审评

用分样器或四分法从标准样和样品中抽取100~180克,按照类别放在盘子中,将评茶盘运转数次后,使不同大小的茶叶得以分开,表面均是重量较轻的茶叶,一些较细和重量较大的茶叶沉在下面。先看上面的面张茶,再看中段茶,最后看下身茶,再次运转评茶盘,抓一撮茶叶,其中可能含有各种类型的茶叶,将其放置在另一个盘子中,观察条索粗细松紧情况。结合其呈现出来的外形特点,与相应的标准进行比对,最后对其外形进行评价和得出结论。

3. 内质审评

在测评的茶盘当中应放入均匀混合的样品,重量共计5克,然后将其放入评审杯当中,评审杯的容量为250毫升,分两次进行冲泡。在测试杯当中放入开水,盖上盖子进行浸泡,浸泡时间共计5分钟,然后把茶汤倒入评价碗当中,评价茶汤的颜色、气味、口味。此后,冲泡过后的茶叶再次进行冲泡。倒入满杯的开水,注入沸水至杯满,浸泡时间共计5分钟,然后把茶汤倒入评价碗当中,再评价茶汤的颜色、气味、口味,按照第二次冲泡的颜色、气味、口味的实际状况进行评测。最后把茶渣放入盘中,观察叶底情况。

(三)普洱茶审评项目因子

1. 普洱茶(生茶)感官审评

普洱茶(生茶)感官方面的评测:依据已经制定的审评程序,按照评测人正常感官评审茶叶的颜色、气味、口味、形状等,可有效确定茶叶品质、特点,确定具体等级、茶叶价值。

感官审评项目当中涉及外形(形状、颜色、匀整、松紧)与内质(气味、颜色、口感、叶底)。

(1)外形审评。对照企业留存的实物标准样进行审评对比。

①形状。布袋包压型:审评形状是否端正,是否起层落面,边缘是否圆滑、有否脱落。模压型:观察形态、棱角(边缘)的情况、厚度情况,也要确定模纹的清晰程度,是否出现了脱面的现象。

②色泽。指色度深浅、润枯、明暗、鲜陈、匀杂。

③匀整。指表面是否匀整、光滑,洒面是否均匀。

④松紧。指压制紧实程度。

(2)内质审评。

①审评内容:汤色、香气、滋味和叶底。

②审评方法。将某些样品取出,均匀性混合,克数为5克,然后将其放入评审杯当中,评审杯的容量为250毫升,接下来在测试杯当中放入开水,盖上盖子进行浸泡,浸泡时间共计5分钟,再把茶汤倒入到评茶碗当中,评价茶汤的颜色、气味、口味、叶底。审评汤色的明暗或混浊,香气是否纯正和高低,滋味的浓淡和回甘,最后将杯中的茶渣移入叶底盘中,审评其叶底色泽、嫩度、整碎和形状。审评以香气、滋味为主,汤色、叶底为辅。

③审评记录。按照茶叶审评的要求,对茶叶的外形、内质进行有效评测,并依据已经制定的标准和术语记录具体情况。

2. 普洱茶(熟茶)感官审评

普洱茶(熟茶)感官审评分散茶和紧压茶两类。

(1)感官审评。依据已经制定的审评程序,按照评测人正常感官评定审茶叶的颜色、气味、口味、形状等,可有效确评测茶叶的外形和内质,确定具体等级。

普洱茶(熟茶)散茶审评项目分外形(条索、整碎、色泽、净度)和内质(香气、汤色、滋味、叶底)。

普洱茶(熟茶)紧压茶的感官审评项目当中涉及了外形(形状、匀整情况、松紧程度、颜色)、内质(和散茶标准相同)。

散茶审评原则:散茶外形审评,侧重条索和色泽两项因子;内质审评侧重香气、滋味两项因子。

散茶审评方法:

①外形审评:在扦取的样品中用分样器或四分法分取试样约150~200克,置于评茶盘中充分混匀后铺平。

•条索:对比标准样本状况,观察茶叶的松紧状况。品质较好的茶叶卷紧、重实、肥壮;略差的茶叶表现为粗松、轻飘。通过评估确评测样品是否达到了相对应的等级。

•色泽:对比标准样本的状况,观察颜色、嫩度。色泽红褐、均匀一致者为好;发黑、花杂不匀者为差。嫩度比含毫量的多少,含毫量多的嫩度好。

•匀整(整碎):对比标准样本的状况,观察均匀整齐程度以及上段、中断、下段茶的占比情况。

•净度:对照标准样,比含梗、片的多少,梗的老嫩程度;是否有茶类夹杂物和非茶类夹杂物等。

②内质审评。在测评的茶盘中应放入均匀混合的样品,重量共计5克,然后将其放入评审杯当中,评审杯的容量为250毫升,分两次进行冲泡。在审评杯中放入开水,盖上盖子进行浸泡,浸泡时间共计5分钟,然后把茶汤倒入审评碗当中,审评茶汤的颜色、气味、口味、叶底。

•汤色。如果汤色非常浓红,并且非常透亮,那么说明品质较好。一般来讲,汤色应该为深红色。假如汤色非常深、透亮性较差,那么说明品质较差。

•香气。比香气的纯度、持久性及高低。以香气馥郁或浓郁者为好。香纯正为正常,带酸味者为差;异味、杂味者为劣质茶。

•叶底。柔软、肥嫩、色泽佳、红褐色,均匀整齐,说明品质较好;颜色不一致、没有光泽、用手揉搓类似泥状,说明品质较差。

紧压茶外形审评:对照企业留存的实物标准样进行审评对比。

①外形审评。

•形状。布袋包压型:审评形状是否端正,是否起层脱面,边缘是否圆滑、是否脱落。模压型:不用观察茶叶是否比较端正,棱角(边缘)是否清晰,厚度是否有差异,模纹是否清楚,表层是否脱皮。

•匀整。表面均匀性如何,是否光滑。

•松紧。指压制紧实程度。

•色泽。外形色泽红褐(或棕褐)者为好。

②内质审评。将某些样品取出,均匀性混合,克数为5克,然后将其放入评审杯当中,评审杯的容量为250毫升,接下来在测试杯当中放入开水,盖上盖子进行浸泡,浸泡时间共计5分钟,再把茶汤倒入评价碗当中,评价茶汤的气味,滋味的浓淡和回甘,以及汤色的明亮或混浊。最后把茶渣放入盘中,观察叶底、嫩度、整碎的情况。审评以香气、滋味为主,以汤色、叶底为辅。

(2)审评记录。评审表格当中应该记录茶叶的外在形象、内质状况,语言方面应该运用标准的术语详细记录评价内容。下面按照外形、内质评比的各因子罗列出了大宗普洱茶(熟茶、生茶)经常采用的评价语言,并对其进行了进一步解释:

①条形。

细紧:每片茶叶应该细长、紧卷,完整性较好,锋苗好。档次较高的散茶和绿茶都有此方面特征。

紧结:卷紧,结实,锋苗较好。体现此特点的茶叶为大叶种生熟普洱毛茶、中档小叶种红、绿茶。

紧实:嫩度更好,紧结程度一般,松紧比较合适,身骨比较重实,锋苗较少。

粗实:原材料较老,也能够卷紧,然而已经出现了轻飘现象,一般是7级左右的普洱茶青。

粗松:原材料非常老、叶面较硬、无法卷紧,已经出现了轻飘现象,这都是档次较低的茶叶体现出的特点。

挺直:光滑、整齐、不曲不弯。

弯曲:一般会呈现出勾状,和勾曲的含义相同。

显毫:茸毛非常多,和茸毛显露的意思相同。

锋苗:芽叶细嫩,紧卷、有尖锋。

身骨:茶身轻重。

②色泽。

·普洱生茶色泽。

深绿:非常深的绿色,光泽感较好。

墨绿:颜色深绿泛乌,光泽较好,和乌绿意思相同。

绿润:颜色比较绿,比较新鲜,光泽度较好。

灰绿:绿色中带有灰色。

青绿:绿色中呈现出青色。

黄绿:主要是绿色,黄色中带有绿色。

露黄:有少部分黄朴、片以及黄片。

枯黄:比较干枯的黄色。

·普洱熟茶色泽。

乌润:黑色,润泽,有活力感。

乌黑:黑色又带有褐色,光泽感比较好。

栗褐:颜色犹如栗子皮,褐色中也能体现出棕色。

枯红:干枯的红色。

③净度。

匀净:老嫩分布比较均匀,没有梗朴等。

花杂:把那个有差异的片,末,梗等进行混合。

含梗:茶叶当中有部分粗老茶梗。

筋皮:嫩茎、梗揉碎的皮。

毛衣:细筋毛,碎茶当中都含有此物质。

④香气。

·普洱生茶香气。

清高:清香度较高,味道比较持久。

清香:有清新感。

纯正:相度较低,非常纯净。普洱熟茶一般具有此气味。

粗气:粗老叶。年头较长的生茶有此气味。

青臭气:有青草的香气。一般有此气味。

·普洱熟茶香气。

鲜甜:鲜爽,热带甜味。香气适中。

甜和:香气一般,但是有一定甜度。

果香:有果香气味。品质较好的普洱茶有类似桂圆的味道。

⑤汤色。

•普洱生茶。

黄绿：基本上是绿色，也会略带黄色。

绿黄：主要是黄色，也会略带绿色。

浅黄：物质少，颜色浅黄。

莹黄：透明相好，没有任何杂质。

黄红：酒红色，透明性好，没有任何杂质。年头较长的普洱茶能够体现出此特点。湿仓茶某些情况下也会有此特征，然而茶底不干净，有发霉气味，茶汤浑浊。

•普洱熟茶。

红艳：颜色鲜艳，说明含有多种物质。品质较好的普洱茶都能体现出此特点。

红亮：红色，有一定光感。

红明：红色，并且透明，比红亮颜色略差。

深红：颜色非常红。

浅红：淡淡的红色，年头较长的熟茶，发酵过重的茶叶都会有此特点。

⑥滋味。

回甘：回味感较好，有一定甜度。

浓厚：味道厚重，刺激性较强。

醇厚：口味纯正、浓郁，但有刺激性。

浓醇：浓烈、口感适中。刺激性比浓厚差，但是比醇更强烈。

醇正：清爽感，稍有甜味。

醇和：醇而平和，略有甜味。刺激性没有超过醇正。

平和：味道正常，没有较强的刺激性。

淡薄：略有茶的味道，但是几乎无味。

涩：品尝时能够感觉到麻嘴。

苦：有苦的味道，后味苦感更强烈。

⑦叶底。

细嫩：大多数是芽、细嫩叶，茶叶质感柔，高档普洱生茶能够体现出此特点。

柔软：芽叶非常嫩，手进行按压能够服帖地贴于盘底，没有弹性，也不会弹起。

嫩匀：芽叶比较整齐，软度较好，也非常嫩，大叶乔木能够体现出此特点。

肥厚：芽头肥大壮实，叶肉肥厚，叶脉没有显露。

摊张：叶张摊开，叶面比较硬。

粗老：叶质比较粗，叶质硬，叶脉鼓起，手指按压有弹性。

匀：老嫩、大小、厚度、整碎程度等比较均匀。

四、普洱茶品鉴

品鉴普洱茶前要注意以下几个问题：

（1）合理利用舌头。人们都会利用舌头品尝味道，可利用味蕾感受味道之间的差别。舌尖能够有效地感受茶叶的甜味；舌头的两边、前端位置能够感受到茶叶的醇香程度；舌头两边的后端可判断茶是否"发酸"；舌心可有效评价茶叶是否有涩味；舌根能够有效感受到茶叶的苦味。舌头的各个位置能够感受到不同的味道,在品鉴普洱茶叶时,入口以后应该在舌头上来回感受不同味道,才能够全方位地对茶叶进行评价。

(2)把握好茶汤的"评味温度"。在评价普洱茶时,温度一般控制在50℃。假如茶水太热,将会影响到味觉,无法有效进行评价;如果温度太低,那么同样不能准确地评价各种味道。

(3)品鉴普洱茶前不吃刺激性的食物。品鉴普洱茶以前不应该食用味道较重的食物,例如大蒜、烟酒等,不然将会影响到味觉的灵敏度。其次,品鉴中要评叶底,闻茶叶的香气,观察叶底老嫩程度、颜色等,也要留意是否有杂物。

①外形。观察茶叶的条索完整度如何,叶子老嫩程度如何;闻茶叶的气味,观察色泽、纯净程度,品质较好的干茶叶没有异味,颜色为棕褐色、褐红色,表面有一定光泽,褐色当中带有红色(红熟),条索非常肥壮,没有过多的碎茶;品质较差的茶叶有一股陈年茶叶的气味,条索完整性较差,颜色发黑,没有任何光泽。

②汤色。观察茶叶汤的颜色,品质较好的云南普洱散茶沏泡以后颜色非常红亮,能够看到"金圈",表明有油珠。质量较差的茶汤虽然同样比较红,但是不浓、颜色也不够鲜亮,能够在茶汤当中找到其他杂物,有的已经出现了发黑等现象。

③香味。采用热嗅、冷嗅方式评价香气,评价香味的持久性;品质较好的茶叶香味浓郁,气味非常纯正。冷嗅可闻到陈香的气味,比较持久。品质较差的茶叶有陈年茶叶气味,还有一种怪味。

④滋味。体会滑顺、回甘的感觉是否存在。品质较好的茶叶口感香醇、回甘、生津;品质较差的口味平淡,没有感受到回甘,舌根两边的感觉不佳,有麻的感觉。

⑤叶底。观察叶底的颜色、叶质状况、浸泡以后的叶底是否完整以及柔软度如何。品质较好的茶叶颜色偏红褐色,杂质较少,叶面比较完整,也非常柔软,没有出现腐烂现象;品质较差的茶叶颜色发黑,叶片出现腐烂现象,比较硬。

普洱茶(生茶)、普洱茶(熟茶)体现出的功效有一定差异,人们应该按照不同季节选择适合的茶叶饮用。

(1)春季饮茶重养生。春天是万物生长的季节,人们应该饮用采用自然发酵方式制成的普洱茶、生熟混拼的普洱茶,此类茶叶有良好的温性,有助于人们排除寒冷季节的寒邪,让人们拥有更好的精神开展新的生活,解除春天困乏的感觉,也能增强抵抗疾病的能力。

(2)夏季饮茶益祛暑。夏季天气较热,人们应该饮用生茶,此类茶叶的味道偏苦,寒性较大,能够体现出的作用为消除暑气、解毒、提神等,也含有多种营养物质,例如茶多酚、咖啡碱、氨基酸、维生素等,饮用后有助于消除夏天的暑气,也能补充人体必需的营养。

(3)秋季饮茶强健体。秋天湿度较低,人们总会觉得口渴,可选择半生熟发酵的普洱茶,或者混合饮用生茶和熟茶。混合饮用熟茶和生茶,寒性不会太大,温性也不会太强,在秋季饮用非常适宜。

(4)冬季饮茶保健康。冬天的天气比较寒冷,人们都希望能够更加温暖,可选择饮用熟普洱茶,此类茶叶的颜色为红褐色,具有良好的温性,让人们感受到更多暖意,可加入奶制品或者糖一起饮用,不仅口感较好,也能提升人体御寒能力。《怨茅厅采访》当中提到普洱茶的作用,可"帮助人体消化,驱寒气,解毒"。

第三节 普洱茶收藏

一、普洱茶仓储

普洱茶存储的过程中香气物质会出现一定变化,多酚类物质同样会改变,普洱茶存储时间长短各异,香气、茶汤颜色、口味等都会出现变化。普洱茶自身品质、储藏的环境条件都会决定普洱茶存储以后出现何种变化,因此必须为存储创造良好的卫生条件等,才能确保普洱茶都有良好的品质,提升普洱茶的价值。

当下,普洱茶制作方面会采用3种仓储方式,即干仓、湿仓、做仓,并且每个仓都各有差异。

干仓普洱茶是指在自然环境下晾晒大叶种乔木普洱茶,也是在正常环境下进行储存。茶马古道的环境有助于茶叶正常通风,可确保茶叶品质纯正。

湿仓普洱茶是在有湿气的环境下存储后获取的茶叶。茶叶大多数出产于我国东莞、香港以及东南亚等地区,虽然汤色较好,然而无论味道还是香气都不如干仓存储的普洱茶。

做仓普洱茶的形成环境非常潮湿,在较湿热的环境下极易导致茶叶腐败,有些不法商贩为了获取暴利会把此类茶叶当成老茶出售,但是此类茶叶的品质较差,消费者对于假冒现象非常痛恨。

以往商人要将茶叶运送到宫廷当中必须进行存放,后期香港商人为了囤货也会进行存放。虽然无心之举在某些时候能够存储出品质较好的茶叶,然而大多数茶叶都会出现问题。

普洱茶叶存储时间越长、价值越高的理念得到了大多数人的认可,大部分人都在研究如何存储茶叶。存储茶叶的首要条件是创造良好的环境、采用良好的技术,不能采用"做仓"的方式,否则普洱茶无法通过自然环境的储藏体现出原本的味道。因而,人们开始采用自然干仓的方式存储茶叶,此类存储方法比较科学,即使存储多年,茶叶依然香气依旧,变化层次也较多。

普洱茶存放环境:

(1)湿度。存储环境当中的湿度不能长期超过80%,一般可控制在60%。

(2)气味。存储环境当中不能够出现刺激性气味,否则茶叶会吸收此味道。

(3)光。茶叶不能在阳光下进行暴晒,否则茶叶的品质将会受到严重破坏。

(4)通风。普洱茶存储过程中必须借助氧气才能够陈化,茶叶不能完全封闭保存。

普洱茶在干燥的环境中能够更好地存储,但是在湿度较大的环境下存储时需要重视如下问题:

(1)预防茶叶受潮。夏季的空气湿度较大,假如普洱茶的香气味道已经让人觉得憋闷,那么说明环境湿度已经达到一定程度,可采用电风扇帮助空气流动,有效降低湿度。假如已经采用了设备进行抽湿,那么也可以定期启动,确保茶叶的香味控制在某个范围内。假如夏天下雨时间较长,那么必须紧闭窗户,减少外界环境对储藏室带来的不利影响,在此情况下也可以利用设备降低湿度,倘若没有安装设备,那么储藏室的窗户应该面向南方,利用阳光降低湿度,但要避免阳光直射到茶叶。

(2)家庭保存普洱茶时可将茶叶放到陶罐内,这有助于茶叶香味更加浓郁,其原因在于糖罐透气性较好,内部环境不会受到外部环境带来的过大干扰。

(3)尽可能不破坏笋壳包装,也要将大量茶叶放在一起储存。

总而言之,普洱茶并不一定是越陈越香、越陈越妙,只有在良好的存储条件下,具体说就是在排除异杂味的情况下,确保转化强度控制在一个恰如其分而又起伏变动合理的范围内,假以时日才能呈现出我们期待的奇香与妙味。

二、普洱茶收藏原则与环节

收藏普洱茶的价值如下:

(1)在价格较低时购买普洱茶的目的在于,通过储存形成品质更好的老茶,称之为品饮性收藏。

(2)在价格较低时购买普洱茶以后,可在茶叶价格提升时出售,体现出其收藏价值。

(3)有些人不仅是为了个人饮用品质较好的茶叶,而且也是为了投资收藏。

1. 怎样选择收藏普洱茶?

(1)根据自己的藏茶目标选择藏茶。

①以自己品饮为主。以自己品饮为主的收藏:第一,不必求数量。以一个人每年喝2~3千克茶计算,藏100~200千克就够了。第二,不必求品种多。第三,不要存纪念茶,那不是喝的,是当文物收藏的。第四,可以生茶、熟茶各存一些。第五,经济条件允许,可以一次购足,因为茶价在不断上升,早买更便宜,而且普洱茶是越陈越香,买得早存得长。第六,不追求名牌而选茶质好。

②投资求升值的。第一,不要求品种多而要精。不要什么茶都买,要买升值空间大的茶,否则好坏相抵影响收益。第二,要批量购买,批量买一是价位更低,二是将来更好出手。第三,不要看现在价位而要看将来走向。第四,收藏品种品牌与将来收藏者有条件出售的销售渠道。例如可以通过某企业专卖店代销,那就藏该企业品种,因为专卖店不能卖其他企业产品。第五,纪念茶要卖升值空间大的,要注意例如重大事件、名厂制作、限量生产这些因素。第六,根据生茶、熟茶的特征,可以生茶、熟茶都藏一些。熟茶作短线投资存3~5年就可以卖。生茶作长线投资,可以考虑到10多年后再卖。长线投资不管品牌,重点看茶质和制作、贮存,因为成老茶后品牌没用,只看品质。短线投资可以收名厂名牌和好的纪念茶等。

(2)要根据自己的经济状况选择藏茶。

①经济条件好的:

•可以多收藏纯乔木茶,因为乔木茶数量有限而收藏的人又越来越多,纯乔木茶的升值空间比较大。

- 可以收藏一些老茶，老茶存世量越来越少，有点像收藏古董，越稀少升值空间越大。
- 可以一次性多购些，因为近年茶价升值较快，同样的茶晚一年要多投资很多钱。

②经济条件一般的：
- 可以收藏还没炒热的地方的乔木茶，价位不高、升值潜力大，如景东、景谷的乔木茶。
- 选准一两个品种收藏，不要求品种多，这样才能有存量。
- 可以买一些有名气的厂家的价位不高的拼配茶，名厂的茶升值空间也很大。

（3）要根据自己的存茶空间选择藏茶。经济条件好同时存茶空间大的，可以成批地购买纯乔木茶和名牌厂家的产品。经济条件好但存藏空间小的，可以存价位比较高的名茶山纯乔木茶和老茶，这样占空间不大但收益同样可观。

2. 影响普洱茶品质的三大环节

对于收藏的普洱茶在多年后能不能成为好喝的、优质的、升值高的茶品，受到3个环节制约：

（1）原料。原料好坏直接影响着茶的好坏，台地茶与乔木茶、甲山乔木与乙山乔木在品质上都会有较明显的差异。

（2）制作。由于乔木茶很多分布于深山，有的地方不通电、不通公路，很难用现代设备去制作，只能收茶农自制的晒青原料。但一般的山民制茶技术是参差不齐的，于是带烟味、杀青过度等问题就比较多。

（3）贮藏。藏茶的环境和条件都会影响到茶质，例如受潮、吸入异味等。

3. 如何区分干仓茶和湿仓茶？

如何区分干仓茶和湿仓茶，这是想买老茶的人最容易遇到的问题。过去由于物质条件匮乏，大陆基本上没有藏茶，老茶主要存在香港、台湾。随着大陆喝普洱茶、藏普洱茶热兴起，找老茶的人多起来，目前的市场上的"老茶"中，湿仓茶占了相当高的比例。

所谓湿仓茶是指茶商为了让茶叶加快转化而采取的一种仓储方式，就是对茶仓进行人为的加湿加温，加速茶叶的发酵陈化，在高温高湿状态下，使茶叶产生霉菌来促成发酵陈化，这种情况有点近似人工渥堆发酵熟茶。由于霉变的作用，这种茶中有一种称为仓味的味道无法退去。同时，这种加速陈化也使湿仓茶缺乏活性和韵味。湿仓茶现在已被普遍否定。

干仓茶指在不人为加湿加温的仓库中存放的茶，但由于广东、香港、台湾地区空气湿度大，气温高，因此这些地方的"干仓"中存放的茶也会长霉，只是同一仓库、同一件茶甚至同一筒茶中会出现有的长霉，有的不长霉，或出现霉变不严重的茶，这种茶仓出来的茶经过"醒茶"后，会有很出色的茶香。而霉变较严重的茶经过"醒茶"后也会有相似湿仓茶的"仓味"。湿仓茶色泽近似于熟茶，撬开内部看，内外都有长过霉的白点，开汤后有明显仓味而且泡很多次后不退，叶底变成黑褐色且软易碎。干仓霉变的茶色泽近似正常茶品，霉点主要在面上，开汤后仓味不持久，有陈香，叶底近似正常茶，会杂有黑烂叶。

4. 如何科学仓储？

异味、湿度、温度、光线、跑香是存茶要注意的几大问题。

避免串入异味是比较容易的,藏茶的最大问题是受潮问题。目前在受潮问题上有两派观点。一派强调"干",要求在自然干燥的环境中存茶,在空气湿度大的地方和季节要采取方法避潮;另一派主张"湿",由于湿仓茶已普遍被人们否定,这一派的"湿"是指适度地加湿或者潮湿度大的地方不避潮。传统观念认为,普洱茶要在一定的温度、湿度条件下才会陈化,由于普洱茶的陈化过程比较缓慢,于是才有了人为加温加湿的主张。但不管是人为加温加湿还是在湿度大的地方不避湿,其结果就是茶叶受潮长霉,虽然陈化速度加快,但口感、香气、滋味都会大打折扣,还会出现像闷味之类的异味。

"干"的好处是不让茶受潮,可以让茶保留更多的活性和自然的香味和气韵。现在最新研究认为:茶叶在没有足够的温度和湿度条件下,依靠茶叶本身的物质结构也会陈化。实践中已经证明:存于香港、广东的茶,由于当地湿度大、温度高,茶的转化会更快,但茶的香气、韵味则不如在干燥地方存放的茶叶。

要"干"就要防受潮。在广东、香港、云南南部等地方存茶,在雨季来临后由于空气湿度大,茶容易受潮产生霉变。要避免茶在雨季受潮可以注意几点:一是存茶室要便于空气流动。二是最好存放在二楼以上楼层。三是在雨季到来后要把门窗关闭,尤其是对外的窗子一定要关严,让湿气不容易进入房间,在雨季过程中如遇到天气多日无雨而且晴朗,可在天晴几天后开窗透气。天阴无雨不要开窗。四是可以在茶室堆放木炭吸湿或用吸湿机、烘灯驱湿。五是如果存茶室在一楼且房间湿度过大,雨季到来时可以用无异味的塑料袋密封茶品隔绝湿气,到雨季结束时马上打开。

光线也会影响茶的品质和茶味,藏茶要避光,藏茶室要随时关窗帘。

"香"是老茶的一个重要评价指标。茶是会跑香的,因此藏茶室不宜过度通风。茶应该让它在笋叶和竹箩中存放,不要拿出来散放。

第四节　选购普洱茶的方法

一、注重品质,不刻意追求老茶

市场当中的老茶较少,也没有统一的标准评价某个产品是不是老茶,更无法准确地确定老茶叶的真实存储时间。另外,老茶叶的价格较高,一般消费者不会购买。因而,普通消费者只会购买品质较好、价格适中的茶叶。

二、不能只看包装不看茶

普洱茶的外包装一般有纸箱包装和竹箩包装。以饼茶为例,一件(箱)装十二筒(柱),一筒(柱)有七饼。每饼357克,每件共计30公斤。每饼普洱茶里面有一张内飞和一张外包装棉纸。在挑选普洱茶时按照普洱茶的包装评定茶叶品质,必须通过冲泡普洱茶来确定普洱茶是否品质良好。

三、看外形,评内质

普洱茶(熟茶)颜色为红褐色,外形真正整齐、厚度均匀适中、松紧良好、面层不会掉皮。一般情况下包心不会露出。评价普洱茶内质时首先应该观察汤色的浓度以及色泽,透明性好、红亮的是好茶,香气浓郁、持久性好的普洱茶是上品,入口醇香、顺滑的品质较佳;叶底柔软、肥嫩、颜色红、光泽感好的也是佳品。

普洱茶(生茶)的颜色为黄绿色、墨绿色,外形比较端正、松紧良好、表层不脱落;内质方面,香气浓郁,味道浓厚,茶色黄绿、透明,叶底肥厚、鲜嫩、匀整。以上是评价普洱茶的标准,人们需要长期的积累才能准确地评价普洱茶品质。

四、优质普洱茶的品质特征

目前市场上出售的普洱散茶有普洱金芽、宫廷普洱、礼茶、特级及一到十级等。

普洱金芽:单芽类,全部为金黄色芽头组成,色泽红亮,条索细,茶色浓,透明性好,香气持久,口感浓郁,叶底嫩、匀亮。

宫廷普洱:外形条索紧直细嫩,金毫显露,色泽褐红(或深棕)光润;内质汤色红浓,陈香浓郁(或有槟榔香、桂圆香、甜香等)滋味浓醇、回甘,叶底细嫩,褐红。

总之,挑选普洱茶时应该判别普洱茶的品质。首先,了解普洱茶原料、加工工艺、储存环境。优质的原料、科学的加工工艺、适合的储存方法才能够制作出品质较高的普洱茶,展现出普洱茶的应有味道。人们利用品尝、观察外形、闻气味、触摸等方式判定普洱茶的质量,例如观察外部形状、汤色,闻普洱茶的香气,用手碾压普洱茶。比如,普洱茶是否紧实,外观是否整齐、光泽是否较好等。简单的评价方式为冲泡法,判别标准为:重量(5克左右)、时间长度(5分钟)、温度(开水)。另外,醒茶一次后便可以入口品鉴。假如茶汤浓郁、透明、味道正常,那么可以放心选购。

思考题

1. 审评的意义及标准是什么?
2. 简单概述审评的操作流程。
3. 简述普洱茶(生茶)及普洱茶(熟茶)的感官审评。
4. 简述普洱茶审评过程中的"四分法"取样操作过程。
5. 茶叶审评工作对环境有哪些要求?
6. 当今社会如何区分干仓茶和湿仓茶?
7. 普洱茶贮藏应注意哪些问题?

第四章 普洱茶艺学

第一节 茶 具

品茶之趣,不仅注重茶叶的色、香、形、味和品茶的环境、心态、话题,还讲究用什么茶具加以配合。饮茶必有器,这是一个3岁孩童都懂得的常识。古人也说:"水为茶之母,器为茶之父。"这形象地说明了茶与茶具之间密切关联。明代许次纾撰写的《茶疏》中提到"茶滋于水,水籍于器,汤成于火,四者相顾,缺一则废"。

"茶具"一词,最早见于西汉王褒《僮约》中"烹茶尽具"四字中的这个"具"是什么样子,称呼是什么,质地和用途如何,都不清楚。晋代,士大夫们嗜酒饮茶,崇尚清淡,促进了民间的饮茶之风兴起。到了唐代,朝野上下无不饮茶。茶还在佛、道宗教的影响下,成为款待宾客和祭祀神佛、祖先、亡灵的必备之物。茶具就成为与饮茶风气密不可分的一个组成部分,茶具的直接视觉感受成为品饮茶的先导。

唐代陆羽总结前人用茶、煮茶、制茶、饮茶的方法,写出了世界上最早、最完整的茶叶专著——《茶经》,其中就专门讲到了茶具。《茶经》提出,采摘茶叶、制造茶叶的工具被称作"具",而煮茶叶、饮茶使用的工具被称作"器"。宋朝时期茶具与茶器被统称为茶具。这与当下的称呼有所差异。当下,人们认为茶具是用来煮茶和品茶的器皿,如茶壶、茶杯等。

一、茶具的起源与形成

1. 最早的饮茶器具

原始社会时期,人类社会的生活极简陋,据《韩非子》诸篇所言,尧时的生活是吃糙米住茅屋,野菜根不加调味,饮食器是土缶,粗布仅掩体……舜时要比尧时进化些,饮食器是涂漆的木制产品,后期盛放食物的器皿变成了黑陶,器皿有不同类型,例如盆、碗、罐等。

文献资料当中记载,茶具在早期称作"椀",它是用木头制作而成的,研究人员已经在古墓当中出土了此类产品。目前,西藏、西双版纳等地区依然有些少数民族在使用此类用具饮茶。陶瓷器具没有出现以前,人们都在利用木椀饮茶。1990年考古人员发现了东汉时期(公元25—220年)的碗、杯、壶、盏等,在某个青瓷储茶瓮底部位置可明显地看到"茶"字,这说明此用具是最早使用的茶具,可见汉代后才出现了茶具。

春秋战国时期,人们用锅来煮茶,也会用碗来喝茶、存储茶叶,后来才制作了饼茶,并增加了捣末等功能的工具。

秦汉时期至唐朝时期,南方人更加喜欢饮茶,北方禅教进一步发展后,南方的茶叶生产行业得到了快速发展。瓷器出现后,茶具制作更加注重美观性,并且形状变化较大,设计出了容量更小的杯子。隋唐之前专门饮用茶叶的器具已经出现,但是茶具和酒具之间没有进行区分,始终都是混用。

人们在早期饮茶时期没有设计专门的用具,基本上都是用其他用具喝茶。后来人们在日常生活当中都普遍饮茶后才单独设计出了专用茶具,而且茶具都非常精美。

2. 专用茶具的出现

业内专家认为,最早的茶具记载出自《娇女诗》,它的撰写人是左思(约公元250—约305年),撰写时间为西晋(公元265—316年),其部分内容为"心为茶荈剧,吹嘘对鼎砺"。这里的"鼎"是指茶具。

3. 完备的唐代茶具

(1)茶具的形成节点:汉代至隋唐前。汉代进入唐代后,人们在饮茶的同时会加入其他材料,比如姜、橘子等,饮茶的目的是为了解渴,也会利用其他用具喝茶。早期人们利用鼎、镬煮水。

(2)专用茶具设计。唐朝人都乐于喝茶,饮茶面向了精工煎茶方向发展,人们开始重视茶具艺术价值。

陆羽通过研究撰写了《茶经·四之器》,其中内容提到,只要是煎茶、饮茶有关的器皿都是茶具。唐朝时期,茶具的配套数量特别多,《茶经》当中提到"四之器",通过统计发现,连同煮茶、饮茶、贮茶等用具的数量共计29件,部分用具是他亲自研制,已经构建了非常完备的茶具系列。此典籍讲述了茶具的方方面面,非常系统和全面,人们通过阅读此典籍,可了解到唐朝的茶具特别丰富。这些同陆羽在唐大历年间所倡导和推行的"陆羽煎茶法"相适应的配套茶具为:

生火用具:风炉、灰承、筥、炭挝、火筴。

烤茶、煮茶用具:夹、纸囊、镀、交、竹夹。

碾茶、量茶用具:碾、拂末、罗、合、则。

装水、滤水用具:水方、漉水囊、瓢、熟盂。

盐具:鹾簋、揭。

饮茶用具:碗。

清洁用具:涤方、滓方、巾、扎。

盛茶用具:畚、具列、都篮。

陆羽研发出了生火、煮茶的用具,它是按照五行设计出的产品,工艺为锻铁铸造,也可以用泥炉进行烧制。

风炉:材料为铜、铁,有些选用了泥。外形犹如古鼎,下面位置有三脚。炉壁的厚度达到了1厘米,上口的厚度达到了3厘米,内壁的厚度为2厘米,可让泥均匀抹在壁内。炉带有的三只脚的寓意:第一只脚为"坎上巽下离于中",第二只脚为"体均五行去百疾",第三只脚为"圣唐灭胡明年铸"。炉三只脚之间都有一个窗洞,底部洞的用途为通风、铲灰。窗口上方刻有文字,分别为"伊公""羹陆""氏茶",表示的含义为"伊公羹,陆氏茶"。内设"埻(原字左有'土'旁)埻(原字右下为'木')",有3格:第一格有长尾野鸣的图形,这是火禽,画有离卦;第二格有彪,是风兽,画巽卦;第三格有鱼,是水虫,画坎卦。巽表示风,离表示火,坎表示水。因为风能助火,火能把水烧沸,所以要有这三卦。此外,另有花木、山水等图案作为装饰。

茶篮:采用竹丝材料制作,形状为方形,功能是采摘茶叶。此用具使用起来非常方便,外观也比较精美,古代人经常利用此用具采摘茶叶。

炭挝:它是六棱铁器,长度为33厘米,它的功能是碾碎炭。

火夹:此用具的功能是将它放入炉内。

釜:用途在于煮水,和茶釜有同一个作用。此用具的制造材料是铁,唐朝也经常制作瓷釜、石釜,只有有经济实力的人才能够使用银釜。交床是以木头为原材料制作出的产品,其功能在于放置茶叶。

纸囊:茶炙热后可放入其中保存,它的功能在于不会让香味泄漏。碾是指碾碎茶叶的用具。"拂末"是指把茶拂清的用具。

罗合:"罗"代表筛茶,"合"为存储茶。

则:外形和汤匙类似,可进行量茶。

水方:它的功能在于存放水。

漉水囊:它的作用在于过滤茶水,制作材料为铜、木头、竹子。

瓢:此用具的作用是勺,制作材料为木头。

竹:煮茶时环击汤心,激发茶的特性。

鹾簋、揭:唐朝时期的人们在煮茶时会放入盐,簋是用来存放苍花的,揭用来存放枸盐花。

熟盂:它的作用是存储热水。唐朝人在煮茶时会分三次将水煮开:第一次水煮开后放入茶;第二次煮开时出现泡沫,舀出;第三次煮开会将水放入釜中,也被称作"救沸""育华"。

碗:它是品茶的用具,唐朝人喜欢越瓷,另外还有鼎州瓷、婺州瓷、岳州瓷、洪州瓷。佳品依然是越瓷,茶碗高足、偏身。

畚:用于存放碗。

扎:洗刷器具时使用的工具,和目前的炊帚功能相似。

涤方:存放水洗具。

渣方:收集渣子。

巾:擦洗用具。

具列:摆放茶具,和目前的酒架功能相似。

都篮:饮茶以后收纳茶具,以备来日。

1987年4月3日,在陕西省扶风县重建法门寺塔时,在塔基地宫中发现了一大批稀世珍宝,其中包括唐僖宗的金银、秘色瓷、琉璃茶具等宫廷御用的珍贵精美的茶具。这被认为是我国考古史上一件轰动世界的重大发现。

唐朝以前已经出现了茶壶,人们将其称作"注子",此用具的功能在于从壶嘴流出水,《资暇录》当中的内容提到:"元和初(公元806年,唐宪宗时)酌酒犹用樽杓……注子,其形若罂,而盖、嘴、柄皆具。"罂出口较小,是肚子较大的用具。唐朝时期的茶壶都是此类形状,大肚子有利于盛装大容量水,比较小的出口能够更加精准地倒水。唐代末期,人们改掉了原有称呼,改名为"茗瓶",由于没有设计提柄,人们称之为"偏提"。后期人们将泡茶称作"点注"的原因也在于此。

宋朝、元朝、明朝期间,煮茶的用具都采用铜制造的用具,被称作"茶罐"。

4. 兴盛的宋代茶具

唐朝时期饮茶的风尚出现,盛行饮茶的时期为宋朝。

宋徽宗曾经撰写了《大观茶论》,宰相蔡襄撰写了《茶录》,这些典籍都提到了饮茶方面的风尚。

宋朝以后,我国茶叶加工方法出现变化,饮茶方法同样出现了变化,泡茶时不再加入其他材料。茶具当中涉及了茶碾、茶罗、茶盏、茶杓、茶瓶等。

宋代初期煮茶采用的用具和唐朝时期基本相同,只对于陈茶进行炙茶,新出产的茶不需要经过此步骤。煮水专用器具为"汤瓶",也被称作为"茶吹""铫子""镣子",有此称呼的原因在于,瓶口处口径较小,无法观察到水是否沸腾,只能采用听的方式确认水是否煮开。

南宋时期采用点茶法,南宋审安老人(真名无从查证)绘制了《茶具图赞》(图4-1),其中有各种茶具,数量共计12件,每个器具按照当时的官制确定名称。这说明社会上层人士非常喜爱茶具。这些茶具的名称分别为:韦鸿胪(烘茶炉,鸿胪司掌朝廷礼仪)、木待制(木茶桶)、金法曹(碾茶槽)、石转运(石磨)、胡员外(茶葫芦)、罗枢密(茶罗)、宗从事(棕帚)。漆雕秘阁(茶碗)、陶宝文(陶杯)、汤提点(茶壶)、竺副师(竹筅)、司职方(茶巾)。

宋代全套茶具是12件以卢仝号命名的"大玉川先生",由此可见此时对茶、水、具更讲究。

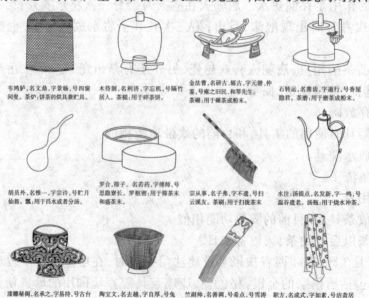

韦鸿胪,名文鼎,字景旸,号四窗间叟。茶炉:饼茶的烘具兼贮具。

木待制,名利济,字忘机,号隔竹居人。茶臼:用于碎茶饼。

金法曹,名研古、轹古,字元锴,仲鉴,号雍之旧民、和琴先生。茶碾:用于碾茶成粉末。

石转运,名凿齿,字遄行,号香屋隐君。茶磨:用于磨茶成粉末。

胡员外,名惟一,字宗许,号贮月仙翁。瓢:用于舀水或者分汤。

罗合,筛子。名若药,字傅师,号思隐寮长。罗枢密:用于筛茶末和盛茶末。

宗从事,名子弗,字不遗,号扫云溪友。茶刷:用于扫拢茶末

水注:汤提点,名发新,字一鸣,号温谷遗老。汤瓶:用于烧水冲茶。

漆雕秘阁,名承之,字易持,号古台老人。盏托:用于放盏,以免烫手。

陶宝文,名去越,字自厚,号兔园上客。茶盏:用于盛汤茶

竺副帅,名善调,号希点,号雪涛公子。茶筅:用于搅出茶汤泡沫。

职方,名成式,字如素,号洁斋居士。茶巾:用于清洁茶具。

图4-1 宋朝审安老人,茶具十二先生图

对于利用陶瓷制作出的茶杯来讲，宋代人非常关注陶瓷的品质，非常喜爱质地好、纹路细腻、薄厚适中的茶杯。宋代蔡襄通过研究撰写了《茶录》，其中内容提及："茶白色宜黑盏，建安所造者绀黑，纹路兔毫，其杯微厚，熁火，久热难冷，最为要用，出他处者，或薄或色紫，皆不及也。其青白盏，斗试家自不用。"可见，人们会选用黑色茶杯盛放白叶茶，这说明当时的人们非常关注颜色搭配，希望创建更好的饮茶环境。

宋朝的百姓基本都会利用茶盏喝茶，宋代建安（福建建瓯）生产出的黑茶盏，备受当时社会大众的喜爱。茶盏、碾茶器具等的样貌在《备茶图》（图4-2）中有所体现。

图4-2 备茶图 1093年 河北宣化辽代张匡正墓壁画

注：(1)备茶图里两个女子手上所端之物即为饮茶器具（茶盏）。
(2)炉子上之物即为煮水器具（汤瓶）。
(3)穿红色衣服男子前面之物即为碾茶器具。

盏是尺寸较小的茶碗，口比较大，底比较小，陶瓷的茶盏涉及了多个种类，例如黑釉、酱袖、青白釉、白釉等。宋朝时期上市的名窑分别为官窑、哥窑、汝窑、定窑、钧窑，它们出产的瓷器在造型等方面都有各自特色。官窑建造在浙江杭州，哥窑建造在浙江龙泉；汝窑建造在临汝县（古属汝州）；定窑建造在曲阳县；钧窑建造在禹县神后镇。

饮茶器具：唐人喜越窑青瓷茶盏，宋人喜建安黑盏。

宋代实行点茶法，茶具在继承前代的基础上有所变化，为了与"斗茶"相配套，除了煎水改用瓶外，盏也由唐代的崇尚青色的越瓷改为崇尚黑色的建盏。宋代民间饮茶多用茶盏，盏是一种小型茶碗，口敞底小，有黑釉、青白釉及白釉等多种。宋代以通体施黑的"建盏"为上品。

建盏主要产于建州（今福建建阳）。建盏在烧制过程中，会发生窑变，通过窑变，盏体形成美丽异形的花纹，最珍贵的是细密如兔毛的"兔毫盏"，此外还有"油滴天目盏"等。

除建盏外，宋人在"斗茶"时还采用其他釉色的茶具，如南宋龙泉哥窑的茶盏，外观造型与建盏相似，但颜色是淡青色，色泽幽雅洁净，也被视为上等茶具。其他各地名窑，如官窑、定窑、汝窑、钧窑等烧造的大量青花白瓷茶盏，造型各异，刻花绘彩，争奇斗胜,也为时人所钟爱。

煮水器具:唐为敞口的釜宋,为汤瓶。"有足曰鼎,无足曰镬"。

宋代的煮水器改用较小的瓶来煎水,它有柄有嘴,既可煎水,又可注汤。宋人要求"斗茶"用的茶瓶,嘴呈抛物线状,不能歪斜,嘴和瓶身的接口处要大,这样出水力就会大而紧;瓶嘴末端的出水口要圆而小,峻如刀削,这样在注水时就容易控制,不会有断续的水滴,茶面的汤花就会保持很好。

器具:唐朝时期和宋朝时期采用的炉是古鼎形状,宋朝时期基本上都采用此形状的器具。

为了进行"斗茶",宋朝的茶具中有茶筅,也被称作竹帚。目前,此用具依然出现在日本茶道、韩国茶道当中。宋朝时期的茶具在日本、朝鲜受到了推崇,这都有助于茶具面向国际化方面发展。

此外,碾茶器具、炙茶器具、生火用具等,都与唐时大同小异,多为材质的变化和形制变化。对比唐朝时的茶具,宋朝生产的产品更加精致。

5. 过渡时期的元代茶具

茶饼产品不再受到推崇以后,散装茶得到了人们的关注。元朝时期的茶壶在流子(嘴)方面出现了改变,宋朝时期的流子基本位于肩部,元朝时期放置到了腹部。此时期,江西景德镇出产的青花瓷备受人们尊崇。此产品不仅受到了国内人们的喜爱,而且受到了国外社会大众的喜爱,尤其是日本大众,特别推崇此类茶具,后来还将其称作"珠光青瓷"。

元朝时期比较有名的茶罐是"姜铸茶罐",此类器具非常精美,民间一般使用"铜茶罐",它体现出的特征在于雕刻精美。

6. 明代茶具

明朝时期煮开水时一般采用"汤瓶",此类产品的样式较多,各式各样。金属材质的产品当中涵盖了锡瓶、铅瓶、铜瓶等。当时此类产品采用了竹筒形状,此形状的优势在于,可方便地泡茶,也能便利地煮水。明朝时期也采用瓷茶瓶煮开水,但是瓷瓶煮开水适用性较差,又体现不出雅致性。

明朝时期备受尊崇的是饕餮铜罐。"饕餮"是上古时代的神兽,古代的中鼎上面经常可以找到它的身影,一般采用雕刻技艺在茶壶上面进行装饰。可见,明朝时期的茶罐更加重视雕刻艺术。

明太祖朱元璋于洪武二十四年(1391年)下诏废除团茶,改贡叶茶。这一划时代的诏令,不仅减轻了广大茶农的劳役之苦,而且使茶饮、茶具出现了较大改变,和现代人采用的饮茶方式基本相同。尽管明朝时期的人也会采用点茶法,然而清朝初期人们都普遍采用茗饮法,以往茶碾、茶笋等茶具全部淘汰,开始采用竹炉。散茶受到人们的重视以后,出现了种类各异的陶瓷茶壶。明朝中期紫砂茶壶受到了人们的关注,供春、时大彬等都是设计制造茶壶的知名人士,此类茶壶的价格较贵,长久以来深受人们喜爱。

明清时期的壶、盏都得到了发展。唐朝和宋朝时期有名的茶盏是"越瓯""建盏",但是明朝时期和清朝时期更加认可"景瓷""宜陶"。

"景瓷",出产于江西景德镇。景德镇的造瓷史可上溯到汉代。在南北朝时期,瓷已具有洁白澄清、光辉彻亮的特点,至唐已有"假玉器"之称。宋景德年间,真宗下令昌南(当时的景德镇之名)献造御用瓷器,底书景德年制。从此以后昌南逐渐以景德镇名闻天下。南宋以后,景德镇成为全国瓷业中心,瓷制茶具大都由景德镇出产。元代,景德镇烧制的茶盏,白胎罩青釉,胎薄釉亮,釉面开冰裂片,制造技术达到了相当高的水平。明清以后,景德镇生产的茶壶、茶盅、茶盏花色品种越来越多,质量也越来越精良。再加上明人饮茶对白瓷茶盏的崇尚,所以景瓷茶具更加受重视而名声大振。明代,景德镇瓷已发展到"薄如纸,白如玉,声如磬,明如镜"的程度。清代茶壶造型更为丰富,著名的有康熙五彩竹花壶、青花咀壶、乾隆粉彩菊花壶等。康熙年间为了适应泡饮之需,又开始生产盖碗,盖碗中的康熙青釉五彩盖碗和雍正粉彩盖碗最为精良。嘉庆年间,又创制了一种盖杯,外题御制品茶诗,杯与盖中心都绘五彩饰。

　　明清两代"景瓷"茶具丰富多彩,优美精致,不仅为陶瓷史,更为品茶艺术增添了光彩。与"景瓷"并驾齐驱的还有"宜陶",宜陶茶具以其古朴、雅致同样赢得了很高的声誉。图4-3为吴昌硕的《折枝双色梅》。

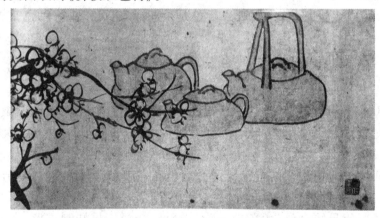

图4-3　吴昌硕　折枝双色梅 收藏于上海朵云轩

　　《长物志》当中提到:"朱砂茶壶为上品,不会夺走香气,又不会出现热气。"人们都非常青睐宜兴紫砂壶。

　　至少宋朝末期茶具已经出现,明朝时期得到了进一步发展。周高起通过研究撰写了《阳羡茗壶录》,其中提到了紫砂壶的研发人,据说他是一位不知名的僧侣。这个和尚常与陶工们往来,当时的陶工只是制作一些缸、瓮之类的日常生活用品,陶土需筛选,筛选后的土就弃之不用,老和尚却很细心地把丢弃之土收集起来,淘洗澄炼,久而久之,便积累了不少质地细腻而坚实的优质陶土,于是和尚便"捏筑为胎,规而圆之,剖而中空",再安上底、嘴、柄、盖,跟陶工们所制的缸、瓮一块儿入窑烧制,终于制成了中国最早的紫砂茶壶。陶壶色泽乌紫,铿锵作声,"人逐传用"。这便是有关宜兴紫砂茶壶产生的最早记录。

　　紫砂茶壶最早的珍品是供春壶。供春是明初文人吴颐山的书童,主人到宜兴金沙寺借住读书,供春随往侍奉。供春聪明好学,又极富好奇心,在劳役之暇,他便模仿金沙寺的老和尚制作起茶壶来,时间一长,供春的技艺大有长进,而且在模仿的基础上,又加以改进。据说他当时看见寺内的一棵大白果树上有树瘿,就用手指捏为形,并挖空内壁,照着树瘿做了几把壶,形状古朴,秀雅可爱。他的这一创作方式,被吴颐山及当代名流雅士们所认可,不消几年,竟成为搜求的对象。"供春之壶,胜于金玉"。供春就成为历史上第一位有名可考的制壶人了。供春壶为数极少,历史壶家竞相搜求。时至今日,只有一把失盖的供春树瘿壶存世,现藏于北京历史博物馆(储南强购得,黄玉麟配瓜蒂盖,黄宾虹识为瘿,裴石民重配树瘿盖)。之后,到明万历年间,董翰、赵梁、元畅、时朋是当时的名家;后期又出现了大彬、李仲芳,他们都是制作茶壶的名家。他们所制的壶,各具特色。特别是时朋之子时大彬,他经常到文人雅士聚集的地区和文人们进行互动交往。陈继儒更加倾向于制作小巧的产品,时大彬就对供春的作品作了改造,即改大壶为小壶。知名作品为僧帽壶、葵瓣壶,这代表当时的文化受到了佛教的影响,比较崇尚自然美。明末清初,惠孟臣制作的孟臣壶同样被视为珍品。

明朝时期价值较高的产品出产于"白定窑",白定是指白颜色的定瓷窑,窑瓷建造在定州,产品上经常出现不同类型的花式,比如划花、印花、牡丹、萱草、飞凤等花,而颜色方面只有红色和白色。

人们在鉴定白定瓷时,首先要观察颜色是否润泽,也可以观察釉色是否符合标准。定州瓷颜色为白色,也被称作"粉定""白定"。虽然此类产品颜色较白,外表光滑润泽,然而明朝时期的人们认为此类产品可用于收藏,日常生活当中不适用。

7. 清代茶具

紫砂茶具又有新的发展。清康熙至嘉庆年间,出现了许多制陶大家,其中陈鸣远制作的束柴三友壶、梅干壶等均是世间极品。此外,还有杨彭年、杨凤年、邵大亨、黄玉麟等的作品,也是名扬四海。

嘉庆年间,做栗阳县令的陈曼生[①],是著名金石书画家,因他一生工花卉兰竹,精诗、书、文、篆刻,能集书画篆刻艺术与高超的紫砂工艺于一体而闻名于世。他与手工捏制技术极高的杨彭年兄妹合作,由陈曼生设计壶样,杨彭年兄妹制成形,在壶坯半干时,陈曼生再用竹刀在壶身上刻画书画诗文,然后烧制成壶,人称"曼生壶"。曼生壶的出现使宜兴紫砂壶形成了壶上镌刻诗书墨宝的新风气,这是将书画艺术与壶的工艺熔于一炉,大大丰富了紫砂茶壶的审美情趣,所谓"字依壶传,壶随字贵"。

紫砂壶从创制到不断发展,都与文人结下了不解之缘。这一时期由于文人的参与设计,紫砂壶进入了一个更新的阶段,一直延续到今天。紫砂壶具不但成了茶文化的主要载体之一,而且在本身的艺术内涵上,也实现了前所未有的发展,其优秀作品既是茶具,更是紫砂艺术品。评价一把壶不再仅仅是制作者,上面的铭刻书画也一并受到重视,诗、书、画、印不但画在纸上,而且随着紫砂陶进入更为恒久的时空。陈曼生是这一创变的奠基者。

纵观紫砂壶的造型千姿百态,大致有仿生型、几何型、艺术型、寓意型、特种型、混合型等各种各样。色泽上也呈现出丰富多彩的特点。总之,宜兴紫砂茶壶是茶具中的一朵异花奇葩。受到古今茶人的欣赏赞誉,享有"壶必宜兴陶,较茶必用宜兴壶"的殊荣。

---

①陈曼生,实为钱塘人士陈鸿寿(1768—1822)之号,"西泠八家"为丁敬、蒋仁、黄易、奚冈、陈豫钟、陈鸿寿、赵之琛、钱松诸人。他们集聚杭州,共创篆刻中浙派风格。曼生占一席之地,可谓金石大家.

明、清时除了宜兴紫砂茶具久负盛名外,还有广西钦州、四川荣昌、云南建水,号称当时中国"四大名陶"。它们生产的陶器茶具在一定区域内为品茗者所重视。

盖碗:能够体现出自身特色的雅致茶具。在以往的宫廷当中,社会的上层人士都会选用重盖碗茶。此类茶杯当中涉及了3个组成部分,它们分别为托、碗、盖。盖碗茶也被称作"三才碗"。"三才"代表天、地、人。茶盖代表天,茶托代表大地,茶碗代表人。小小的茶具蕴含的哲理无限。对于盖碗由何人设计、何时兴起,目前没有统一的答案,茶托也被称作"茶船",传说是唐代名将崔宁的女儿所研发,始为木托,后为漆制。通过了解文献资料能够发现,茶托在更早的时期已经出现。

二、茶具的种类

（1）依据用途划分,茶具可分为茶杯、茶碗、茶壶、茶盖、茶碟、托盘等饮茶用具。

（2）依据冲泡流程划分,茶具可分为煮水器、备茶器、泡茶器、盛茶器、涤洁器等。

（3）按照茶具的材质划分,茶具可分为金属茶具、陶土茶具、瓷器茶具、漆器茶具、玻璃茶具、金属茶具、竹木茶具、搪瓷茶具、玉石茶具等。

1. 金属茶具

金属茶具,顾名思义是由金属材料制成的,例如银、铜、铁等。此类茶具是历史上非常古老的日常用具。公元前18世纪到公元前221年,人们主要使用青铜器,此类器皿可以盛放水、酒,自然也可用来盛茶。

随着饮茶渐成风尚,茶具也逐渐从其他饮食用具当中分离出来。隋唐时期,人们主要采用金子或者银子制作的器具。20世纪80年代中期,考古人员在西安出土了唐僖宗供奉的鎏金茶具。

元朝以后,人们对于金属茶具的适用性提出了不同见解,明朝以后茶叶种类不断增多,饮茶方法出现了变化,人们开始采用陶瓷茶具,金属茶具慢慢被淘汰,大多数人觉得用金属茶具煮水泡茶无法保证茶叶的原味不出现改变,直至今日采用金属茶具泡茶的人也依然较少。然而,人们更乐意于利用金属材料制作存储茶叶的器皿,例如锡瓶、锡罐等。出现此现象的原因在于,金属器皿的密封性较好,不仅能够有效防潮,也能遮蔽阳光。

元、明以后,随茶的种类不断丰富,饮茶方法出现变化,人们开始采用陶瓷茶具,金属茶具逐步淘汰。

金属制成的贮茶器具,如锡罐等,却因其密封性能好而沿用至今。

2. 瓷器茶具

我国古代的瓷器茶具,出现于陶器茶具之后,约始自东汉晚期。从唐代开始,瓷器茶具是备受人们喜爱的茶具产品。此类茶器的种类较多,比如青瓷、白瓷、黑瓷、彩瓷。此类茶具曾经备受古人推崇,也得到了进一步发展。

（1）青瓷茶具。浙江出产的此类茶具品质较好。东汉时期,透明性佳、光泽感较好的青瓷已经出现。晋代,浙江地区出现了多个烧制此类产品的窑,比如越窑、婺窑、瓯窑。宋朝时期,浙江龙泉哥窑出产的青花茶具是茶具当中的难得佳品,深受各个地区社会大众的青睐。明朝时期的青瓷茶具不仅表面细腻、有光泽，造型也同样端庄秀美，十分雅致，深受国内和国外消费者的认可。16世纪末期，龙泉青瓷得到了法国人的青睐，法国人认为此产品能够和名剧《牧羊女》当中的雪拉相比拟，它们都是难得一见的珍品。

目前，浙江龙泉青瓷茶已经得到了进一步发展，也研发出了更多新产品。

（2）白瓷茶具。古代白瓷茶具出现也较早，约始于北朝晚期。白瓷茶具烧制需要较高温度，不会吸水，声音清亮。由于颜色洁白，人们能够清晰地观察茶汤的颜色，并且保温性能比较好，造型各式各样，深受人们喜爱。唐朝时期，河北邢窑出产的白瓷器已经得到了人们的青睐。唐朝时期的白居易还采用作诗的方式赞美四川大邑出产的白瓷产品。唐朝时期人们将景德镇出产的白瓷产品比作"假玉器"，其产品表面白色带有青色，光泽度好，表面有印花等装饰。元代时期，景德镇出产的青花瓷已经销售到国外地区，也得到了国外社会大众的认可。当下，白瓷茶具已经得到了进一步发展，不仅用于冲泡茶叶，外部造型也极其精美，表面绘制了各种图案，具有较高的欣赏价值，深受广大消费者的青睐。

（3）黑瓷茶具。晚唐时期出现了黑瓷茶具，宋朝时期此类茶具得到了进一步发展，但是明朝以后逐步被淘汰。出现这种现象的原因在于，宋朝以后的饮茶方法出现了改变，唐朝时期人们采用煎茶法，宋朝开始采用点茶法，也特别喜欢斗茶，黑茶茶具能够满足宋朝人的需求。宋朝人在斗茶时一要观察茶面的汤花色泽，二要观察汤花和茶盏相接位置水痕，需做到无痕。因而，宋代的黑瓷茶盏得到了人们的青睐，出产此类产品的是福建建窑、江西吉州窑、山西榆次窑等，并且产量较大，但以建窑生产的"建盏"最为人称道。明代以后，由于"烹点"之法与宋代不同，黑瓷茶具建盏逐渐从"名冠天下"的顶峰跌落下来，而为其他茶具品种所替代。

（4）彩瓷茶具。彩瓷茶具涉及了多个品种，最受人们喜爱的是青花瓷。它始于唐代，元代开始兴盛，特别是明、清时期，在茶具中独占魁首，成了彩色茶具的主流。它体现出的特征为：蓝色和白色的花纹相互呼应，美感十足；颜色淡雅，有华美之感，却不艳丽。表面采用了涂釉方式，外观十分润泽，能够体现出青花茶具的自身特色。元代中期和后期，青花瓷茶具生产规模加大，主要生产此类茶具的地点是景德镇。除此以外，还有云南的玉溪、建水、浙江的江山等地也有少量的青花瓷生产，但从各方面来看都无法和景德镇出产的产品相比拟。明朝时期，景德镇出产的青花瓷器为壶、盅、盏等，品种较多，品质上乘，造型精美，其他窑场都在学习景德镇的制作手法。清朝时期，青花瓷茶具得到了进一步发展，此类茶具在此时取得的成就也对后世带来了较大影响。康熙年间出产的青花瓷产品已经无人能够超越，得到的评价最高。另外，国内其他地区也都在生产青花瓷器具，人们也乐于利用青花瓷茶具喝茶。青花瓷器皿不仅得到了国内社会大众的喜爱，也得到了其他国家民众的青睐，如日本珠光氏十分喜欢此类茶具，将其称作"珠光青瓷"。

3. 紫砂茶具

紫砂茶具是一种陶制产品。宋朝时期已经出现了紫砂产品，此类产品在明朝和清朝时期得到了进一步发展,至今深受社会大众的喜爱。宜兴紫砂茶具能够深受消费者喜欢的原因在于,茶具的外观造型能够体现出特色,文化内涵深厚,紫砂的材质也有助于泡茶。紫砂茶具能够体现出的特点在于,泡茶保持原味,储存茶叶不变色,夏天泡茶不会变质,但是此类茶具的颜色较深,检查的人无法欣赏到汤色。当下,国内品质最好的紫砂茶具依然出自宜兴。另外,浙江长兴也生产此类产品。通过几代人的努力,紫砂壶成品得到了创新发展,只有体现出造型美、制作美、功能美才能是一件完善之作。当然具体在选购一把紫砂壶时,可以从造型、气味、火候、三山齐、重心、密封性、集束段等几个方面来进行选择。同时,使用时还要注意壶的保养。

4. 漆器茶具

通过收集漆树液汁以后通过炼制能够得到颜色不同的原料,制作出华丽的器具,这是我国古代人创新生产出的器具。我国漆器制作的时间久远,至夏商以后漆制饮器增多,但在以后的历史发展中,一直未形成规模生产,清朝以后,福州出产的脱胎漆器茶具才得到了快速发展。

脱胎漆茶具的制作过程非常复杂,先要制作出木胎等模型,然后用布表上,再上几道漆灰料,去除模型后,需要填灰、上漆、打磨、装饰等才能制作完成茶具。此类茶具一般都是按套生产,盘子、茶壶、杯子的颜色统一,大部分是黑色,有其他颜色的产品。通常是一茶盘上置一壶四杯,多为黑色。它不怕水浸,耐温、耐酸碱,除了实用性外,也有较高的审美价值,是人们乐于收藏的佳品。

福州出产的漆器茶具各式各样,比如"金丝玛瑙""仿古瓷""雕填"等,研发除了犹如宝石的"赤金砂""暗花"等工艺,产品更加靓丽,深得消费者的青睐。

5. 竹木茶具

隋唐以前,我国因茶文化已经深得国人的喜欢,然而依然是粗放饮茶。当时,人们都是采用竹木制品作为饮茶用具,或者利用陶瓷器具喝茶。竹子制作的茶具没有污染性,对人体没有任何危害,但是此类茶具体现出的缺点在于,不能长时间使用,不能作为文物进行收藏。陆羽通过研究撰写了《茶经·四之器》,其中内容提到了各种茶具类型,大部分茶具都是竹木材料制作。

清朝时期,四川生产出了竹编茶具,此类茶具不仅外观精美,实用性同样较强,茶具当中有内胎和外套,内胎是陶瓷类的茶具,外套是竹制材料,染色再按内胎形状、大小编合而成,由于它色调和谐、美观大方,多数人购置不在于饮用,而在于摆设和收藏。

20世纪以后,竹编茶具出现了多种颜色,例如本色、褐色、黑色,后期开始采用不同颜色的竹丝编制产品,编制方法较多,例如疏编、扭丝编、雕花、漏花、别花、贴花等。

6. 玻璃茶具

玻璃在古时期也被称作琉璃,它具有良好的透明性,可利用其制作成茶具使用,此类茶具不但外观晶莹剔透,并且光泽度较好。国内琉璃制作技术早已出现,然而唐朝以后才开始制作琉璃茶具。考古人员在法门寺出土了淡黄色琉璃茶盏、茶托,这可验证琉璃的发展过程。

宋朝时期,高铅琉璃器具出现。元朝和明朝时期在山东等地区出现了规模较大的琉璃制造作坊。清朝康熙年代,北京建立了专门生产琉璃产品的厂家。

虽然已经制造出了琉璃茶具,但是这类茶具没有大规模生产。进入新发展时代以后,玻璃制造技术更加先进,玻璃茶具特别是玻璃茶杯成了居家必备之具。用它泡茶,茶色、茶姿尽收眼底,极富品赏价值。但美中不足就是质脆易碎且烫手。

7. 搪瓷茶具

搪瓷茶具体现出的优势在于结实、装饰图案清新、耐腐蚀性较好。此类产品早期出现在古埃及,后期进入了欧洲,当下使用的铸铁陶瓷基本上来自于19世纪初的德国和澳大利亚。元朝时期,此类产品进入我国。明朝时期的景泰年间(公元1450—1456年)我国已经制造出了景泰蓝茶具,清代乾隆(公元1736—1795年)时期,景泰蓝产品深受广大居民认可,国内陶瓷工业的生产规模不断拓展。

20世纪初期,我国才开始正式生产搪瓷茶具。80年代以后,搪瓷茶具的品种不断增多。此类产品体现出的特点为表面洁白、质感细腻、亮度较好,形状各有差别,装饰图案清新感强,有仿瓷器的美感;产品表面有网眼,层次分明;整体造型茶杯状,也有蝶形茶杯;保温性能较好,携带比较便利,也能制作出同样材料的搪瓷茶杯,深受消费者喜爱。然而,此类产品显著的缺陷在于,传热速度较快,触摸比较烫手,容易烫坏桌面,价格较为低廉,不会作为款待宾客的器具。

三、茶具的选配

在挑选茶具时,不仅要关注性能方面的问题,也要观察茶具是否能够体现出艺术美。对于收藏茶具的专家来讲,他们更加重视茶具的艺术审美价值。

1. 因茶制宜

从古到今,乐于品茶的文人雅士同样非常关注品茶的乐趣,他们不仅注重茶叶的品质,也希望创造更好的品茶意境,只有茶和茶壶之间完美地搭配才能够锦上添花,有更好的审美享受。喜欢饮茶的人不仅会挑选好茶,也懂得如何挑选适合的器具。因而,文献资料上能够找到如何选择茶具的各种方法。唐朝的陆羽通过研究提出,"邢白瓷"赶不上"越青瓷"的原因在于,唐朝人喜欢品茶,烤炙以后会将其碾碎,然后再进行烹煮,茶汤的颜色能够显现出浅浅的红色,茶汤倒入茶具以后,汤色会因为器皿颜色的不同出现各种变化。

宋代以后,人们不再采用煎煮方式,而是采用了"点注"方式,团茶研碎后,进行"点注",茶汤颜色接近白色。唐朝时期,人们改用茶盏,采用的青色茶碗无法展现出白色的美感,为此采用了黑釉茶盏展现茶汤的美感。

明朝时期,人们开始饮用散茶,选择的茶叶是芽茶,茶汤的颜色不是宋朝的白色,而是黄白色,茶盏不必是黑色,可以生产白色茶盏。明朝时期的屠隆提到,茶盏犹如白玉一般,能够直接地观察到茶汤颜色。

清朝以后,茶具的种类各不相同,不仅形状上差别较大,而且颜色也各有差异,表面绘制出各种装饰图案,也能够促进茶具得到进一步发展。茶叶出现多个种类以后,人们期望每种茶叶都能够匹配对应的茶具,为此对于茶具生产提出了新要求。对于花茶来讲,为了保持香气,可用茶壶进行泡茶,然后倒入品杯中。对于大宗红茶以及绿茶来讲,人们更加注重其韵味,一般采用有盖的壶、碗来泡茶;乌龙茶更加讲究"啜",更适合采用紫砂茶具;红碎茶、工夫红茶适用于瓷茶壶、紫砂茶壶。西湖龙井、洞庭碧螺春、君山银针、黄山毛峰等最好使用玻璃杯冲泡。

2. 因地制宜

中国各个地区在饮茶习俗方面各有差异,对于茶具的需求也有差别。长江以北的地区,大多数人会采用盖瓷杯冲泡花茶,可有效保持花茶的香气,或者利用大瓷壶泡茶,然后再将泡好的茶水倒入杯中饮用。沪杭宁地区、京津等地区的人喜欢冲泡比较细嫩的茶叶,不仅乐于闻其香味,品味道,也乐于观赏茶叶的形状,一般会选用玻璃杯、白瓷杯来冲泡茶叶。江苏和浙江地区的居民更加关注茶叶的香气,更多采用紫砂茶壶冲泡茶叶,也会选用带盖的瓷杯沏茶。福建、广东等地区的居民喜欢用小杯饮用乌龙茶,他们喜欢的器具是潮汕风炉、玉书煨、孟臣罐、若琛瓯,比较重视品茶的心情。潮汕风炉是小型的粗陶炭炉,用于加热;玉书煨是小型的瓦陶壶,可以放在风炉上,用于烧水;孟臣罐是小型的紫砂壶,用其冲泡茶叶;若琛瓯尺寸较小,一般会配置2只到4只茶杯,每个茶杯的容量为4毫升,可用来喝茶。小杯饮用乌龙茶其目的在于欣赏茶叶的香气,此类茶具被人们当成值得收藏的艺术品。四川人喜欢盖茶碗,他们认为拿着托盘不会烫手,盖可拨去表面的茶叶。盖上碗盖,茶叶的香气能够保留,拿走碗盖能欣赏茶汤的颜色,可展现出清朝时期的饮茶风格。少数民族地区的居民一直都是采用碗饮茶,可展现出古人的风尚。

3. 因人制宜

社会上不同阶层的人都会使用适用于自身的茶具。通过了解考古人员在法门寺出土的茶具能够发现,唐朝时代有一定社会地位的人都会采用金银茶具、秘色瓷茶具、琉璃茶具;陆羽通过研究曾经撰写了《茶经》,其中内容提到了普通百姓使用瓷碗喝茶的场景。清朝年间的慈禧太后钟爱茶具,她特别喜欢杯子为白玉材料、手柄为黄金制成的茶杯。古代的文人雅士同样关注茶具体现出的雅致性。苏东坡曾经专门通过研究设计出了自己喜欢的紫砂壶,"松风竹炉,提壶相呼",可于山水之间享受饮茶的乐趣。提梁壶至今都是人们比较喜欢的茶壶类型。清朝时期陈曼生作为一名知县同样非常喜欢茶具,乐于饮茶,他在绘画和书法方面颇有造诣,并亲自去宜兴和制作茶壶的名家杨彭年共同制作茶壶,其作品被人们称为"曼生壶",此壶是一件值得人们收藏的佳品。

此外,年龄、性别、职业不同的人选择的茶具也各有差异。老年人喝茶比较注重喝茶的韵味,喜欢口味浓重的茶叶,一般会选择茶壶进行泡茶;年轻人多数通过饮茶结交朋友,更喜欢清淡的茶叶,注重精神方面的审美问题,一般都会用茶杯泡茶。男人喜欢表面朴实的茶壶或者茶杯;女性则喜欢精致的茶壶或茶杯。知识分子喜欢雅致的茶壶和茶杯;体力劳动者喜欢用大碗喝茶。

4. 因具制宜

人们在选择茶具时都有多种想法,但是必须关注如下几项内容:第一,良好的实用性;第二,良好的审美性;第三,适合茶叶浸泡。不同类型的茶具展现出来的优势和缺点各有差异。池茶杯体现出的优点在于保温性能好,可有效确保茶叶的颜色、香味等不出现变化,颜色洁白,不影响茶汤的颜色,假如表面绘有精美图案,那么也能够体现出更好的审美价值。紫砂茶具体现出的特点为茶的香味始终纯正,即使是夏天茶水也不会变质,然而紫砂茶具的颜色较暗,难以直观地观察茶汤颜色的变化,也不能展现出茶汤的美感。玻璃茶具体现出的优点在于通透性好,用其冲泡细嫩的茶叶能够欣赏茶叶的各种变化,缺点在于传热过快、透气性差、茶香不易保留,不适合冲泡花茶。搪瓷茶具体现出的优点在于耐用性好,可携带,无论在工作环境还是在休闲场所都可以用心喝茶,然而它的缺点在于烫手,不能用其接待客人。塑料茶具的缺点在于冲泡茶会有异味,不能展现出茶叶的原有味道。此外,一次性塑料杯通常在旅行当中使用,不应该和塑料茶具进行对比。20世纪60年代以后,保温茶杯出现在人们的视野当中,有的茶杯容量较大,可存放较多茶汤。在学校或者办公环境人们会选用小保温杯冲泡茶叶,此类茶杯体现出的特点为保暖性好,茶汤泡熟以后能够体现出红色,茶香浓重,但是新鲜味已经不在,适于浸泡大宗茶。金玉茶具、脱胎漆茶具、竹编茶具等价格不菲,做工极其精美,收藏价值较高,日常生活当中不会用其冲泡茶叶,只是当成收藏品进行观赏或者赠送给其他朋友。

四、茶类与泡茶的关系

1. 壶质与泡茶的关系

壶质可以理解为密度情况,密度较高的茶壶浸泡茶叶后的香味非常清爽,但是密度低的茶壶浸泡出的茶叶香味比较厚重。假如冲泡绿茶、清茶、香片、白毫乌龙、红茶,可选用密度高的茶壶,例如瓷壶。倘若冲泡铁观音、水仙、佛手、普洱(后发酵茶类),那么应选用密度较低的茶壶,例如陶壶。对于金属的茶壶来讲,银壶适用于冲泡茶叶,密度和传导方面的性能好于瓷壶,可确保茶汤能够体现出清新感。陶瓷器一般会采用三分法,烧制温度较高,然而颜色不是特别白,透光性较差的被称作为火石,此类茶壶浸泡茶叶时取得的效果在瓷壶和陶壶之间。

2. 上不上釉与泡茶的关系

(1)如果选用内部没有上釉的器具冲泡品种各异的茶叶,那么将会导致各种味道混杂在一起,特别是长时间使用的茶壶,它们的吸水性较强,用后长期存放极易出现发霉的味道。

(2)假如必须使用同意把茶壶冲泡不同种类的茶叶,那么必须选择内壁已经上釉的茶壶,然后每次冲泡茶叶后必须清洗,确保茶叶冲泡后的味道不会影响下次冲泡茶叶的效果。

(3)评茶师评价不同类型的茶叶时都会选用内壁和表层都已经上釉的瓷器。

3. 质地、色调与泡茶的关系

(1)茶器的质地与泡茶的关系。茶器的质地分为瓷、火石、陶三大类。

①瓷质茶器表层非常细腻,适用于冲泡不发酵的绿茶、重发酵的白毫乌龙茶、全发酵的红茶。

②火石质茶器非常坚实,适用于冲泡不发酵的黄茶、微发酵的白茶、半发酵的冻顶茶、铁观音茶、水仙茶。

③陶质茶器比较质朴,适合冲泡半发酵茶、陈年普洱茶。

(2)茶具材料自身颜色、装饰品颜色与泡茶的关系。

①白瓷土外观感觉洁白、精美,表面会有透明釉,容易清洗,适用于冲泡绿茶、白毫乌龙茶、红茶。

②利用黄泥制作而成的茶具让人感觉非常质朴,比较适宜冲泡黄茶、白茶。

③朱泥、灰褐系列的火石器土烧制的茶具外观看起来非常结实,适用于冲泡铁观音、冻顶等轻、中焙火等。

④紫砂、深色陶土烧制的茶具比较古朴,适合冲泡重焙火的铁观音茶、水仙茶。

⑤表层有釉药,釉色变化可影响茶器的外观,例如绿色的青瓷可以用来冲泡绿茶和清茶,在视觉上会体现出美感。

⑥乳白色的釉彩器具犹如凝脂一般,适用于冲泡的茶叶为白茶、黄茶。

⑦青花、彩绘的茶具适合冲泡的茶叶为白毫乌龙茶、红茶、熏茶、调味茶。

⑧铁红、紫金、钧窑的釉色茶具适合冲泡的茶叶有冻顶茶、铁观音茶、水仙茶。

⑨天目、咸菜釉色的器具更适合冲泡黑茶。

4. 壶形与泡茶的关系

(1)对于一件茶壶来讲,首先应关注它们的散热性、便利性、观赏性。茶壶的外部造型应该和茶叶相互匹配,例如紫砂松干壶不适合冲泡龙井茶,采用青瓷冲泡龙井茶更加适合,紫砂松干壶冲泡铁观音茶则相得益彰。

(2)壶口较大、盖碗造型的茶壶散热效果较好,对于不需要高温冲泡的茶叶来讲比较适合,如冲泡绿茶、香片茶、白毫乌龙茶。

五、茶类与茶具的搭配

(一)茶器具的组成部分

1. 茶器具

水壶(水注):用来烧开水,泡茶的器具。可用"随手泡"、小型铝壶或瓷壶,容积在800~1000毫升。当下,经常采用的茶壶为紫砂提梁壶、玻璃提梁壶、不锈钢壶。

茗炉:它的作用是保持沏茶水的水温。茶艺馆当中经常会配置此类茶具,炉身体是陶器制作的或者是金属材质的,中间会放酒精灯,煮沸的水壶可放置在上面,其作用在于保证温度不下降,有助于茶艺表演顺利进行。

茶艺馆或者家庭当中人们都会利用电磁炉烧水,此方式不仅烧水的时间较快,也十分便捷。

开水壶:现场不需要烧开水,可配备热水瓶存放开水。

2. 置茶器

茶则:它的用途则是为了确定茶叶的放入量,确保茶叶不会过多投放,其材料为竹子或者木头,可以从茶叶罐当中取出茶叶,然后将茶叶投入茶壶当中。

茶匙:它是一个又细又长的小勺子,可用其把茶叶拨入茶壶当中。

茶漏(茶斗):圆形漏斗,尺寸较小,利用茶壶冲泡茶叶时,可将其放置在茶壶口的位置,茶叶水通过茶斗进入茶壶当中,可确保茶水不会洒到其他地方。

茶荷:古时称茶则,是控制置茶量的器皿,同时可用于观看干茶样。

茶罐:装茶叶的罐子,以陶器为佳,也有用纸或金属制作的。

奉茶盘:它的作用在于放置茶杯、茶碗、茶具等,可用其将装好茶水的杯子递给品茶人员,能展现出雅致性,也有助于保持环境整洁。

这些器具都是冲泡茶叶时必须采用的工具,不可以省略不用。

3. 理茶器

茶夹:它的作用在于清扫茶杯,也可以利用它把茶壶当中的渣滓取出。

茶针:从壶嘴的位置放入茶针,茶针的作用在于预防茶叶堵住壶嘴,能够更加顺畅地倒出茶汤,一般会采用竹子或者木头进行制作。在某些情况下,茶针和茶匙是一个整体。

茶桨(刮):首次冲泡茶叶时,茶水表面会出现泡沫,可利用茶桨将其去除。

渣匙:可在泡茶器当中拿出茶叶的残渣,它一般与茶针为一体,一侧是茶针,另一侧是渣匙,可用竹子或者木头制作。

4. 分茶器

茶海(茶盅、公道杯、母杯):茶叶冲泡完毕以后,剩余的茶汤可以倒进茶海当中,具有调整茶汤浓度的功能,故亦称公平杯、公道杯。茶汤倒进茶海后,按照品茶的人员数量分茶,假如品茶的人较少,那么将茶汤倒入茶海中可确保饮茶人不会喝到起泡太久的茶水。

5. 盛茶器、品茗器

茶壶:它的作用是冲泡茶叶,可采用容量较小的茶壶冲泡茶叶,按照个人的喜好饮用。

茶盏:潮汕地区乐于冲泡工夫茶,也会用茶盏来冲泡茶叶,一场工夫茶可供3人到4人进行品尝。江苏和浙江地区、西南地区、西北地区的居民习惯采用茶盏泡茶,每人一个茶盏,每个人都能够自己品鉴茶叶的好坏。茶盏当中涉及3个部件,它们分别为盖、碗、托,制作材料为陶瓷,有些茶盏选用的是紫砂陶。

品茗杯:品茶时用的小杯子。

盛放泡好的茶汤及饮用的器具:翻口杯是杯口向外翻的杯子,也被称作喇叭杯;敞口杯是杯口尺寸超过杯底的杯子,也被称作盏形杯;直口杯是杯口和杯底尺寸相同的杯子,也被称作桶形杯;收口杯是杯口尺寸没有超过杯底的杯子,也被称作鼓型杯。

闻香杯:此杯容积和品茗杯一样,但杯身较高,容易聚香。盛放泡好的茶汤,倒入品茗杯后,供嗅留在杯底的余香之杯。

杯碟:也称杯托,用来放置品茗杯与闻香杯,奉茶时用的垫底器具。

6. 涤茶器

茶船(茶洗):它用来放置茶壶,如果倒入茶壶的水已经溢出,那么茶船能够接触这些溢出的茶水,确保桌面(上方为盘,下面为仓)干净整洁,制作材料一般选用竹子、木头、陶瓷、金属。

茶盘:它可以放杯子等,如果需要把茶递给客人,那么可以使用茶盘,制作材料一般选用竹子、木头、陶瓷、金属。

茶巾:它可以用来擦拭茶壶等用具溢出的水,也可以清洁桌面。

容则:它能放置茶则、茶匙、茶夹等用具。

茶盂:它能存放废水、各种小垃圾,制作材料一般是陶瓷。

7. 泡茶席

茶车:可随时挪动的桌子,不冲泡茶叶时可以将其收纳成一个柜子,柜子里面可以摆放泡茶使用的各类工具以及用品。

茶桌:冲泡茶叶时所用的桌子,长度一般是150厘米,宽度应该控制在60～80厘米范围内。

茶凳:泡茶时的坐凳,高低应与茶车或茶桌相配。

8. 其他辅助器具

壶垫:它是一个垫子,其作用在于隔开茶船和茶壶,在冲泡期间不会出现各种响声。

温度计:观察水温变化的器具。

香炉:品茶时可采用焚香方式感受品茶的意境。

消毒柜:烘干茶具且消毒灭菌。

9. 茶室用品

屏风:遮挡某些区域,也可以作为隔断性的装饰品。

茶挂:放置在墙上可创建文化性较强的品茶环境。

花器:插花时经常采用的瓶子等物品。

(二)茶具的组合配置

1. 我国各地饮茶择具习俗

(1)东北、华北的居民都喜欢用瓷壶冲泡茶叶,然后倒入瓷盅当中。

(2)江浙地区的居民在冲泡茶叶时一般会选用带盖瓷杯、玻璃杯。

(3)广东、福建的居民都乐于饮用乌龙茶,会选用小号的瓷质壶、陶质壶、茶盅,必选的用具为潮汕风炉、玉书煨、孟臣罐、若琛瓯。

(4)西南地区的居民在冲泡茶叶时会选用有茶盖并配有茶托的茶具,也被称作"盖碗茶"。

(5)甘肃等地区的居民一般会选用"罐罐茶",首先利用陶质罐预热,接下来放入茶叶,倒入沸水以后,重新烧开。

(6)西藏、内蒙古等地区的居民会采用金属茶壶冲泡茶叶,茶汤当中一般会加入鲜奶等材料,被称作"酥油茶"等。

2. 茶具选配

茶具选配因人而定（地位、人数、性别、年龄、职业）。从古至今，不同社会阶层的人都会选择适用的茶具冲泡茶叶。比如，考古人员在法门寺地宫发现了唐朝贵族使用的茶具，这些茶具是金银茶具、秘色瓷茶具、琉璃茶具，但是普通老百姓一般会采用竹子或者木头制作的茶具、瓷器茶具。宋朝时期的苏东坡亲自通过研究制作了提梁紫砂壶，到如今都深受人们喜爱。慈禧太后乐于饮茶，她喜欢白玉材料制作的杯子，并配以黄金制作的托。《红楼梦》当中栊翠庵尼姑妙玉在庵中接待客人时，会按照客人的阶层、熟悉程度选择不同的茶具。当下，人们饮用茶叶时不会对茶具设定硬性要求，但是也会按照个人习惯、个人审美能力挑选适合的茶具。

3. 茶类与茶具的组合配置

（1）乌龙茶比较适合紫砂茶具、瓷茶具。比如，壶音低沉的紫砂壶一般不会冲泡档次较高的茶叶，白瓷适用于冲泡白毫乌龙茶，盖碗（广东普遍适用）也可以。

（2）品质较好的绿茶可以选用玻璃杯、白瓷、青瓷口杯进行冲泡。

（3）一般的绿茶、花茶冲泡时可选用盖碗、瓷杯。

（4）红茶冲泡是可选用瓷杯、壶、宜兴紫砂、涂白釉的紫砂杯。

（5）红碎茶一般适用种类不同的咖啡茶具。

（6）白茶、黄茶冲泡时可选用玻璃杯、瓷杯。

（三）茶器具的8项技术特性与茶的关系

达到如下标准：

（1）良好的保温性能。

（2）可展现出茶的香味。

（3）能够体现出茶汤的醇厚感。

（4）可顺利进行茶艺表演。

（5）具有良好的欣赏性。

（四）茶具组合的4个层次

（1）特别配置。各项器具的配置齐全、审美性较好、件数较多、分工细致，不要求简化，可体现出雅致性。

（2）全配。配置各类工具，可确保茶叶的冲泡有效进行。每一件器具都应该展现出雅致性，也要展现出艺术美。

（3）常配。满足茶叶冲泡活动的基本要求即可。

（4）简配。

第二节　泡　茶　用　水

古人品茗，十分讲究用水。"水为茶之母，壶为茶之父"。明代时期的许次纾通过研究撰写了《茶疏》，其中内容提到："精茗蕴香，借水而发，无水不可与论茶也。"

茶叶冲泡必须利用水，茶叶只有融入水当中才能够体现出自身的色泽、香味，让人们享受泡茶的过程。水质是否良好也会对茶叶的品质有所影响，明朝的张大复曾经撰写了《梅花草堂笔谈》，其内容当中提到："茶性必发于水。八分之茶遇十分之水，茶亦十分矣；八分之水试十分之茶，茶只八分耳。"可见选择好水十分必要。

用水最为考究，甚至到了矫情地步的大约要数《红楼梦》中的妙玉了。妙玉在"栊翠庵茶品梅花雪"一回里，先是用"旧年蠲的雨水"为贾母泡制老君眉，又用梅花雪水为宝玉、黛玉、宝钗三人烹"梯己茶"。众人品后，黛玉问妙玉："这也是陈年的雪水？"妙玉冷笑道："你这个人，竟是个大俗人，连水也尝不出来！这是五年前我在玄墓蟠香寺住着，收的梅花上的雪水，共得了那一鬼脸青的花瓮一瓮，总也舍不得吃，埋在地下，今年夏天才开了，我只吃过一回，这是第二回了。你怎么尝不出来？隔年蠲的雨水，那有这样轻浮，如何吃得。"这烹制"梯己茶"的梅花雪水，其采集与收藏方法如此精灵古怪，连才识过人的黛玉也未品尝出来，反遭妙玉的数落，可见其不同凡响。

明代陈洪绶的《梅水烹茶有好怀》（图4-4）中也提及梅水烹茶。

图4-4 明 陈洪绶 梅水烹茶有好怀

一、古人论茶与水

宋徽宗赵佶曾经通过分析撰写了《大观茶论》，其中内容提到："水以清、轻、甘、洌为美。轻甘乃水之自然，独为难得。"后期人们就在他提出的要求之上提出了"活"字。

陆羽曾经通过研究撰写了《茶经·五之煮》，其中内容提到了茶叶和水质之间的关联性，具体内容为："其水，用山水上，江水中，井水下。其山水，拣乳泉、石池漫流者上，其瀑涌湍漱勿食之，久食令人有颈疾。又多别流于山谷者，澄浸不泄，自火天至霜郊以前或潜龙蓄毒于其间，饮者可决之以流其恶，使新泉涓涓然，酌之。其江水，取去人远者。井取汲多者。"可见，冲泡茶叶的水当中最佳的应属山泉。即使是泉水，也有优劣之分，钟乳石的滴水、滴石池里缓缓流动的泉水品质上乘，飞泻的瀑布和山洞里急流的山水则不能饮用，常饮用这样的水会生疾病。而常年不流动的水,也就是我们常说的死水,表面看上去洁净,其实蕴含着许多毒素。饮用这样的水,要先将有毒的水排出,使泉水清新,方可饮用。用江水,要到人烟稀少的河边汲取;若用井水,要用经常使用的水井里的水。

陆羽之后的历代茶人,多遵循陆羽的择水理论,并且进一步发展了择水的理论,追求茶泉双绝的最高境界。

宋人蔡襄《茶谱》中有"蒙之中顶茶,若获一两,以本处水煎服,即能祛宿疾"之说。

《大观茶论》当中的内容提到"水以清、轻、甘、洁为美。轻甘乃水之自然,独为难得。古人品水,虽曰中冷、惠山为上。然人相去之远近,似不常得,但当取山泉之清洁者。其次,则井水之常汲者为可用。若江河之水,则鱼鳖之腥,泥泞之污,虽轻甘无取"。

明人田艺衡在其著作《煮泉小品》中将水分为原泉、石流、清寒、甘香、宜茶、灵水、异泉、江水、井水等,并具体分析了每种水的特点。明朝时期的许次纾通过研究撰写了《茶疏》,其中内容提及:"精茗蕴香,借水而发,无水不可与论茶也。"明朝时期的张大复通过研究曾经撰写了《梅花草堂笔记》,其中内容提到:"茶性必发于水。八分之茶遇十分之水,茶亦十分也;八分之水试十分之茶,茶只八分耳。"

明朝时期的张录曾经撰写了《茶录》,其中内容中提到:"茶者,水之神;水者,茶之体。非真水莫显其神,非精茶易窥其体。口顶泉清而轻,山下泉清而重,石英钟中泉清而甘,沙中泉清而冽,土中泉淡而白。流于黄石为佳,泻出青石无用。流动者愈于安静,负阴去胜于阳。真泉无味,真火无香。""若一方不进江,山卒无水,惟当多积梅雨,其味甘和,乃长养万物之水。雪水虽清,性感重阴,寒人脾胃,不宜多积。"张录不仅告诉我们"山水上""江水中""井水下"的道理,而且还为远离山泉、江水的人们出谋划策,让人们多积雨水,少用雪水,因为雪水水性阴冷,易伤脾胃。张录还对如何贮存水有一套办法,他说:"贮水瓮须置阴庭中,渡以纱帛,使承星霳之气,则英灵不散,神气常存。假令压以木石,封以纸笤曝于日下,则外耗其神,内闭其气,水神敝矣。饮茶惟贵乎茶鲜水灵,茶失其鲜,水失其灵,则与沟渠水何异?"

屠隆对择水也有许多独到的见解,他认为:"天泉(雨水),秋水为上,梅水次之。秋水白而冽,梅水白而甘。甘则茶味稍夺,冽则茶味独全,故秋水较差胜之。春冬二水,春胜于冬,皆以和风甘雨得天地之正施者为妙,惟夏月暴雨不宜。因风雪所致,实天地之流怒也。龙行之水,暴而淫者,旱而冻者,腥而墨者,皆不可食。雪为五谷之精,取以煎茶,幽人情况。地泉,取乳泉漫流者,如梁溪之惠山泉为最胜。取清寒者,泉不难于清而难于寒,石多土少,沙腻泥凝者,必不清寒。且漱浚流驶而清,岩奥阴积寒而寒者,亦非佳品。取香甜者,泉惟香甘,故能养人。然甘易而香难,未有香而不甘者。取石流者,泉非石出者必不佳。取山脉透趣者,山不停处,水必不停。若停即无源者矣。旱久必涸,往往有伏流沙土中者,握之不竭,即可食。不然,则渗沸之潦耳,虽清勿食。有瀑涌湍急者,食久,令人有头疾。一有温泉,下生硫磺故然。有同出一壑,半温半冷者,食之有害。一江水,取去人远者。扬子南玲夹石停渊,特入首品。长流,亦有通泉窦者,必须汲贮,候其澄澈可食。井水,脉暗而性滞,味咸而色浊,有妨茗气。试煎茶一哑,隔宿观之。则结浮腻一层,他水则无,此其明验矣。虽然汲多者可食,终非佳品。戴平地偶穿一井,适通泉穴,味甘而淡,大旱不涸,与口泉无异,非可以井水例观也。若海滨之井,必无佳泉,盖潮沟近,地斥卤故也。灵水,上自天降之泽,如天池、天酒、甜雪、香雨之类。世咸希人亦罕识,乃仙饮也。丹泉,名山大川,仙翁修炼之处,水中有丹,其味异常,能延年祛病,尤不易得。凡不净之器,甚不可汲。一养水,取白石子瓮中,能养其味,亦可澄水不淆。"(《茶说》)熊明遇在《罗界茶记》中提到:"烹茶,水之功居大。无泉则用天水,秋雨为二,梅雨次之。秋雨洌而白,梅雨醇而白,雪水五谷之精也,色不能白。养水须置石于瓮,不惟益水,而白石清泉,会心亦不在远。"

不论是陆羽还是田艺衡、张录、屠隆以及熊明遇,对水的品评虽有些微差异,但在总体上有许多共识。从历代茶书记载来看,水在茶事中的作用得到一致的首肯,故有言:"水为茶之母。"古人品水的标准不外乎水质与水味两点,要求水质清、活、轻。"清"即清澈;"活"即水要有源有流;"轻"是指水质轻,浮于上。这一点,现代科学给予了充分的证明。每升水中,钙镁离子含量不足8克者为软水,软水中其他如铁、碱的含量相对较低。而用软水泡茶,能使茶的色、香、味发挥最好。关于水味,则追求甘与洌,甘即甘甜,洌即清冷。所以,概括起来,清、活、轻、甘、洌是选择水时必须满足的条件。

清,水质清透,这也是选取水石的首要标准。

轻,品质较好的水必定"质地轻,浮于上",品质较差的水"质地重,沉于下"。古代人认为水质必须轻,其原理和目前提出的软水和硬水有一定关联关系。古代人只能通过观察找出适合的水,如今可以采用先进的技术进行测试。

软水轻,硬水重。硬水当中还有大量钙镁离子,用其冲泡茶叶会有更多苦味,茶叶颜色也不够清亮。乾隆可谓真的有"茶癖",他在80多岁想退位时,众大臣均执意挽留说:"国不可一日无君。"乾隆却说:"君不可一日无茶。"可见其爱茶之深。据说他每次出外巡游都会亲自评测各地泉水的质量,最后他认为北京玉泉山水的水品质最佳。因而,乾隆外出时都必须用玉泉山的泉水冲泡茶叶。

甘,代表水的口感。品质较好的山泉非常甘甜。宋朝时间的杨万里在诗中提到:"下山汲井得干冷。"明朝时期的罗廪曾经撰写了《茶解》,其内容曾经提到:"梅雨如膏,万物赖以滋养,其味独甘,梅后便不堪饮。"可见,只有水甘甜才能够展现出茶的良好品质,梅雨等自然条件下的水被称作天泉,属于软水,冲泡茶叶当中应首选天泉。

活,代表水源能够有一定流动性。宋朝时期的唐庚曾经撰写了《斗茶记》,其内容提到:"水不问江井,要知贵活。"南朝时期的胡仔经过分析撰写过《苕溪渔隐丛话》,其中内容提到:"茶非活水则不能发其鲜馥。"然而,陆羽不提倡采用瀑布水,他认为瀑布水没有体现出醇厚的气场,和品茶的平和之意有冲突。

洌,代表"特别凉"的含义。古代人认为冰雪化成的水可以煮茶,煮出的茶汤品质更好。清朝时期的高鹗曾经撰写了《茶》,其内容为:"瓦铫煮春雪,淡香生古瓷。晴窗分乳后,寒夜客来时。"

二、水的化学物质与茶的关系

1. 不同水质对茶汤的影响

杨延群(1995)研究了不同水质对闽南乌龙茶品质的影响,结果表明,用自来水冲泡时,其中的消毒水气味依然存在;选用纯净水冲泡茶叶效果好于自来水,但是味道偏

苦;选用离子水冲泡茶叶,茶水的醇厚感较差;选用矿泉水,茶汤的甘醇感较高。(卢晓旭,2018)

龚永新、蔡烈伟等人(2002)共同调查分析了长江三峡茶区的水质情况,同时,对其泡茶效果进行了研究。结果表明,水质不同会影响到茶叶冲泡的口感。泉水当中的氨基酸含量较高,井水当中的脂类物质含有量较低。水质不同会影响茶叶内含物的溶出率,也会导致茶水口感各有差别。按照泡茶水的等级进行排序(最佳到最次),顺序如下:泉水、溪水、江水、池塘水、自来水、井水。

2. 水的酸碱度对茶汤的影响

我国饮用水卫生标准的pH值为6.5～8.5,不完全适用于泡茶用水。无论是哪种茶,茶汤的正常酸碱值都是酸性或弱酸性的,但茶汤的酸碱值随茶的种类的不同而不同。因此,泡茶用水的酸碱度不应超过7,否则会降低茶汤本来的品质。

王汉生等人(2008)通过共同分析提到,比较适合冲泡茶叶的水是中性水、弱酸性水。水质的酸碱程度会影响到茶叶冲泡的品质,碱性较大会导致多酚出现变化,影响茶汤的汤色与口感。

任何一种茶汤的品质都会受到酸碱度的影响,因为:

(1)茶汤中品质成分会发生氧化反应。茶汤中的色泽类物质对酸碱值敏感,当泡茶用水的酸碱值大于7时,碱水中的羟基自由基离子(OH^-)会促进茶多酚出现氧化,形成氧化产物,例如茶黄素、茶红素和深棕色茶褐素,进而改变茶汤的颜色与滋味。花青素是茶汤中的另一重要成分,有许多互变异构体,在不同的酸碱度溶液当中会出现不同变化,也会出现颜色方面的变化。

(2)改变茶汤中有效物质的离子平衡。当茶汤的酸碱值因泡茶用水过高时,会使茶汤中物质成分的离子平衡发生变化,汤色发生变化。以红茶为例,当泡茶用水的pH值为4.5～5.0时,汤色正常;当pH值大于6时,汤的颜色变深;当pH值大于7时,多酚氧化,汤色呈深褐色,茶汤失去原有的鲜爽度和浓强度。但当泡茶用水的酸碱度过低时,茶汤的颜色也会受到不利影响,如当pH值低于4时,茶汤颜色就会变浅。

3. 水的硬度对茶汤的影响

根据水中钙与镁离子的含量,天然水分为软水和硬水。也就是说,每升水中钙与镁离子溶解性很小或不溶解的水称为软水,钙与镁离子含量超过8毫克的水称为硬水。

将水中所含的矿物质全部转化为碳酸钙,用每升水中碳酸钙的含量来测定水硬度,是测定我国饮用水硬度的方法。当水中碳酸钙含量小于150毫克/升时,称为软水;当其含量达到150～450毫克/升时,称为硬水;当其含量达到450～714毫克/升时,称为高硬水;当其含量超过714毫克/升时,称为特硬水。

饮用适度的硬水有益于健康。根据我国饮用水卫生标准规定,含钙量小于450毫克/升的水为适度硬水。

世界卫生组织推荐的生活用水硬度不超过100毫克/升。

如果水的硬度是由含碳酸氢镁或碳酸氢钙引起的,此类水被称作暂时硬水,此类水烧开以后,其中含有的碳酸氢盐会最终形成碳酸盐等,并大部分地析出,即水的硬度就会改变,去掉硬度,变为软水。

假如水的硬度是由于含有钙或者镁的氯化物等,那么硬度不能通过加热去除,这种水叫作永久性硬水,永久性硬水沸腾后仍然含有大量的钙和镁离子,用这种水泡茶,对茶汤的品质是很不利的。

饮茶之水,以软水最佳。用软水泡茶,茶的汤色明亮,香味鲜爽;使用硬水泡茶则效果相反,会让茶汤发暗,滋味变涩。如果水质含有铁质或含有较大的碱性的水,就能促使茶叶中多酚类化合物的氧化缩合,导致茶汤变黑,滋味苦涩,而失去饮用价值。

西条了康(1989)通过分析提到,假如水的硬度较高,那么茶叶冲泡后的茶水颜色偏黄,多酚含量下降,其原因在于钙和多酚会相互结合,无法溶解。另外,硬度较高的水会导致茶汤不够清澈,硬度特别高的水会导致茶汤的咸味更加明显。

4. 水中的金属离子对茶汤的影响

一般来讲,微量金属盐会导致水出现怪味,金属离子会影响茶叶内所含物质的溶解,因为有些金属离子有味觉,而且在泡茶过程中,金属离子也会被浸出,最终影响到茶汤的风味。

费莱特门(C. B. Fridman)和彭乃特(P. W. Punnett)(2001)通过实验证明水中矿物质对茶叶品质影响较大。

(1)铁。当淡水中含有0.1毫克/升的低价铁时,氧化铁能使滋味变淡,茶汤变暗。氧化铁含量越高,影响较大。假如水当中富含高价氧化铁,那么影响力将过超过低价氧化铁。

(2)钙。当茶汤含有2毫克/升钙时,茶汤会变涩,而当茶汤含有4毫克/升钙时,茶汤会变苦。

(3)铝。当茶汤中含有0.1毫克/升铝时,影响效果不明显。当茶汤含0.2毫克/升铝时,茶汤产生苦味。

(4)铅。茶汤中加入少于0.4毫克/升时,茶味淡薄而有酸味,超过0.4毫克/升时会产生涩味,如在1毫克/升以上时,味涩且有毒。

(5)镁。茶汤中含有2毫克/升时,茶味变淡。

(6)锰。在茶汤中添加0.1～0.2毫克/升锰时,茶汤有轻微的苦味,加到0.3～0.4毫克/升时,茶汤苦味加重。

(7)镍。在茶汤中添加0.1毫克/升镍时,茶汤有金属味,但水中一般无镍。

(8)银。茶汤中加入0.3毫克/升即产生金属味,但水中一般无银。

(9)锌。冲泡茶叶的茶水当中加入0.2毫克/升锌,将会品尝到苦涩的味道,其原因在于锌和水管接触后所致。

郭炳莹等人(1991)研究茶汤组分与金属离子的络合性能时发现,Ag^+、Fe^{2+}、Fe^{3+}、Pb^{2+}、Ca^{2+}、Mg^{2+}、Mn^{2+}、Mn^{7+}等多种金属离子会和茶水组分合成络合物,形成的新物质溶解度较差;Ca^{2+}、Ag^+、Fe^{2+}、Fe^{3+}、Hg^{2+}等多种金属离子,能与Ca^{2+}、$Ag+$、Fe^{2+}、Hg^{2+}发生络合形成络合物,降低有效成分的溶出率。

江春柳(2010)通过分析提到,假如水当中含有Ca^{2+},那么口感将会更好,当Ca^{2+}<

0.02‰时,那么说明茶水亮度较好;如果 Al^{3+} 在水中的含量>5毫克/升,那么口感将会更好,然而 Al^{3+}>10毫克/升,人们会感觉到嘴麻,比较苦涩,因而 Al^{3+} 必须<0.01‰。

郑小玉等人(2012)使用 Mg^{2+}、Al^{3+}、Ca^{2+}3种金属离子、其混合物处理速溶绿茶粉,假如放入了10毫克/升的 Ca^{2+},那么茶水更加混浊,多种金属粒子相互作用也会导致混浊程度更加严重;不同的金属离子和其混合物会提升茶汤的电导率,让茶多酚和咖啡碱含量减少,EC、EGCG、GC、EGC、C、ECG、CG组分下降趋势有所差异,GCG含量提升,氨基酸组分含量提升,茶汤的透明感变差,香气逐步消失,滋味变苦。

假如地表水当中的 Fe^{3+} 变成 $Fe(OH)_3$,且含量变为1毫克/升,那么茶汤会非常更加浑浊,Fe^{3+} 和多酚类会出现化学反应,形成黑褐色物质;假如 Fe^{3+}>0.1毫克/升,茶汤的滋味与色泽将会出现改变。

5. 水中余氯对茶汤的影响

为了达到消毒的目的,毫无疑问,消毒剂会被添加到自来水之中。为了确保茶汤的质量,必须对水质严加控制,尤其是氯气和游离氯制剂(简称为游离氯),应以 GB 5749—2006《生活饮用水卫生标准》为标准,从而使以上两种物质的剂量降低到0.05毫克/升以下。姜春柳(2010)表示,由于茶叶中的茶多酚遇氯或者氯离子将会产生反应,而自来水中恰巧含有这两种物质,因此,用自来水煮的茶汤会有一层"铁锈油"浮于表面,导致其既苦又涩。

三、烧水程度的掌握

在我国饮茶史上,宋朝以前,国人饮用的主要为团茶和饼茶,在调制茶汤时,先用文火烤茶,然后再将茶研碎,加水调盐入釜烧煮,因此,称之为煮茶。这种煮茶方式和当今人们采用的烧水沏茶存在着很大的差异。严格说来,煮茶的过程包括了烧水与煎茶两道工序。对于烧水,唐朝陆羽在《茶经》中表述:"如果水沸腾起来像鱼的眼睛,且声音较小,则为一沸;如果水沸腾起来的时候边缘像喷泉上涌,则为二沸;如果沸腾似鼓浪,则为三沸,已上水老,不可食也。"这里所说的"一沸""二沸"乃至"三沸"指的是烧水的各个程度。陆羽认为,烧水以"鱼目过后"、"连珠"发生时为适宜,否则就会出现"水老"的情况,以至于"不可食";继陆羽之后唐代的温庭筠在《采茶录》中也对如何烧水作了详细的说明,提出烧水要用"活火"急燃,不能使用"文火"久烧。北宋的苏轼在《试院煎茶》中也作了相似的说明,苏轼认为"活水还需活火煎"。他们都主张使用"活火"急燃快煎;做到烧、煎有"度";反对用文火缓煮,水沸过度。所以,宋朝蔡襄在《茶录》中说:"候汤最难,未熟则沫浮,过熟则茶沉。"宋徽宗赵佶在《大观茶论》中提出烧水火候的主要标准是:"汤以鱼目蟹眼连绎迸跃为度。"这种说法,是符合科学道理的。

有一定经验的茶人都知道,用"腾波鼓浪"的沸水来沏茶,即用"过熟"的沸水来沏茶,沸水中的二氧化碳在高温下已经挥发殆尽,泡出来的茶汤鲜爽味下降,并且水中含有微量的硝酸盐,高温久沸水分蒸发,亚硝酸盐浓度含量相对而言提高,易产生致癌物质,不利于人体健康。反之,用未沸的水沏茶,一是有微生物,二是水的温度没有达到茶叶的香气和滋味出不来,茶叶中的许多内含成分难以被浸泡出来,从而导致茶汤滋味变得淡薄,香气低,茶叶浮于汤面之上,影响品饮。

四、泡茶用水类型

清代郑板桥茶联："从来名士能评水,自古高僧爱斗茶。"明代张源《茶录》中说,茶是水的精髓之所在,而水则是茶的载体。如果水质不够好,则不能将茶的精髓加以体现;如果茶叶不好,那么水质再好也不能煮出好茶。

陆羽《茶经》《五之煮》也对此有所述,即"泡茶的时候,应对水有所讲究,最上乘的水是山水,江水次之,井水最差"。"山水,应挑选流水潺潺的山泉活水,如果是汹涌滚滚而流的水则不能饮用";"其江水,取在人远者,井取汲多者"。

古人对鉴(泡)茶用水的选择,归纳起来,其要点如下:

(1)水要甘而洁。赵佶在《大观茶论》中指出:"水以清、轻、甘、洁为美。"王安石还有"水甘茶串香"的诗句。如北宋重臣蔡襄《茶录》中认为:"水泉不甘,能损茶味。"明代田艺蘅在《煮泉小品》说:"味美者曰甘泉,气氛者曰香泉。"明代罗廪在《茶解》中说道:"梅雨如膏,万物赖以滋养,其味独甘,梅后便不堪饮。"强调的宜茶水品在于"甘",只有"甘"才能够出"味"。

(2)水要活而清鲜。宋代唐庚的《斗茶记》记载:"水不问江井,要知贵活。"明代张源在《茶录》分析得更为具体,指出:"山顶泉清而轻,山下泉清而重,石中泉清而甘,砂中泉清而冽,土中泉淡而白。流于黄石为佳,泻出青石无用。流动者愈于安静,负阴者胜于向阳。真源无味,真水无香。"如北宋苏东坡《汲江煎茶》诗中的"活水还须活火煎,自临钓石取深清"。宋代唐庚《斗茶记》中的"水不问江井,要之贵活"。南宋胡仔《苕溪渔隐丛话》中说"茶非活水,则不能发其鲜馥"。明代顾元庆《茶谱》中的"山水乳泉漫流者为上"。贮水要得法。明代熊明遇在《罗山介茶记》中指出:"养水须置石子与……";许次纾在《茶疏》中进一步指出:"水性忌木,松杉为甚,木桶贮水,其害滋甚,洁瓶为佳耳。"罗廪在《茶解》中介绍得更为具体,他说:"大满贮,投服龙肝一块,即灶心土也,乘热投之。贮水预置于阴庭,覆以纱帛,使昼挹天光,夜承星露,则英华不散,灵气尚存,外耗其精,水神敝也,水位败也。"

沏茶用水,一般都用天然水。天然水按其来源可分为泉水(山水)、溪水、湖水、井水、雨水、雪水等。自来水也是通过净化后的天然水。

$$\text{宜茶用水}\begin{cases}\text{天水:雨、雪、霜、露、雹}\\\text{地水:泉水、溪水、江水、河水、湖水、井水、池水}\\\text{加工水:纯净水、蒸馏水、太空水}\end{cases}$$

泡茶用水:泉水和山溪水为上,雪水和雨水其次,江河、湖泊、深井中的活水再其次,自来水需静置一夜泡茶较好。

1. 泉水和山溪水

我国有五大名泉,有三个位于江苏省,分别是镇江的中冷泉、无锡的惠山泉、苏州的观音泉,另外两个分别位于浙江杭州和山东济南,即虎跑泉和趵突泉。

泉水和山溪水经岩石和植被少粒渗析,水质清纯,泉水流出地表后吸收了二氧化碳,并在二氧化碳的作用下,溶解了镉、钾、钙、镁、铅等六七十种元素,水质营养丰富。加热后呈碳酸盐状态的矿物分解,释放出碳酸气,饮用时分外甘美。硫磺矿泉水不能泡茶。

古人崇尚的"乳泉"即岩洞中钟乳石上滴下的水。现在我们知道这种水含有较多的二氧化碳,因而口感清新爽口。

明朝张源在《茶录》中言道:"山顶泉清而轻,山下泉清而重,石中泉清而甘,砂中泉清而冽,土中泉淡而白。流于黄石为佳,泻出青石无用。流动者愈于安静,负阴者胜于向阳。真源无味,真水无香。"

天下第一泉:乾隆"北京玉泉井";陆羽"江西庐山谷帘水";(唐)刘伯刍"扬子江南零水";(明)徐霞客"云南安宁碧玉泉"。

天下第二泉:无锡惠山泉。

天下第三泉:苏州虎丘观音泉。

天下第四泉:杭州虎跑泉(含氡)。

天下第五泉:济南趵突泉。

峨眉金顶玉液泉,湖南长沙白水井。

唐代宰相李德裕用"水道"运无锡惠山泉到长安(西安)品茶。宋代蔡襄特选惠山泉与人斗茶。

2. 江、河湖水

明代许次纾《茶经》:"黄河之水,来自天上,浊者土色也,澄之即净,香味自发。"可见黄河之水经过滤也能泡出茶汤。

3. 井水

深而多汲的井水好,明代高叔嗣"施汲旋煮"故宫"大庖井"、湖南长沙白沙井。深井水泡茶的效果,取决于水的硬度,不少深井水为永久性硬水。

4. 雪水和雨水——天泉

因水汽凝结而成的露——甘露(天泉),春秋时齐国的易牙善于用水知味、调味。

明代文雪享《长物志》记载"雪水为五谷之精,取以煎茶最好为照况""重新都有土气,稍稍仍佳"。古人喜用雪水,唐伯虎有"融雪煎香茗"的诗句;清代曹雪芹言"却喜侍儿知试茗,扫将新雪及时烹"。妙玉将梅花上的雪扫下放入陶罐中埋于地下五年,请宝钗、黛玉吃"梯己茶",一茶品梅花雪。

"天泉"一直是雨水的美誉。所谓阴阳相聚,行天行地,水从云端涌出,辅以保健。饮用雨水要与风雨、白云、甘雨相协调。古人认为中秋节是最好的季节,其次是梅雨。秋水白且冽,梅水白且甘。甘则茶味稍受到影响,冽则茶味无以散失,故秋水为最佳。用现代科学观点来分析,秋季天清气爽,空气中的微生物和灰尘较少,雨水因而洁净。另外,春冬之水也足饮,但以春雨较好,而夏季时的暴雨不宜多饮。

秋雨:秋高敢爽,空气中尘埃杂质少,水味清冽,上品。

雨水:梅雨季节的雨水,和风细雨,有益微生物滋生,较次。

夏季梅雨:飞沙走石,水质不净,且水中含有氮气,不宜。

李时珍认为:二十四节气,水之气味随之变迁,立春、清明二节贮水最好,谓之神水;

寒露、冬雪、大小寒四节气的水与雪水同功;小满、芒种、白露三节的水有毒,造药和酿酒、醋一应食物皆易败坏。

5. 自来水

其水源一般是河流和湖泊。天然水经过处理之后成为临时性硬水。该水由于经过消毒剂消毒,因此,里面含有一定程度的氯,其长时间存在于水管之中,导致较多的铁质存在于水中。茶汤会因含量大于 $0.5‰$ 的铁离子而成为褐色,在该茶中,茶多酚与氯化物发生化学反应从而使得"锈油"浮于表面,茶汤由此有了苦涩之味儿。故而,在泡茶的时候,应优先用无污染的容器将自来水存放一天,等里面的氯气散出之后再取出来烹煮泡茶,或用净水器净化自来水,使之成为较好的泡茶用水。

(1)陶缸内静置一夜,氯气散发后用。

(2)净水处理:离子交换净水器,去氯气、钙、镁,成为离子水,尤其北方多碱性水,去离子后达中性。

(3)沸腾法。

6. 矿泉水

我国对饮用的天然矿泉水进行了以下定义:它是指进行人工开采或者天然涌出的无污染的地下泉水,在该泉水中含有矿物质盐、某些微量元素、CO_2 气体等。通常而言,其所含的化学成分、温度、流量等指标虽然是动态的,但是波动相对较为平稳,且均在正常的数值之内。与纯水相比,矿泉水富含锂、锌、硒、锶、溴碘化物、偏硅酸等各种微量元素。人们饮用矿泉水的同时就摄入了这些微量元素,这对机体十分有利,使得机体酸碱得以调节而达到平衡。鉴于不同的人体质不同,所以饮用多少矿泉水也各有不同。此外,矿泉水的水源各有不同,因此,里面的微量元素、矿物质等也都不尽相同,且含量各异,钙、镁、钠等金属离子存在于诸多矿泉水之中,导致水质偏硬且是永久性的。综上,这些水具有十分丰富的营养元素,但不适合泡茶。

7. 纯净水

我们通常将水的净化过程分为3个步骤:第一,粗滤;第二,活性炭吸附;第三,膜过滤。通过以上3个步骤,从而使自来水管道中所存在的铁锈、红虫、各种悬浮物等得以剔除,使得水更加纯净,里面残存的氧、有机杂质等含量更少,使各种微生物譬如大肠杆菌、细菌等被吸附扣留,水质由此而得到极大的提高,进而与我国所规定的饮用水卫生标准相匹配。为了促使净水效果一直发挥良效,应在规定时间对净水装置进行清洗,此外,还应对活性炭进行定期更新。长期以来,净水器的内胆容易积垢,细菌极易繁殖,从而使水再次被污染。对于人们来说,纯净水很容易能取得,因而经济实惠,所以用纯净水泡的茶茶汤品质更优。

8. 净化水

净化原理及处理工艺一般包括粗滤、活性炭吸附、膜过滤三级系统,能有效去除自来水管道中的铁锈、红虫、悬浮物等机械成分,降低浑浊度、残余氧以及有机杂质,截留细菌、大肠杆菌等各类微生物,提高自来水水质,达到国家饮用水卫生标准。但净水器粗滤装置需定期清洗,活性炭需定期更新,长期以来,净水器的内胆容易积垢,滋生细菌,造成二次污染。纯化水易获取,是一种经济实惠的优质饮用水,用纯净水泡的茶茶汤品质更优。

9. 活性水

活性水包括高氧水、离子水、磁化水、矿化水、天然回流水和生态水。这些水源是自来水。活性水通常经过过滤、精制、消毒处理制成,具有特定的活性功能,具有相应的代谢、渗透、扩散、溶解、氧化和营养作用。由于各种活性水中的微量元素和矿物质不同,水质较硬时,泡茶品质一般较差;如为临时性硬水,泡茶品质较好。宋代宋徽宗《文会图》(图4-5)展示了当时人煮茶水的风貌。

图4-5 宋 宋徽宗 文会图(局部)

第三节 云南茶叶的冲泡技艺

一、云南普洱茶的冲泡技艺

1. 普洱茶冲泡"六要素"

(1)器具。冲泡普洱茶推荐选择的器具是瓷制盖碗和紫砂壶两种常用器具。盖碗冲泡普洱茶时可以轻嗅茶香,此时所呈现的茶汤品质饱满,韵味悠长。紫砂壶冲泡普洱茶时,紫砂壶可以吸附存放时茶叶吸附的仓味,保留纯粹的普洱茶香气,茶汤品质细腻,独具特色。

(2)茶叶用量。要泡一杯茶或一壶茶,首先要掌握茶叶用量。每次茶叶多少,并没有统一标准,主要是根据不同茶类花色品种和等级而定。通常,如果选用的茶叶较为细嫩,则应取用较多的茶叶进行泡制;如果选用的茶叶较为粗老,则应取用少量的茶叶进行泡制。这完全与俗语"细茶粗吃,粗茶细吃"的说法呼应。

我们经常饮用的茶叶如绿茶、红茶在冲泡的时候用量应以50~60毫升/克为最佳。通常我们会选用茶杯或者茶壶进行泡茶,容量一般在200毫升上下,因此,在泡制时应取用茶叶的量为2~4克。即:1:50~60,若放10克左右干茶,就要用500~600毫升的沸水。普洱茶1:22或更多。

用茶量多少与消费者的饮用习惯和年龄结构有关系。总之,泡茶用量的多少,关键是掌握茶与水的比例,茶多水少,则味浓;茶少水多,则味淡。

(3)泡茶水温。泡茶对水温也很有讲究,通常是烧开了就泡。当开水烧开沸腾至温度高达100℃的时候最适合泡茶,这时候的开水会沸起水泡,大小如鱼眼。

水温会影响茶叶在水中的溶解,假设100℃能泡出的有效物质为100%的话,则60℃的水泡出的有效物质为其的55%±10%。由此可知,越是高温的水越能够将茶叶中的有效物质冲泡出来,而低温的水泡茶则茶汁浸出较慢较难。这与"冷水泡茶慢慢浓"的说法相符合。

泡制茶水时以刚沸腾之水为宜,此时水温在95℃上下。如果采用滚滚沸水的话,不仅会使维生素C被破坏,还会迅速地使茶多酚、咖啡碱泡出,从而使茶水变得涩而苦;如果泡茶的水温太低,则茶叶会浮于水面而不会下沉,里面的有效物质也不太容易泡出来,从而使泡出来的茶水味淡,没有香醇的味道,即所谓的淡而无味。

除此以外,在选择水温时,还应考虑茶叶的老嫩、松紧以及叶片大小。若是所选用的茶叶较为粗老,而且叶片大且紧,则应选择较高的水温,且浸泡时间也较长;若是所选用的茶叶较为细嫩,叶片较小且松散,则水温可稍微低点,浸泡时间也较短。另外,茶叶的品种也会对所选水温有所影响。

如何知道水温的高低?温度计、计时器等工具可以帮助我们对水温进行测量判断,经过不断地累积经验,到最后就可以凭经验而不用工具进行判断。不过,为了确保饮食健康,所用的水均应煮沸,通过自然降温来取得我们所需温度的水。

(4)醒茶时间。普洱茶为紧压茶,在开始冲泡前需要用水浸润茶叶,以便在冲泡时茶叶中的水浸出物能够充分浸出,茶汤滋味得到保证。若醒茶时间过短,则水未能充分进入紧压茶的内部,以致茶水分离,无法正常品饮;醒茶时间过长,则会让内含物质快速渗出,不便掌握,以致茶汤过浓,难以入口。

(5)泡茶时间。在泡制茶水的时候,因我们所取用的茶叶品种不一样、水温差异以及人们口味浓淡的不同,所以,泡制时间会有所差异,所选茶叶能用来冲泡的次数也不同。

在泡茶的时候,如果需要更浓的味道,则我们需要花费更长的时间来进行浸泡。有关资料表明,在泡制茶水的时候,咖啡碱、维生素、氨基酸等会依次被浸泡而出,且耗时3分钟左右,这些物质在高温沸水的作用下以较高含量存在于茶水之中。若在此时饮用,会倍觉鲜爽醇和,唯一不足的是缺少了刺激味儿。若我们继续对茶叶进行浸泡,茶多酚会越来越多地存在于茶汤之中。综上,如果饮用者希望喝到的茶水鲜爽醇和,通常对诸如绿茶、红茶等茶叶浸泡3分钟上下为宜,饮用之后若想再续,应至杯中茶汤剩余

1/3的时候增加开水,才能得到口感合意的茶汤。若再续,可依次类推。

所选茶叶是否鲜嫩、叶片是否较大等都会对泡制时间产生影响。通常来讲,若选用的茶叶细嫩,叶片较小且松散,则能在较短的时间内冲泡出适宜口感的茶水;假如使用的是细嫩的碎茶,一般时间控制在3~5分钟;反之,若所选用的茶叶较老,或者叶片较大且牢实,则要得到适宜口感的茶汤,毫无疑问会花费更长的时间。总体来说,泡茶时间最终还是由饮茶者决定,其口味的浓淡控制着泡制时间的长短。

普洱茶的醒茶时间约为3~5秒,然后根据投茶量、冲泡的次数或者个人品饮习惯进行适当的加时。一般在第5次(泡)后每次增加1秒,最多不超过10秒。

(6)冲泡次数。经实验发现,茶叶中含有各种不同的有效成分,且这些成分浸出的程度各有不同,氨基酸、维生素C是这些有效成分中最为容易浸出的,而咖啡碱、茶多酚、可溶性糖等物质紧随其后。当我们第一次泡茶的时候,能够浸泡出50%到55%的可溶性物质;若进行第二次泡制,则能泡出的可溶性物质只有30%上下;若是进行第三次泡制,则可泡出10%左右的可溶性物质;而第四次的时候只能达到2%到3%。

普洱茶原料为大叶种晒青毛茶,大叶种茶内含物质丰富,能够冲泡的次数也较多,但并不是冲泡的次数越多越好,在多次冲泡后,茶叶中的重金属物质会被析出,此时茶汤口感虽然尚能饮,但有害的物质却已经融入茶汤,此时品饮有弊无利。普洱茶的冲泡次数一般以8~10次为宜。

2. 普洱茶泡茶"五诀"

要想泡得一壶好茶,不仅对技巧有所讲究,冲泡艺术也是我们需要追求的。有很多饮茶爱好者喜欢用紫砂壶泡茶,这里面泡茶十分讲究。

(1)温壶烫杯。泡茶的第一步便是对茶杯进行热水浸烫,即温壶烫杯,或者说是热壶烫杯。何谓温壶?温壶是指用来对泡茶的水的温度进行控制的水壶,该水壶是温热的,这样泡茶的水倒入其中,水温便不会降低,从而可使茶叶的味道充分地浸泡出来。通常采用绕倒的方式将热水置于其中,且容量约为水壶的4/5,盖好壶盖并保留1分钟左右,然后将里面的水倒出,此时水壶呈温热状态,即得到所谓的温壶。在水壶为温壶之后,将茶叶置于其中,倒入汤水并加盖壶盖进行浸泡。何谓烫杯?烫杯是指茶杯置于茶船内,当用水冲泡茶水的时候,在多加半茶船的热水,然后用中指抵住杯底并将此作为轴,用拇指沿着该轴进行拨动使之旋转,圈数为2圈,随即将水杯取出,并借用茶船的边缘将水杯的水滴轻刮去除,然后放于茶盘里面。

(2)高冲低斟。所谓的"高冲"是指在高于茶壶、杯碗口相距15厘米左右的位置,将水壶以由外及里的方式进行打圈绕倒,且在该过程中进行上下拉降,一共三次,即所谓的"三点头"。这样冲泡有四个作用:第一,茶叶在水柱冲力的作用下翻转,且能获得均匀的水分,使冲泡更加容易;第二,高冲形成的水柱十分优美,且动作也十分文雅,在视觉上来说也是十分值得享受的;第三,由外及里的打圈绕倒方式,寓意着对客人的欢迎;第四,上下拉降,即"三点头",表示对客人的尊敬。而低斟,这是指我们将茶水浸泡好后,在倒出之际应在低位且动作应缓慢,若是将壶嘴贴到杯沿则为最佳,这样可以减少香气的流出,避免温度降低。

（3）刮沫淋盖。当开水倒入容器（通常使用的是壶、杯、碗）之中时，在茶汤的表面会有一层泡沫浮出，因此，我们可以借助壶盖，以推刮的方式将泡沫吸附到壶盖上，然后用开水冲淋壶盖。当壶盖盖稳妥后，可用开水冲淋壶盖，即所谓的"淋盖"。

（4）"关公巡城"。什么叫"关公巡城"？这是一种分茶的方式，是巡回往返的形式。在分茶的时候，一壶茶可做四份，但都不是一次性倒满，而是每杯先倒两点，然后再巡回添加，且在添加的时候应做到均匀，这样所得的每份茶汤味道才能一样。

（5）"韩信点兵"。什么叫作"韩信点兵"？这是对分茶时茶汤将分完时的一种分法的戏称。在茶汤快分完时，则改用"点"的形式向杯中滴入，且要做到均匀滴入，这样可使每一杯茶汤所得浓度都一样。

3. 普洱茶泡茶程序

普洱茶的冲泡和品尝程序，因普洱茶的品饮特性及选用的茶具不同，略有差异，一般分为两种：第一种，盖碗泡；第二种，壶泡。这两种程序也不同，主要如下：

（1）盖碗泡程序：准备茶具+准备茶叶+准备水+欣赏茶+放置茶于盖完之中+浸润茶叶并浸泡+计算浸泡时间+冲泡+计算冲泡时间+奉茶+品尝+添水。

（2）壶泡程序：准备茶具+准备茶叶+准备水+欣赏茶+准备茶叶+首次浸泡茶叶+计算浸泡时间+对茶杯进行温热+分茶+奉茶+品尝+二泡+三泡。

在冲泡和品尝的各个环节中，杯泡、盖碗泡、壶泡含义相同。

（1）备具。根据选定的泡法进行茶具准备。盖碗泡，主要茶具为盖碗，包括盖、碗、碗托；壶泡，主要茶具为茶壶、茶船、茶杯。拟用的茶具要洗净擦干，保持清洁。

（2）备茶。准备用来招待客人的茶，需对其品质和贮藏情况有所了解，以免临时发现茶叶变质，带来不必要的困扰

（3）备水。"茶滋于水，水藉乎器，汤成于火，四者相须，缺一则废。"如现烧开水，除备干净的饮用水以外，还应将烧开水的用具准备好，抑或者直接准备开水，并将其存放在保温瓶之中。

（4）温具。采用热水冲淋茶壶（壶嘴、壶盖等）和茶杯，等这些用具温热后再进行沥干。这样操作有如下两个作用：第一，使泡制后的茶汤温度稳定，而不会因用具的原因而使温度下降；第二，更利于将粗老茶叶的味道泡制出来。

（5）赏茶。对于即将用来冲泡的茶叶我们可将其装到茶碟、茶盘等用具之中，然后拿给客人观赏，观其形、色，闻其味。

（6）置茶。对于选用来泡制茶汤的茶叶，可选用茶匙将其从装茶叶的罐中取出并投放于茶壶之中，或者先将茶叶经茶荷倒入茶壶之中，再或者经罐盖倒入茶壶之中。对于茶叶的用量，则受到茶叶的品种、质量的影响。

（7）冲泡。盖碗和壶泡，通常分两段冲泡，先冲少量（约为杯、碗容量的1/4）开水入杯、碗，将茶叶全部打湿，静置1分钟左右，让干茶浸润舒展，然后再冲入开水至杯碗容量的3/4左右。冲泡时，将开水壶上下提冲三冲，谓之"凤凰三点头"，寓意主人向客人鞠躬欢迎，同时，借助上下提冲时开水的冲力，使茶叶翻动，便于茶汁泡出，茶汤浓度均匀。壶泡，一次将开水冲满至壶口。

（8）分茶。壶泡茶，泡好后将茶汤倒入茶杯。一壶茶通常分四杯，采取巡回式将茶汤均匀地倒入杯中，戏称"关公巡城"。

（9）奉茶。茶冲泡好，用茶盘托着送到客人面前，示意请客人用茶，客人接茶，亦示意致谢。主人应面带笑容的给客人奉茶，以茶盘托着送为佳。若无法用茶盘托着送而是直接用茶杯给客人奉茶，为了表示敬意，则应将手指并拢并伸出。如果无法正面给客人奉茶，只能从左面或者右面给客人奉茶，则应用奉茶侧的手端茶杯，而另一面则做出请客人用茶的姿势。这样的话，客人可用奉茶侧的手除拇指外的四根手指对桌面进行轻轻敲打，或者向主人微做点头，从而表示对主人的谢意。

（10）品茶。接茶后，趁热品尝，观赏汤色，嗅闻香气，随后小口含入茶汤，用舌头在嘴中打转，且配合着吸气，然后缓缓吞下，齿颊留香，回味无穷。

（11）添水。壶泡，则分头泡、二泡、三泡。明代许次纾指出："一壶之茶，只堪再巡，初巡鲜美，再则甘醇，三巡意欲尽矣。"

4. 普洱生茶的冲泡

（1）备具。选择瓷制的盖碗来冲泡普洱生茶。需要用到的其他器具有：茶船、茶海、品茗杯、杯托、茶荷、茶针、随手泡、茶巾、奉茶盘等。

（2）洁具。将盖碗的盖翻转，把随手泡中的水注入盖碗中，使水线从盖上均匀流过，进入碗中。待注水量合适后，右手用茶针挑起盖，左手作为依托，将盖再次翻转回原状。将盖碗中的水倒入茶海中，温洗茶海。茶海温洗完毕后，依次温洗品茗杯。温洗完品茗杯后的水顺势倒入茶船。

（3）置茶。将普洱生茶放置在茶荷中等待冲泡，洁具结束后，打开盖碗，盖置于碗托上。再用茶针将茶荷中的生茶置入盖碗中。

（4）摇香。双手取盖碗，右手大拇指放在盖碗上方，其余四指托住碗底，双手握紧，摇动盖碗，使茶叶在盖碗中翻动，让茶叶的香气能最大程度地释放。普洱生茶香气清新，有花香或者甜香。

（5）醒茶。将随手泡中的水沿着碗壁注入，注意水线不要直接冲在茶叶上，同时应降低水线位置，减少水对茶的冲击。醒茶的水要充分浸润茶叶，并且等待时间不宜过长，醒茶的水直接倒入茶船弃用。

（6）行茶。揭开盖碗，用随手泡注水，注意定点低斟。定点，即定在手不会碰到盖碗的地方，防止烫手；低斟，即将水线控制好，不要过粗，也不要断断续续地注水，要一气呵成，将水注到合适的位置。盖上盖碗，等待3秒后出汤。

（7）分汤。出汤后的茶汤倒入茶海中等待分汤。分汤，以示茶人平等，共享茶汤。同时，在茶海中也可以保证茶汤滋味浓淡适宜，可以获得更好的品饮体验。将茶海中的茶汤均匀分到各品茗杯中，注意每个品茗杯中的茶汤只注七分满，原因是"酒满敬人，茶满欺人"，七分满以表示尊敬。

（8）品茶。左手抬杯托，右手大拇指和食指握住品茗杯，中指放在品茗杯底部，虎口朝嘴，三口细品。普洱生茶汤色绿黄明亮，滋味浓强，生津回甘快速，杯底香高韵长。

5. 普洱熟茶的冲泡

泡茶用具：茶船、盖碗（茶瓯）、品茗杯、紫砂壶作公道杯、随手泡、茶叶罐、茶巾、茶荷、茶具组（茶则、茶夹、茶漏、茶匙、茶针）。

（1）备具。冲泡普洱熟茶选用的器具是紫砂壶。此外，还需要用到茶船、茶海、茶荷、茶拨、品茗杯、杯托、茶巾、随手泡等冲泡常用茶具。

（2）温杯（壶）洁具。用随手泡中烧沸的开水冲洗盖碗（三才杯）、若琛杯（小茶杯）、紫砂壶。打开壶盖，壶盖置于盖置或茶船上，注水至溢出紫砂壶后盖上壶盖，再次用随手泡中的水淋壶，提高壶体温度。右手食指钩住壶把，大拇指抵住盖纽，注意不要堵住通气孔，执壶出水至茶海，依次温洗茶海与品茗杯，温洗的水弃于茶船。

（3）茶海皆容。将紫砂壶中的水注入公道杯中。

（4）品杯初浴。茶海中的水——分入各个品杯，逐个温杯。

（5）"狮子滚绣球"。从左到右将品杯清洁一遍。将左边第一个杯子轻轻提起，其杯底搭在第二个杯子的边缘上，由内向外旋转一周即可，如此反复至最后一个品杯止。

（6）盛茶（"佳茗上轿"）。用茶勺将普洱茶从茶罐中盛入茶荷里，便于客人观赏茶叶。

（7）赏茶（精品鉴赏）。赏茶，用茶荷盛茶叶，请客人欣赏普洱茶的外形。

（8）置茶。俗称"普洱出宫"，即用茶匙将茶置入盖碗。打开壶盖，若壶口过小可以用茶漏放在壶口，暂时扩大壶口。右手执茶荷，左手执茶拨，将熟茶拨入紫砂壶。普洱熟茶色泽红润，具有特别的陈香或其他香气，仿佛细嗅时光。

（9）温润泡（润泽香茗）。温润泡，将热水注入壶中，使茶叶与水充分融合，便于冲泡时茶叶的色、香、味更好地发挥。

（10）醒茶。从随手泡中注水至紫砂壶，注意水线不要冲到茶叶，同样注水至溢出，盖上壶盖，淋壶。将紫砂壶中润茶的水快速倒入茶海或茶船中。

（11）行茶。打开壶盖，控制水线从一侧冲入茶杯，小心水线尽量不要冲到茶叶。此时可以定点低斟，也可以旋壶低冲。

（12）壶中茶舞。盖上壶盖后再次淋壶，把盛开水的嘴壶提高冲水，使普洱茶在水中翻动。将盖碗中冲泡出的茶水淋洗公道杯，达到增温目的。等待3秒后将茶汤倒入茶海，以备分汤。

（13）"游龙戏水"。将紫砂壶置于手中，轻轻摇晃几下使壶上的水珠滴落。

（14）出汤。又称"出汤入壶"，即将盖碗中冲泡的普洱茶汤倒入公道壶中，出汤前要刮去浮沫。

（15）沥茶。又称"凤凰行礼"，即把盖碗中的剩余茶汤全部沥入公道壶中，以凤凰三点头的姿势，表示向客人频频点头行礼致意。

（16）分茶。又称"普降甘霖"，即将公道壶中的茶汤倒入品茗杯中，每杯倒一样满，以茶汤在杯内满七分为度。注意斟茶时茶海要放低，给客人低斟茶，以示恭敬谦逊。

（17）敬茶。又称"奉茶敬客"，即将品茗杯中的茶放在茶托中，由泡茶者举杯齐眉，一一奉献给客人。让品茗者含英咀华，领悟陈韵。

（18）品饮。右手执杯方法端起品茗杯，三口细品。普洱熟茶汤色红浓明亮，滋味醇厚柔顺,喉韵绵长,伴随熟茶特有的香气,给人以时光宁静、岁月静好的享受。

（19）收具。品饮完毕后收茶具。

6. 普洱老茶的冲泡

（1）备具。冲泡普洱老茶选用的器具是紫砂壶,此外还需要一般冲泡所需要的器具。普洱老茶是存放了一定年限的普洱茶,在自然陈化下色泽发红,香气减弱,口感与滋味更加醇和。由于存放时间久,难免会有一股仓储杂味,用紫砂壶可以吸附这些杂味,让老茶品饮起来更加完美。

（2）洁具。用冲泡熟茶时的方法温洗紫砂壶,注意淋壶时淋壶水线要粗匀缓慢,且要重复一次淋壶,让紫砂壶的温度能在较长的一段时间里保留。

（3）置茶。将茶荷中的茶叶拨入壶中,盖上壶盖,在醒茶前再次淋壶。

（4）醒茶。打开壶盖注水,注水至溢出后继续注水2～3秒,盖上壶盖后再次淋壶。由于老茶存放时间久,醒茶的时间也要相应增加,同时宽水醒茶有利于浸润茶叶,使老茶在行茶时更易泡出滋味。

（5）行茶。用随手泡定点低冲,注意不要直接冲水至茶叶上,也不要产生激烈的水流,以防刺激出老茶的杂味。老茶的行茶时间可以根据具体陈放的时间适当加减,但最好不要超过10秒,否则茶汤过浓,不利于品味老茶。

（6）分汤。紫砂壶出汤至茶海,分汤至各品茗杯。老茶的出汤速度要均匀,最后几滴茶汤可以弃用,不进入茶海,因为最后几滴茶汤浓度高且陈味与杂味混杂,易影响茶汤品质。

（7）品饮。小口细啜,用心感受老茶在长时间陈放后的滋味,虽然香气流逝,但在时间的沉淀下所特有的醇厚浓郁、顺滑连绵的茶汤口感是新茶不可比拟的。

二、云南红茶的冲泡技艺

红茶的冲泡分为"清饮"和"调饮",主要的区别是冲泡时是否添加调料。其中,"清饮"为主要在中国流行的饮茶方式。

1. 冲泡红茶的要素

（1）茶器选择:以瓷质、紫砂、玻璃茶具为主。

（2）冲泡准备:需用沸水烫茶具。

（3）茶叶量:根据个人喜好口味适量添加。

（4）冲泡水温及时间:95～100℃开水为佳。时间看茶叶的品质粗细等。

（5）过滤:红茶的泡制饮用需过滤器除渣。

（6）饮用时间:红茶中的茶多酚易氧化变涩,泡好即饮。

（7）浸润红茶:根据茶叶的种类,选择浸润红茶时间。通常,细嫩茶叶约2分钟;中叶茶约2分30秒;大叶茶约3分钟。

2. 滇红茶艺

泡茶用具:茶船、玻璃茶壶(盖碗或瓷壶均可)、玻璃公道杯、白瓷杯、随手泡、茶叶罐、茶巾、茶荷、茶具组(茶则、茶夹、茶漏、茶匙、茶针)。

(1)备具。按照红茶冲泡要求把所需的泡茶用具摆放在泡茶台上。准备一个盖碗、一个公道杯、4只白瓷品茗杯、一个茶漏、一套茶道组、一块茶巾、一个茶荷、一个茶样罐、一个水盂,按照冲泡要求摆放整齐。茶盘右上方放置茶罐、茶荷和茶道组,正下方置放茶巾,右下方放置茶壶,左上置放水盂。

(2)温杯洁具(清泉温玉瓷)。将开水倒至白瓷茶具中,再转注至公道壶和品茗杯中一一烫洗。温杯的目的是提升茶具的温度,稍后放入茶叶冲泡热水时,不至于冷热悬殊。

(3)盛茶。用茶则将要冲泡的红茶从茶样罐拨至茶荷中供赏茶。

(4)赏茶(鉴赏佳茗)。请宾客观赏红茶的外形、色泽、条索、净度,并介绍其特点。

(5)置茶("清宫迎佳人")。左手端起茶荷,右手拿茶匙将茶叶拨入盖碗内。

(6)浸润泡("甘露润莲心")。将煮沸的开水先低后高冲入茶碗,使茶叶随着水流旋转,直至开水刚开始溢出茶碗为止。加盖后倒入公道杯中,并将公道杯中茶汤分到各个品杯中,迅速倒入水盂。目的是湿润茶叶,提高温度,使香味能更好地发挥。

(7)冲泡(清泉润香茗)。向杯中倾入90~100℃的开水,提壶用回转法冲泡,然后用直流法,最后用"凤凰三点头"法冲至满壶。

(8)刮沫淋盖。将公道杯中的茶汤均匀地斟入各个品杯中。

(9)出汤(斟茶入盏)。茶汁冲泡好后,把茶汤斟入公道杯中,以"凤凰三点头"的手法表达对客人的尊敬与欢迎。

(10)分茶。将公道杯中的茶汤均匀地斟入各个品杯中。

(11)奉茶。冲泡完毕,主人要面带笑容,用双手有礼貌地将茶向宾客奉上。

(12)品茶。先端起杯子慢慢由远及近闻香数次,后观色,再小口品尝,让茶汤巡舌而转,充分领略茶味后再咽下。

(13)收具。品饮完毕后收茶具。

三、云南绿茶茶艺

绿茶以玻璃杯冲泡为最佳,品茶时方便观赏。

冲泡绿茶主要有上、中、下3种投法。

上投法:杯满7分放置茶叶。上投茶如图4-6所示。

中投法:杯满3分放置茶叶,再加水倒至7分满。中投茶如图4-7所示。

下投法:空杯适量放茶,再加水倒至7分。

图4-6 上 投 茶

图4-7 中 投 茶

1. 玻璃杯冲泡法

泡茶用具：茶船、玻璃杯、随手泡、茶叶罐、茶巾、茶荷、废水盂、茶具组（茶则、茶夹、茶漏、茶匙、茶针）。

（1）备具。准备3只容量为150～200毫升的玻璃杯。要求玻璃杯体圆柱形，上下口径一致，透明度好。将玻璃杯置于茶盘中间。茶盘右上方放置茶样罐、茶荷和茶道组，正下方置放茶巾，右下方放置茶壶，左上方置放水盂。

（2）温杯洁具（"冰心去凡尘"）。右手提开水壶，逆时针转动手腕，令水流沿玻璃杯内壁冲入，将开水倒至玻璃杯总容量的1/3处后右手提腕断水；逐个注水完毕后开水壶复位。右手握玻璃杯基部，左手托杯底，右手手腕逆时针转动，双手协调让玻璃杯各部分与水充分接触；涤荡后将开水倒入水盂，在茶巾上吸除玻璃杯底水渍后放回原位，放下玻璃杯。

（3）盛茶。用茶则将茶盒中的茶叶拨至茶荷中，便于宾主更好地欣赏干茶。

（4）赏茶（鉴赏佳茗）：双手捧住茶荷，从左到右平稳移动，让客人观赏茶叶的外形、色泽、条索、匀净度。

（5）置茶（"清宫迎佳人"）。将茶荷中的茶用茶匙拨至玻璃杯中。茶水比例一般为

1:50,或根据个人需要而定。

(6)浸润泡("甘露润莲心")。按温杯顺序在每只玻璃杯中注水至玻璃杯子的1/3处(水温90℃)。放下水壶,提玻璃杯向逆时针方向转动3圈,让茶叶在水中充分地浸润,使芽叶吸水膨胀慢慢舒展,以便于可溶物浸出,初展清香。这时的香气是整个冲泡过程中最浓郁的时候。时间掌握在15秒钟以内。

(7)冲泡("高山流水")。按顺序在每只玻璃杯中注水至玻璃杯子2/3处。提壶冲水入玻璃杯,冲泡时用"凤凰三点头"(即将水壶下倾上提三次)法冲泡,利用水的冲力,茶叶和茶水上下翻动,使茶汤浓度一致。冲水量为玻璃杯总量的七成满左右,意在"七分茶,三分情"或俗语说的"茶七饭八酒满杯"。

(8)奉茶("观音捧玉瓶"):冲泡完毕后稍作停顿,然将茶奉送给宾客。

(9)品茶("慧心悟茶香,淡中品致味")。品茶当先闻香,后赏茶观色,可以看到玻璃杯中轻雾缥缈,茶汤澄清碧绿,芽叶嫩匀成朵,亭亭玉立,旗枪交错,上下浮动栩栩如生。然后细细品味,寻求其中的茶香与鲜爽、滋味的变化过程以及甘醇与回味的韵味。

(10)收具。品饮完毕后收茶具。

2. 盖碗冲泡法

(1)备具。准备一个盖碗、一个公道杯、4只品茗杯、一个茶漏、一套茶道组、一块茶巾、一个茶荷、一个茶样罐、一个水浴,按照冲泡要求摆放整齐。茶盘右上方放置茶罐、茶荷和茶道组,正下方置放茶巾,右下方放置茶壶,左上方置放水盂。

(2)温杯洁具。用开水冲洗盖碗,目的在于洁净茶具,提升茶具的温度,以便使冲泡时水的温差不至于太大,有利于茶香的散发和茶汤滋味的溶出。

(3)盛茶。用茶则将茶盒中的茶叶拨至茶荷中,便于宾主更好地欣赏干茶。

(4)赏茶(鉴赏佳茗)。取少量茶叶,置于茶荷上,双手捧住茶荷,从左到右平稳移动物,让客人观赏茶叶的外形、色泽、条索、匀净度。

(5)置茶("清宫迎佳人")。将茶荷中的茶用茶匙拨至玻璃杯中。茶水比例一般为1:50,或根据个人需要而定。

(6)浸润泡("甘露润莲心")。让茶叶在水中充分地浸润,使芽叶吸水膨胀慢慢舒展,以便于可溶物浸出,初展清香。时间掌握在15秒钟以内。

(7)冲泡。向杯中倾入80℃左右的开水,提壶用回转法冲泡,然后用直流法,最后用"凤凰三点头"法冲至满壶。冲水量视茶碗容水量和置茶量而定,冲水量以七八分满为宜。

(8)刮沫淋盖。若有泡沫,可用左手提碗盖,由外向内撇去浮沫,使碗盖侧立,右手执开水壶,用开水冲洗碗盖里侧,以洁净碗盖,然后将碗盖稍加倾斜,盖在盖碗上,使盖沿与碗沿之间有一空隙,以免将碗中茶叶焖黄泡熟。

(9)出汤(斟茶入盏)。
茶汁冲泡好后,把茶汤斟入公道杯中,以"凤凰三点头"的手法表达对客人的尊敬与欢迎。

(10)分茶。将公道杯中的茶汤均匀地斟入各个品杯中,戏称"关公巡城"。

(11)奉茶。冲泡完毕,主人要面带笑容,用双手有礼貌地将茶向宾客奉上。

（12）品茶。品茶当先闻香，后赏茶观色，然后细细品味，入口不咽下喉，边吸气边用舌尖打转，反复品赏，徐徐咽下，寻求其中的茶香与鲜爽、滋味的变化过程以及甘醇与回味的韵味。

（13）收具。品饮完毕后收茶具。

四、云南花茶茶艺

以花香及茶香集为一体的花茶深受北方民众的喜好。花茶根所携带的花香品种可分诸多种类，其茶名也根据其茶香的种类分别命名，如茉莉花茶、玫瑰花茶、乌龙花茶、青花茶等等。花茶的种类在我国传统的冲泡流程工艺有以下步骤：

（1）备具。首先需要准备基本的茶具以及有盖、碗、碗托的3只盖碗杯，冲泡前的茶具需要放置在茶桌上的茶盘中间，依次在茶盘的右上方放茶罐、茶荷和茶匙，对应的下方放茶巾、冲水壶，左边上方放水盂，对应的下方摆放小茶盘。

（2）温杯洁具（温润茶盏）。按从前到后、从左到右的顺序开始温具。然后提壶洁碗倒水，倒入容量1/3为宜，左手拿碗右手加盖，按顺时针旋转3次，洗涤完毕倒入废水桶中，洗毕的茶具的碗盖要放于碗托左边。

（3）盛茶。用茶则将茶叶先拨至茶荷中，便于宾主更好地欣赏干茶。

（4）赏茶（鉴赏佳茗）。双手捧住茶荷，从左到右平稳移动，让客人观赏茶叶的外形、色泽、条索、匀净度。

（5）置茶（香茗入盏）。用茶匙将茉莉花茶依次轻轻拨入盖碗中，各3～5克。

（6）润茶（润茗摇香）。用少量水先润泡茶叶，再抬起盖碗，轻摇几下，使茶叶与水充分交融。

（7）冲泡（"凤凰敬客"）。冲泡水温100℃，右手提冲水壶，向碗内以逆时针方向注水一圈后，用"凤凰三点头"的冲泡手法，表示对客人的尊敬和欢迎。提壶高度20～30厘米至2/3容量为止，左手立即加盖。按前述程序逐一冲泡完。

（8）奉茶。冲泡完毕，主人要面带笑容，用双手有礼貌地将茶向宾客奉上。

（9）品茗（品饮香茗）。由冲泡者进行品茗示范。右手拿起碗托交给左手，左手以中指、无名指和拇指拿住碗托，食指摁住碗边，右手打开碗盖，先闻香，再用碗盖由内向外轻轻撇去上浮茶叶（2～3次），然后用盖将茶叶推向前方成45°角，压住上浮叶片，再小口品饮。

（10）收具。品茗结束后收回茶具。

图4-8为宋代《饮茶图》。

图4-8 宋 佚名 饮茶图 收藏于美国弗瑞尔美术馆

第四节 云南少数民族茶艺

一、概述

中国的56个民族有着各不相同的茶俗,有三道茶、奶茶及香茶、油茶、打油茶、盐茶、竹筒香茶、罐罐茶、酥油茶、酸茶;它们分别对应白族、蒙古族和维吾尔族、苗族、土家族、佤族、傣族、回族、藏族、布朗族。以茶为饮,风俗不同,但是待客敬茶始终如是。各民族茶俗茶艺各有千秋,但在其交往融合过程中又相互影响、相互借鉴并不断发展,铸就了中国茶文化绚丽多彩的奇葩,为繁荣和发展中华民族的茶文化做出不可磨灭的贡献。

二、民族茶艺介绍

1. 白族三道茶茶艺

居住在古城大理的白族同胞能歌善舞,美丽的苍山洱海孕育了丰富的白族文化,白族同胞对饮茶非常讲究,有着极富魅力的饮茶习俗。自饮茶多为雷响茶,婚礼中为两道茶:一苦二甜,象征生活先苦后甜。但是,当地的三道茶最为著名,也是当地的待客待茶之道。这道茶在当地白族原本是对女婿进行接待的,但随着时代的变迁发展,目前已成为对客人接待的一种习俗礼节。早在明代就有对白族三道茶的记载,大旅行家徐霞客在其游记中就这么记载过:"游玩当地,煮茶游乐,三道茶待,初茶味清,中茶为咸,次茶为蜜。"

三道茶有两种：

一种是招待常客的,通常是烤茶,因其煮汤声咕嘟声声响似雷,故也被当地人称为雷响茶,具体做法:以粗茶或者沱茶放入沙罐中烤至茶色泛黄,倒以滚水,文火烧炖,待茶味溢出后倒入茶具中,再勾兑适量开水,即可待客饮用。待客时通常以三盏茶敬客,品香、品味、解渴,这即是当地所著名的三道茶。一般家里来客人,通常是由青壮的男青年来完成三道茶的烤煮流程以及敬茶流程的。如果是小伙子到姑娘家提亲或者说姑娘父母到小伙子家登门招待,都要由小伙子接待,这也成为当地女婿的考核之一。

另一种是在隆重场合时才制作的三道茶。

第一道茶,称之为"清苦之茶",寓意做人的哲理:"要立业,就要先吃苦。"制作期间,先煮沸水。司茶者文火烧烤小砂罐,小砂罐均匀受热后,向罐中投入适量茶叶,并随之转换小砂罐的方向,使罐中茶叶也能均匀受热,等待片刻,罐中茶叶发出响声,茶叶色泽焦黄且流露出焦香,即可迅速注入热水。须臾,主人把沸茶水倒入茶盅,双手奉给做客之人。因为经由烧烤沸煮后成茶,故茶水颜色同琥珀,散发出焦香,饮之味苦,所以被叫作苦茶,一般仅有半杯,一口饮尽。这道茶有些微苦,饮后可提神醒脑,浑身畅快。

第二道茶,称之为"甜茶"。以红糖、乳扇为主料,乳扇是白族的名菜食品,是一种乳制品。做法是:当做客之人饮尽第一道茶后,司茶者再次使用小砂罐放置,烘烤,煮沸茶叶,同时,将乳扇烤干捣碎加入红糖,再加核桃仁薄片、芝麻、爆米花等配料,注入茶水冲泡而成。此茶味道甘甜醇香,清甜中带着些许香气,滋味美妙,这道茶表明:人的一生不管所做何事,都是先苦后甜。

第三道茶,称之为"回味茶"。煮茶方式一样,但底料却不同,这道茶的底料是蜂蜜、核桃、炒米花与花椒,通常混合在六七分满的茶水之中。饮用茶水的时候,通常要摇动茶盅混合茶汤与底料,嘴巴轻轻吹茶,趁着热气喝下这杯茶。这茶有着酸甜苦辣之感,饮之回味无穷。它表明什么事情都要"回味",一定要把"先苦后甜"的道理铭记于心。

这三道茶也是白族的人生哲理,一苦二甜三回味,做人要像三道茶一样,年轻时要艰苦奋斗,努力创业,后半辈子的生活才会像蜂蜜一样甜,人活在世上,要有所作为,不要浪费生命,这样的人生才算有意义。若是年轻时不努力,只图安逸,不想吃苦,想不劳而获,那样到老了就要吃苦头,人生也就没有什么可回味的了。

2. 傣族竹筒茶茶艺

该种饮茶方式是傣族人独有的,傣语意为"腊跺"。该种饮茶方式极为特别,把茶叶放于鲜竹筒,靠近火塘烘烤,边烤边添置新茶叶,直至竹筒内塞满,挤压紧实。待竹筒呈现出焦黄的色泽,茶香味飘散,就能移除火塘,打开竹筒,沸水冲泡茶叶,即可使用。这茶饮起来清甜爽口,又有醇厚之感。

3. 基诺族凉拌茶茶艺

先在木盆中反复揉搓采撷的鲜茶叶,直到生茶成条,再配置酸笋丝、辣椒、黄果叶、白参、樟脑叶以及蒜盐等材料搅拌均匀,加入山泉水,就可使用。基诺话意为"拉叭批皮",该茶水入口能品尝到酸甜苦辣咸,让人有清爽之感,解渴健脾胃的同时,还可以有效预防肠胃疾病与感冒,在一定程度上有着保健功效。凉拌茶的原材料和拌好的凉拌茶如图4-9和图4-10所示。

图4-9 凉拌茶原材料　　　　　　　图4-10 拌好的凉拌茶

4. 布朗族烤茶与青竹茶茶艺

我国云南西双版纳、镇康、双江、澜沧、景东与临沧等部分山聚集着布朗族人民。青竹茶就是该族人民便捷实用的饮用茶,一般只有在外出务农或者上山狩猎才会喝。青竹茶制作方式较为独特,先要把同碗口直径相差无几的鲜竹筒一端削尖可插入地面,将泉水灌入竹筒。燃烧干枯的树枝、树叶烘烤竹筒,待沸水时加入新鲜茶叶,3分钟后,向准备好的鲜竹筒注入煮好的茶,就可以使用了。茶叶的醇厚、泉水的清甜与竹子的清香溶于青竹茶中,因而饮用起来别有一番滋味,令人难以忘怀。

5. 哈尼族土锅茶茶艺

爱尼族是哈尼族的一部分,主要分布于云南勐海南糯山周边,常年饮用土锅茶。爱尼族将其叫作"绘兰老泼",其中"老泼"即为茶叶。制作土锅茶的步骤是:待装满山泉水的土锅沸水后,把南糯山白毫放入锅中,5~6分钟过后,用竹制茶盅盛满茶水。有传言道哈尼族族人在南糯山种下了老茶树。

6. 拉祜族烤茶茶艺

烤茶,拉祜语叫"腊扎夺",是一种古老而普遍的饮茶方法。制作拉祜族烤茶要把陶罐靠近火塘烘烤,放入茶叶后抖动受热,直至茶叶颜色呈现出焦黄色、发出焦香味,然后用沸水将茶罐灌满,随即拨去上部浮沫,再注沸水,煮沸3分钟左右将煮好的茶水倾入茶碗,捧茶敬客。拉祜族敬茶,有"头道茶自己喝、二道茶敬客喝,三茶四茶看运客"之说,意即把苦的留给自己,把好的敬给客人,同时表示茶里无毒,客人可以放心饮用。饮茶前,主人先饮用过之后,按先老人、后客人的顺序由左到右敬茶。敬茶时,茶水不能斟太满,否则视为不尊敬客人;要双手捧茶,不转身,或只退回原位,再将茶杯由下慢慢举上,目视对方,将茶敬给客人。

7. 佤族烧茶与纸烤茶茶艺

佤族铁板烧茶的制作工艺不同于常规的烤茶,沸水过后,把茶叶铁板靠近火塘烘烤,直至呈焦黄色,再将其放于茶壶中煮,3～5分钟后即可饮用,每烧一次茶都要煮水,随烧随饮。这种茶苦中有甜,饮用时空气中还会有焦香味。

纸烤茶一般选用的是一芽一叶大叶种嫩梗(俗称米梗)茶或蓓蕾茶,纸则用由竹子直接加工而成的生竹草纸。经过簸、翻、挪、颠4种手法约5分钟后在炭火上烤制而成。在整个烤制过程中需不停地抖动生竹草纸,达数百次之多,最终至梗泡、发黄、呈虾磨背状且不焦煳。茶烤成后放入热至50℃左右的瓦罐中,注入烧开的泉水。第一泡在注入开水后即可倒出,第二泡在注入后需炖1分钟左右;第三、四泡根据香气、汤色、滋味适当延长炖制时间。纸烤茶具有汤色金黄、明亮、香气高长、淡雅、滋味纯和、苦味较轻、回味长久的特点,还具有经久耐泡、健身美容的特点和功效。

8. 纳西族龙虎斗茶艺

"龙虎斗"是纳西族用以治疗感冒的药用茶。纳西族意为"阿吉拉烤",置满茶叶的陶罐经由烘烤后,茶色焦黄,注入开水再次沸腾;事先准备的茶盅里放入半杯白酒,再倒入茶水,此时茶杯中会发出美妙的"音乐",然后,可以端起茶杯递给客人,浓烈的茶香与酒气,更是独树一帜的美妙滋味。本地人流传着喝了龙虎斗的感冒之人在睡觉闷汗过后就全身轻松、全无病态了的说法。

9. 苗族盐巴茶茶艺

盐巴茶深受普米族、傈僳族、纳西族、苗族与怒族等少数民族族人的喜爱。只要准备好本地土生土长的饼茶、紧茶以及瓦罐瓷杯,即可制作。制作流程是:瓦罐中放入捣碎的紧茶,置于火塘旁,出声并伴有焦香后,再加入沸水,过5分钟后,放入捆绑盐巴,摇晃下移,茶水散发出些许盐巴味,就可以移除火塘,茶水倒入瓷杯即可饮用。若茶汁水过于浓厚,可加入少许沸水综合饮用。

10. 藏族酥油茶茶艺

青海、云南、甘肃与西藏等各个省市遍布着藏族人民,这些地区地理上具有高地势的特征,又被叫作"世界屋脊"。空气稀薄,气候寒冷,常年干旱。他们主要通过种植旱作物与放牧生活,当地的水果蔬菜极少,一年四季都食用糌粑与奶肉等。食用有腥味的肉、性热的青稞一定要饮茶来消化缓解,如此一来,茶就成了藏族人们营养的主源,饮用酥油茶和吃饭的重要程度不相上下。

(1)将碎金尖或者普洱茶叶同水放于壶中,煮二三十分钟后,过滤掉茶叶渣滓,茶水倒入长远茶筒。

(2)煮沸羊奶或者牛奶,不断搅拌至混合物表层脂肪完全冷却。

(3)撒入提前准备好的松子、花生、核桃仁与碎芝麻,最后再覆盖上些许鸡蛋与食盐。

(4)将木杵置于圆筒内上下锤打,若筒内声音变为"嚓嚓"时,即证明汤水和辅料已混合完全,酥油茶已制成,然后可以将其注入茶瓶里以备口渴饮用。

酥油茶味道丰富,饮用时咸香甘甜,在补充人体所需营养的同时,还可抵御寒冷。西藏高原、草原地域人迹罕至,鲜有客人往来。偶得客,鲜有食物招待,又因为酥油茶的特别效用,所以该地区人们招待客人时会使用到它。

藏族人民是喇嘛教的忠实信徒,喇嘛祭祀期间,善男信女们需要奉上茶水,大户人家需要向外散发茶水。在他们眼中,这种行为是行善积德。因而西藏部分大型喇嘛寺中会放置一口能容纳多担茶的大茶锅,节假日向信徒散发茶水也是佛门的施舍,时至今日仍然还能见到。

11. 德昂族酸茶

德昂族原名"崩龙族",主要分布于云南德宏傣族景颇族自治州的潞西和临沧地区镇康县等地。德昂族自古尚茶,因为德昂族人认为他们的祖先是由茶树变的。

德昂族的创世史诗《古歌》是这样描绘他们的历史的:混沌初开之时,天界中的一株茶树为大地的荒凉而黯然神伤,他决心为世界做些好事,于是请求智慧之神的帮助。智慧之神告诉他,如果要实现自己的愿望必须经受考验,他身上的102片叶子要被吹落,树干也要被折断。就这样,他经受了狂风暴雨的考验,身上美丽的叶子变成了51个小伙子和51个小姑娘,他们团结在一起,赶退了泛滥的洪水,驱逐了瘟疫恶魔,世界变得宁静而安详,于是他们举杯庆祝,在胜利的欢歌笑语中,51个小姑娘和51个小伙子回到了天界,只有聪明的小妹和勇敢的小弟留了下来,这就是德昂族的祖先达楞和亚楞。神话来源于生活,正是有德昂族人善于种茶及喜欢饮茶的事实才会产生这一美妙的神话故事。

如今,德昂族人还是把茶作为最重要的饮料,家家户户都习惯在自己的住房周围或村寨附近种植一些茶树,用当地的土办法来加工茶叶,上了年纪的德昂族人几乎到了不可一日无茶的地步。德昂族人日常习惯于喝浓茶,每天清晨起来的第一件事就是泡茶,先将一大把茶叶放入一个小陶罐里,加少许水煎煮,等到茶汤呈深咖啡色时,将茶水倒入小陶杯中,因陶杯大小与牛眼相似,当地人称之为"牛眼杯"。煎煮出来的茶叶汁非常浓,一般人喝时需要加些开水方可饮用,否则喝后会彻夜难眠。德昂人喝茶已到了上瘾的程度,如果一日不喝茶,他们会觉得全身乏力虚脱,这时如喝上几口茶,顿觉神清气爽,精神倍增。

酸茶是德昂族人日常食用的茶叶之一。在日常劳作时,德昂族人喜欢带一大把酸茶在身边,可放入嘴中直接咀嚼。酸茶又叫"湿茶""谷茶"或"沽茶",其制作方法是:将采摘下来的新鲜茶叶放入事先清洗过的大竹筒中,放满后压紧封实,经过一段时间的发酵后即可取出食用,味道酸中微微带苦,又略带些甜味,长期食用具有解毒散热之功效。在当地集市上可买到酸茶,通常由年长的德昂族妇女出售,当地人称她们为"蔑宁",在德昂语中,这是"茶妈妈"的意思。

德昂族人还有腌茶的习俗,一般选择在雨季由妇女来腌制。她们将茶鲜叶采下后立即放入灰泥缸内,直至放满为止,再用厚重的盖子压紧,数月后即可将茶取出,与其他香料拌和食用。此外,也可用陶缸腌茶。将采回的鲜嫩茶叶洗净,加上辣椒、盐巴拌和后,放入陶缸内压紧盖严,存放几个月,即可取出当菜食用,也可作零食。

12. 景颇族竹筒腌茶

制作腌茶一般在雨季进行,首先将从茶树上采回的鲜叶用清水洗净,沥去鲜叶表面的水分;砍取当地的竹筒,切成一节一节,洗净待用。腌茶时,先将鲜叶晾在竹匾上沥干,用力搓揉,再加辣椒、食盐适量,拌匀后放入竹筒内,用木棒捣紧,筒口盖紧或用竹叶塞紧,将竹筒倒置,滤出筒内茶叶水分,两天后用灰泥封住筒口,两三个月后,筒内茶叶发黄,剖开竹筒,将腌好的茶从罐内取出晾干,然后装入瓦罐随食随取。如果食用时拌些麻油,加点蒜泥或其他作料,味道就更鲜美了。

13. 傣族竹筒香茶

竹筒香茶是傣族人别具风味的一种茶饮料。傣族同胞世代生活在我国云南的南部和西南部地区,以西双版纳最为集中。傣族是一个能歌善舞而又热情好客的民族。

傣族同胞喝的竹筒香茶,其制作和烤煮方法甚为奇特,一般可分为5道程序:

(1)装茶:将采摘细嫩、再经初加工而成的毛茶放在生长期为一年左右的嫩香竹筒中,分层陆续装实。

(2)烤茶:将装有茶叶的竹筒放在火塘边烘烤,为使筒内茶叶受热均匀,通常每隔4~5分钟应翻滚竹筒一次。待竹筒色泽由绿转黄时,筒内茶叶也已达到烘烤适宜,即可停止烘烤。

(3)取茶:待茶叶烘烤完毕,用刀劈开竹筒,取出圆柱形的筒茶,以待冲泡。

(4)泡茶:分取适量竹筒香茶置于碗中,用刚沸腾的开水冲泡3~5分钟,即可饮用。

(5)喝茶:竹筒香茶喝起来,既有茶的醇厚高香,又有竹的浓郁清香,喝起来有耳目一新之感,难怪傣族同胞,不分男女老少,人人都爱喝竹筒香茶。

思考题

1. 简述我国茶具的发展历史。
2. 我国茶具如何分类?
3. 茶类与茶具组合配置的原则是什么? 如何组合配置?
4. 古人对泡茶用水是如何看的?
5. 何谓硬水和软水?
6. 水的pH值与茶汤有什么关系?
7. 藏族酥油茶的配制方法。
8. 简述大理白族三道茶的制法及其寓意。
9. 简述普洱茶的概念及冲泡技艺。
10. 简述绿茶的冲泡程序。
11. 为什么说"水老水嫩不可食"?
12. 泡好一壶茶有哪些基本要求?
13. 说一说泡茶过程中"温润泡"的作用?
14. 如何掌握泡茶烧水的程度?

第五章　普洱茶养生保健学

第一节　茶叶的保健功效

一、古代对茶叶功效的论述

茶叶为山茶目双子叶植物,药用价值历史悠久,茶的药理功效最早记录在《神农本草经》中。自汉代、三国、魏晋南北朝到唐、宋、元、明、清以至现代,众多的茶学家、医学家、文学家对茶的治病养生作用作了生动的阐述。

秦汉时期《神农本草经》一书中曾写道,神农尝百草的某一天内遇到了72种毒素,后得茶才得以解除。"茶味苦,饮之使人益思、少卧、轻身、明目。"这是最早用文字明确了茶叶具有提神醒睡、消除疲劳、清头明目的功效。

东汉时期,"医圣"张仲景在《伤寒杂病论》中说:"茶治便脓血甚效。"他对茶治痢疾的经验进行了总结。神医华佗在《食论》中谓:"苦茶久食,益意思。"再一次说明了长期饮茶,有利于思维敏捷,从而提高脑力劳动的效率。

三国时期,吴普在《吴普本草》中指出:"苦茶,一主五脏邪气、厌谷、胃搏,久服安心益气,聪察少卧,轻身不老。"进一步说明了茶具有和胃消食、祛邪扶正、养生保健的功效。张揖则在《广雅》一文中说道,把茶饼捣成碎末放在瓷器里,用水冲泡,加入生姜、橘子、葱,可让人醒酒。这是应用茶疗复方(即用葱、姜、橘子配合茶叶共用)解酒醒神的最早的文字记载。

西晋时期,张华在《博物志》中说:"饮真茶,令人少眠。"这也是强调茶叶醒脑提神的作用。

南北朝时期,任防在《述异记》一文里也提及,巴东之地有一种茶,烧烤后饮用,会让人睡不着觉,背书也不会忘记。尤其是医药学家、道家陶弘景在《本草经集注)中指出:"久喝茶可轻身换骨。"这是他根据自己长久喝茶的体会,而对茶叶养生保健、益寿延年效用作出的高度评价。

《桐君采药录》:"巴东别有真茗茶,煎饮,令人不眠。"

杜育《荈赋》:"饮茶调神和内康,倦解惰除。"

唐代陆羽《茶经·一之源》:"茶之为用,味至寒,为饮最宜……若热渴凝闷,脑疼目涩,四肢烦,百节不舒,聊四五嚼,与醍醐甘露抗衡也。"《茶经·七之事》引壶居士胡洽《食忌》:"苦茶久食羽化,与韭同食,令人体重。"

唐代顾况《茶赋》:"此茶上达于天子也。滋饭蔬之精素,攻肉食之膻腻,发当暑之清吟,涤通宵之昏寐。"

柳宗元(773—819年)《为武中丞谢赐新茶表》:"调六气而成美,扶万寿以效珍。"又《竹间自采新茶》诗:"涤虑发真照,还源荡昏邪。犹同甘露饭,佛事熏毗耶。"

颜真卿《月夜吸茶诗》:"流华净肌骨,疏瀹涤心源。"

韦应物(737—约789年)《喜园中茶生》:"性洁不可污,为饮涤尘烦,此物信灵味,本自出山原。"

卢仝《走笔谢孟谏议寄新茶》:"一碗喉吻润。二碗破孤闷。三碗搜枯肠,惟有文字五千卷。四碗发轻汗,平生不平事,尽向毛孔散。五碗肌骨轻。六碗通仙灵。七碗吃不得也,唯觉两腋习习清风生。"

秦韬玉《采茶歌》:"洗我胸中幽思清,鬼神应愁歌欲成。"

陆希声《茗坡诗》:"半坡芳茗露华鲜,春醒酒病兼消渴。"

唐代皎然《饮茶歌消崔石使君》:"一饮涤昏寐,情来朗爽满天地。再饮清我神,忽如飞雨洒轻尘。三饮便得道,何须苦心破烦恼。"以及《饮茶歌送郑容》:"赏君此茶祛我疾,使人胸中荡忧栗。"

"药王"孙思邈在《千金要方·食治》中称茶"令人有力,悦志"。医药学家陈藏器在《本草拾遗》中载有茶能"破热气、除瘴气、利大小肠……去人脂",并赞叹"诸药为各病之药,茶为万病之药"。

宋代吴淑《茶赋》:"夫其涤烦疗渴,换骨轻身,茶荈之利,其功若神。"

黄庭坚《煎茶赋》:"苦口利病,解胶涤昏,未尝一日不放箸而策茗碗之勋者也,余尝为嗣直瀹茗,因录其涤烦破睡之功。为之甲乙。建溪如割,双井如挞,日铸如绝,其馀苦则辛螫,甘则底滞,呕酸寒胃,令人失睡,亦未足与议。"

苏东坡《茶说》:"除烦去腻,世故不可一日无茶。然暗中损人不少,空心饮茶,入盐直入肾经,且冷脾胃,乃引贼入室也。惟饮食后,浓茶漱口,既去烦腻,脾胃自清,肉夹齿间者,得茶消缩脱去,不须刺挑。且苦能坚齿消蠹,深得饮茶之妙。古人呼茗为酪奴,亦贱之也。"

王安石(1021—1086年)为相时奏陈说:"人固不可一日无茶饮。"又《议茶法》:"夫茶之为民用,等于米盐,不可一日以无。"

梅尧臣(1002—1060年)《答李仲求建溪洪井茶诗》:"一日尝一瓯,六腑无昏邪,夜枕不得寐,月树闻啼鸦,忧来唯觉衰,可验唯齿牙。"

王令《谢张和仲惠宝云茶》诗:"与疗文园消渴病,还招楚客独醒魂。"

明代顾元庆《茶谱》:"人饮真茶能止渴,消食除痰,少睡利尿道,明目益思,除烦去腻,人固不可一日无茶。"

文震亨《长物志》:"香茗之用,清心悦神,畅怀舒啸,远避睡魔,助情热意,遣寂除烦,醉筵醒客,佐欢解渴。"

周履靖《茶德颂》:"润喉漱齿,诗肠濯涤,妙思猛起……一吸怀畅,再吸思陶,心烦顷舒,神昏顿醒,喉能清爽而发高声。"

汪道令《和茅孝若试界茶歌》:"昔闻神农辨茶味,功调五脏能益思。北人重酪不重茶,遂令齿颊饶擅气。"

孙大缓《茶谱外集》:"夫其涤烦疗渴,换骨轻身,茶茗之利,其功若神。"

李时珍在《本草纲目》中云:"茶体轻浮,采摘之时茅蘗初萌,正得春生之气。味虽苦而气则薄,乃阴中之阳,可升可降。"

清代赵翼《曝杂记》:"中国随地产茶,无足异者,然西北游牧诸部,则恃以为命,其所食擅酪甚肥腻,非此无以清荣卫。"

在中医学理论中,甘味多补益而苦味多攻泻,故茶叶是攻补兼备的佳品,补益方面如生津止渴、增益气力、延年益寿等,攻泻方面像祛风解表、消食去腻、去痰、利水、通便等。微寒即性凉,故茶叶多有消暑解热、生津止渴、清热解毒、疗治疮疡等作用。升浮指上行而向外,降沉指下行而向内,茶叶既有祛风解表、清利头目等升浮作用,亦有下气、利水、通便等降沉作用。茶叶于人体有诸多方面的功效,很难用几条经络、几个脏器概括,故明代李中梓《雷公炮制药性解》称其:"入心、肝、脾、肺、肾五经。"茶叶无毒,因此可以作为食物、饮料长期饮用。

饮茶治病,虽为历代文献所肯定,但是要一分为二,既要看到有益方面,也要看到有害方面。饮茶,要根据个人的体质,适时适量。否则,反得其害。

二、茶保健功效的现代研究

唐朝陈藏器在《本草拾遗》中点明,很多药都是针对某种病症的,但茶可以成为各种病症的药物。《中国茶经》(陈宗懋,2006)总结归纳出茶叶的功效足足有二十多种,比方说,能够使头脑清醒、促进消化、祛除烦腻、治疗便秘痔疮、解渴益气等。

现代大文学家鲁迅则说:"有好茶喝,会喝好茶,是一种清福。"他把饮茶养生与传统文化结合起来,并升华为"清福"。所谓清福,正是人们所长期追求的一种美好的生活境界。

茶叶传入国外,引起了世界各国人民的高度重视,医学教授博士、著名化学家、科学家、军队指挥官对茶叶的作用都有过很高的评价和赞美。外国人对茶的养生功效也是推崇备至。

日本荣西禅师在其所著的《吃茶养生记》中说,茶是养生的仙药,饮茶是延寿的妙术。

当代著名英国女作家韩素音在谈到饮茶时说:"如果我想用笔墨写下赞扬茶叶的言语,我要写下茶是独特的文明饮品,是纯洁与礼貌的结晶;我还要说,如果没有杯茶在手,我就无法感受生活。人不可无食,但我尤爱饮茶。"

前伦敦医药协会主席杰鲍勒爵士在1915年4月出版的纽约《茶与咖啡贸易》杂志中说:"欧洲若无茶与咖啡之传入,必饮酒致死。"后来又写文章说,茶是伟大的可抚慰人心的物品。他认为茶是东方送给西方最有价值的礼品,给人类带来的好处无穷无尽,以前深受病痛折磨的人都知晓它的价值所在。他发表演说讲:"我应感谢其广泛之好处,使人满意,思想清醒,茶为最佳之鸡尾酒。"

如果说古人对饮茶的养生作用的认识还仅仅是对生活体验的传述,存在着一定的局限性,那么,随着社会与科学技术的发展,人们对茶的养生作用的认识就深刻得多了,尤其是茶学界、医学界陆续揭示了茶对当今威胁着人类的癌症、心血管病、射线辐射等有着预防和抑止作用以后,更是如此。

茶对人体某些生理功能失调与疾病具有药理效应,并不是说饮茶之后即可"茶到病除",因为疾病治疗是个综合性的问题,需要多方协调配合,但是经常饮茶,对人体健康、长寿与健美有维护和促进作用,能够预防某些疾病的发生,这是确定无疑的。同时,经常饮茶还有助于修身养性、陶冶情操。当然,饮茶不当,如睡前过量饮用浓茶,也会产生一些副作用。因此,探索、发掘茶的养生功效,普及有关知识,是一个具有科学性、社会性与现实性的课题。

这些年间,很多现代医学研究者都在潜心研究茶叶的保健效用,更深化了专家们关于茶叶理论的研究,特别是国内有研究表明,茶叶医疗保健效用取决于茶叶中丰富的化学成分。茶叶主要元素中部分为人体日常所需,剩下的并非日常所需,但都有利于人的身心健康,人们通常把这种成分叫作药效成分。茶叶中与人体健康、保健关系密切的成分主要有:维生素类、氨基酸、茶多酚、糖类和脂肪、无机盐和微量元素、嘌呤类生物碱、茶色素、芳香化合物、蛋白质等。这些成分综合协调的结果,形成了特有的多种营养、药理与保健效应。这是茶之所以富有生命力与吸引力的物质基础。

1. 茶叶中的主要药效物质

(1)嘌呤类生物碱。茶叶包括的嘌呤类生物碱主要有可可碱、茶碱与咖啡碱等。三者都属于甲基嘌呤类化合物,是一类重要的生理活性物质。它们的药效作用也基本相似,但由于茶叶中茶碱的含量较低,而可可碱在水中的溶解度不高,因此,在茶叶生物碱中,起主要作用的是咖啡碱。但三者相辅相成,起综合性作用。

咖啡碱是茶叶中含量很高的生物碱,一般为2%～5%,这是一类具弱碱性,能溶于水,尤其是热水的重要生理活性物质,茶叶冲泡时热水浸泡出约80%的咖啡碱,日常饮用五六杯茶,那么人体每天获得约0.3克咖啡碱,含量不足50%的许用剂量。咖啡碱及其代谢产物在人体内不积累,而是以甲尿酸形式排出体外。茶叶咖啡碱药效功能为:

①刺激高级神经中枢的兴奋感,提神醒脑,激发灵感与思维,提高效率。研究证明,饮茶能提高分辨能力、触觉、嗅觉和味觉,同时还显著地提高了口头答辩和数学思维的反应。茶叶咖啡碱兴奋脊髓后可增加肌力,有利于消除疲劳。而且茶叶咖啡碱的这种兴奋效用,不同于部分临床处方兴奋剂,茶叶咖啡碱不会产生不良反应,是一种接近正常生理的兴奋作用,两者有着本质的区别。

②利尿。早在很多年前,我国医药学家就知晓茶叶利尿的作用,并将此用于医学治疗。在茶碱与咖啡碱的作用下,茶叶会让人产生尿意。咖啡碱的利尿效用则间接用肾提高水在尿液里的滤出量,与此同时,还去除了在临床状态下所积累的细胞外的水。此外,咖啡碱对膀胱产生刺激作用也有利于人体产生尿意。通过抑制再吸收肾小管水和扩张肾微血管,茶碱让人产生尿意。

③醒酒,解毒。茶有利尿作用,也有助于醒酒,解除酒精毒害。茶和酒虽然都有兴奋作用,但作用的结果不同,茶叶咖啡碱的兴奋作用不会引起继发性情绪低落,但酒的兴奋会麻醉神经,酒醉后感觉不适和神经萎靡。酒后,好茶一杯有助于醒酒,解除酒

毒。这是由于茶叶咖啡碱能加快肝脏功能的新陈代谢,提高血液循环速率,将血液中的酒精快速排出体外,缓解酒精引发的刺激感,解酒。

④强心解痉、松弛平滑肌的作用。茶叶中的咖啡碱与茶碱一起具有松弛平滑肌的功效,因而可使冠状动脉松弛,促进血液循环,在心肌痛和心肌梗死的治疗中,茶叶可作为一种良好的辅助药。此外,利用这种作用,能扩展血管肌内壁,增加血管壁的有效直径,以达到治疗高血压性头痛、高血压的目的;利用这种作用,松弛已痉挛的支气管平滑肌,从而达到解痉平喘的目的。此外,咖啡碱还能增强胃液的分泌量,故能帮助消化,增进食欲。

饮茶更重要的作用是能消除咖啡碱的不良作用,动物实验表明,服纯咖啡碱会升高血脂,易发生动脉粥样硬化,从而发展成冠状动脉血栓与心肌梗死等疾病。饮用咖啡也具有同样的效应。这一事实就引起人们对饮茶是否会引起动脉硬化产生了怀疑。后来经过一系列的研究认为,茶叶虽然也含有咖啡碱,但饮茶与饮咖啡恰恰相反,在某种程度上饮茶可有效促使胆固醇与血脂含量降低,防止动脉粥样硬化。诸多调查试验表明,饮茶普遍的地区,动脉粥样硬化的发病率明显较低。后来有人发觉饮用咖啡会增加心肌梗死的发病率,但与大量饮茶者却呈负相关。浙江医科大学曾用龙井茶在家兔身上做实验,结果表明,饮茶组与对照组比较,其血清胆固醇与磷脂的比值均明显较低;而且通过解剖学的观察,其动脉粥样硬化病变程度对照组明显较轻。

饮用茶叶水能有效降低咖啡碱带来的不良效用,经由研究表明,茶叶里存有VC与茶多酚,协同作用下能有效降低人体胆固醇吸收概率。此外,茶多酚与咖啡碱会形成乳酪复合物。难溶于酸性或中性冷水中,所以会对咖啡碱吸收速率产生一定的影响。试验证明,吸收茶叶里咖啡碱的速率明显低于纯咖啡碱与可可碱,这都能有效消除咖啡碱带来的消极作用。

茶碱占据了万分之五的茶叶质量,药效类似于咖啡碱,而刺激高级神经中枢的效用不及咖啡碱,但在利尿、血管扩张、平滑肌松弛等作用中表现的效用都强于咖啡碱。利尿的核心在于阻止肾小管重吸收原尿水分。

可可碱占据了十万分之二的茶叶质量,药理效用类似于茶碱、咖啡碱,对高级神经中枢的刺激作用以及利尿效用均不及另外两种成分,但利尿持久度强。而平滑肌松弛效用比茶碱弱,比咖啡碱强。

(2)茶多酚。茶多酚是一类以儿茶素为主体(约占总量的70%)的具有生物氧化作用的酚性化合物,又称为"茶鞣质""茶单宁",通常情况下其质量为茶叶总重量的15%~40%。组成茶多酚的物质高达30多种,大部分都有一定的药效,此中主成分和发挥关键效用的均为儿茶素。

茶多酚能够收敛凝结蛋白质,能够融合菌体蛋白质杀死细菌。实验证实,茶多酚可以抵抗各种类型的痢疾杆菌,药效等同于黄连;就某角度来说,茶多酚也可以抑制变形杆菌、沙门氏菌、金黄色葡萄球菌与乙型溶血性链球菌等。

茶多酚能够显著压制人体上升的甘油三酯与胆固醇的含量,加速人体排出酯类化合物,有效提升毛细血管管壁弹性。如此一来,能够对高血压治疗肥胖症与动脉粥样硬化等疾病产生积极作用。

茶多酚还含有一定的抗氧化性,该效用强于维生素E,可以阻止自由基损害人体细胞,预防维生素A、维生素C氧化,维持其在人体内的能效。与此同时,还可以防止过氧化的脂质,阻止形成脂褐质,由此体现出其抗衰老的效用。

茶多酚能防治癌症。其药理原因为:排出人体内的自由基,调节致癌物的组成,阻碍致癌因子同DNA共价等。除此之外,茶多酚还可以活络化解瘀血,阻止形成血栓,有效防治脑血栓与脉管炎等血栓闭塞性病症。在某种程度上其还能抵抗辐射,适量增加白细胞数量。其可吸附多种有害金属离子,如汞离子与铅离子等,融合成不溶金属盐,有效缓解毒性最终排出体外。其还可促使血糖含量降低,进一步对糖尿病的治疗产生作用。

(3)茶色素。茶叶中的色素有脂溶性和水溶性两大类。叶绿素和类胡萝卜素属于脂溶性色素,黄酮类和花青素及红茶素属于水溶性色素。其中,叶绿素在茶叶中的含量一般为0.3%～0.8%,主要成分为叶绿素a和叶绿素b;茶叶中的类胡萝卜素是一类黄色或橙色的物质,已发现和鉴定的有15种左右,主要包括叶黄素和胡萝卜素类,前者含量为0.01%～0.07%,后者为0.10%～0.20%;黄酮类含量较少,主要是黄酮醇及其苷类与它们的一系列衍生物,占鲜叶干重的3%～4%;花青素占干重的0.01%左右,紫色芽可高达0.5%～1.0%;红茶色素该类色素萃取提炼于红茶茶水,属于多酚类于多酚类衍生物氧化聚集的浓缩物,其组成要素是12%含量的茶红素与86%含量的茶黄素。

针对世上见多不怪的一种疾病——龋齿,MasaoH等(1990)在实验中发觉,茶黄素及其单没食子酸酯和双没食子酸酯在浓度为$1×10^3～10×10^{-3}$mol/L对可抑制GTF(葡萄糖基转移酶)发挥效用,相较于儿茶素,其能效更强,更有利于龋齿的预防。按照其发挥抑制效用的强弱,作出如下排序:TF_3(茶黄素双没食子酸酯)>TF_2A(茶黄素-3-没食子酸酯)>TF_2B(茶黄素-3'-没食子酸酯)>TF_1(茶黄素)>CG>GCG>ECG>EGCG。

茶黄素可抵抗空气氧化,延迟衰老,促使人体免疫能力得以提升。这一性能通过谢必钧、Osawa T.、日本原征彦、日本并木和子等的研究得到了证实。

茶黄素及其没食子酸酯对肠道细菌的杀灭或抑制的功能,通过优化中老年人肠胃微生物构造,保持体内平衡,促使肠胃免疫功能得以强化。

此外,TF_2和EGCG还可以在吸烟期间吸附降解形成的有害化合物,使得人体尽可能不被吸烟所影响。

(4)脂多糖。脂多糖属于大分子复合物,该物质是类脂与多糖的组合,是构成茶叶细胞壁的有效成分,茶叶里通常约有3%为脂多糖。其药理实验证明,茶叶中富含的脂多糖能抗辐射,保护血细胞,改善细胞造血性能。在增强肌体的免疫能力方面,它没有细菌脂多糖的发烧副作用。

(5)芳香化学物。茶叶中的香气成分含量虽低,约为0.6%,但组成复杂,到目前为止,据不完全统计,已从茶叶中分离鉴定出近400多种芳香物质,而且还有新的成分不断被发现鉴定。

2. 茶叶的保健功效

综合古今中外的有关实践与论述,可知茶大致具有以下的养生保健功效:

（1）提神益思。古人说："莫道醉人是美酒,茶香入心亦醉人。"袅绕的茶香,甘美的茶味,令人心旷神怡,疲劳尽消,并步入悠然自得、恬静安谧、忘我思索的境界。这是因为茶叶中的咖啡碱与多酚类物质的复合物,对人体有提神醒脑、松弛肌肉、平衡体液以及提高智力、注意力及应变力的功效。

（2）止渴生津。人们在日常生活中,尤其在酷阳熠熠的大热天,喝上一杯清茶,会顿觉满口生津,遍体凉爽。茶叶中的多酚类、糖类、氨基酸、芳香物质等与口中涎液发生化学反应,能使口腔产生滋润、清凉感,并促进体温调节、达到新陈代谢新的平衡。

（3）消炎解毒。人类生活在大气、水、食物被污染的环境里,茶的消炎解毒作用更具有现实意义。茶叶中的多酚类物质,能使病毒蛋白凝固、沉淀而失去活性。茶对肠道多种致病微生物有抑制或杀灭作用,对烟草中的有害物质有解毒效果,对口腔与肠胃轻度溃疡,有加速愈合与消毒的功效。茶还能解除生物碱、羰基毒物以及砷、汞等物的毒性。

（4）消腻减肥。茶有促进消化、溶解脂肪、化浊祛腻的作用。这主要是茶叶中的芳香族化合物与多种维生素的功效。茶叶中的咖啡碱和黄烷醇类化合物可以增加消化道蠕动,因而也就有助于食物的消化,可以预防消化器官疾病的发生。茶又是低卡路里的饮料,经常饮茶,有助于消腻减肥与健美。饮茶可促使女士们保持"线条美",男士们消除或缩小"啤酒肚"。这也是饮茶成为国际流行的饮食疗法的原因之一。

（5）修身养性。茶是大自然赋予的修身养性的高雅饮料。传统的茶道以及生活中的客来敬茶或家庭品茶,那静静的环境,阵阵的茶香,浓浓的茶味,可引人心境祥和,意趣盎然,调节生理与心理状态,丰富生活内容,增添生活乐趣,使人淡泊宁静、豁达从容,从而有利于修身养性。

（6）延缓衰老。人的衰老,首先是细胞老化,它也是发生动脉硬化的病变过程。茶叶中儿茶素的抗氧化活性以及多种维生素,能提高免疫机制和延缓人的衰老进程,助人青春长驻。日本学者建议,作为健康者,只要每天坚持喝几杯优质绿茶,并持之以恒,就能起到自然抗衰老的作用。

（7）防治心血管病。茶叶能增强血管壁的柔韧性与渗透性,对降低血脂与血压、预防血管硬化有一定效应,我国楼福庆教授等的研究表明,茶色素(儿茶素氧化而成)具有显著的抗凝、促进纤溶、防止血小板的粘附聚集及抑制动脉平滑肌细胞增生等作用。每天坚持饮茶,可以防治动脉粥样硬化等疾病。这也是心血管病人的福音。

（8）预防癌症。饮茶能防癌,这句话已得到初步证实。中国预防医学科学院的专家指出,人类生活的环境中存在着许多致癌物质和因子,而茶叶中的儿茶素等多种抗突变物质,具有抑制黄曲霉素及阻断人体内亚硝胺等致癌物质合成的效力。每天喝上几杯绿茶,有利于预防癌症的发生,有利于抑制致癌物与阻止癌细胞的生长,从而提高免疫能力。在国际茶与人类健康学术讨论会上,专家指出,饮茶可以预防胃癌。茶叶中含有微量元素硒,而硒是癌细胞的天敌。

（9）抗辐射。茶叶含有抗辐射物质,其中主要是茶多酚、脂多糖以及氨基酸与维生素等。当今大气污染比较严重,此外,如核爆炸、核工业事故以及电视荧屏放射线和从事接触X射线的工作等,都会导致白细胞减少症。因而,茶叶自然地成为从事或接触放射性物质工作者的劳保饮品,并被人誉为"原子时代的饮料"。

（10）抗毒、灭菌和预防便秘。茶多酚能够收敛凝结蛋白质，能够融合菌体蛋白质杀死细菌。实验证实，茶多酚可以抵抗各种类型的痢疾杆菌，药效等同于黄连；就某种角度来说，茶多酚也可以抑制变形杆菌、沙门氏菌、金黄色葡萄球菌与乙型溶血性链球菌等。

《中国茶叶大辞典》的部分内容证实了茶的抗毒灭菌效用。据美国2003年在《美国科学院学报》上的一则新闻显示，经由美国科学家研究表明，茶叶茶氨酸可以促使人体抗感染力提升为原先的五倍之多。茶氨酸可对人体T细胞产生刺激，从而分泌出干扰素，再构成人体抗感染的一道"围墙"。美国西弗吉尼大学有医学院专家表明，长时间品尝绿茶能防治非典，由于绿茶中饱含抗氧化剂类黄酮，抗氧化剂这种化学物质可以强化人们的免疫力。美国哈佛大学医学院的杰克·布科夫斯基博士研究认为：每天饮用5杯茶能够极大地提高肌体的抗病力。我国专家汪玲平等针对茶抵御细菌毒素的效用进行了系列实验，证明了某种特殊浓度的茶水可以抑制细菌衍生。其具体表现在，未发酵、高档、大叶种茶比发酵、低档、中小叶种茶效果强，某特殊浓度的茶水还能抑制痢疾，治疗原理是茶叶中儿茶素化合物能抑制病原菌的产生，茶多酚能够促进肠道蠕动，对便秘也有一定的效用。

饮茶有助于增强人体的免疫力。在非典期间饮茶成为一种行之有效、简而易行抗击病毒的方法，最重要的原因就是茶叶中含有丰富的抗氧化类黄酮和茶酸。广东省人民医院耿庆山博士综合医学同行和个人研究，对如何远离非典提出："多喝绿茶，将积聚喉咙中的病菌冲走，因为绿茶中含有消毒成分的物质。"

（11）解酒。茶的解酒效用缘由是，水解酒精期间，肝脏需维生素C催化。饮用茶叶茶水能够补充人体日常所需维生素C，可以有效解除酒精在肝脏中留下的毒素。当然茶叶里的咖啡碱还能利尿，快速排除酒精，还可以刺激被酒精压制的大脑神经中枢，从而提神醒酒。

（12）防龋。该功能和茶叶中微量元素直接挂钩，陈茶叶氟元素含量更是出奇的高，氟元素能效是防治蛀牙，坚固骨骼。一般食物里氟元素含量极低，很容易蛀牙。茶多酚类化合物能够有效祛除口腔细菌，缓解牙周炎。所以，时常喝茶或者用茶水漱口，也能有效预防龋齿。

（13）明目。茶水可明目，因为人体眼球晶体需要的维生素C量远远多于其他组织。假如维生素C供给不足，很容易发生晶状体混浊，进而引发白内障。夜盲症的产生通常和人体缺乏维生素A相关，茶叶里富含一定的维生素C与维生素A以及胡萝卜素等，所以多喝绿茶可明目，预防治疗多种眼科疾病。

（14）减轻烟毒。吸烟的人因为吸取尼古丁，致使血压飙升，体内维生素C含量减少，动脉硬化，加快人体衰老的进程。根据调查研究可以得知，一根烟的吸食会减少体内25毫克的维生素C，吸烟者体中维生素C含量比一般不吸烟者体中维生素C含量低得多。所以，烟民们应当饮用茶叶水，特别是要多喝绿茶，能够解除吸烟带来的毒素，补充人体日常所需维生素C，绿茶还能够加速血管流动。除此之外，绿茶提取物可有效抑制香烟烟雾里存有的化学致癌物苯并芘等。因此，提倡吸烟者同时饮茶，可有效减轻香烟的毒害。

（15）减轻重金属毒害。现如今工业发展无法逃离环境污染这个问题，食品、饮用水等处处都有高含量的汞、铅、铬、铜等重金属元素，会损害人体健康。茶叶茶多酚可有效吸附沉淀重金属，因而饮用茶水能有缓解避免重金属的荼毒。

（16）其他疾病的防治。最近，日本专家在研究中发现，绿茶中所含的多酚类，可以抑制艾滋病毒的增殖，为研究治疗艾滋病的有效药物提供了新的线索。茶可能又是高血糖患者的一种有希望的饮料。我国盛国荣教授对轻度糖尿病患者给以服用老茶树上采制的茶叶，有良好的疗效。茶还能提高肝与肾的储藏与吸收能力，对预防肾衰竭、肝炎有辅佐疗效。茶叶富含氟素，每天饮茶，可以预防龋齿。研究指出，绿茶还可杀死在牙齿内传染导致蛀牙的细菌。

综上所述，茶叶不仅是一种有益健康的饮料，且医学上已经证明，饮茶还有助于防止发生一些癌症、心脏病等疾病。所以，饮茶对增强身体健康具有积极的作用。

第二节　普洱茶保健功效的记载

一、历史记载的普洱茶功效概述

普洱茶历来被认为是一种具有保健功效的饮料，普洱茶性温和、耐贮藏，适于烹用或泡饮。古代历史中有很多著作记载了普洱茶的药理保健功效。

《本经逢原》："产滇南者名曰普洱茶，则兼消食辟瘴止痢之功。"

公元1765年，赵学敏《本草纲目拾遗》："普洱茶出云南普洱府，成团，有大、中、小三等。黑色的普洱茶膏对于喝酒之人以及消化不良的人可谓是宝物，成品普洱在市场中可以很容易地换取到其他需要的东西。普洱茶虽苦，但是可以消除炎症，保持人体气血畅通。"其中还提到"不论是受寒还是发烧，普洱茶膏对之均有奇效"。

《云南志》："普洱山在车里军民宣慰司北，其上产茶，性温味香，名普洱茶。"《南诏备考》："普洱府出茶，产枚乐、革登、倚邦、莽枝、蛮专、慢撒六茶山，而以倚邦、蛮专者味较胜。药性很烈，身体虚弱的人无法承受其使人体保持气血通畅的药性，一团五斤如人头式，名人头茶，每年入贡，民间不易得也。……绿色的普洱茶膏的药用价值要远大于黑色，对肠胃有着很大的作用。"《本草求真》："有以普洱名者。生于滇南。专于消食辟瘴止痢。"《食物考》："滇南普洱，团茶苦涩，逐痰下气，刮肠通泄。"《随息居饮食谱》也提到普洱的药用价值很高，可谓"良药苦口"，清肠胃，助消化，体寒以及发烧者都可通过饮用普洱茶痊愈。

清代王昶也曾在公元1768年提到过普洱茶"良药苦口"的特性。

从陈宗海编撰的《思茅厅采访》和清代宋士雄《随息居饮食谱》记载中可以发现，普洱茶对于人们常见的疾病都有着很好的功效，比如：烦躁抑郁，心神不宁，肠胃不适，受寒体虚，咽喉肿痛等。这也可以看出普洱茶既可当作药用，也可当作可以经常饮用的补品，有延年益寿、保持人体健康平衡的状态、免受疾病干扰的功效。

上面我们提到，普洱茶既可药用也可当补品，两者之间仅有一道工序之差——发酵。发酵前后的普洱茶的功效大不相同,在饮用前要准确判定,防止给身体带来不必要的伤害。

如今人们的生活越来越好,饮食上也不讲究真正的健康,导致在年轻人群中就出现很多高血压之类的疾病,还有就是因为油脂摄入过多导致的肥胖以及由此引起的血管病。针对这些疾病,普洱茶凸显出了其他茶类所不具有的神奇功效,能够在喝茶的过程中就慢慢地化解疾病。

二、民间流传的普洱茶药效概述

从现代科学角度来看,普洱茶有药用功效,主要是因为其中所含的一种被称为茶单宁的物质可以与人体内的细菌发生化学反应并将其致死。回首古代诸葛亮南征,虽说具体地点不可考证,但是从中反映出军民对普洱茶的药用价值早已熟知并且加以应用的史实。军队疗伤百姓在很多其他典籍中也早有记载。

民间搭配普洱茶一起饮用的饮品还有藏族地区的酥油茶,所需要的原料就是酥油、普洱茶、盐和牛奶,提到的酥油即奶油,前后共需这些材料的量分别为三两、四斤、五钱和一杯,整个过程历时8分钟,过程中需在茶桶内将几种材料充分混合,将酥油茶的营养成分最大程度地体现出来,酥油茶对小孩和妇女有很大好处,小孩身体免疫力弱,可以通过酥油茶的补品特性助消化,摄入更多的营养物质,对于妇女尤其是缺少奶水的产妇,可以通过饮用酥油茶为宝宝提供充足优质的奶水。酥油茶可看作补方,也可看作药方,事实上酥油茶也被当作药方。这体现在《茶的保健功能与药用偏方》中,可见其药用价值之高。

在《药茶》中有大量的普洱茶民间药茶种类,可以起到延年益寿、保健作用的有可治疗"三高"、肥胖、头脑眩晕的药茶配方为:取出同等质量的普洱茶、菊花、罗汉果各一份,将其予以混合研磨成较粗的颗粒,分别等质量地装进20个袋中,每袋质量大约为10克,在服用之前,使用开水冲泡,代茶饮用,可以起到降压、减肥、消脂的重要作用。可以对婴儿单纯腹泻起到治疗效果的药茶方为:选用质量为1克的云南绿茶,将其不断地研磨至细粉末,每天服用3次,使用温开水或者乳汁进行调整,便可以达到清热消食止泻的功效。

"茶圣"陆羽在《茶经》中谈到,使用茶的时候,其性与味比较寒,精行俭德的人饮用它最好不过了,如果身体感到热,口干舌燥,胸闷气短,眼睛干涩,四肢关节不适,头脑晕眩,喝上四五口,即可达到一定的效果。从历代医家的言论中可以看出,采用民间中医学的思想与方法,可知茶具有以下药效:清晰头脑,神清气爽,安定神经;头目清醒,亮眼败火,消食,解油腻;解决口渴,利于通便排泄;降火消暑;祛风祛湿,减少咳嗽;治疗瘘疮,保持气力,牢固牙齿。以上综合概述不但有关于普洱茶的大量临床实践以及民间证实,同时在现代科学医疗中也得到了有效的证实。

在民间,以普洱茶为主的药茶方剂,包括3种:汤剂,即使用沸水直接冲泡药物或者使用生水不断熬制,提取出其中的水汁服用即可;丸剂,将茶方药物使用器具研磨成超细的粉末,再加上适量的炼蜜或麦粉等调剂,从而团成丸状,吞服即可;散剂,将茶方药物研磨成超细的粉末,内服或者外用均可,内服用白开水或茶水饮用即可,外用则将药液予以熬制,制成不同形状的药茶,有单方、复方两种,复方型具有更为全面的功效。

民间有一种流传,即普洱茶中可以作为进贡的都是一些上品名茶,可以在偏头风、伤风、感冒、高血压等方面起到良好的功效。熬制普洱茶,在身体的擦伤处予以清洗,可以起到杀菌生肌的作用,在泻痢、疟疾、霍乱、咳喘等病症的治疗方面,民间多选用绿茶作为剂方。服用方法具体包括冲、煎、和、噙、调(分服、顿服)外敷。普洱茶产地的人们很少会患有恶性肿瘤等重大疾病,这是由优质的土壤、良好的气候、特殊的茶叶品种、长期饮用等多种因素共同决定的。居民们一代代地传承下来,长年将这种茶当作饮料服用,在体内积累了大量的茶叶成分,其中的营养物质为人民的身体健康提供了保障,可以起到很好的防癌控癌的作用,并且已有相关学者证实,思茅、临沧及西双版纳等地人民患恶性肿瘤导致死亡的概率远低于全国平均水平。

第三节　优质普洱茶与其保健关系

一、主要内含成分与普洱茶品质的关系

1. 茶多酚

茶多酚(Green Tea Polyphenols),又名茶鞣质,是一种茶树独有的多元酚类混合物,同时还是各种酚类衍生物的统称,共涵盖将近30多种丰富的多酚类物质,达到了茶叶总干重的15%～30%。具体的多酚类成分有黄烷醇类(儿茶素)、黄酮及黄酮苷类(山奈酚、槲皮素、杨梅素)、花青素和花白素及酚酸类(酚酸)等,其中以儿茶素最多,含量高达70%左右,有处于游离状态的,例如儿茶素、表儿茶素、没食子酸如表儿茶素没食子酸酯等。普洱茶中含有的多酚类化学物质在后发酵加工处理过程中,有大量的微生物进行转化,因此普洱茶中含有更为复杂的多酚类化学结构及组成,这是与绿茶、红茶等相区别的特点。

晒青毛茶中的多酚类成分在高温高湿的渥堆环境条件以及微生物形成的胞外酶的作用下,晒青毛茶原料中的各种化学成分会发生氧化、聚合、缩合等化学反应,从而生成其他的全新化学物质。新的化学成分塑造了普洱茶独特的品性(香醇、醇厚、红褐),同时使普洱茶具有众多的保健功效。

在发酵时,多酚类成分交互会明显降低,以下为其生物转化的途径与方式。

晒青毛茶中含有的多酚类组分在后发酵时的转化过程具体为氧化聚合(酚性成分骤减和茶褐素的大量形成)和生物降解[从表没食子儿茶素没食子酸酯(epigallocatechin gallate,EGCG)到表没食子儿茶素(epigallocatechin,EGC)和没食子酸(gallic acid,GA)];同时,还有研究已经证实,一些多酚类化学成分可以借助胞外酶从而对化学结构予以二次修饰,其修饰产物连同其他物质共同缔造了普洱茶的品性。

2. 氨基酸

氨基酸(吕毅等,2003)是决定茶叶鲜爽性与香气的化学组成之一,对于普洱茶茶汤

品性的形成具有重要作用。普洱熟茶的本质即后发酵茶,在渥堆过程中,经过微生物分解以及湿热的处理后,大量氨基酸予以有效地分解。其在湿热渥堆过程中生成的氨基酸可以参与到不同的生化反应中,氨基酸与多酚类共同作用发生缩合反应从而生成分子量分布不均的聚合物,氨基酸反应与茶叶香气具有直接相关性。

3. 咖啡碱

茶叶中含有大量的生物碱,以可可碱(theobromine)、茶叶碱(theoplline)以及咖啡碱(caffeine)等甲基嘌呤衍生物为主。咖啡碱在茶叶生物碱中起到主导作用,味苦且阈低,可以决定茶汤的苦味特性。氨基酸可以削弱少量的咖啡碱苦味。但咖啡碱与茶黄素发生氢键缩合作用可以生成一种复合物,使茶叶具有良好的鲜爽度,它决定了茶汤优良的品质。

咖啡碱的本质即生物碱类,在茶叶众多成分中属于嘌呤碱,味道苦涩,没有臭味,其性状为白、微黄色粉末状以及丝光状针形晶体,咖啡碱(caffeine)是嘌呤生物碱化合物,是茶叶中一种非常重要的滋味性成分。其可以与茶黄素发生氢键缩合作用,从而生成具有鲜爽味的化合物,此化合物与普洱茶的品质呈正相关。

与其他茶相似,普洱熟茶中的主要生物碱为咖啡碱、可可碱和茶碱。咖啡碱(caffeine)的本质即黄嘌呤生物碱,是茶叶、咖啡果中的成分之一。咖啡碱在醒酒、利尿、消化、兴奋等方面起到良好的作用,它决定了茶叶的口味与品性。咖啡碱是普洱茶汤风味的主要组成,其含量与风味有直接的联系。当普洱茶处于发酵状态时,咖啡碱含量不断增加,不会影响茶汤的风味,咖啡碱与茶色素发生氢键缩合作用即可生成一定量的络合物。梁名志等(2006)指出,在发酵时,普洱茶中的咖啡碱含量不断增加,这是由咖啡碱决定的。其研究结果显示与崔普会等(2011)的研究结果相同。周春红等(2009)表示,咖啡碱在发酵初期是有所微量减少的,12天过后会呈现持续上升的趋势。吴祯等(2013)对发酵过程中的生化成分进行研究,结果表明在普洱茶发酵前期,咖啡碱含量略有下降,在二翻时含量最低,但之后含量显著上升,其含量由原料的3.66%升至8.45%,此时咖啡碱含量是不断上升的。发酵初期咖啡碱有少量的消耗,微生物分解所得的咖啡碱不断增加,其含量便开始呈现出持续上升的趋势。

折改梅等(2007)通过研究在普洱熟茶当中发现了8-氧化咖啡碱、嘧啶生物碱,比如脱氧胸苷、胸腺嘧啶和尿嘧啶,它们都是茶叶中新发现的物质。TIAN等(2014)通过研究发现,普洱熟茶当中含有咖啡碱的前体7-甲基黄嘌呤,采用不同方式加工的茶叶当中都蕴含此物质。

4. 茶色素

对普洱茶茶汤有影响力的物质涉及茶黄素(TF)、茶红素(TR)、茶褐素(TB),这些物质都体现出水溶性特点。茶汤当中出现的黄色物质为TF、红色物质为TR、褐色物质为TB。茶黄素体现出的特征为收敛性极强;茶红素与茶褐素没有很强的刺激性,口味方面比较甘醇。熟茶在加工渥堆工艺环节当中,在微生物、湿热环境下,茶多酚当中的儿茶素类会聚合形成茶黄素、茶红素、茶褐素。在渥堆环节,TF、TR明显减少,TB不断增多。

茶褐素会影响普洱茶的口味以及茶汤的颜色,也是评估茶叶等级的重要因素。茶褐素出现在渥堆环节,由多酚、茶黄素(Theaflavins,TFs)、茶红素(Thearubigins,TRs)进一步氧化聚合形成,普洱茶渥堆环节后的发酵时期会出现茶红素、茶黄素含量减少,但是茶褐素含量快速增多的现象,这也是茶叶汤色变得更加明亮、深红的原因。

5. 糖类物质

水溶性糖是某种和蛋白质共同作用的酸性多糖、酸性糖蛋白,也叫作茶叶活性多糖、茶多糖(Tea Polysaccharide,TPS),粗老茶叶当中一般含有大量的茶多糖、多糖、蛋白质、果胶、灰分、其他成分等。近期的研究结果表明,茶多糖当中有多种单糖,它们分别为阿拉伯糖、木糖、果糖、葡萄糖、半乳糖。茶多糖极易溶解在水中,然而不会在浓度高的乙醇、丙酮、乙酸乙酯、正丁醇等当中溶解;另外,其在热环境下极易出现变化,较高的温度下逐步减少;假如温度高、过酸(pH<5.0)、偏碱(pH>7.0),那么某些多糖会被降解。

茶缸当中的茶汤必须有茶多糖才能拥有良好的口感,可溶性茶多糖的含量会影响茶汤的颜色、口味、气味。茶多糖含量达到6%时,人们能够品尝出茶糖当中的甜味,这有助于掩盖茶汤的苦涩味,假如茶汤当中的茶多糖含量较高,那么茶汤的口感将会极其甘醇。

另外,微生物酶会参与发酵,茶多糖类物质出现酶促反应、非酶促褐变反应时会形成醛类、吡咯类、吡嗪类等物质,这会影响到茶汤的口味、颜色等。周杨等(2006)通过研究,按照0.1%(按干物质计)的接种量接种黑曲霉,在相对湿度为50%、温度为40～45℃的环境下发酵,每10天翻堆1次,时间共计40天。测试了不同茶样的茶多糖含量后得出,发酵时间加长的同时茶多糖含量也在逐步提升,一翻至四翻,茶多糖含量的含量逐步升高,起初为0.45%,后期提高到了1.68%。但是寡糖出现的变化情况有所差异,它的指标首先升高,然后又逐步下降,由最初的含量2.7%提升到4.03%,之后下降到2.15%。白晓丽(2013)通过研究得出,发酵时间越长,茶多糖的含量越高,上升到一定程度后会处于某个稳定状态,发酵完成以后茶多糖的增加比率能够达到282.50%。

微生物酶参与发酵过程后,不易溶解的大分子碳水化合物能够被有效降解,例如纤维素、果胶,这将有效增加可溶性糖的含有量,让茶汤的口感有更多甜味,也能让普洱茶具备良好的保健价值。茶多糖体现出的作用在于降低血糖、降低血脂、抗辐射,增强人体免疫力,也能抗血凝、抗血栓、抗癌、抗氧化等。

6. 芳香类物质

茶叶当中之所以会出现香味是因为其中含有萜烯类合成物、糖苷降解产物、美拉德反应、脂类氧化降解产物(周黎等,2009)。普洱茶能够让人感受到陈香(吕海鹏等,2009)的原因在于,普洱茶的原料比较特殊、渥堆工艺环节有微生物参加、储藏过程有一定要求。普洱茶的香气的构成成分主要是杂氧化合物、醇类,此外还有醛、酮、酯类、碳氢化合物,但是基本上不会出现酚类化合物、酸类、含氮化合物。

二、微生物与普洱茶品质的关系

在现代普洱茶制作工艺当中,发酵依然是非常重要的工序,这其中必须有微生物参与。

近期,在普洱茶微生物分离鉴定、种类划分、茶叶品质方面的研究取得了较多研究成果。此类茶叶被确定为多菌种混合发酵茶种,发酵环境开放,不仅原料自身携带内生菌,而且能带入微生物。另外,空气、发酵用水和发酵场地、翻堆用具也会带入微生物,生态环境的多样性造就了普洱茶发酵过程中微生物菌群的多样性。

1. 普洱茶中的微生物

科学技术得到进一步发展以后,人们开始利用微生物学方面的技术研究发酵食品微生物。普洱茶在发酵阶段必须有微生物菌群参与发酵活动,以确保普洱茶的品质纯正。

我国从20世纪80年代开始研究普洱茶中的微生物,并从普洱茶渥堆过程中分离到发现灰绿曲霉、黑曲霉、根霉、青霉、酵母等多种微生物以来,大量研究人员都在研究普洱茶发酵环节的问题、不同地区普洱茶当中的微生物方面的问题,如今可确定并证实酵母、细菌、霉菌和放线菌都参与了普洱茶的发酵过程。

近期,国内和国外都在研究普洱茶发酵阶段涉及的微生物群,也分析了微生物群的生长特点、体现出的作用等,周红杰(2004)、赵龙飞(2005)等研究人员通过共同研究,在普洱茶、普洱茶翻堆样品当中找到了不同的菌种,它们分别为黑曲霉、酵母菌、米曲霉、根霉、灰绿曲霉和极少的细菌。杨瑞娟等(2011)分析了不同时期出产的普洱茶、渥堆发酵的普洱茶,并从中找出了多个菌种,它们分别为霉菌(黑曲霉、微小根毛霉、牛根毛霉)、酵母、细菌(芽孢杆菌、凝结芽孢杆菌、球菌、无芽孢短杆菌、乳酸菌、植物乳杆菌、类乳酸片球菌和大量嗜热细菌)、放线菌。杨晓苹等(2013)通过研究选用聚合酶链式反应-变性梯度凝胶电泳(polymerase chain reaction-denaturing gradient gel electrophoresis, PCR-DGGE)技术开展了研究活动,在分析了普洱茶固态发酵时出现的微生物群落后得出了这样的结论,即发酵早期阶段黑曲霉(*Aspergillus niger*)体现出的作用最大,发酵最后阶段比较重要的菌种为芽孢杆菌属(*Bacillus*)、布兰克念珠菌(*Candida blankii*);Abe等(2008)共同研究了普洱茶发酵阶段不可缺少的菌群,例如布兰克念珠菌、黑曲霉;姚静等(2013)研究了普洱茶渥堆发酵阶段的细菌,研究结论显示,普洱茶渥堆发酵时期参与其中的菌群为芽孢杆菌、克雷伯氏菌(*Klebsiella*)、短杆菌(*Brevibacterium*)等,最重要的是芽孢杆菌;Zhao等(2013)人通过分析认为,发酵的早期阶段离不开肠杆菌科(*Enterobacteriaceae*)菌群,最后阶段离不开芽孢杆菌科的菌群,另外芽孢杆菌同样是必不可少的嗜热细菌(李晨晨等,2012);另外,某些学者在发酵阶段找出了乳杆菌属(*Lactobacillus*)(Mo等,2005)、芽孢杆菌属、葡萄球菌属(*Staphylococcus*)等。

2. 霉菌

在普洱茶当中发现了大量霉菌,这些霉菌的数量较多,种类各有不同,比如曲霉属、根霉属、青霉属和木霉属,曲霉属经常出现。

目前,普洱茶发酵过程中共发现曲霉属(*Aspergillus*)、根霉属(*Rhizopus*)、青霉属(*Penicillium*)和木霉属(*Trichoderma*)4类霉菌。曲霉属对于普洱茶发酵来讲非常关键,其中黑曲霉的相关研究报道最多,它主要出现在发酵的早期阶段,含量可占到80%,但是三翻后含量会逐步下降。

黑曲霉是子囊菌亚门(*Deuteromycotina*)、丝孢纲(*Hyphomycetes*)、丛梗孢目(*Moniliales*)、丛梗孢科(*Moniliaceae*)、曲霉属真菌中的一个常见种。黑曲霉当中含有大量酶系,能够形成淀粉酶、纤维素酶、果胶酶、蛋白酶等,这关系到了发酵基质的普洱茶成分(纤维素、果胶、茶色素、多糖类等)、香气成分,这部分胞外酶可分解晒青毛茶当中的物质,确保自身有良好生长条件。此外,黑曲霉可生产出有机酸,比如柠檬酸、单宁酸、抗坏血酸等。

鉴定出的曲霉属微生物还有灰绿曲霉(*A. glaucus*)、土曲霉(*A. terreus*)和白曲霉(*A. candidus*)、埃及曲霉(*A. egyptiacus*)、臭曲霉(*A. foetidus*)、日本曲霉原变种(*A. japonicus var japonicus*)、局限灰曲霉(*A. restrictus*)。通过了解已经取得的研究结果能够发现,臭曲霉、日本曲霉原变种可有效地降解单宁酸,产生没食子酸使普洱茶汤呈现深红色。

3. 酵母

酵母归属于真菌门(*Eumycota*)、子囊菌纲(*Asconycetes*)、半子囊菌亚纲(*Hemiascomycetes*)、内孢霉目(*Endomycetales*)、酵母亚科(*Saccharomyces Toideae*)、酵母属(*Saccharomyces*)。当下,人们已经找到的酵母菌达到了500种,分属41属。酵母菌当中有大量的蛋白质、氨基酸、B族维生素、碳水化合物、维生素D_2、粗纤维素、原脂肪、矿物质、微量元素等,也是一类广谱泌酶菌,内部有酶系统、生理活性物质。普洱茶处于发酵阶段时,必须有一定湿度和热度才能让酵母菌发挥其特性,促进化学成分出现变化,使酶系活动更加活跃。酵母菌的出现和消失会影响普洱茶的口感,在普洱茶渥堆发酵阶段,其数量控制得当,则可增加茶叶中的营养成分,形成普洱茶特有的保健功效。假如酵母菌含量失控,那么普洱茶中也会出现有害物质,导致茶叶品质下降。

根据当前研究结果来看,在普洱茶渥堆发酵过程中产生较为常见的微生物就是酵母菌,并且其数量增加速度最快的时候是发酵的最后阶段。酵母菌的含量和种类在普洱茶发酵过程中并不处于第一位,并且在发酵后期更是呈下降趋势,而普洱茶最后能够形成一种甘滑、醇香的口感特征,这离不开酵母菌的作用。酵母菌在发酵过程中形成丰富的酶系以及胞外酶,能够高效地促进普洱茶形成多种风味物质,还能形成多种营养物质,例如维生素系以及蛋白质等。赵飞龙等人在2003年进行了普洱茶发酵的研究,他们从渥堆中提取了多株酵母,对其进行了纯种培育发酵。在这一过程中发现,茶多酚的含量在逐渐减少,而茶褐素的含量却在逐渐上升,同时普洱茶的香气也浓郁了很多。国外的学者也对普洱茶发酵过程有过研究,2005年Mo等学者就在其中发现了多种酵母菌,如近平滑假丝酵母。经过研究发现,普洱茶能够形成甘、醇、厚的品质依赖于氨基酸、蛋白质等的作用。

4. 根霉

在能够产生 L 乳酸的丝状菌种中,除细菌之外,根霉是另一种重要的菌种。这一菌种属结合菌亚门毛霉科。赵飞龙等人在研究中发现,这一霉菌在渥堆开始进行至第三翻时,数量上升到一个峰值,但是相较于黑曲霉的增长趋势,其增幅略小,达到峰值之后就开始呈现缓慢下降的趋势。

研究结果表明,根霉所产生的活性淀粉酶及有机酸等物质使得普洱茶形成香甜的特征。凝乳酶是根霉属微生物的重要成分,这一成分能够产生香脂类物质以及甾醇类物质,这些物质可以有效提升普洱茶黏滑及醇厚的特征。普洱茶发酵过程中已鉴定的青霉属微生物中的产黄青霉,在经过一系列反应分解能够产生多种酶类及有机酸,并且能够有效杀死杂菌,与青霉素一同抑制杂菌的产生,甚至起到杀菌的效果,帮助普洱茶在发酵过程中形成香醇的品质。

5. 青霉

在生活中,青霉属存在形式大多是无性阶段,只有极少数是有性阶段。青霉中包含较多的是产黄青霉,其富含维生素及蛋白质等营养物质,同时还能产生青霉素,青霉素的产生有效抑制了有害细菌的生长。青霉素能够在普洱茶的发酵过程中产生各种酶,例如高纤维素酶、蛋白酶等,以及多种糖类,它在增加普洱茶甘醇品质的同时,还能相对地降低茶多酚的含量,改善普洱茶的口感。

6. 细菌

普洱茶中的细菌含量及种类相较于霉菌及酵母菌,其数量及种类较少,形成这一现象的原因在于细菌的性质和结构。较单一的酶系结构以及较少的碳源,使得霉菌和酵母在繁殖的过程中缺少原料,高峰期后其繁殖能力大大降低。芽孢杆菌分泌的多酚氧化酶能够加快茶多酚以及茶褐素的形成,大大减少了发酵时间,同时使得普洱茶的品质有所提升。冯源凤等人在 2006 年对陈年的普洱茶进行分离,并从中提取了地衣芽孢杆菌以及铜绿假单胞菌,再接种到大青茶中,在缩短发酵时间的同时增加了普洱茶的醇厚特质。后来在 2008 年,方祥等人又在储藏时间长短不同的普洱茶中分离提取到了乳酸菌属及葡萄球菌属等细菌。

目前,人们在普洱茶发酵过程中共发现乳杆菌属(*Lactobacillus*)、芽孢杆菌属(*Bacillus*)、短杆菌属(*Brevibacterium*)和球菌属(*Staphylococcus*)4 类细菌。通过不断的实验研究,已经确定的乳杆菌属细菌有短乳杆菌、植物乳杆菌等。

7. 放线菌

除了从陈年珍藏的普洱茶中分离提取到的芽孢杆菌等细菌,有研究人员又分离得到了杆状链霉菌及灰色链霉菌,同时将这两种放线菌接种到晒青毛茶,继续进行纯种发酵。在不断的观察中发现,杆状链霉菌以及灰色链霉菌有效地提高了总多酚的含量。

8. 担子菌

在对普洱茶发酵过程中产生的霉菌的持续研究中,又陆续发现了形成普洱茶特殊香气的物质,如担子菌 B,它产生的甲基甲苯类使得普洱茶具有独特的香气。

三、微生物产生的酶系与普洱茶品质的关系

普洱茶发酵本质上是由一系列有益菌参与的复杂化学反应,其中能够产生果胶酶、蛋白酶等连接微生物与晒青毛茶的物质,这也是促使国内外学者不断地研究普洱茶发酵的重要原因。通过观察发现,在普洱茶的整个发酵过程中,微生物在不同的阶段呈现出的生长速度也是不同的。在发酵前期的微生物代谢过程中多种酶发生较大变化,活性程度也呈现出不同的曲线,例如多种水解酶以及多种氧化酶等。

有研究结果显示,在微生物反应分解过程中所分泌的胞外酶能够进一步氧化分解酚类物质、纤维素和蛋白质,在这一过程中所产生的一些物质使得普洱茶发生质的变化,从而形成普洱茶独特的品质及口感。

1. 多酚氧化酶

多酚氧化酶是一种四聚体结构,且富含铜元素。多酚氧化酶的每个分子都包含有4个铜原子,还结合有两个芳香族化合物及氧。多酚氧化酶在整个普洱发酵过程中都起着重要作用,由它催化的茶多酚在形成邻醌类物质后又在氧化聚合后形成了茶黄素,这使得普洱茶有了明亮金黄的色泽。茶黄素进一步氧化形成的茶红素能够有效地与蛋白质结合形成一种沉淀物质,这种物质在普洱茶经过冲泡后就会呈现出红褐色的汤色。若使得普洱茶拥有独特的味道以及显现独特的汤色,茶褐素是必不可少的。谈起普洱茶所特有的香气,就要提起茶多酚了。茶多酚、氨基酸以及类胡萝卜素等物质在氧化过程中产生的特殊香气使得普洱茶产生有别于其他茶叶的特征。在对普洱茶发酵进行研究时,有人将水果中提取的多酚氧化酶接种到普洱茶中,观察其是否对普洱茶的品质产生影响,结果显示茶多酚、茶红素以及茶黄素等含量在不断地下降,而茶褐素的含量却呈逐渐上升的趋势,同时芳香类物质的含量也有明显上升。有研究人员专门研究了多酚氧化酶中的酶学性质,研究结果显示在pH值为5.5、温度在55℃时为最佳反应条件,在最佳反应底物的作用下,多酚氧化酶的活性逐渐增强,在发酵末期达到一个峰值。在模拟普洱茶发酵的研究中,将复合酶制剂添加进去,并观察这一物质将对普洱茶品质产生怎样的作用,实验结果显示,复合酶制剂能够有效地促进普洱茶中可溶性糖等物质的产生,有效缩短发酵时间。

2. 果胶酶

作为一种水解酶类,果胶酶也包含果胶水解酶、原果胶酶、果胶醋酶等多种酶,以及水解产生的p-半乳糖醛酸。黑曲霉反应分解产生水解酶,果胶酶则主要通过水解原果胶形成水溶性果胶及多种糖类。水解形成的物质能够为微生物的生长提供养分,同时也将对普洱茶醇厚和黏稠的口感有一定的影响。从这一反应过程中可以看到,原果胶由于水解,含量在不断减少,同时水溶性果胶的含量则在不断增加。

3. 纤维素酶

纤维素酶同样也是一种水解酶类,主要对纤维素有较强的作用。其来源也有多种渠道,例如木霉属等,这一类物质能够轻易地将纤维素水解成多种糖类,例如可溶性糖,这一物质使得普洱茶的口感有一种回甘的特质。在纤维素酶以及果胶酶的共同作

用下,普洱茶在水解之后能够更加高效便捷地释放内含物质,促进微生物的生长,形成多种物质以增加普洱茶的品质特征。李中皓等人在2008年发表的研究结果中指出,适当的外源酶对普洱茶的品质有较好的影响作用。同时林夏丹等人在2008年也对外源酶对普洱茶品质影响做出了研究,结果表明影响普洱茶香气的物质含量明显增加,主要物质有甲氧基苯和它的衍生物。在对酶的活性是否影响普洱茶品质的研究中发现,像纤维素酶及果胶酶这一类水解酶是存在于微生物之前的,但酶的活性将随着发酵的进行呈现出先增后减的发展态势。

4. 蛋白酶

蛋白酶的主要作用就是水解蛋白质,它可以将蛋白质水解成多种多肽类。从生物反应角度来讲,蛋白酶的产生也有多种渠道,当然在普洱茶发酵过程中也是必不可少的。蛋白酶可以直接将蛋白质分解成氨基酸及其他物质,这将直接影响到普洱茶的汤色及品质,同时减少其他物质与蛋白质反应产生的沉淀物质。在研究中发现,蛋白酶活性的变化在发酵过程中同样是先增后减的态势。

第四节　科学保健普洱茶

普洱茶的营养物质主要是在发酵和干燥贮藏过程中形成的,主要包括茶多酚、茶色素、儿茶素、咖啡碱、游离氨基酸、可溶性糖、水浸出物等。普洱茶的内含物在微生物分泌的胞外酶和湿热条件作用下发生氧化、聚合、分解、缩合等一系列反应。各组分之间发生转化,含量发生改变,经过各种呈味物质、营养物质的相互协调形成普洱茶独特的汤色和口感,并发挥其独特的保健功效。普洱茶具有解毒、消暑利尿、生津止渴、提神醒脑、消食祛腻、降脂减肥、养生益寿等功效,集食用、药用于一身,成分天然、营养,有防治疾病、养身保健的作用。

一、普洱茶中的营养成分

通过不断的探索和研究发现,普洱茶中富含药效成分以及营养成分。根据《中国药茶》中记载的内容可以看出,这些物质大致可以分为三类:第一大类是人类在新陈代谢过程中所必需的蛋白质、碳水化合物和脂类;第二大类就是维生素和各种酶类;第三大类则是矿物质等微量元素。

首先,针对蛋白质,其来源主要由氨基酸组合而成,而茶叶中有多种氨基酸,对人体的生长发育有非常积极的作用。这些氨基酸的种类除茶氨酸外还有赖氨酸、组氨酸等,都是有利于人体发育的重要因素,同时还有抗衰老、抑制贫血等功效。碳水化合物在茶叶中的含量大约有30%,但是最终能够通过冲泡浸出的大约只有5%。而含量最少的脂类大约只有3%,其中有人体所需要的亚油酸和亚麻酸,它们也是组成脑磷脂以及卵磷脂的重要物质。

再者就是维生素和酶。普洱茶中维生素的含量相对最高,种类也最多,其中就包括维生素 B₁、B₂、维生素 C 等,在对茶叶进行冲泡过程中能够浸出 80% 左右,因此长期饮用普洱茶可以帮助人体获取较多的维生素。人们都知道维生素 B 和维生素 C 的缺乏将会给身体带来较多的麻烦,例如新陈代谢紊乱、口舌病及坏血病等,吸收维生素的各类物质能够有效预防多种生理疾病,预防感冒、抗出血、抗癌、护肝等。随着社会的不断进步,生活水平不断上升的同时,人们对日常生活中的饮食健康也逐渐重视起来,摄取各类营养物质、维持身体内的平衡成为一种新的饮食时尚。

在人体日常生长过程中,矿物质元素的参与是必不可少的,而普洱茶中所富含的微量元素能够有效溶于水,利于人体吸收,其中包括钙、镁、铁、铝、钠、镍、铍、硼等微量元素,但是含量最高的还是钾盐和磷盐。适当的无机盐能够有效均衡人体体液平衡,有利于促进人体循环,同时又是组成人体结构的重要物质。钾是组成细胞内液的重要物质,钾在普洱茶冲泡过程中较易浸出;一定的氟化物可以有效地抑制龋齿的产生,而钙、铁、锌等物质又能够为不断生长的身体提供原料。

除了上述三大类物质,普洱茶中还富含多种人体所需的重要物质,例如茶多酚、茶色素等,它们都能够对人体产生积极影响,有一定的保持身体健康的作用。

1. 茶多酚

作为一种多羟基酚类物质的总称,茶多酚在人体生长活动中也承担着重要作用,针对当前社会生活中人们所面对的常见疾病有一定的预防效果。普洱茶中茶多酚的含量大约在 23%,但在普洱茶发酵过程中含量有所减少,大约在 15%。茶色素作为形成普洱茶特殊品质的重要成分,就是由茶多酚转化而成的,这一转化将直接影响到普洱茶冲泡出来的汤色和口感。通过不断的研究发现,茶多酚的许多特性也逐渐地在临床医学中发挥着重要作用,例如其对胰岛素的积极影响就被运用到了治疗糖尿病的研究中。

茶多酚在清除人体自由基方面具有非常强的作用,也因此成为一种抗氧化能力非常强的天然物质。到目前为止,人类尚未找到可以人工合成茶多酚的方法,只能通过从茶叶中提取的方式来获得。此外,茶多酚还因其具有消炎抗菌以及抑制龋齿的特性而成为口腔细菌以及龋齿预防的有效物质。

通过与尼古丁、有害生物碱等不同的物质结合,茶多酚可以在破坏这些有害物质成分的情况下,有效地驱除烟味并防治其他危害。

2. 茶色素

茶色素是对茶汤颜色起重要影响作用的物质。因自身组成成分较为复杂,茶色素中不同成分的含量所占比例的不同造成茶汤颜色的不同。茶多酚氧化物、蛋白质以及糖类等不同成分都属于茶色素的重要组成部分。普洱茶茶汤的颜色因茶叶中所含茶红素、茶黄素以及茶褐素量的不同而有变化,3 种茶色素分别给予普洱茶茶汤红、亮、褐3 种不同的颜色表现程度。普洱茶的质量和评价等级也因上述三种茶色素含量的不同而不同。随着普洱茶的不断发酵,3 种茶色素的含量不断变化,茶红素和茶黄素两者含量都在降低,且前者下降速度明显;相反,茶色素含量不减反增。造成这一现象的原因主要是前两者与茶叶中其他的游离氨基酸以及可溶性糖等物质结合,并在此基础上进行了转化,最终变成了茶褐素,从而使得茶褐素含量增加。

（1）茶褐素是普洱茶茶叶中的重要组成部分，也是一种分子差异较大的复杂色素化合物。通常情况下，普洱茶茶叶中所含的茶褐素由多酚类物质氧化、其他茶色素物质与糖或者蛋白质转化而形成，是造成普洱茶色泽浓郁、口感独特的重要原因。茶褐素同时也是一种易溶于水但难溶于包括乙酸乙酯和正丁醇在内的其他有机溶剂的活性物质。茶黄素、茶红素以及茶褐素3种茶色素在普洱茶茶叶中的含量完全不同，三者的含量所占比例大概为0～0.99%、8.33%～13.65%以及0.16%～0.29%，其中茶褐素对应的含量大约为100～140g/kg。

（2）理论认为，茶色素可以通过自身的特殊作用而有效地预防心脑血管疾病。茶色素可以通过预防血小板凝聚以及粘附，从而在有效地降低血液黏度的情况下很好地促进血液的流通。在这一理论的基础上，国内的学者们对茶色素对不同病人血脂水平的调节作用进行了研究，在观察了包括"两高"（高脂血症、原发性高血压）以及冠心病和动脉粥样硬化症等不同的病人之后，这一理论得到了很好的印证。

（3）关于茶色素的体外抗氧化性强弱的研究发现，通过较强的抗氧化和抗自由基的作用，茶色素可以有效地抵抗衰老、突变和其他辐射等。研究表明，茶色素具有抗氧化性、抗癌性、降脂减肥以及预防龋病的特性。茶色素的抗氧化性主要体现在高血压以及冠心病等症状的预防方面。茶色素可以对人体内的相关酶的活性进行有机的调节，并在降低自由基活性、与其他离子结合、抵抗脂蛋白氧化等其他方式的工作下，有效地实现了抗氧化这一作用。茶色素可以有效地提高SOD的活力，使得机体抗氧化能力进一步提高，从而有效地预防高血压。茶色素可以有效地防止癌细胞的繁殖、扩散以及转移，同时可以促进肿瘤细胞的死亡，从而有效地控制致癌细胞的产生，进而起到预防癌症的作用。茶色素可以有效地抑制大肠杆菌DNA、RNA聚合酶、病毒逆转酶的形成，从而可以起到很好的抗菌作用，也因此被称为天然的抗菌剂、杀菌剂。茶色素在对体内的血糖及血脂含量进行有效的调节之后，可以使人体内脂肪及血糖含量降低。茶色素在与殆面点隙窝沟处的物质有相互关联和影响作用的前提下，使得其有可能成为预防恒牙窝沟的龋病的一种有效抑制成分。这也就促进更多学者对这一课题的关注，或许在不久的将来，茶色素就可以被证明成为有效的抑制剂。

3. 儿茶素

陈宗道等人在1999年的研究中发现，在普洱茶的多种多酚类物质中，儿茶素（catechin，C）大约占了其中80%的比例，剩余的20%主要包括表儿茶素（epicatechin，EC）、表没食子儿茶素没食子酸酯（epigallocatechin gallate，EGCG）以及表儿茶素没食子酸酯（epicatechin gallate，ECG）这三大类。跟茶色素对于人体机能的生理作用类似，儿茶素也具有相似的功效，可以对心血管疾病、癌症以及其他高血糖高血脂的病症产生有效的预防及抑制作用。

随着普洱茶的发酵，儿茶素的含量逐渐降低，甚至到发酵完成的时候，儿茶素的含量仅剩20%～30%。而所有的儿茶素中，随着发酵的进行，含量下降最快的当属酯型儿茶素ECG和EGCG这两种，同时，它们也是整个发酵结束之后含量最低的两类化合物。造成这一现象的主要原因是酯型儿茶素中含有还原性和化学性质都更强的没食子酰基。另一方面,随着发酵过程中酯型儿茶素含量的逐渐减少,普洱茶的口感却变得逐渐清爽可口。之所以发酵之后的普洱茶口感更好,是因为酯型儿茶素使得其口感酸涩,而发酵之后,酯型儿茶素逐渐减少。普洱茶的发酵过程中,在儿茶素的总体含量降低75%~81%的情况下,表儿茶素含量降低率更加迅速和明显。同时,酯型儿茶素会经过氧化以及后续分解几个不同的步骤先转化为没食子酸,进一步氧化之后形成其他的茶色素物质,在整个发酵过程完成之后,酯型儿茶素自身的含量所剩无几。此外,贮藏的年份不同,普洱茶中所含的儿茶素含量也会有明显的不同,贮藏的年份越久,儿茶素的含量降低得越显著,其中降低速率最明显的就是酯型儿茶素。

4. 生物碱

生物碱类化合物具有抗发炎、抗细菌、抗病毒活性、保护肝脏降低酶活性、抗癌症、中枢神经系统的镇痛、催眠以及心血管系统的抗心律失常、降压等作用。

咖啡碱(caffeine)是茶叶中含量最高的生物碱,可以与茶黄素以氢键的形式结合形成具有鲜爽味的复合物质,是影响茶汤味道的重要物质。一方面,咖啡碱在刺激神经中枢的情况下,对中枢神经和大脑皮层起到明显的兴奋神经的作用。咖啡碱对人体有提神的作用,可以在一定程度上促进消化液的分泌,同时还具备一定的消炎抗过敏、减脂等其他的作用。另一方面,摄入过量的咖啡碱也有不良的反面作用,在过度刺激大脑兴奋的情况下,会影响睡眠质量,引发头疼、烦躁、焦虑、易怒、胎儿早产以及造成骨质疏松等不良状况。喝茶之所以不会引起过度的不适,是由于茶叶中除咖啡碱外,还含有其他诸如茶多酚以及茶氨基等不同的成分,可以在消减咖啡碱和多酚类造成的苦味和酸涩的情况下,使得茶汤味道清爽可口,并且有效地缓解咖啡碱造成的不良反应。

咖啡碱在普洱茶中含量为2.5%~5.0%。然而,随着茶堆的不断发酵以及微生物含量的不断变化,咖啡碱的含量逐渐增多。

咖啡碱的生物活性主要体现在以下6个方面:

(1)鉴于咖啡碱具有刺激中枢神经系统的作用,可以将其作为缓解疲劳、抵抗焦虑的活性物质,同时还可以有效地预防癌症以及肿瘤等其他症状。然而在人体内,咖啡碱不但代谢迅速,还受到茶氨基的抑制作用,使得咖啡碱造成的兴奋作用有所缓解,茶叶对大脑皮层和中枢神经的刺激作用也由此降低,成为"温和的标准兴奋剂"。通过26年来对随机的968432人进行研究并统计分析得出的结论发现,口咽癌死亡率会随着人体咖啡碱摄入量的增加而逐渐降低。同时,该研究发现,如果每天饮用咖啡碱含量较高的咖啡超过四杯,患口咽癌甚至致死的概率就会降低近一半,风险降低率可以准确到49%。

(2)鉴于咖啡碱对大脑皮层以及神经中枢的刺激作用,每日摄入一定量的咖啡碱可以有效地预防阿尔茨海默症和帕金森病。研究表明,咖啡碱对人体神经中枢的兴奋刺激作用和保护作用在每天摄入3杯咖啡的时候达到最大功效。

(3)咖啡碱对于呼吸系统有刺激作用,可以作为治疗药物有效地缓解早产儿的原发性呼吸暂停的问题。

(4)咖啡碱还是一种生物活性剂,可以有效地舒缓平滑肌,同时可以在促进血管舒张和血液循环的情况下,有效地缓解哮喘和心血管等其他疾病。

（5）咖啡碱还具有有效的利尿作用以及在刺激中枢神经系统后具有有效的醒酒作用。

（6）不同的研究发现,咖啡碱可以有效地促进骨质代谢,提高多酚类物质的抗氧化性,促进自由脂肪酸的减少,还可以有效地对卡尼汀起到很好的保护作用,进而对神经性肿瘤起到抑制作用,此外还可以起到抗菌和抑制肥胖并减脂等多种不同的作用。

5. 氨基酸

茶叶中的氨基酸主要有两种不同的存在状态,其中一种是处于稳定状态的氨基酸,另一种是处于游离状态的氨基酸。稳定状态的氨基酸主要是蛋白质的组成成分,而游离状态的氨基酸主要分布于嫩叶以及嫩茎中。这两种氨基酸中处于游离状态的氨基酸对茶叶的品质影响更大。茶叶中所含有的氨基酸在经过分离以及提纯等不同的步骤后,有20种属于蛋白质组成成分的氨基酸,有6种属于非蛋白质组成成分的氨基酸,这26种氨基酸是茶叶中的主要氨基酸。所有的游离氨基酸中,茶氨酸是其中一个含量占总含量一半以上的主要构成体。此外,茶氨酸是只存在于茶叶而不存在于其他植物中的独特游离氨基酸。茶氨酸具有鲜嫩和口感甜的特点。一般情况下,氨基酸的含量在普洱茶的熟茶中所占的比例要比白茶和绿茶都低。茶叶中的氨基酸以茶氨酸的含量最高,剩余的主要氨基酸有丝氨酸和脯氨酸等。同时,与经过微生物发酵的普洱茶相比,自然陈化的普洱茶中茶氨酸的含量要更高。

国内的学者们就茶氨酸对人体生理机能方面的研究发现,茶氨酸对于病毒入侵可以起到很明显的抵抗作用;对于神经焦虑以及抑郁等谨慎性身体不适,茶氨酸也可以起到很好的抑制和抵抗作用,被称为"新天然镇静剂";此外,茶氨酸对于增强个人记忆力、促进智力、增强肝脏排毒功能以及缓解女性经期前后的综合症状都有很好的缓解作用;同时,对于咖啡碱造成的中枢神经兴奋、情绪紧张以及其他情绪类的不良反应,茶氨酸都有很好的反向缓解作用。而茶多酚则可以很好地促进免疫力的增强,有效抑制和防止癌细胞的滋生和肿瘤的形成。其他的研究发现,在血压调节、抑制癌细胞、缓解疲劳、抵抗细胞衰老等方面,茶氨酸都有一定的促进作用。在以上各种不同的理论研究基础之上,可以充分利用茶氨酸的基础功效,将其有效地应用于各种不同的保健品中,从而有效地发挥其缓解失眠、防治抑郁以及老年痴呆等各种病症的作用。

6. 茶多糖与真菌多糖

由不同的单糖分子经过进一步聚合并形成的广泛存在于植物以及动物体内的天然物质,通常都被称为多糖。而存在于茶叶中的复合多糖,通常被称为茶叶多糖。

茶叶中的多糖在与茶叶内的其他成分如蛋白质以及果胶、灰分等物质发生聚合转化之后形成的具有降低血糖和血脂功效,并可以有效促进身体免疫力提高的酸性多糖以及多糖类蛋白质被称为茶多糖（TPs）。

茶多糖因其自身具有多种不同生物活性,对人体的很多生理机能都有很好的控制和缓解作用,其中最为显著的就是降血糖这一功效,而恰巧,这也是我国很多老百姓所熟知的预防糖尿病的老方法。相关研究表明,茶多糖的降血糖作用主要通过3个基本的方法来实现:其一,在提高免疫力并清除不同种类自由基的基础上,茶多糖可以有效地对胰岛 β 细胞起到很好的保护作用,进而降低血糖并有效地预防1型糖尿病;其二,

在对 α-淀粉酶和 α-葡萄糖苷酶的活性起到明显的抑制作用之后,外源碳水化合物被吸收的程度明显降低,餐后血糖也因此被有效地降低,从而实现了茶多糖降血糖的作用;其三,胰岛素以及糖代谢的其他酶是与高血糖和糖尿病有关的重要酶类及影响因素,在茶多糖影响了这些物质的情况下,其对糖尿病的影响作用也变得较为明显。

在我国经济逐步发展的情况下,居民饮食中高糖高脂食物的含量也较多,所以糖尿病患者的数量依旧较高,也因此,茶多糖对于高血糖以及糖尿病的预防和控制作用逐渐成为很多学者和国民关注的一个重点。此外,茶多糖在抗氧化、抗凝血、抵抗细菌感染、增强免疫力等方面也有较为明显的作用。

7. 水溶性氟

水溶性氟也是普洱茶中的一个重要组成成分,具有有效的防止龋齿的作用。在一般的普洱茶中,该物质的含量可以达到 180.72～228.73 毫克/千克。也就意味着,在普洱茶的茶汤冲泡浓度接近 0.5%、经过半小时的冲泡、饮用量达到 4 克普洱茶的情况下,所摄入的氟量就可以有效地实现预防龋齿的作用。不同普洱茶中,水溶性氟的含量并不相同。其中,普洱砖茶和边销砖茶这两类茶的水溶性氟的含量较低,前者处于更低的水平。如果以普通成年人的需要来计算,日均 30 克则低于龋齿安全的控制限度,而普洱砖茶明显低于这一数值,而边销砖茶的含量却大幅度超出这一限值,达到了 441 毫克/千克的平均数据。形成这一含量不同的主要原因,是两者采摘对象不同。普洱砖茶主要是采集嫩叶,而边销砖茶则主要是采集老叶,后者中水溶性氟的含量要高得多。

普洱茶中所含的氟化物可以有效地防止龋齿,还可以在构成牙釉质的基础上,对细菌的防治和抵抗起到显著的作用。这也就意味着,对于儿童来说,普洱茶具有明显的防止龋齿的作用,而对于成年人,同样可以有效地降低其他患龋率。

8. 黄酮类物质

普洱茶在进行渥堆发酵的时候,黄酮类物质含量较多,且大多以黄酮苷的形式存在,该物质与维生素 P 有相似的缓解血管硬化的作用。通过将普洱熟茶中所含的不同黄酮类物质进行分离,可以得到不同类型的组成成分。李家华等人在 2012 年的研究中发现,槲皮素、山柰酚、杨梅素、木樨草素以及 3,4,5-三羟基-7-甲氧基黄酮、3,4,7-三羟基-5-甲氧基黄酮、3,4-二羟基-5-甲氧基黄酮-7-O-β-D-吡喃葡萄糖苷和槲皮素-3-O-葡萄糖苷、山柰酚-3-O-芸香糖苷都可以在普洱茶中分离出来。然而,在熟茶中,因为其存在形式的不同,其黄酮苷的含量也有了较为明显的降低,因此在清除自由基活性方面的功效也有所降低。

黄酮醇苷类因其自身具有柔和的酸涩感以及阈值偏低等不同的属性,而使得普洱茶在汤色和口感等方面有不同的特性。随着普洱茶的持续发酵,经过不同时间、不同温度以及不同的湿度、不同的微生物种类、数量等的影响之后,普洱茶中黄酮醇类物质的含量在不断地发生变化,进而对茶汤的口感和色泽形成反向的影响作用。因此,在确保普洱茶品质方面,有效地控制黄酮类物质也是一项重要的工作。

9. 维生素

通过邹盛勤等人在2004年的研究可以看出,普洱茶因其所含有的不同种类的维生素而对人体的不同生理机能产生了各种不同的影响。比如,维生素B对于人体的皮肤有很好的保护作用,而维生素C类和E类则分别可以对败血症和被氧化起到很好的防治作用。同样的,在张微云等人于2011年的研究中发现,普洱茶中所含的维生素C类还对口腔细菌的产生具有有效的抑制和缓解作用。

10. 香气成分

普洱茶因含有很多不同种类的物质而使得茶汤呈现出香气,通过检测,发现了多种醛、醇、酮以及酚和羧酸等不同类型的物质,此外还有其他酯类和不同种类的化合物。普洱茶的不同组成成分中,对其具有香气这一特征具有影响作用的成分主要有醛、酯、酮、醇及其他的碳氢化合物。在所有可以形成香气的组成成分中,又以芳樟醇和其氧化物的作用最为明显。在普洱茶的生茶和熟茶中,各自所含的形成香气的主要成分也不同,前者酯类物质含量较高,后者甲氧基苯类物质含量相对较多。对于不同年份的普洱茶,其造成茶香的成分也不完全相同。陈茶的主要茶香,是因为其含有的杂氧化合物和醇类物质所造成的,同时陈茶的萜烯类化合物及其衍生物中含量较多的物质主要为反式丁香烯,而新茶中的萜烯类化合物及其衍生物含量较多的则主要为愈创木烯。

通过普洱茶渥堆的不断发酵以及后续进行的干燥环节,萜烯类合成物、糖苷降解产物、脂类氧化降解产物和美拉德反应产物等不同类型的茶叶香气成分逐渐产生。这一过程中无论是生茶的来源还是整体发酵过程中的微生物类型以及干燥、温度条件等,都对茶香成分的产生有较为重要的影响作用。其中,茶香成分的形成有下面这4种不同的过程:

(1)在多酚氧化酶的催化作用下,儿茶素转化为氧化性儿茶素并最终转化为茶红素和酮类物质的过程。其中氧化型儿茶素转化为酮类物质主要通过与p-胡萝卜素及其结构类似物的相互作用来实现。

(2)同样地,在过氧化物酶的催化作用下,亚麻酸和亚油酸类脂肪酸转化为有香气的醇类和其他醛类有香气物质的过程。

(3)氨基酸经过脱氨和脱羧产生醇类、醛类及其他具有香气的物质的过程。

(4)糖苷类物质分解为有香气的醇类和其他游离型物质的过程。

二、普洱茶养生保健功效的现代科学研究

随着科学技术的不断发展,人们在普洱茶降低人体血糖血脂并有效地预防心血管疾病、抗菌、抗炎、抗病毒、抗诱变活性、防止癌症、肿瘤和龋齿等各个方面的研究已经有了很大的进展,理论也在实践中得到了证实。

1. 降脂减肥效应

由于能量摄入过多,达到了难以消耗的程度,进而以脂肪的形式堆积在体内,造成身体难以正常代谢,这类症状被称为肥胖症。肥胖症在我国国民中也逐渐成为一个不容忽视的问题。全球的超重人群中有超过2/3的人具有肥胖的症状,而我国则是肥胖率

增长最为严重的国家之一。由肥胖而导致的其他病症也在不断地增多,诸如糖尿病、高血脂、高血糖以及脂肪肝等。

通过对大鼠的相关实验研究发现,饲喂普洱茶可以有效地降低体内的胆固醇和甘油三酯的含量,从而降低脂肪肝重量,并有效地防止脂肪肝的形成。小鼠和大鼠餐后的血清胆固醇含量在饲喂普洱茶后得到有效的缓解和降低,并且对于降低大鼠低密度脂蛋白(LDL)也有有效的作用。如果持续不断地摄入普洱茶超过4个月的时间,高胆固醇血症患者的症状也会得到有效的缓解。这一理论也得到了云南省普洱市宁洱县中医院李捷医生的实践验证。

与毛尖、乌龙茶以及红茶和绿茶等其他茶类相比,普洱茶在降脂、降低LDL-C、降低甘油三酯含量等各个方面都具有更好的功效。此外,普洱茶在预防脂肪肝、防止肝硬化等方面也有很好的作用,可以通过清除人体内自由基的方式,有效地缓解以上病症的发生。在对大鼠的喂养研究过程中发现,如果连续35天,对大鼠饲喂普洱茶,其体内的LDL-C含量升高,而丁C、丁G以及LDL-C含量却会降低,这是造成大鼠不会出现过度肥胖的原因,也就是说普洱茶对控制肥胖有一定的作用。

在普洱茶茶堆发酵的过程中,随着茶褐素含量的不断升高,大鼠体内的胆固醇、甘油三酯、低密度脂蛋白数量都在逐渐地降低,从而有效地防止了脂肪的堆积以及脂肪肝的形成。此外,可以降低血脂含量的附睾脂肪组织激素敏感性脂肪酶的含量也有所增加。这一研究也从侧面很好地说明了茶褐素通过降低血糖血脂来控制肥胖的重要作用。

普洱茶可以对脂肪起到氧化与分解的作用,从而帮助饮用者达到减肥降脂的目的。Zhang等(2009)发现普洱茶醇提取物可激发PPARγ受体,其中主要活性物质为没食子酸。Huang等(2010)选择用普洱茶喂养小鼠,之后对小鼠的体重以及肾上腺素受体含量进行检验,通过检测结果可以发现,刺激脂肪分解、氧化达到减肥的目的可能是普洱茶中含有的咖啡碱通过增加肾上腺素受体的表达数量来实现的。HSL可以限制动物脂肪的分解代谢的速度,是一种限速酶,它的主要作用是在脂肪细胞中对脂肪甘油进行分解。Cao等(2011),Gao等(2010)和Gong等(2010)3人分别对普洱茶中含有的相关酶(肝脏肝脂酶和激素敏感性脂酶)的活性的提高加快脂肪分解的作用进行了报道。

2. 抗氧化及清除自由基作用

由于世界人口老龄化程度不断提高,人们已经将研究的热点放在寻找纯天然氧化剂上面。

20个世纪60年代初期,日本的科学家在对茶叶提取物进行研究时发现,茶叶中含有抗氧化成分,在此后通过各国科学家的研究,证明这种抗氧化物质是一种多酚类物质,之后统称其为茶多酚。事实证明普洱茶对抗氧化有巨大的功效,所以适合人们饮用。Pinder Duh等(2004)分析了普洱茶的整体抗氧化功能,研究结果表明普洱茶中含有大量的抗氧化活性因子,而且普洱茶中含有的物质可以抑制脂肪氧化过程中的损伤并且消除一氧化氮自由基。台湾大学林永森(2003)对普洱茶进行了一系列测试,测试结果表明,普洱茶提取物除了上述功能外,相比于乌龙茶与绿茶,普洱茶抗氧化的功效最佳。以羟自由基损伤质粒为例,与普洱茶的提取物相比,绿茶、红茶与乌龙茶的保护

效果皆小于普洱茶,而且生茶的抗氧化效果更好。有的研究表示,饮用一杯浓度大小为
1%～2% 的普洱茶所吸收的抗氧化功能与吸收 150 毫克的维生素 C 相同。陈朝银
(2008)使用了邻苯三酚自氧化检测的方法,揭国良(2005)通过研究证明,普洱茶中含有
的多糖的抗氧化功能类似于维生素 C 的抗氧化能力,使用各类有机溶剂对普洱茶的水
提物进行萃取,结果显示水提物中乙酸乙酯萃取层组分和正丁醇萃取层组分对二苯基
苦基苯肼(DPPH)和羟自由基有较强的清除能力,还可以对处在高浓度葡萄糖作用下的
人胚肺成纤维细胞进行保护。Lan-Chi Lin 等(2003)通过研究证明,普洱茶具有消除
PDDH 的能力,对 LDL 氧化的抗氧化能力也有一定的抑制作用。林智等(2006)通过研
究指出,儿茶素与简单酚类化合物都具有抗氧化活性,而且其功能类似于阳性对照品抗
坏血酸,使用胆固醇含量较高的饲料喂养 SD 大鼠,之后使用 Cu^{2+} 对小鼠体内的低密度
脂蛋白进行诱导,使其发生氧化,与对照组相比,对 LDL 氧化功能进行抑制的效果更好
的处理方式是使用 2% 浓度的普洱茶,其具有的抗氧化能力更强。

　　自由基又被称为游离基,具有较高的活性,可在生物体中对蛋白质等生物大分子造
成破坏,从而使机体出现癌症与心血管问题等诸多疾病。自由基关系到人体自身的健
康,然而饮用普洱茶可以很好地消除人体中的自由基,但是会对用量产生依赖。陈玉琼
等(2013)通过对普洱茶的抗氧化性进行分析,研究结果表明,普洱茶水提物对自由基的
活性有较高的清除效果,水提物中的乙酸乙酯部分与水层分别可以清除 O_2^- 和 OH^-。王
绍梅等(2019)选用 DPPH 和 FRAP 的方法对普洱茶的提取物进行了抗氧化功能的分析,
分析研究的结果证明,其溶液的整体抗氧化功能明显提高,普洱茶在发酵后会拥有较强
的 DPPH 自由基清除功能以及总体抗氧化活性,而且抗氧化活性通常是经过化合物的
组合实现的。与此同时,普洱茶中含有的锌等元素可以作为谷肤甘肽过氧化物酶和超
氧化物歧化酶的组成成分或作为二者的辅助因子,间接对自由基的清除能力起到激发
作用。

　　3. 抗疲劳作用

　　抗疲劳作用主要与人或动物体内蛋白质和含氮化合物的分解、血清尿素氮的形成
速度有关。抗疲劳物质能有效地减少体内蛋白质和促进含氮化合物的分解,降低血清
尿素氮的形成速度,提高肝糖原和肌糖原的贮备能力,从而提高机体的耐力和速度。

　　茶叶中的茶氨酸具有消除紧张、放松情绪的作用,动物实验证明茶氨酸能减少肝糖
原的消耗量,降低运动后血清尿素氮水平,促进运动后血乳酸的消除而达到抗疲劳的作
用。通过对普洱茶的特征成分即茶褐素、茶多糖与蛋白质等的复合体小白鼠进行抗疲
劳实验,发现其也可显著提高小白鼠的抗疲劳能力,且效果优于普洱茶水提取物。通过
对普洱生茶和熟茶同时对小白鼠进行耐力运动实验并检验其 BLA、BUN、LDH、LG、MG
的指标,检测结果证明,普洱茶的生茶与熟茶都可以增加小鼠在负重游泳时的耐力,同
时可降低在游泳结束后的 BLA 与 BUN,增加了 LDH 的活力与 LG、MG 的含量,即各种状
态的普洱茶都可以提高抗疲劳能力。

　　4. 降血糖作用

　　通过使用动物作为实验对象进行研究,研究结果表明茶叶可以对动物起到降血糖

的作用,倪德江等(2002)比较了多种茶叶的降血糖效果,发现每一种茶叶中包含的茶多糖都可以明显降低小白鼠的血糖。M. Shimizu(1999)认为茶叶之所以可以降低血糖,主要是因为茶叶中的茶多酚限制了相关葡萄糖运转体的活性,以此来减少身体对葡萄糖的吸收,从而实现降血糖的目标。

通过大量的临床实验,医学家发现普洱熟茶可以降低低血糖病人在空腹时的血糖含量,尤其是对降低患有空腹血糖损伤和空腹血糖≥11.1mmol/L病人的血糖含量有极好的效果。使用高通量筛选的办法查找普洱茶中包含的降血糖的活性物质,通过查找可知普洱茶醇提物可以激活PPARγ受体,从而起到降低血糖与血脂的作用。

世界上有许多研究机构对普洱茶的降血糖作用进行研究,DengYT等(2015)通过对普洱茶进行体外实验发现,茶多糖可以抑制α-葡萄糖苷酶的活性,还可以降低α-淀粉酶的抑制活性。喂养昆明种的小鼠应选用高糖阳性饲料,在饲养时灌输普洱茶,以此来观察普洱茶对血糖的干预功能,探究结果表明,普洱茶中的相关物质可以降低小鼠体内的血糖与胰岛素含量,降低α-葡萄糖苷酶的活性。张婷婷等(2018)给大鼠饲喂高糖饲料的同时灌喂普洱茶茶褐素以探究普洱茶茶褐素对大鼠空腹时血糖的影响,试验结果表明,该大鼠在空腹时的血糖含量会受到普洱茶茶褐素的抑制,而且剂量越高效果越好。

5. 降血脂

在法国巴黎大学工作的吕通教授对普洱茶的降血脂功能进行了试验研究,他使用普洱茶对小鼠进行喂食,通过实验结果,吕通教授认为普洱茶可以促进新陈代谢,对胞外酶起到了调节作用,还可以降低脂肪含量;台湾的一些科技研究者通过对普洱茶水提取物进行实验研究,研讨了普洱茶提取物的降血脂功能,研究表明普洱茶对胆固醇的合成有一定的抑制作用,而且饮用普洱茶可以起到降低胆固醇与蛋白质含量等物质的作用;日本学者也使用了我国的云南普洱茶作为研究对象,并进行了相关的动物实验,试验结果表明,经过普洱茶喂养的动物的血浆固醇脂类含量在6～8周后显著降低,并且通过长时间的喂养可以发现脂肪组织中的三酸甘酯被普洱茶分解;艾米尔·卡罗比医生的实验结果表明,我国云南产出的普洱茶可以有效地降低体内的酯类化合物以及胆固醇的含量;中国昆明医学院通过临床试验发现,相较于常用的降脂药品安妥明,使用普洱茶对高血脂病人进行医治的效果更好,不仅如此,长时间饮用普洱茶并不会出现副作用;贝纳尔·贾可托教授在临床实验中每天向高脂肪患者喂食三碗我国的云南沱茶,经过一段时间的研究发现,普洱茶可以降低脂肪含量;蒋玉屏副院长也通过研究证明,普洱茶可以帮助老年人降低血脂含量,而且发现茶山周边的农民寿命较长,他们长寿的原因之一离不开自身长时间饮用普洱茶。

Zeng L等(2015)通过研究提取普洱茶中含有的各类物质,研究表明粗提物对HMG-CoA还原酶(HMGR)和胰脂肪酶(PL)等具有竞争性的抑制作用,而且对LpPLA存在非竞争性的抑制作用,以此充分激发普洱茶降低血脂的功能。

6. 预防心血管病

西南农业大学通过研究证明,茶叶在渥堆时,黄酮类物质主要以黄酮的形式存在,而且黄酮和维生素P具有相同的功效,即防止血管硬化。但是对普洱茶而言,普洱茶形成特殊的成分主要是通过"渥堆"这一步骤,所以可知普洱茶可以更好地预防心血管硬化问题。何国藩、林月蝉等人通过研究发现,普洱茶可以舒张人体的血管,降低人体的血压,使心率与脑部流血量全部下降,老年人与患有高血压以及脑动脉硬化的病人饮用普洱茶具有更好的效果。孙璐西教授等人对普洱茶的抗动脉硬化进行了研究,发现普洱茶在一定程度上抑制了肝中胆固醇含量,提高了胰岛素在进食时的敏感度,因此普洱茶可以提高胰岛素的抗拒性,起到防止心血管疾病发生的作用。

7. 抗肿瘤活性(抗癌)

许多研究表明,普洱茶具有抗癌活性。梁明达与胡美英二人对普洱茶进行了长达十多年的研究,通过研究他们发现普洱茶具有很强的杀死癌细胞的能力,而且这种能力与茶水浓度也有一定的关系。癌细胞通过茶水的浸泡,自身会出现致死性的突变,事实证明茶叶可以使癌细胞变形从而逐步走向死亡。在研究时他们还使用了环磷酰胺对C57小鼠进行诱导,使小鼠出现细胞突变,突变发生后将茶水灌入小鼠胃部,通过检测发现普洱茶可以抑制细胞突变的产生,简而言之,普洱茶具有防癌功能。研究发现,普洱茶包含大量的抗癌维生素与微量元素。在日本医学领域证实普洱茶具有抗癌功能后,日本掀起了一股饮用普洱茶的热潮。

普洱茶所含的儿茶素类是其主要的活性物质,其中含量及活性较高的表没食子儿茶素没食子酸(EGCG)是一种广谱抗癌化合物,可抑制多种肿瘤细胞生长转移,并诱导其凋亡。赵航等(2011)研究了不同浓度普洱茶水提取物诱导宫颈癌HeLa细胞凋亡的分子作用机制,结果显示普洱茶对HeLa细胞的增殖抑制作用明显,具有浓度依赖性;且经普洱茶水提取物处理的细胞可见典型的凋亡形态变化。

赵欣等(2013)通过对普洱茶提取物是否可以抑制舌鳞癌细胞进行研究,最终的研究结果表明,普洱茶可以显著抑制舌鳞癌细胞的繁殖,而且随着逐渐增加普洱茶的浓度,这种抑制效果也逐渐增加;除此之外,普洱茶水提取物可以影响癌细胞的凋亡基因表达,还可以抑制癌细胞向人体其他部位扩散与转移。

韩莎莎等(2019)对普洱茶的挥发性组成成分中的抗癌活性因子进行了研究,将各种分离出的活性物质与小鼠肝癌和人体结肠癌、肝癌及乳腺癌4种癌细胞进行结合,得出结论表明普洱茶具有抗癌活性,被分离出的七种抗癌活性单体中,抗癌活性最强的单体为β-紫罗酮。

8. 健齿护牙

普洱茶富含茶多酚和氟,茶多酚中包含的儿茶素可以较好地抑制葡糖基转移酶(GTF)活性,以此来消除牙菌斑;一定数量的氟化物能使构成牙釉质的羟基磷灰石生成硬度更高的氟磷灰石。可以利用茶叶中包含的茶多酚抑制牙齿缝隙中的细菌滋生,还可以利用氟化物所具有的抗酸功能预防龋齿。曹进教授在对普洱茶的健齿功能进行研究时发现,普洱茶对菌斑有一定的抑制作用,为保证其发挥最有效的效果,应将普洱茶的浓度控制在0.125%~1.0%之间,其中浓度为1.0%时可以发挥最好的效果。普洱茶之所以可以抑制菌斑的形成以及具有健齿的功能,主要是因为普洱茶抑制了葡萄糖中包含的转移酶的活力,细胞外部葡萄糖在聚集时受到了阻止。中南大学湘雅医学院赵燕等人通过观察普洱茶中含有的茶多酚以及氟化物含量的变化,初步讨论了普洱茶的防龋功能,讨论结果表明,普洱茶中含有的水溶性氟含量大致在180.72～229.83毫克/千克之间,为保证吸收的氟含量可以有效地发挥防龋作用,需要饮用4克普洱茶,茶水浓度应控制在0.5%左右,而且需要冲泡50分钟后方可达到目标。

9. 普洱茶的抗菌、抗炎、抗病毒

WU等(2007)的研究表明,普洱茶可以防止病菌突变,对于革兰氏阳性菌具有相应的抗菌活性。西班牙已经将普洱茶加入香肠的制造中,而且提高了香肠的上架期。与此同时,有某些研究表明,相比于绿茶与乌龙茶,普洱茶中的提取物对SARS病毒的3CL蛋白酶的活性有更好的抑制效果,它可以抑制病毒的复制,具有较强的抗病毒效果。

WU S C等(2010)对普洱茶抗诱变作用进行了研究,结果显示普洱茶水提物对黄曲霉素B1和硝基哇琳氧化物具有一定抗诱变作用。卢添林等(2015)采用微量肉汤稀释法测定普洱茶水提物对金黄色葡萄球菌、副溶血性弧菌等12种常见细菌的最小抑菌浓度,结果显示普洱茶水提物对金黄色葡萄球菌、副溶血性弧菌及产气荚膜梭菌的抑菌效果较佳。PEI S B等(2011)使用稳定的HBV转染的HepG2细胞对普洱茶提取物的抗HBV的作用进行了分析,结果显示,由普洱茶活性成分引发的细胞毒性较低,且能有效地减少HBeAg的分泌和抑制乙肝病毒的mRNA表达。

10. 缓解烟毒危害

程志斌等(2007年)通过被动吸烟模型,研究了普洱茶减弱小鼠烟毒的功能,相关的研究结果显示,在同时吸烟与饮用普洱茶后的14～42天之后,血液中的尼古丁含量与饮用生理盐水相比更少,事实证明普洱茶对降低尼古丁含量具有一定的功效,而且此功效与时间成正比。与此同时,刘旸等人在2007年对被动吸烟小鼠的生长能力与碳氧血红蛋白和血红蛋白的浓度进行了检测,事实证明,普洱茶对生长功能与红细胞的载氧能力都有一定的促进作用。上述实验表明,普洱茶对缓解烟毒危害有一定的作用。

三、普洱茶修身养性

饮茶是中国人传统的生活方式,而茶是大自然赋予人们修身养性的高雅饮料。

喝茶,既高雅又极其大众化,俗中有雅,雅俗同好。"茶圣""茶民"各有所好,各得其乐。茶也是中国老百姓招待客人和修身养性的一种手段。作家艾煊说过:"茶为内功,无喧嚣之形,无激扬之态。一盏浅注,清流,清气馥郁。友情缓缓流动,谈兴徐徐舒张。渐入友朋知己间性灵的深相映照。"这是一种在解渴之外又可品尝,并兼有礼仪的茶饮。早在南北朝时就有"坐客竞下饮"的习俗,流传到如今,"客来敬茶"更为普遍。

唐末刘贞亮的"茶十德"更是明确提出茶德的概念:①以茶散闷气;②以茶驱腥气;③以茶养生气;④以茶除厉气;⑤以茶利礼仁;⑥以茶表敬意;⑦以茶尝滋味;⑧以茶养身体;⑨以茶可养心;⑩茶可行道。"茶十德"中不仅有茶养身、驱腥的功效,也提到茶的怡情、养性的作用。茶的天然特性升华为精神象征,具体的煮泡操作过程转化为修炼品行、陶冶性情的精神活动,茶香的温和淡雅、茶汤的清澈明亮、茶性的天然纯正引发人们对茶的种种赞美以及对自身的反省。通过茶,人们追求清静、清心;和谐、谦逊;纯朴、简约。人们以茶礼仁，以茶行道，以茶表敬意，以茶养心，通过茶事净化心灵，进而达到"修身、齐家、治国、平天下"的最高理想。

普洱茶汤色红浓、陈香独特、滋味纯和，饮后让人心旷神怡。其令人陶醉的汤色犹如一杯诱人的红葡萄酒，使人意味深长，其拥有的特殊香气会使人产生回忆。在品茶的同时，人们往往会放慢自己前进的步伐，忘记生活的烦恼，在精神上进行一次时间并不长的旅行，放松自己的思想。

除此之外，普洱茶深厚的文化底蕴一样可以陶冶情操，愉悦人体精神。这不仅仅是因为品茶能给人带来精神愉悦而且与茶叶的各营养物质的保健效果也有密切关系，从而让人沉迷。

图5-1和图5-2分别为明清时期的《品茶图》和《蕉阴品茗图》。

图5-1 明 孙克红 品茶图
程十发藏画陈列馆藏

图5-2 清 吕焕成 蕉阴品茗图
西安美术学院藏

第五节 科学品饮普洱茶

一、古代关于饮茶禁忌的论述

明朝的冯可宾总结古人饮茶经验，认为在13种情况下适宜饮茶：清闲无事之时、佳客来访之时、独自幽坐之时、吟咏诗文之时、挥笔抒怀之时、室内徘徊之时、恹睡初起之时、酒醉未醒之时、山家清供之时、与僧清谈之时、心情疏朗之时、品鉴赏玩之时、与书童闲谈之时。(《岕茶笺》)同时,他又提出饮茶有"七不宜":不如法、恶具、主客不韵、冠裳苛礼、荤者杂陈、忙冗、壁间案头多恶趣。烹茶不按规矩、茶具不好、主人与客人间的情趣不同、必须穿戴官服礼仪严格的场合、满是荤腥菜肴的案头、公务繁忙的时候、墙壁案头有败人兴致的东西,凡属以上情况之一都不宜饮茶。

由于喝茶的不良习惯导致饮茶者出现健康问题在很久以前的医学资料中就已经有所记录。

据本草纲目记载,嗜茶成癖者,时时咀嚼不止,久而伤营,伤精血,不华色,黄瘁瘦弱,抱病不悔,大可叹惋。其他的一些医药书籍也有类似的说法。总而言之,饮茶过量的害处有3种:

(1)伤精血,冷脾胃,渐渐导致面黄肌瘦、减食、呕泄等。

(2)渴症,多食茶汤,病不能愈。

(3)空腹饮茶,直入肾经,对肾不利。

清朝的著名医生张璐认为,长时间喝茶的人,容易伤精,血液颜色不够鲜艳,脸色瘘弱,会呕吐。每日早晨喜欢喝茶的人,每次喝完后都会对肾气造成损伤,酒后喜欢喝茶的人,一般会成瘾;《琐碎录》中有"莫吃空心茶"的记载,认为空腹喝茶会使人产生心慌的感觉,而且如果饮用的茶水已经放置一夜,则会伤害人的脾胃,过量饮茶会导致人日渐憔悴;在中医中还存在茶会降低人参功效的说法。

二、科学饮用普洱茶有益于健康

饮茶是有一定讲究的,为了自身的健康长寿,需记住饮茶宜忌。饮茶要适量适时,否则会适得其反,对健康不利。

1. 茶叶是否越新鲜越好?

有很多人觉得饮用新鲜的茶叶更好,尤其是刚刚从树上采摘的茶叶。事实上这是一种错误的认知。站在营养学的角度看,新鲜的茶叶并不一定拥有最好的营养成分。这是因为刚采摘的茶叶冲泡的茶汤没有晾置一段时间,其中的酚类、醇类和醛类等物质没有进行完全的氧化,如果长期饮用这种茶叶会使人体的腹部产生一系列不良反应。尤其是对病人而言,饮用新鲜的茶叶冲泡的茶汤会产生更加不好的影响,例如一些患有胃溃疡或者胃酸的老年人,他们在饮用新茶时胃黏膜会受到一定的刺激,导致肠胃出现不良反应,甚至会加重病人自身的病情。

2. 什么时间不宜喝普洱茶?

(1)空腹时忌喝普洱茶。空腹时喝普洱茶,茶性会进入人体的肺腑,使脾胃渐渐变冷,出现"茶醉"现象,主要的症状为心慌、乏力、腹痛、头晕眼花等一系列不良反应,而且空腹时喝茶会干扰身体对蛋白质的吸收过程,还会导致胃粘膜炎。如果出现"茶醉"现象,可以通过喝糖水来解决这一问题。由此可见,早晨起床时喝茶是一种不良习惯,特别是一些肾虚体弱的人更不应该空腹喝普洱茶。

(2)饭前、饭后不宜饮普洱茶。吃饭前后20分钟内不适合喝普洱茶,这是因为在吃饭前喝普洱茶会降低胃酸浓度,从而对饭产生一种食之无味的感觉,而且喝普洱茶会干扰体内消化器官的消化系统发挥功能;如果饭后直接喝普洱茶,食物中包含的蛋白质等物质会与普洱茶中的鞣酸发生反应,影响人体对这些物质的吸收。

(3)喝药时不适合用普洱茶水送服。这是因为普洱茶中含有的茶碱等物质会与药物产生一定的化学反应。在服用具有镇定功能的药物与富含蛋白质的药物时,普洱茶多酚会与其发生化学反应而产生沉淀,所以为了保证药物的作用可以合理发挥,不应用普洱茶水送服。

有些中草药如麻黄、钩藤、黄连、人参、党参、元胡、黄连、曼陀罗、川牛夕等,其中一些有效成分能和鞣酸结合形成不易被人体吸收的沉淀物,从而影响疗效。通常认为,在吃药两小时之内不应当喝普洱茶。

但是如果病人服用的药物是维生素类的,那么此时茶水不会对药物的作用造成干扰,主要原因就是茶叶中包含大量的茶多酚,它们可以帮助人体对维生素C进行吸收,与此同时,普洱茶中也包含了许多种维生素,因此,茶叶也可以促进人体吸收药物,对病人恢复健康有一定的作用。除此之外,民间也有服用补物时不应饮普洱茶的说法,这种传言也具有一定的合理性。

(4)酒后喝普洱茶无助于解酒,只会伤肾、损心。

(5)身体发烧时不宜饮普洱茶。通过科学研究表明,茶碱可以升高人体的温度,而且可以限制药物的降温作用。因此,发烧的病人不应饮茶。

(6)忌睡前饮普洱茶。睡觉前两小时内不宜饮普洱茶,这是因为普洱茶中含有可以使人兴奋的物质,会造成失眠,特别是新采摘加工的普洱生茶,更容易造成神经兴奋,出现失眠问题。

(7)忌饮隔夜茶。喝普洱茶最好是泡后立即饮用,如果放置较长时间,会降低茶水内的维生素等营养物质的含量,还可能使茶水变质。

3. 保温杯泡茶会造成营养损失

一些坐在办公室上班的人喜欢在办公室放一个保温杯,在清晨就泡好一杯茶叶,到一天的工作结束时茶水依旧是温的。很多这样做的人都觉得这样的茶水口感更佳,而且可以保温较长时间,但实际上这是不正确的。普洱茶是一种天然形成的保健饮品,其中含有大量的蛋白质、糖和脂肪等营养物质,而且其中含有的茶多酚与色素等诸多物质也使得茶叶具有许多药理作用。但如果使用保温杯泡茶,就会导致茶叶长时间浸泡在温度较高的热水中,使茶叶中含有的茶多酚等物质被浸出,从而加重茶水颜色,味道也更加苦涩。不但如此,长时间浸泡在热水中的茶叶会挥发出大量的芳香油,渗出许多茶碱与鞣酸,这种情况下茶叶中的营养价值会下降,香味也会减弱,而且会增加许多有害物质,使茶汤色浓,味苦涩,并有闷沤味。除此之外,维生素C等诸多营养物质会受到高温的影响,自身的保健功效会被破坏。

除了使用保温杯之外,还有人在泡茶时使用搪瓷茶具,这也是不正确的做法。因为此种茶具经过长时间的使用会出现磨损,使铁质外表暴露而出,其中的金属成分会溶解于茶水之中,使茶叶失去原有颜色,味道也会改变。不仅如此,搪瓷茶具散热较快,茶的香气会很快散尽。泡茶时可以选择紫砂壶或者陶制器具,待茶叶冲泡完毕倒入保温杯中。

4. 青少年喝普洱茶的好处

普洱茶在很久以前就是大众化的饮品,不管性别与年龄,喝茶对人自身的健康都有一定的好处,但是茶的浓度要根据自身情况来控制。现如今大部分家庭的孩子都是独生子女,存在一定程度的娇生惯养,所以他们会出现多饮的情况,这会导致青少年缺少某些营养元素。饮用一定的茶水可以对肠道起到缓和作用,对于胆汁的分泌等也有一定的益处。普洱茶中的维生素等物质对脂肪可以起到调节作用,加快身体的吸收。除此之外,茶汤中还存有可供青少年吸收的有助于生长发育的各类矿物质,例如锌、锰等元素,如果缺少这两种元素则会导致儿童的生长缓慢,造成自身的骨骼畸形,长不高。而且,青少年喜爱吃甜品,这些含糖较高的物质容易使牙齿受损,而普洱茶中的茶多酚化合物可以抑制牙缝中细菌的滋生,以此防止龋齿的出现。

5. 普洱茶中的矿物质元素对人体的作用

茶叶中含有4%～7%的无机物,其中50%～80%可溶于热水中被人体所利用。普洱茶中主要矿物质成分是钾和磷,其次是钙、镁、铁、锰、铝等金属元素,微量元素有铜、锌、钠、镍、硼、铍、钛、矾、硫、氟、硒等。矿物质所组成的无机盐类是生物体必需的组成部分,它们最重要的功用是:维持体液的生理平衡;维持一定的渗透压,建立缓冲系统;使机体具有刺激性和反应性,通过酶的强化或抑制作用影响代谢过程;作为骨骼、牙齿的原料。如钠和氯是维持细胞外液渗透压的主要离子,还可增加神经肌肉的兴奋度。人体中缺少铜、铁、锰元素,造血系统会受到干扰;锌对人体而言也是十分重要的元素,具有增强免疫力及促进细胞再生的功能;氟能起到预防龋齿的效果;硒对人体具有抗癌的功效。

6. 普洱茶中的维生素对人体的作用

茶叶中含多种对人体有重要作用的维生素。如维生素C对人体具有多种功效,它能参与细胞间质的形成;能防止坏血病,增强机体的抵抗力,促进创口愈合;能起解毒作用及促使脂肪氧化排出胆固醇。茶叶中还含有维生素B族及维生素A、K、E,能维持神经、心脏和消化系统正常运转,并能保护人的视力,使人延年益寿等。

7. 每天喝几杯普洱茶对人体最有利?

饮茶有很多好处,主要是茶叶中含有的多种营养成分(蛋白质、氨基酸、糖、脂肪、维生素、矿物质)和药效成分(儿茶素、茶多酚、脂多糖)经冲泡后可溶于水综合作用的结果。按照人体每天对上述成分的需要量,通常每天喝3～5克干茶量就可摄取某些营养元素和药效成分,少则5%～7%,多则可达50%左右。

8. 普洱茶泡几次饮用最好?

通过分析可知,茶叶中的物质有接近四成可以溶于水中,一般质量较好的绿茶含有较多的可溶物,这些可溶物主要为茶多酚等。根据检测结果得出结论,第一次泡茶能溶出可溶物总量的50%以上,第二次约30%,第三次约10%,第四次仅有1%～3%。一壶普洱茶的泡茶次数应当结合普洱茶的品质与数量来决定,通常红茶与绿茶的冲泡次数应小于四次。那种一杯普洱茶从早泡饮到晚,成了白开水还继续加开水的做法不可取。

理想的泡饮法是每天上午一杯茶、下午一杯茶,既新鲜又有茶味。

普洱茶中含有大量的维生素与氨基酸等物质,首次冲泡普洱茶时这些物质有八成都已经被浸出,在第二次泡茶时浸出率已在95%以上。从营养角度上分析,冲泡二次为宜。综合来看,每杯茶(放茶叶3克)最多冲泡不超过三次,以两次为宜,第一次质量最高。

9. 普洱茶冷饮与热饮哪个更解渴?

人体在水分含量不足时,会对身体的代谢功能造成干扰,增加体温,使得体内水分更加缺乏,导致身体产生一系列问题,主要的不良反应是口干舌燥。在口渴时喝水可以缓解口渴的症状,但相比于喝水,喝茶的效果更好。喝茶时需要注意茶叶的温度,温热是最佳温度,它可以提高听力与视力,使人感觉更加精神。不仅如此,喝热茶可以在最短时间降低皮肤表面的温度,从而减轻口渴的感觉,但是如果饮用的茶叶温度较低,皮肤温度就不会有较明显的变化。事实表明,解渴应选择热茶。

10. 忌饮用劣质普洱茶或变质普洱茶

普洱茶的保存条件要求较高,由于普洱茶自身会吸收空气中的水分导致霉变,霉变后的茶叶不得不丢弃,一些爱茶人士对此很是惋惜。发生霉变的茶叶中含有大量的有害的元素,对人体危害很大,是严禁再服用的。同时,一些上等茶叶泡的时间过长,茶水被氧化以及微生物的大量繁殖,也会产生对人体有害的物质,最好不要饮用。

11. 盛夏饮热普洱茶好吗?

《随息居饮食谱》中对茶的功效写道:"清心神醒酒除烦,凉肝胆涤热消痰,肃肺胃明目鲜渴。"饮茶的好处甚多,那么盛夏饮热茶也有好处吗?

(1)饮普洱茶可消暑解渴,清热凉身。喝热茶能促进汗腺分泌,大量水分通过皮肤表面的毛孔渗出体外并得以挥发。每蒸发1克水就能带走0.5千卡的热量,蒸发水分越多,散失的热量就越大。用红外线湿度记录仪测定皮肤温度发现,喝热茶10分钟后,可使体温下降1~2℃,并可保持20分钟左右。

(2)普洱茶汤中含有的茶多酚、糖类、氨基酸等与唾液发生反应,使口腔得以滋润,产生清凉的感觉。

(3)普洱茶中的咖啡碱能刺激肾脏,促进排泄,从而使热量和污物排出,并达到降低体温的目的。

12. 饮烫普洱茶好吗?

我国老年人喜欢饮烫茶,尤以冬夏两季多见。他们认为喝烫茶可使腹部感到温暖,并且解渴。那么喝烫茶究竟好不好呢?喝烫茶的人,喜欢用沸水沏茶,以保持高温。殊不知沸水沏茶,会把芳香成分冲跑,同时也破坏了水溶性维生素,这样既减弱了茶的固有芳香,也影响了人体对维生素的吸收利用。再者,饮烫茶会使消化系统有灼烧般的刺激感,长此以往会造成消化道黏膜充血、糜烂,甚至溃疡。据报道,长期食用过烫的食物,容易引发唇癌、食道癌及胃癌。所以,应尽量避免饮用烫茶。

三、特殊人群饮用普洱茶需注意的事项

1. 神经衰弱者慎饮茶

茶叶中含有的咖啡碱能促进神经中枢的兴奋度,对于神经衰弱的人而言,在晚上饮茶会导致过度兴奋而失眠,加重难以入睡的情况,但若在白天或者午后饮茶,则会提高患者的精神状态,晚上心情舒畅,促进睡眠。

2. 孕妇忌饮茶,尤其不宜喝浓茶

茶叶中含有的微量元素、茶多酚、咖啡碱等会透过胎盘屏障影响胎儿的正常发育,甚至导致胎儿的智力下降,因此孕妇在怀孕期间最好不饮茶。

3. 妇女哺乳期不宜饮浓茶

哺乳期间饮用浓度较高的茶水,咖啡碱会通过乳汁到达小孩的口中,导致小孩神经中枢兴奋,造成小孩失眠,难以入睡而哭闹的情况。

4. 溃疡病患者慎饮茶

茶能够促进胃酸的分泌,大量饮茶对患有胃溃疡的患者是不利的,将加重病情的发展,此类人群不宜长期饮用浓茶。但对于轻微患者而言,在服药后饮用些许淡茶将利于胃黏膜的保护屏障的形成,同时也利于消化。适当的饮茶也可以减少体内的亚硝基化合物的生成,预防癌症的发生。

5. 营养不良者忌饮茶

茶叶中含有分解脂肪的物质,营养不良的人应当减少饮茶量或者不饮茶,否则会加重病情。

6. 尿结石患者忌饮茶

草酸钙是尿路结石中的主要成分,然而茶叶中就含有草酸,随着尿液的排泄,将会加重尿路结石的形成,因此尿结石患者最好减少饮茶,这不利于病情的恢复。

7. 冠心病患者谨慎喝茶

茶中含有的咖啡碱、茶碱都能兴奋神经中枢,这对本身就心率快、期前收缩或心房纤颤的冠心病患者而言无疑是危险的,大量的饮用浓茶将会加重病情,此类患者只适合少量饮用淡茶。相反,对于心率较低的人而言,适量饮用一些浓茶反而有利于病情的恢复。

8. 高血压患者不宜饮浓茶

浓茶是指头泡茶每克用沸水量少于50毫升的茶。高血压患者最好服用淡茶,这是因为茶中含有的咖啡碱将会造成血压上升,不利于高血压患者的病情恢复。

9. 老年人不宜饮生茶

生茶对胃黏膜的刺激性很强,大多数人在饮用生茶后易出现胃部不适的情况,尤其是老年人。若是无意购买了此类生茶,应先用无油的铁锅文火煎制,去除青气后再冲泡

饮用。

10. 儿童不宜喝浓茶

浓茶中茶多酚的含量过高,和食物一起食用时会和其中的铁元素发生反应,从而减少人体对铁元素的吸收,因此儿童不宜饮用浓茶,但可以适量喝一些淡茶,饮用浓茶将导致儿童出现缺铁性贫血。

思考题

1. 请简述刘贞亮的"茶十德"的内容。
2. 请简述咖啡碱的功效。
3. 请简述茶多酚所具有的保健功效。
4. 请简述普洱茶的香气形成过程和来源。
5. 过量摄入咖啡碱对人体有什么危害?
6. 过量摄入氟对人体有什么危害?

第六章 茶馆文化学

第一节 茶馆的起源与发展

茶馆,是中国茶文化的有机组成部分。作为饮茶的公共场所,自古以来有许多称谓,如茶寮、茶室、茶坊、茶肆、茶楼、茶摊、茶担、茶园、茶亭等。

茶馆是随着茶饮行为的普及而逐渐兴盛起来的公共饮茶场所,其雏形可以追溯至两晋的茶摊。现在普遍认为,茶馆起源于两晋时期,形成于茶文化勃兴的唐代,宋元明清时代兴盛发展,在近现代畸形化发展,1970年间,茶艺馆逐渐兴起,从此茶馆发展步入新的历史阶段。茶馆几乎浓缩了中国历史的变迁,不再是一个微不足道的生活空间。熟悉茶馆的发展历史,对把握当代茶馆业的发展方向有很大意义。

一、两晋茶馆

两晋是茶馆的萌芽时期。饮茶行为有很长的历史,茶之为饮,发乎神农氏,原始社会时期,茶已经进入人类的视野。随着生产力的发展,茶叶不再只是一种自足的食品、饮品、贡品,而是成为一种商品,用来售卖交换以获得利润。茶饼、茶叶通常在茶店或茶铺售卖,西汉时期王褒《僮约》中有"烹茶尽具""武阳买茶"一说,可见当时已有茶店专卖茶叶。但是,将茶饼或茶叶煮成茶粥、泡成茶汤,然后再售卖出去,就属于茶馆的经营行为了。

随着茶文化的普及,便出现专门为人煮茶的服务人员以及供人解渴和品饮的场所,众所周知茶摊促使饮茶成为服务型行业的一员,而不是我们认为的茶馆。根据历史记载显示,茶摊最早出现于两晋时期,在南北朝神话小说《广陵耆老传》中有记载,晋元帝年间,有位老太太每天提着茶去市集上卖,买的人争着要,从早到晚,从未间断。从这则神话中,我们可以推断,晋朝时已经有这种手提、肩挑或者推着简易小车去街市售卖茶汤或茶粥的行为。这种货郎担式的售卖方式,属于典型的商品经济早期阶段的市场行为。两晋南北朝时期,茶文化已经走出大西南,沿着长江流域向东扩散,甚至随着南北人口融合开始向北方传播。

在茶文化大潮席卷全国的背景之下,出现专门售卖茶粥或茶汤的场所也就顺理成章了。但是该时期,茶粥或茶水的售卖还没有固定和成形的营业场所,茶摊仅仅属于简易的流动式茶馆,是茶馆的雏形,茶馆还处于萌芽之中。

二、唐代茶馆

唐代是茶馆的形成时期,这与当时饮茶之风大行天下密不可分,陆羽《茶经》的问世更是起着难以磨灭的作用。唐代是茶文化确立并得到长足发展的时期,作为茶文化的重要宣传场所和载体之一,茶馆也开始成形。

唐代封演的《封氏闻见记》卷六中记载:"开元中,泰山灵岩寺有降魔师大兴禅教,学禅务于不寐,又不夕食,皆许其饮茶。人自怀挟,到处煮饮。从此转相仿效,遂成风俗。自邹、齐、沧、棣,渐至京邑,城市多开店铺煎茶卖之,不问道俗,投钱取饮。"可见当时,河南、山东、河北、陕西等地已有煎茶出卖的店铺。唐代禅学的兴盛促使茶饮之风大兴,在此背景之下,煎茶售卖脱离流动式的茶摊时代,开始拥有固定的营业场所,只是当时还没有命名为茶馆,只称茶铺,但是茶铺已有茶馆之实。

随着茶铺的发展,又出现了一些茶馆的形式,比如茶坊、茶肆、茶邸、茶寮等。它们虽不能简单地与茶馆相提并论,只是茶馆在特定时代下的一种名称或形式,可能在一些服务上有所不同,但在提供茶水这一基本服务上是一致的。牛僧孺的《玄怪录》记载,长庆年初,长安开远门十里处设有茶坊,茶坊中大小房间都有,为商人旅客提供服务。茶坊既加工茶叶又售卖茶水,还为商旅提供房间休息。《旧唐书·王涯传》记载榷茶使王涯狼狈出逃时,在永昌的茶肆里被禁兵抓捕。肆是店铺的意思,茶肆也就是茶的店铺。另外,《封氏闻见记》中也提及"茶邸",茶邸的建筑规模要比茶肆、茶坊更大,它除供应茶水之外,还需兼有住宿的功能,与茶馆的性质较为接近,逐渐形成茶馆的雏形。唐代禅宗盛行,寺院内专设有茶堂,用于禅僧探讨佛学和招待来宾,西北方设有茶鼓,专门负责煮茶的僧人称为"茶头",寺院的茶堂后来又被称为茶寮。

茶馆业的发展,离不开经济的繁荣。唐朝是中国封建史经济繁荣的巅峰,城市经济有很大发展,以市民阶层为代表的茶叶消费群体开始兴起,他们逐渐成为茶肆、茶坊的老主顾。另外,茶税制和贡茶制的确立也极大地刺激着茶叶经济的发展,同时也把茶馆业推向兴盛。

唐代茶馆拥有多种形式,茶肆、茶铺、茶坊、茶寮,还有乡间马路上的茶棚、茶亭,农家的茶灶、茶房,这些不同的茶馆形式宣告着茶馆业的兴起和茶馆的初步成型。唐代茶馆主要以卖茶为主,设施简单便捷,为市民茶饮提供服务,无论是在陈设和装饰上面都是在初始阶段。唐代的茶馆和茶文化一样,虽然气势恢宏,但也才刚刚踏上前进的道路。

三、宋元时期的茶馆

宋代茶馆事业到达成熟阶段。随着茶饮和商品经济的不断发展,宋代的茶馆业务走向兴盛,奠定了我国茶馆文化的基础,促进茶馆业走向时代的高峰。

唐代时,茶已成比屋之饮,宋代的饮茶之风比之有过而无不及。一个原因是茶叶生产技术在宋代有很大进步,由于贡茶制度的确立,很多官员将毕生精力投入钻研种茶、制茶技术上,出现了一些颇有影响力的茶书。更重要、也更直接的原因可能是上层社会嗜茶成风,王公贵族经常举行茶宴,皇帝也将茶叶当成一种对群臣的赏赐。虽然宋徽宗和唐太宗不一样，并不是一个雄才大略的帝王，但却是一个修养很高的艺术家，精通茶艺和茶道，并撰书《大观茶论》。在上行下效的古代社会，这对茶饮行为的普及是一种很大推动。"盖人家每日不可阙者，柴米油盐酱醋茶"，无论是君子还是小人，是穷人还是富人，没有不喜欢茶的，茶就像米和盐，一天都不能少。宋代茶文化是对唐代茶文化的进一步发展，唐时的基础、五代十国的加固，撑起宋代茶文化的发展局面。宋代，茶已经是一种国饮。举国上下，不同社会阶层都将茶视为不可或缺的生活必需品。茶馆的繁荣，茶馆业的兴旺发达也就顺理成章。

茶馆业的兴起还有一个条件，就是城市商品经济的发展。城市发展是商业繁荣的一个标志。从《清明上河图》中描画的景象可以窥见宋代城市经济的繁荣景象。北宋时期，商业经济的突飞猛进，市坊格局的打破，使大量人口进入城市，市民阶层迅速膨胀。市民中的很大一部分人是商人，既有小商客和店老板，也有经济实力雄厚的大富商。商业的繁荣和人口的急剧膨胀刺激着饮食、娱乐、住宿等行业的发展。在如此强大的市场需求下，宋代茶馆无论是在设施装潢、经营理念、服务供求等都不断完善，相比唐代茶馆更加成熟。在宋代的都城，茶肆茗坊汇聚，大街小巷均可见。在城内的朱雀门大街、潘楼东街巷、马行街等繁华的街巷都可看见茶坊的身影。孟元老《东京梦华录》中就有记载："旧曹门街北山子茶坊，内有仙洞、仙桥，仕女往往夜游，吃茶于彼。"马行街"约十里余，其余坊巷院落，纵横万数……各有茶坊、酒店、勾肆饮食"。此类茶馆在建筑结构上独具匠心，例如修筑仙洞、仙桥，增加了饮茶的趣味和高雅品位，领先于唐代的茶馆。宋代，接洽、交易、清谈、弹唱都可在茶馆看到，以茶进行人际交往的作用逐渐凸显起来。

元代茶馆业一度受到重创。蒙古贵族喜食奶酪，前期，统治者又对中原进行残酷的等级统治，给中原茶叶经济发展带来很大的负面影响。在元朝后期，统治者为了巩固政权，也出台了一系列促进农业发展的政策，茶叶经济逐渐恢复，茶馆业也因此得到了发展。马致远杂剧《吕洞宾三醉岳阳楼》有言："在这岳阳楼下开着一座茶坊，但是南来北往经商客旅，都来我这茶坊中吃茶。"可见当时，茶馆接待四面八方来的旅客，茶馆业主要因往来商人才繁荣起来。

和唐代相比，宋元茶馆依然沿用茶肆、茶坊、茶店等称呼，但是茶馆装饰更加精致，服务也更加完备，除提供茶水、茶点之外，茶馆的休闲娱乐功能进一步加强，装修更讲究，环境营造更具艺术性。同时由于茶馆业的繁荣，第一次出现茶馆的职业雇工——茶博士，他们拥有专业的煮茶技艺，对茶的专业知识有一定了解。这种茶馆职业人员的出现是茶馆成熟的一个典型标志。

四、明清时期的茶馆

明清是茶馆的兴盛时期，茶馆一词也正式出现，此后其流行程度逐渐超过茶寮、茶坊、茶楼、茶肆等传统叫法。明清是中国封建社会的末期，也是巅峰时期，传统茶馆业也进入封建农耕时代的鼎盛时代。这从明代仇英《清明上河图》(图6-1)中可见一斑。

图6-1 （明）仇英 清明上河图(局部)收藏于辽宁省博物馆

注:此图右上方,有个白色方形的"细巧茶食"招牌

茶馆业的兴盛离不开茶饮文化的风行,明代一改唐宋时期饼茶的煎煮烹点,改为直接冲泡散茶,贡茶也废除饼茶,"罢造龙图,唯采芽茶以进"。散茶的普及极大地推动了饮茶的流行,同时也促进了茶馆业的发展。商品经济的进一步发展也是茶馆业兴盛的一个条件。明代中后期,资本主义萌芽开始出现,市民阶层逐渐壮大,为茶馆业提供了庞大的消费群体。明代茶馆不同于唐宋时期,开始有了明确分化,逐渐形成不同类型的茶馆,按消费人群分,大致可分为大众性普通茶馆和专业性高端茶馆。

大众性普通茶馆。该类茶馆能满足一般市民饮食和消费玩乐的需求,不仅售卖茶水、茶点,还提供说书、曲艺等娱乐项目,如图6-2所示。田汝成在《西湖游览志余》中记载:"杭州先年有酒馆而无茶坊……嘉靖二十六年三月,有李氏者,忽开茶坊,饮客云集,获利甚厚,远近仿之,旬日之间,开茶坊者五十余所,然特以茶为名耳。"这种茶馆即属于大众性普通茶馆,通常以娱乐消费赢利为目的。

图6-2 晚清时期人们喝茶看戏两不误

专业性高端茶馆。该类茶馆一般主要面向精通茶道的文人墨客、达官贵人,环境优

美,茶具高档,名茶好水齐备。明朝茶文化逐渐倾向于雅致逸韵,文人士子通常品茶明志,促使一部分茶馆向高端雅致的方向发展。明末张岱在《陶庵梦忆》中记载:"宗祯癸酉,有好事者开茶馆,泉实玉带,茶实兰雪,汤以旋煮,无老汤。器以时涤,无秽器。其火候、汤候,亦时有天合之者。余喜之,名其馆曰'露兄',取米颠'茶甘露有兄'句也,为之作《斗茶檄》。"张岱所说的露兄茶馆就属于专业性的高端茶馆,这种茶馆与大众性茶馆有本质不同,主要以谈茶论道、修身养性为宗旨,多一些雅韵,少一些俗气。

清代茶馆延续了晚明时期的特色,逐渐呈现出繁荣昌盛的景观,在茶馆的数量、种类以及功能上都更加丰富,融入进普通群众的生活。仅在北京,有名的茶馆就有30多所,上海更是多达60多所。图6-3为晚晴时期上海城隍庙湖心亭茶楼。乡镇茶馆,例如太仓的璜泾镇,整个镇居民人数远低于茶馆数量。

图6-3 晚清时期上海城隍庙湖心亭茶楼

清人徐珂的《清稗类钞》在"茶肆品茶"和"饮食类"中均有对茶肆饮茶情形的描述:"茶肆所售之茶,有红茶、绿茶两大类别。红者曰乌龙、曰寿眉、曰红梅;绿者曰雨前、曰明前、曰本山。有盛以壶者,有盛以碗者,有坐而饮者,有卧而啜者。"可见当时茶馆中茶品丰富,自然吸引不同口味嗜好的茶客光临。

作为一个在饮茶历史上非常著名的嗜茶皇帝,乾隆不但举办"万古未有之盛举"的千叟宴,还在皇家圆明园中修建了一座同乐园茶馆,想和民众同乐。乾隆这么做,不仅为赏玩,亦是想借此了解民间饮茶的风俗习惯。清代的戏曲同样也很兴盛,茶馆与戏园都是民众娱乐的首选场所。有生意头脑的人将两者结合在一起开店,生意颇好。宋元年间,戏曲艺人在茶苑酒坊营业,到清代茶馆开始设有戏台。清代末期北京茶馆有一主要特色就是和曲艺结合,这对于茶馆业和戏曲的发展都有很大的促进作用。

明清茶馆是中国传统茶馆的巅峰,鸦片战争之后,中国逐渐沦为半殖民地半封建社会的国家,加上外来文化的冲击,传统茶馆业一度趋向式微。图6-4为《点石斋画报》中描绘的清代茶馆。

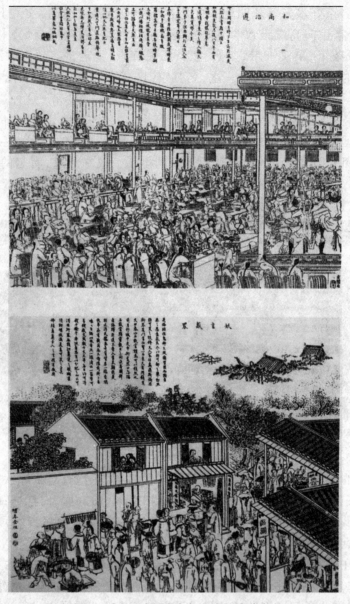

图6-4 《点石斋画报》中描绘的清代茶馆

五、近代茶馆

  茶馆业的兴衰与时代有很大关系,社会繁荣,茶叶经济发达,茶馆业也就相对兴盛。相反,社会动乱,茶叶经济被人掠夺,茶馆业自然就趋向衰败,或者向畸形发展。

  清末民初,中华大地上硝烟滚滚,资本主义国家通过逼迫清政府签订不平等条约掠夺中国的经济资源。英国人为逆转贸易差额,向中国输入鸦片。从此,茶馆不得不为烟馆让出一部分客源。20世纪,中国茶业是逐渐衰败的,1918年茶叶出口量是2.45万吨,1949年仅0.75万吨。相对于茶业的衰败,茶馆呈现出一派乌烟瘴气的繁荣。酒吧、咖啡馆进入中国之后,逐渐占据茶馆的消费市场,传统茶馆的风流儒雅也开始被洋化色彩所取代。清末民初动荡的社会条件同样在数量上刺激了茶馆业的发展,大中城市的茶馆数量呈上升趋势,而且还波及小城镇和乡村。以四川成都为例,人口仅40万,茶馆却有千余家,平均每400个人就有一家。成都郊区苏波台人口约2.8万,茶馆达340多家。从数量上看,当时茶馆业不是一般的繁荣。图6-5为民国时期茶馆图。

图6-5 佚名 民国茶馆图(局部)

上海的工商业十分发达,商贾云集,茶馆是进行商业洽谈的最佳场所,这是近代茶馆的一大特色。江南地区的茶馆还是解决民事纠纷的地方,也就是吃讲茶。《清稗类钞》中记载,广东茶馆茶叶讲究、茶具精致、服务周到,"兼卖茶食糖果,清晨且有鱼生粥,晌午则有蒸熟粉面、各色点心,夜晚则有莲子羹、杏仁酪"。

在动荡的社会环境的刺激下,虽然近代晚清民国时期茶馆出现昙花一现的繁荣,但是越来越少的八旗子弟去茶馆。随着鸦片、赌博、土匪、帮会的猖獗,随着西洋的咖啡、汽水、蛋糕等的输入,随着电影院、剧场、舞厅的出现,随着咖啡馆、酒吧、饮冰室的竞争,茶馆的生意逐渐低迷,更少的人选择去茶馆休闲娱乐,茶文化所带来的高雅气息也逐渐减退,茶馆逐渐由兴盛走向了衰落。

1949年之后,茶叶生产开始恢复,茶馆业也有短暂的好转,但是在计划经济时代,商品经济受到抑制,茶馆业很难有大的发展。尤其在工商业改造中,茶馆被当作私营企业进行改造,有些改为水站,严重者被撤销,1957年只有276家,同时受政治活动的影响,1959年仅剩下81家,"文化大革命"时期,传统茶馆业几近消亡。

由于时代原因,近现代茶馆业开始走向衰败,也是传统茶馆向当代新型茶馆的转折和蜕变,时代呼唤着新的茶馆业,呼唤着更符合时代节拍的新型茶馆。

六、现代茶馆

兴起于20世纪末叶的茶文化热潮依然余威不减,相反正以强劲的姿态席卷着社会每一个角落,其主要原因就是新型茶馆的出现并成为茶文化传播的主要阵地。茶艺馆是当代新型茶馆,与传统茶馆有很大不同,且深深刻着时代赋予的特殊印记。当代茶文化复兴必须借助茶馆业的复兴,茶馆业的复兴要求出现与时俱进的茶馆。茶艺馆顺势而生,自然就承担起无比光荣的历史任务。

我国台湾地区迈出了茶馆业复兴之路的第一步。1977年,从法国留学回来的管寿龄女士在台北市开了一家"茶艺馆",这是茶艺馆招牌的首次出现,具有划时代意义。1979年正式取得营业执照,开始对外开放,贩卖国画、陶瓷之类的艺术品,客人既可以在这里喝茶也可以评画。台湾此前也不乏茶文化丰富的茶馆,但茶艺馆还是管寿龄开设的,独此一家。可以说,管寿龄女士是第一个吃螃蟹的人。随后,台北市同时出现很多家茶艺馆,"从咖啡厅到茶艺馆,从西方情调走进东方境界"的宣传台词更是深入人心,号召更多的人走进茶艺馆。1987年,全台湾地区已有500多家茶艺馆,影响力扩展到东南亚地区,随后中国香港、新加坡等地相继出现茶艺馆。

中国大陆地区后来居上,为当代茶馆业复兴做出巨大贡献,无论在茶馆数量和茶文化宣传上都蔚为大观。中国大陆最早出现类似茶艺馆的是杭州市,当时还不叫茶艺馆。1982年,杭州成立茶人组织"茶人之家";1985年,院落成立后,就开始了营业,对茶、水、具和品茶环境的布置十分考究,把品茶和赏花、读画融为一体,艺术气息很浓,虽然没有命名为茶艺馆,但已有茶艺馆之实。

此后,一些传统老茶馆与时俱进,经过现代化装修,并加入一些赏花、观戏等传统文化活动,也已具有茶艺馆之实,比如开业于1855年的上海湖心亭茶馆和1988年北京出现的老舍茶馆。

中国台湾地区茶艺馆的兴起是在20世纪80年代,大陆茶艺馆的真正兴起却是在20世纪90年代之后。1990年,福建省博物馆开办内地第一家茶艺馆,命名为"福建省茶艺馆",馆内装修文化氛围浓厚,茶艺人员用工夫茶艺为客人冲泡乌龙茶;1991年,上海出现"宋园茶艺馆";1992年,江西南昌出现"江西茶艺馆""神农茶艺馆";1993年,杭州出现"福士达茶艺馆";1994年,北京出现"五福茶艺馆"。进入21世纪之后,茶艺馆的发展势头更猛,装修更完美,规模也更大。如今,全国约有10万家茶艺馆,从业人员达百万左右,茶馆业进入新时期,成为势头迅猛的新兴产业。

茶艺馆是茶馆业在新的历史条件下出现的茶馆形式,更具时代气息,更符合当代社会的需求,必将引领茶馆业走向一个新的历史高度。

茶馆是民间群众品茗、休闲、叙谊、娱乐的场所。民国时期,普洱县有茶馆六家,经营茶水、瓜子、花生等。茶馆用水考究,专用东门脚山泉水,冲泡的地产青茶色香味俱佳,顾客众多,经营沐浴室的"双发园""三星"两家也附设茶馆。思茅县城也有多家茶馆。当代的思茅,有龙生茶叶集团民族茶艺馆、千家寨茶道馆茗品轩、绿都茶艺馆、金桥茶楼、园林茶苑、古茶坊、茗品茶坊、今秋茶坊、绿缘茶坊、伊人茶坊、金凤大酒店茶楼、银河夜总会茶楼、兴洋茶楼、康提茶艺山庄、瑞福堂、石屏会馆普茶室、古茶堂等20余家茶馆。龙生茶叶集团民族茶艺馆内,备有菊花茶、红牡丹迎宾茶、盖碗茶、傣族竹筒茶、拉祜族烤茶、纳西族龙虎斗茶、傈僳族盐茶、佤族烧茶、哈尼族土锅茶、基诺族煮茶、奶茶、宫廷普洱茶、沱茶等,附备面包、蛋糕、酥饼等点心。茶室大厅备有乌龙茶、盖碗茶以及食品等,客人可以在绿树掩映、芳草环境、碧水相伴的茶艺馆中,欣赏民族茶艺表演,品尝好水好茶沸溢出的馨香。

思茅千家寨茶道馆茗品轩,建在翠云区宾馆旁,融品茶和赏艺为一体,在庭园式建筑中,设有茶艺厅和六间茶室,厅内悬挂诗词书法、山水国画,门堂上悬挂有古色古香的"茗品轩"匾额,门槛上挂有蓝底金字木刻楹联,具有一定文化品位和雅气,这里有拉祜族烤茶、佤族烧茶、汉族工夫茶,其茶道理念体现在茶艺操作过程中,可以从中品悟一番。

思茅金桥茶楼在通商路,建在金桥花园中,可在欣赏花鸟池鱼中品茶。思茅绿都茶艺馆在绿都宾馆,品茶中可以欣赏民族茶艺表演。思茅园林茶苑在翠云区宾馆旁,在芳草绿树丛中,分别建成数个独立成室的茶苑,建筑别致,清新典雅,在此品茗,自有一种乐趣。

思茅康提茶艺山庄建在果园之中,"草房茶亭茶堂""石头马道马灯""人古茶标本诗文"烘托出了这里浓浓的茶文化氛围,品饮茶者可在听茶文化课、观赏文艺演唱中度过休闲时辰,顾客较多。石屏会馆普茶室古色古香,在刻挂的楹联诗词、剪纸作品、普洱茶乐的茶文化烘托下,品饮茶者较为喜欢。

普洱、墨江、景谷、景东、镇沅、澜沧、江城、西盟、孟连等县也有茶馆,有的县城还有露天茶室、围棋茶座、音乐茶座等,供人品饮、休闲、娱乐或议事、叙谊。现在,思茅地区和各县市党政机关、单位团体,逢年过节喜庆欢乐时,或学术交流、商议大事、开张营业等,大都采用茶话会形式。这种用茶点招待宾客的社会聚会叫茶话会,借茶引言,以茶助话,通过饮茶品点,达到社会交合、畅叙友谊、交流思想、讨论问题、互庆佳节、寄托希望、展望未来的目的,茶话会也是普洱茶品饮的一种形式。

第二节　茶馆的风格和功能

一、茶馆的风格

茶馆历史悠久,在茶馆的经营过程中也产生了一些历史沉淀,例如茶文化。茶文化是随着茶馆的发展而衍生发展的,因此我国地大物博,民风各异,不同地区的茶文化也大相径庭,颇具地方特色。若是有幸周游各地,就能领略到茶馆的不同风情,并能感受到茶馆文化的多姿多彩。

而单从茶馆的类型上分,茶馆主要有传统型、现代型、综合型三大类。

1. 传统型——中国古典式

传统型茶馆的经营者保留了极具传统建筑风格的布置,但又在此基础上增加了营业功能,将其打造为具有营业功能的场所,促使了茶文化的萌发。而又因其不同的个人特色,导致茶馆的外在布置和设施略有不同,形成了不同特色的茶馆。可大致分为宫廷式、厅堂式、书斋式、庭院式、茶楼式等几种类型。

(1)宫廷式茶馆。宫廷式茶馆,保留了当年宫廷茶道的遗韵。颇具较高的档次和品位,大多用于宴请位高权重的人士。同时,也是让国际友人体验中国茶文化的一种较好的方式。

宫廷茶馆保留了传统的建筑外形,室内装潢考究。沿用古代宫廷的布置和设施,或者直接仿造皇帝的寝宫进行装修。在家具材质的选用上,大多使用紫檀或红木,张挂名人字画,成列古董、工艺精品,茶桌、茶椅、茶几或清代、或明代、或八仙桌、长板凳,如入书香门第,是当前茶馆中的高配版本。

(2)厅堂式茶馆。规格上略低于宫廷式茶馆。建筑外形和内在设施仿造古代士大夫和贵族的祠堂模式,颇具有优雅、高贵的气息。厅堂式茶馆沿用了传统家具的摆设,使用古色古香的八仙桌、太师椅等红木家具,加以馆主个人喜好的名人字画和古董装饰。例如台湾的陆羽茶文化中心、木犀堂茶艺馆、中国茶叶博物馆茶俗厅"江南民居"等,这些都是厅堂式的茶馆。厅堂式的茶馆不同于宫廷式的茶馆,对点茶方式的要求没有那么严格苛刻,往往包容各种风格,所有的茶道都可在这里使用。

(3)书斋式茶馆。将"书卷"作为室内布置的主题,把品茶和读书相结合。这种主题的茶馆以品茶的形式来感受文化,室内的桌椅不多,分散地陈列在馆内。平时我们自己居住的家里也可以设置类似的茶馆。书斋式茶馆以中国古代的家用书房作为参考建造而成,风格雅致且适合读书。南昌一个叫作红运坊的茶楼里将一个包房的内部设计成这样以读书品茶为主的书房,茶客们可以用书房里的文房四宝画画、作诗等抒发雅兴。

(4)庭院式茶馆。以中国的山水园林作为基础,将自然与人工相结合。院内有楼阁亭台、小桥流水、假山等装饰,布局很自然,建筑风格很朴素,拱门回廊、成设民间艺术等,给人以返璞归真,回归大自然的感觉。

庭院式茶馆以园林建筑为背景,或者将茶馆设在有知名度的园林当中。其注重自然环境,想展现人与自然和谐相处的感觉。庭院式茶馆最主要的目的不是为了品茶,而是为了让人感受优美的自然环境。庭院式茶馆的室内可以按个人的爱好设置内部环境,可以很简单也可以很复杂,可以很精致也可以很简朴,而它真正的目的是让人们在亭子里赏月亮,吹吹小风,一边品茶一边悠闲自得。茶馆内设有小桥流水、假山亭台,给人"庭院深深深几许"的感觉。院内宁静安逸与都市的喧闹形成明显的对比,让人感觉一进入院内就有一种"庭有山林趣,胸无尘俗思"的感觉,而这种设计不论在古代还是现如今都存在。如今人们住惯了大城市,对自然的、朴实的东西更是感到向往。

(5)茶楼式茶馆。大家熟知的茶馆当属茶楼式茶馆。这种茶馆起源于民国早年。有平易近人、通俗实际的特点,民间的百姓们在这种茶馆里除了喝茶还可以进行聊天、听评书、听弹唱等活动。近年来,为了弘扬中国传统文化,在茶楼接待外宾已成为我国外交的一大特色。

2. 现代式

全国各地在近几年开了很多茶馆,主要的业务范围包括:茶艺表演、品茶品文化、业务洽谈、闲聊娱乐、听书、交流文化等。茶艺馆不论怎么设计都离不开"雅致"两字。

现在的茶馆除了在装潢上下很大工夫,新茶馆与老茶馆最大的区别在于品位的提升。现代茶馆老板具有自觉、主动的文化意识。这种意识在向大众传授喝茶技术以及弘扬茶文化知识的过程中非常重要。现代茶馆在进行商业经营的同时也经常举办茶事讲座,开展茶文化活动可以起到熏陶和潜移默化影响群众的作用,从而促进中华茶文化事业的发展。所以,茶馆作为弘扬茶文化事业的排头兵,每天都在向大众普及专家学者研究茶文化的成果。

3. 地域民族式

民俗乡土式茶艺馆以乡土特色为布置背景,崇尚乡土气息,他们通常把田园风格作为主题。大部分的这类茶馆把木质家具、牛马车、下雨披着的蓑衣和斗笠、石臼、花轿等农业社会时代的工具作为布置的基调,充分反映乡土的气味。

4. 异国风情式

例如,以需要脱鞋、低矮的桌子、矮床为主的纸灯笼吊顶、背靠着屏风、矮墙做成格挡的日式大和风情,泰国的佛式以及东南亚式、欧式。

5. 综合式

"综合性茶馆"指的是兼营或主营茶吧、陶吧、网吧、布吧、玻璃吧、餐饮的茶馆类型;也指将不同风格组合在一起经营的茶馆类型。这类茶馆具有典型的综合性,此类茶馆将制作陶具、喝咖啡、上网聊天打游戏等内容作为主要经营方向,不以品茶为主要目的。茶餐馆可以把吃饭、喝茶、聊天、谈事合为一体,以方便实用作为主要特点,十分符合如今节奏快又多元化的社会。

二、茶馆的特色

中国茶文化有很长的历史,它是从汉魏两晋时期开始传播的,当时就已经成为社会文明和人民生活的主要组成部分。不同层次、方面存在各式各样的茶文化,例如:宫廷里的茶宴、士大夫坐在一起品茶的茶会、僧侣交流宗教文化的茶禅、隐者的茶超、市民平时闲暇时的茶饮、乡间土著的茶俗。因此,中国的茶文化具有广泛性和多层次的特点;茶文化在华夏地区生根发芽,在各个领域里相互交融,包括哲学、美学、文学、伦理学。同时与儒家、佛教、道教教义也有很深的联系。许多后世传诵的茶文化名篇佳作得以留存,是因为历史上的名人、诗人都在其诗词文章中融入了茶文化。

茶馆特点:

(1)自然特色。茶馆注重体现自然的特点,不论是从高档到低档,还是从现代到古典,这一特点适应了当今人们向往质朴与自然的时代潮流,也受到了年轻人的喜爱。茶馆作为一个轻松愉快的休闲场所,能被社会各个阶层的人所接受的原因是其不仅将信息交流、社会交际、商业洽谈、休闲娱乐等多功能融为一体,还能把不论是高雅还是大众的文化自然地融合在一起;在茶馆品茶聚谈,有利于人们的身心健康发展。这么看来,茶馆确是难得的自然轻松愉快的休闲场所。

(2)健康特色。茶作为一种温和的绿色健康饮料,有利于人的身体健康。喝茶可以让人情绪兴奋,但不产生迷乱的感觉。喝茶能治疗疾病,能促进身体健康,夏能消暑,冬能暖身,能促进食欲,清洁口腔,还能促进肠胃蠕动,预防和治疗高血压高血脂等疾病,抗辐射、抗氧化、预防衰老。在茶馆饮茶也能给人以人生启迪,让喝茶的人体会到默默奉献的精神和先苦后甜的人生哲理。所以说,喝茶能促进人的身心健康。

（3）艺术特色。茶馆的载体是茶，展现场所是馆，茶馆的基础是茶音乐、茶诗画、茶故事，与自然山水相伴，配上特色装潢，思想感情、生活情趣、道德观念及价值取向等通过茶艺男女表演茶艺等多种艺术形式展现出来。每家茶馆的拿手活儿都不相同。品茗指的是在浓浓的艺术氛围中，人对茶的享受由生理延伸到心理，在茶馆里可以听歌、观赏画作、吟诗作对、品茶香以及畅谈人生。茶有淡淡的苦味儿，也有回味的甘甜，这就好比人生。茶味先苦后平，这也好比人生无论经历多波折，最终总不失质朴平凡的真我。因此，茶馆不仅仅是一种艺术创造，更给人以人生的启迪。

三、社会文化功能与作用

历史上，不论是位高权重的人还是普通人，茶馆是他们经常去的地方，如此，茶馆便成了信息传播最集中的地方。

茶馆在千百年来起着很多作用：①文化知识传承的载体；②人们身心休息之地；③大众信息传播的桥梁；④各种民事活动的交流场所。茶馆的社会功能随着社会生产力的发展和生活水平的提高必然会更加完善和强化。

以下几个功能主要是现代茶馆所发挥的：

1. 交际功能

人与人之间的往来接触被称为交际。茶馆因其以茶会友，抒怀叙旧的功能从古至今一直是人们日常生活中重要的社交场所。上海浦东的收藏家、收藏爱好者很多，大概有10万人，所以上海被冠以"民间收藏的半壁江山"的名誉。不少收藏者喜欢在茶馆约着谈事。每次活动，不论新老朋友，见面都很开心，多少总有收获。有数年未曾谋面的友人刚联系上，约到家中相见可能一时会感觉有点不太方便，于是就相邀至茶馆，一边闲聊一边喝茶。茶馆既清静，又无他人干扰，确实是抒怀叙旧的好地方。

2. 审美功能

高层次的精神需求包括审美欣赏。饮茶被看作一种文化，一是因为可以满足人们的生理需要，二是因为可以满足人们审美欣赏、社交联谊、养生保健等高层次的精神需要。

不少茶馆不仅能满足人们"审美欣赏"的需求还能营造文化氛围，这也是人们喜欢去茶馆的原因。

3. 休闲功能

休闲就是在"玩"中让身体和心灵得到放松，从而恢复体能，达到保健的作用。休闲具有多方面的功能：一是有助于人们对体力、精力的调整；二是可以充分展现个性；三是可作为人们文化知识的一种补充方式。

品茶是一种休闲方式。现代人通过品茶的休闲之道可以改变自己的性情，提高自己的素养。品茶讲究统一，例如，茶、水、茗具和环境、心境的统一。其中的神妙之处想要切实地体会，只有通过长期地细品，才能达到。

茶馆一直是人们休闲时寻求的最佳场所之一，不论在城市还是农村。人们在茶馆除了品尝香茶，把玩壶具之外，还可以进行下棋、打牌、听戏等活动。

4. 餐饮功能

柴米油盐酱醋茶是每天需要考虑的七件事情。而茶在人们心目中的地位就不言而喻了。孟子说:"民以食为天。"由此可见"餐饮"在人们心目中的地位。"餐饮"与人们的生活紧密相关。茶馆把饮食文化与茶文化交融在一起,这样的目的:其一,为人们提供品茗的文化氛围;其二,提供各种精美的茶食、茶点、茶肴,满足人们的味蕾。这样的经营方式两全其美,何乐而不为?

5. 商务洽谈的好地方

许多茶馆中设有一些小的环境安静优雅的房间,可以在这里和客商喝茶谈生意,不管谈成谈不成,以茶会友都是极好的。有的经商者喜欢在茶馆做交易,所以他们将自己几点在茶馆的几号座会见商客印在名片上。

第三节　茶馆的布局

一、饮茶区

中式古典的饮茶空间可以用小桥流水、亭台楼阁、花草树木、鸟语花香、名人字画、庭中小景、轻歌曼舞,营造古朴温馨、幽雅、回归自然、世外桃源之感的空间氛围。西式的餐饮空间可以利用古典油画和古典英文手稿作为装潢,淡灰蓝色的画面和古老的羊皮纸能够营造出一种西方传统文化的基调,并利用四处散落的座位和开合式垂地丝绒帷幕,创造一种温馨的就餐氛围。

品茶室是由大厅和小厅组成的。茶艺表演台存在于大厅中,桌上服务表演存在于小室中。茶室分为4种:散座、厅座、卡座及房座(包厢),或者根据房子的构造选择一到两种,只要看起来舒服就可以。

散座:圆桌或方桌摆放在大堂内,根据每张桌子的大小可以配4~8把椅子。两张椅子的侧面宽度加上通道60厘米的宽度是桌子与桌子之间最合适的间距,这样不仅不会感觉到拥挤,而且方便顾客进出。

厅座:桌子的摆放与散座基本相同。厅里四面墙壁可以用书画条幅来装饰,4个角落分别可以装饰鲜花或绿色植物。可以给大厅起一个雅致的名称,为了让人感到身临其境,最好能将各个厅室装饰成不同的样子配以相应的饮茶风俗。

卡座:与西式的咖啡座相类似。每一卡座可坐4人,设一张小型长方桌,两两相对,两边各设长形高背椅,座与座之间的间隔用椅背来充当,顾客可以在卡座上品茶聊天。墙面的装饰以壁灯、壁挂为主。

房座:较大的空间用不同的材料隔成一间间较小的房间,房内布置得很漂亮,也很私密,一般摆设很少的几套桌椅,例如1~2套,可用来洽谈生意或亲友之间相聚。房座由专职的服务人员帮助布置和服务,一般需提前预约订座。为了避免他人打扰,房门可悬挂提示牌。

二、表演区

中国各地的茶馆及其茶礼、茶艺都有自己的特色。许多茶馆还推出丰富多彩的茶艺表演或有茶客参与的茶会活动。上海都市茶坊、江南水乡茶社、北京茶馆、巴蜀茶铺，其茶艺表演形式多样并都有自身独特的吸引力。如上海淮海路天福茗茶曾有一档节目叫作"四序茶会"，大家在四方形条席入座，共同参与的人有茶馆老板和顾客。一炉香后茶会开始，司茶手捧插花缓缓入席，一共有4个茶司，分别代表东西南北4个方向，东面的青色条桌代表春季，西面的白色代表秋季，南面的赤色代表夏季，北面的黑色代表冬季。24个节气由24把座椅代表，司茶在悠扬琴声中悠然自得地烫杯、取茶、冲泡，然后均匀斟进小茶盅，分敬给客人。客人闻到扑鼻茶香后，品茗回味。接着司茶按顺时针次序转动，象征四季更迭。时光在不知不觉中流转，当《梅花三弄》奏完之时，司茶行礼送客。在当前竞争日趋激烈、生活与工作节奏不断加快的环境下，人们通过茶艺、茶礼的熏陶，将自己融入大自然的韵律和生机之中，既吃出了茶的真趣，又得到了彻底放松，真是一举多得的好去处。

三、工作区

茶水房：要分内外两间。里间安装煮水器、热水瓶柜子、放水槽、自来水接头、净热水器、贮水的缸子、洗涤器具的工作台、盘架的晾具。外间开一个大窗户用来做供应间，主要的作用是放置茶叶柜、茶具柜、电子消毒柜、冰箱等。

茶点房：也可以分成内外两间。外间为供应间，里间面向品茶室是制作特色茶点或热点的工场，外间可以放置食品柜，也可以放置茶点盘、碗、筷、匙等用具柜。

第四节　茶馆的布置

一、名家字画的悬挂

以中式风格为主题的茶室墙上的装饰可以挂与茶艺内容有关的书法和国画，一般一两幅即可；也可挂反映茶区生活和茶艺活动的摄影作品，或者在墙壁中嵌放古玩文物。有的茶馆还悬挂一些民俗文物如蓑衣、斗笠之类，富有乡土气息，别有情趣。可以让茶客喝着茶，闻着茶香，静静地欣赏一幅幅怡情悦目的名家字画从而使自己身心愉悦。

茶馆内名人字画的悬挂大多兼用卷轴和画框这两种形式。茶环境中悬挂在茶席背景环境里的书与画的挂轴也叫挂画。书主要是汉字书法，画主要是中国画。

"茶圣"陆羽在《茶经·十之图》中提倡用白手绢画下看到的景物。一直到宋代，出现在"茶肆"及社会生活之中的"四艺"包括挂画、点茶、焚香与插花。

挂轴书写的内容很多，日本的茶道将禅僧亲笔书写的内容作为茶室壁龛或茶席背景中的挂轴是因为其崇拜禅僧文字简练的佛语、禅意的墨迹。如"吃茶去""随处做主"

"归一""真心""一圆相""空是色""无一物"等。

宗教意识与艺术形态是日本茶道的主要特色,而中国茶道主要以茶事为表现内容。以茶事为表现内容的挂轴是受陆羽的影响开始出现的,后来发展成为表达人生境界、态度和情趣的一种方式,茶事以乐生的观念来看待。因此,将各代诗家文豪们关于品茗意境、品茗感受的诗文用挂轴、单条、屏条、扇面等方式陈设于茶环境中是中国茶道惯用的方法。最常见的有"茶,敬茶,敬香茶";坐,请坐,请上坐";君子不能一天不喝茶;"留香";梅花月是用来写诗的,谷雨春是用来煎茶的;如果把茶比作人,那好茶就像是一位有气质的美女;从古至今,有名的人喜欢评论酒的好坏,而高僧们都喜欢斗茶;草和木都像人;"茶亦醉人何必酒,书能香我不须花"(茶能让我醉所以不需要酒,书的香气让我不需要闻花);"怡情""七碗茶""精行俭得""精燥洁""水丹青""七碗得诗""以茶会友""客来敬茶""茶道大行""齿颊香""廉美和敬"。

也有反映宗教方面内容的挂轴,道、佛、儒各家的禅语、道义与儒训都有所体现。如:茶和打禅一样;"回家""清心""道心""明心见性""无为""不动心"。

二、玉器古玩的陈列

在烘托茶馆的文化韵味方面,中国传统民间工艺美术作品玉雕、石雕、石砚、石壶、木雕、竹刻、根雕、奇石等也发挥了重要的作用。

三、景瓷宜陶的展示

白瓷、青瓷茶具是见得最多的瓷器茶具。瓷器茶具的造型、花色的观赏性远远高于紫砂。它的图案或清新俊朗或清淡悠扬。另外,目前由于瓷器新工艺新技术与新材质的深度开发,瓷器茶具开始慢慢被普及,并在家居行业得到较好的发展,被认为是有文化内涵的装饰品之一。为了满足所有年龄阶段消费者的喜好,在一些新瓷器茶具中加入了形态各异、颜色绚丽多彩的图案和文字。

白瓷,早在唐代就有"假白玉"之称。因为白瓷不仅色彩明亮,光泽度高,而且不会破坏茶汤的颜色,在导热和保温方面的性能也很不错,加上其样式、颜色繁多,堪称饮茶器皿之中的珍品。其中白瓷以景德镇的瓷器最为著名。北宋时,景德镇生产的瓷器茶具,质地薄而且很光润,白色泛着青色的光泽,看起来雅致悦目而且还有很多不同种类的装饰,例如影青刻花、印花和褐色点彩。明代时,在青花瓷的基础上又创造了各种彩瓷,产品造型精巧,胎质细腻,色彩鲜丽,画意生动。

宜兴紫砂茶具是最受人们欢迎的陶器,它崛起于北宋初期,成为独树一帜的优质茶具。紫砂茶具具有造型简单大方、古朴优雅的特点,在明代大为流行。

紫砂茶具中以茶壶最为名贵,正宗的紫砂壶用当地的紫泥,红泥、团山泥抟制焙烧而成。其里外都不敷釉,由于成陶火温在1000～1200℃,质地致密,既不渗漏,又有肉眼看不见的气孔,具有很好的吸附性,长时间使用,壶体的表面会变得越来越光滑自然,而在壶内泡着的茶汁会渗进壶体内,日积月累的茶壶蕴含了茶味。泡半发酵茶如台湾的乌龙茶以及铁观音茶最能展现茶味特色。

四、名茶新茶的出样

品牌是产品创新在市场上最集中的表现,好比饭店有自己的拿手菜,茶馆也要有自己区别于其他茶馆的私房茶。结合自身茶馆的风格与地方文化及民族特色,以茶元素为主线,开发有自身特色和文化品位的茶产品满足消费者求新、求异、与众不同的消费需求。茶馆经营者想要做出属于自己的茶品,可以从一个地方特有的地域文化与民族文化来切入。不同的民族有不同的饮茶习俗,例如,三道茶是白族的、普洱茶来自云南等。茶馆想要有自己的特色就应该根据自己茶馆的条件引进适合自己茶馆的饮茶习俗,可以体现出方便、适用等性能。总的来说,一个茶馆乃至一个地区的经营层次和文明程度的高低以及消费者的健康和品茗的感觉都可以体现出茶品质量的好坏。

五、绿色植物的点缀

通常将绿色植物摆放在茶室中是因为:①绿植可以净化空气;②绿植可以美化环境;③绿植可以陶冶情操。绿色植物在茶室里作为点缀恰当地摆放,不仅可使茶室环境优美,还可以使人心情愉悦,从而消解茶客因不良工作环境所造成的烦躁心情。

六、民族音乐的烘托

为了烘托茶室的典雅氛围,很多茶馆在表演的区域安排茶艺师吹拉弹唱,或者播放有民族风格或者知名的古典音乐。经常能听到的音乐包括古筝乐曲、琵琶乐曲、二胡乐曲、江南丝竹、广东音乐、轻音乐等。图6-6展示的为古代的茶与音乐。

图6-6 茶与音乐

第五节　现代茶馆的布局

第一,主要以加强服务为内容;第二,把传播高尚文化作为茶艺事业等文化休闲事业的中心;第三,经营理念要正确,不以情色招揽茶客。到如今,茶馆有1000多年的历史了,而茶艺馆设计是茶馆为了经营目的而进行的装饰和布局,现在这种设计已经成了一门具有自己风格的艺术。

一、中国茶艺馆设计的历史

(1)在唐朝茶馆与茶舍、茶铺等别无二致,所以想要展现它作为品茗场所不同的一面在环境上很难表现。

(2)茶馆在宋代很昌盛,在功能和经营类型划分的基础之上,茶馆在布局和设计上也有了许多不同点。

①专门为大富大贵的人提供的茶坊所用的器具和布置的环境都是经过深思熟虑的,花费了高额费用。

②专门为怀才之人提供的茶馆都是以书卷气作为主题,为了突出茶馆的古朴和雅致。

③专门以女性品茶夜游为主题的茶馆要突出茶馆柔美感觉的同时还要注意保护隐私。

(3)宋代茶坊更注意细节并考虑到茶馆主体建筑风格相融合。

20世纪70年代茶馆因为社会动荡不安而悄无声息。

二、现代茶艺馆特点

环境追求干净清洁、幽深寂静、古朴雅致,突出一个"幽"字。

(1)墙上为了提醒品茶者品茶时要文明,特意写了放低声音交谈,不要影响他人,不能躺卧,穿戴不整齐不许进入等提示语。

(2)客人可以选择各种茶叶,茶具方面个人和多人用的盖碗和小壶泡都配置的很齐全。

(3)出售茶具茶叶茶书籍等各种茶相关物品。

(4)帮客户养茶壶、邮寄储存各种茶叶、举办茶艺讲座和教学,还可以对茶艺人员进行培训。

茶艺馆作为一个新兴起的行业是精神文明的场所,是展现中华五千年民族文化特色的地方,是集高雅于一身,使人休闲的地方,茶艺馆想要达到纯朴幽雅的境界需要以茶艺为主,不用低端的产品欺骗隐瞒顾客。

三、茶艺馆的设计与布置

(1)品茗不仅是社会时尚,更是修身养性的需要,茶艺馆的环境已成为吸引消费者的硬件因素。

（2）茶艺馆的布置：古香古色、质朴大方、悠闲雅致，茶室不在大，而在于雅，一定要有竹子不然会俗气。

①光线柔和：散座的灯光要暗，包间的灯要亮，物品陈列的地方、表演的地方、迎宾的地方、通道、茶食小吃摆设的地方、茶馆的门口以及观赏树木等地方的光线可以适当调亮，用各种形状、各种颜色、各种高低和不同材质的灯笼、壁灯、烛光、射灯等。

②空气新鲜：空气中弥漫自然的香气，例如：花香、点香等，室内的温度要使人舒服。

③音乐：要优美、抒情，不宜太激烈，不宜大声歌唱。

④摆设：可以有剪纸做的窗花、竹子做的床、石头做得枕头、有名的花、大家的字画、奇形怪状的石头。

⑤茶台：摆茶叶、茶具以及收银。

⑥陈列柜：多弄些隔断、陈列书籍、茶具、茶叶、样品及古董等与茶有关的物品。

⑦茶桌、茶椅：质地和样式要讲究舒适性。

（3）茶艺馆的装饰设计在定位以后，设计可以个人设计，也可以请专业的设计公司来进行。不论是个人还是聘请人，都要注意以下几点：

①充分体现出定位的特色和要求。

②体现茶文化清新、自然的精神和茶艺的要求。

③要与顾客心理的期待值相符。

④要从整体上考虑，使形式与功能及各功能区相互协调呼应。

⑤不要光追求高档、豪华，特殊性，要注重实用和经济。

⑥方便施工。

⑦从顾客的角度考虑问题，以及是否安全、是否方便服务及怎么能更好地管理。

⑧要充分考察茶艺及有关建筑的市场，方便利用可用之处。

设计很重要，在确定方案的时候一定要谨慎，因为一旦开始就不容易改动，一改动就要耗费人力物力，会加大损失。

在确定设计方案后，接下来就是施工阶段。施工队伍想要保证施工质量，按时完成工期，就要选择有一定实力的、有信誉的单位。在施工过程中，为了保证质量、按计划完成装修工程，要加强对施工现场的监督和管理，注意检查工程进度、工程质量、工程安全等问题。

思考题

1. 简述茶馆服务的九个原则及如何做好服务营销。
2. 茶馆选择茶点的基本原则有哪些？
3. 茶馆选购茶叶应从哪几个方面看？

第七章　普洱茶文学

我国古代的文人墨客很早就与茶结下了不解之缘,正是他们发现了茶的物质与精神的双重属性,从而找到了与茶的天然契合点。茶不仅可以激发他们的文思画意,也是他们的精神寄托。通过饮茶,他们得到了一种生理和心理上的愉悦。他们饮茶、爱茶、识茶,在他们的艺术创作中,茶是沟通天地万物的媒介,也是托物言志的方式。

第一节　普洱茶文献史料选

一、关于普洱茶名的文献记载

说起普洱茶的发展史料,记载从武王就开始了。公元前1600年,东晋常璩在《华阳国志·巴志》中记载:"实得巴蜀之师,著乎尚书……其地东至鱼复,西至僰道,北接汉中,南极黔涪。土植五谷,牲具六畜,桑蚕麻苎,鱼盐铜铁,丹漆茶蜜……皆纳贡之。"周武王率南方8个小国讨伐纣王,此时,云南濮人向周武王进贡云南茶,此处的云南茶即为后来的普洱茶。三国时期吴普所著的《本草·菜部》,其中记有:"苦菜一名茶,一名选,一名游冬,生益州川谷山陵道旁。"上述记载中的"茶"其实就是"茶"字。唐咸通年间(860—875年),樊绰在《蛮书》中道:"茶出银生城界诸山,散收,无采造法,蒙舍蛮以椒、姜、桂和烹而饮之。"因为当时普洱的地名尚未确立,这时候的银生茶即是普洱茶。

普洱茶是在南宋时期受到了关注并加以记载。李石所著《续博物志》中称:"茶出银生诸山,采无时,杂椒姜烹而饮之。普洱古属银生府,西蕃所用普茶,已自唐时,宋人不知,尤以桂林以茶易马,宜滇马之不出也。"清阮福《普洱茶记》中提到,在南宋顺治十六年将云南平定后,遍隶元江通判,以所属普洱等六大茶山,纳地设普洱府,并设分防。思茅同知驻思茅,思茅离府治一百二十里。而所谓的普洱茶,并非是在普洱府界内所生产的茶,其是产于思茅的茶叶。茶山六处,分别为倚邦、架布、熠崆、曼砖、革登、易武,与通志所载之名互异。普洱茶作为每年的贡茶由思茅厅领去转发采办,并置办收茶锡瓶缎木箱等。在思茅本地,收取鲜茶时,三四斤鲜茶方能折成一斤干茶。

闻名中外的普洱茶跨越了千载的人文历史。商周时,称"彻里"地,西汉时属哀牢地,汉晋时属永昌郡,唐南诏时属银生节度辖地,宋大理时属威楚府辖区,元代时属开南路、元江路、彻里军民总管府辖地,明代时属景东府、镇沅府、威远州、孟连长官司、元江府恭顺州、车里宣慰司辖地,清代时属普洱府、景东直隶厅、镇沅直隶厅、镇边直隶厅辖区。

　　清代《普洱府志》中,两地州的历史、地理、社会、物产等均记述在一起。民国时期两地州泛称思普区。1949年后统属普洱专区,1954年后称思茅专区及其指导下的西双版纳傣族自治区,1973年西双版纳自治区正式从思茅地区划出,分设为思茅地区、西双版纳傣族自治州。2004年设为思茅市,辖区不变。作为世界茶树的摇篮,这里孕育了古树茶。质朴的劳动人民也敬仰着茶树种这古老神秘的物种。

　　普洱茶悠久的历史征程赋予了它极其深厚的文化内涵。最有名的莫过于产于亚热带高山湿热地区的云南大叶种普洱茶,其特殊的生长地理气候特点孕生出了"高山云雾出名茶"的经典。

二、关于普洱茶的制作文献记载

　　清代阮福著《普洱茶记》中云:"普茶名遍天下,味最酽,京师尤重之。"其特点是:"茶产六山,气味随土性而异,生于赤土或土中杂石者最佳,消食,散寒,解毒。"

　　对于普洱茶来说,其有不同的种类与加工方式。采摘部位与加工方式不同,对于后期所制成的成品也有不同的名称。柴萼于《梵天庐丛录》记:"普洱茶……性温味厚……产易武、倚邦者尤佳,价等兼金。品茶者谓:普洱之比龙井,犹少陵之比渊明,识者趑之。"同期,张泓所著的《滇南新语》中有记为:"普茶珍品,则有毛尖、芽茶……女儿之号……女儿茶亦芽茶之类,取于谷雨后……皆夷女采治,货银以积为奁资,故名。"

　　当然普洱茶的加工方式在很大程度上也造就了其独特之美。

　　清《普洱府志》对于其采摘以及加工的品种所记载的是:"二月间采,蕊极细而白,谓之毛尖,以作贡,贡后方许民间贩卖,采而蒸之,揉为团饼。其叶之少放而嫩者名芽茶。采于三、四月者名小满茶。采于六、七月者名谷花茶,大而圆者名紧团茶,小而圆者名女儿茶。女儿茶为妇女所采,于雨前得之,即四两重团茶也。其入商贩之手,而外细内粗者名改造茶。将揉时预择其内之劲黄而不卷者名金月天。其固结而不解者名疙瘩茶,味极厚难得。种茶之家,芟锄备至,旁生草木则味劣难售,或与它物同器,则染气而不堪饮矣。茶树似紫薇无皮,曲拳而高,叶尖而长,花白色,结实圆,匀如棕榈子,蒂似丁香,根如胡桃,土人以茶果种之,数年新株长成,叶极茂密,老树则叶稀多瘤如云物状,大者制成瓶,甚古雅,细者如栲栳,可为仗甚坚。"这段记载,叙述了云南大叶种普洱茶的品种和栽种特点。

　　作为云南大叶种的普洱茶,其性状特点是:芽长而壮,白毫特多,银色增辉,叶片大而质软,茎粗节间长发育旺盛。茶内含有生物碱、茶多酚、维生素、氨基酸、芳香类物质等丰富物质。这些物质造就了普洱茶滋味醇厚,后味甘长,清香可口的特点。

　　清张泓《滇南新语·滇茶》有载:滇茶有数种,盛行者曰木邦,曰普洱。木邦叶粗味涩,亦作团,冒普茗名,以愚外贩,因其地相近也,而味自劣。普茶珍品,则有毛尖、芽茶、女儿之号。毛尖即雨前所采者,不作团,味淡香如荷,新色嫩绿可爱;芽茶,较毛尖稍壮,采治成团,以二两四两为率,滇人重之;女儿茶亦芽茶之类,取于谷雨后。以一斤至十斤成一团,皆夷女采治,货银以积为奁资,故名。制抚例用三者充岁贡。其余粗普叶皆散卖滇中,最粗者熬膏成饼,摹印,备馈遗。而岁贡中亦有女儿茶膏,并进蕊珠茶。

清阮福《普洱茶记》有载:普洱茶名遍天下,味最酽,京师尤重之。福来滇,稽之《云南通志》,亦未得其详。但云产攸乐、革登、倚邦、莽枝、蛮砖、曼撒六茶山,而倚邦、蛮砖者味最胜。福考普洱府古为西南夷极边地,历代未经内附。檀萃《滇海虞衡志》云,尝疑普洱茶不知显自何时。宋范成大言,南渡后于桂林之静江军以茶易西蕃之马,是谓滇南无茶也。李石《续博物志》称:茶出银生诸山,采无时,杂椒、姜烹而饮之。普洱古属银生府,西蕃之用普茶,已自唐时,宋人不知,尤以桂林以茶易马,宜滇马之不出也。李石亦南宋人。本朝顺治十六年平云南,那酋归附,旋叛伏诛,遍隶元江通判,以所属普洱等六大茶山,纳地设普洱府,并设分防。思茅同知驻思茅,思茅离府治一百二十里。

所谓普洱茶者,非普洱府界内所产,盖产于府属之思茅厅界也。厅治有茶山六处:曰倚邦、曰架布、曰嶍崆、曰曼砖、曰革登、曰易武,与通志所载之名互异。福又拣贡茶案册,知每年进贡之茶,列于布政司库铜息项下,动支银一千两,由思茅厅领去转发采办,并置办收茶锡瓶、缎匣、木箱等费。其茶在思茅本地,收取鲜茶时,须以三四斤鲜茶,方能折成一斤干茶。每年备贡者,五斤重团茶、三斤重团茶、一斤重团茶、四两重团茶、一两五钱重团茶,又瓶盛芽茶、蕊茶、匣盛茶膏,共八色,思茅同知领银承办。

《思茅志稿》云:其治革登山有茶王树,较众茶树高大,土人当采茶时,先具酒醴礼祭于此。又云:茶产六山,气味随土性而异,生于赤土或土中杂石者最佳,消食、散寒、解毒。于二月间采,蕊极细而白,谓之毛尖,以作贡,贡后方许民间贩卖。采而蒸之,揉为团饼;其叶之少放而犹嫩者,名芽茶;采于三四月者,名小满茶;采于六七月者,名谷花茶;大而圆者,名紧团茶;小而团者,名女儿茶;女儿茶为妇女所采,于雨前得之,即四两重团茶也,其入商贩之手;而外细内粗者,名改造茶;将揉时预择其内劲而不卷者,名金玉天;其固结而不改者,名疙瘩茶。味极厚难得。种茶之家,芟锄备至,旁生草木,则味劣难售,或以它物同器,则染其气而不堪饮矣。

从南宋李石的《续博物志》到清代《普洱府志》,关于普洱茶的记载也十分丰富。这一时期,为了驮运方便,茶商就将所收购到的散茶再蒸而紧压成团茶,大者如人头称为"人头茶",小者如牛心,称为"牛心茶"。

到了明万历年间,李时珍在药典《本草纲目》中明确记有:"普洱茶出云南普洱。"万历末年,谢肇淛于《滇略》中记有"士庶所用,皆普茶也"。

明代《云南通志》中记录有:"车里之普洱,此处产茶。"在明代中期,普洱茶已经大量进入北京并受到京城各层人民的喜爱。

清道光《普洱府志食货》有记:"普洱茶名重天下,每年纳茶六、七千驮,入山作茶(指茶商及工匠)者数十万人,茶客收买运于各处。"清代《新纂云南通志》称:"普洱之名在华茶中占特殊位置,远非安徽、闽、浙(茶)可比。"

三、关于普洱茶的功效的文献记载

普洱茶不仅仅是以悠久的历史沿革而出名,其本身具有的药用价值也是十分受人推崇。明代谢肇淛《滇略·卷三》有记载:滇苦无茗,非其地不产也,土人不得采造之方,即成而不知烹瀹之节,犹无茗也。昆明之太华,其雷声初动者,色香不下松萝,但揉不匀细耳。点苍感通寺之产过之,值亦不廉。士庶所用,皆普茶也,蒸而成团,瀹作草气,差胜饮水耳。

明方以智《物理小识》云："普洱茶蒸之成团,西蕃市之,最能化物。"

明兰茂《滇南本草》:"滇中茶叶……主治下气消食,去痰除热,解烦渴,并解大头瘟。天行时症,此茶之巨功,人每以其近而忽视之。"

清代张庆长《黎歧纪闻》云："黎茶粗而苦涩,饮之可以消积食,去胀满。陈者尤佳。大抵味近普洱茶。而用亦同之。"

赵学敏所著《本草纲目拾遗》提及普洱茶的药性及功能:普洱茶出云南普洱府,成团。有大中小三等。《云南志》:"普洱山在车里军民宣慰司北,其上产茶,性温味香,名普洱茶。"《南诏备考》:"普洱茶产攸乐、革登、依邦、莽枝、蛮专、曼洒六茶山。而以依邦、蛮专者味较胜。味苦性刻,解油腻牛羊毒。虚人禁用,苦涩,逐痰下气,刮肠通泄。"按,普洱茶,大者一团五斤,如人头式,名人头茶,每年入贡,民间不易得也,有伪作者,乃川省与滇南交界处土人所造,其饼不坚,色亦黄,不如普洱清香独绝也。普洱茶膏黑如漆,醒酒第一,绿色者更佳,消食化痰,清胃生津,功力尤大也。疮痛化脓,年久不愈,用普洱茶隔夜腐后敷洗患处,神效。治体形肥胖,油蒙心包络而至怔忡,普茶去油腻,下三虫,久服轻身延年。

《普洱府志》有记:"普洱茶名重京师。"又云:"普洱茶膏,黑如漆,醒酒第一,绿色更佳;消食化痰,清胃生津。普鱼茶,蒸之成团,西蕃市之。普洱茶味苦性刻,解油腻牛羊毒,苦涩,逐痰下气,利肠通泻。"而又在其卷六《未部》中有云:"普洱茶膏能治百病。如肚胀,受寒,用姜汤发散,出汗即可愈;口破喉颡,受热疼痛,用(茶膏)五分嚼口过夜即愈;受暑擦破皮者,研敷立愈。"

清朝王昶的《滇行日录》云:"普洱茶味沉刻……可疗疾。"

吴大勋《滇南闻见录》物部·团茶有云:"团茶产于普洱府属之思茅地方,茶山极广,夷人管业。采摘烘焙,制成团饼,贩卖客商,官为收课。每年土贡,有团有膏,思茅同知承办。团饼大小不一,总以坚重者为细品,轻松者叶粗味薄。其茶能消食理气,去积滞,散风寒,最为有益之物。煎熬饮之,味极浓厚,较他茶为独胜。"

阮福《普洱茶记》云:"消食散寒解毒。"

王士雄于《随息居饮食谱》中记:"茶微苦微甘而凉,清心神,醒睡除烦,凉肝胆,涤热消痰,肃肺胃,明目解渴……普洱产者,味重力竣,善吐风痰,消肉食,凡暑秽痧气腹痛,霍乱痢疾等症初起,饮之辄愈"。

《百草镜》云:"闷者有三:一风闷;二食闷;三火闷。唯风闷最险。凡不拘何闷,用茄梗伏月采,风干,房中焚之,内用普洱茶三钱煎服,少顷尽出。费容斋子患此,已黑暗不治,得此方试效。"

《本经逢原》有载:"产滇南者曰普洱茶,则兼消食止痢之功。"

《普济方》中载:"治大便下血,脐腹作痛,里急重症及酒毒,用普茶半斤碾末,百药煎五个,共碾细末。每服二钱匙,米汤引下,日二服。"

《验方新篇》中载:"治伤风,头痛、鼻塞,普茶三钱,葱白三茎、煎汤热服,盖被卧,出热汗愈。"

《圣济总录》中载:"须霍乱烦闷,用普茶一钱煎水,调干姜末一钱,服之即愈。"

《滇南见闻录》中载："其茶能消食理气,去积滞,散风寒,最为有益之物。"

《严茶议》中载："青稞之热,非茶不解。故不能不赖于此。"

在新兴饮茶的古代,不少文人将茶与情留在了诗词中。闲适的饮茶方式与茶香的浓郁,都可在文人的笔下找到适合它的阐述。包括一些古典小说中茶馆茶楼都无处不在,茶的普遍性特点也使其在小说中往往代表市井小民。茶与文学的融合,使其深厚的内涵与悠久的文化挥发得淋漓尽致,也更贴近生活。茶文化得到了传承的同时也变得更加厚重香醇。

第二节　普洱茶诗词选

历史悠久的普洱茶在文人笔下别有一番风韵,回首历史的长河中不少文人墨客将茶与诗词的不解之缘一一道来。

本节特选取一些具有代表性的普洱茶诗词进行介绍。

一、清代民国时期普洱茶古诗词鉴赏

清代道光《普洱府志》卷之十九"艺文志"中载有清代诗人吟咏"茶庵鸟道"的诗六首。

《茶庵鸟道》
清·杨溥
崎岖道仄鸟难飞,得得寻芳上翠微。
一径寒云连石栈,半天清磬隔松扉。
螺盘侧髻峰岚合,羊入回肠展迹稀。
扫壁题诗投笔去,马蹄催处送斜晖。

《茶庵鸟道》
清·舒熙盛
崎岖鸟道锁雄边,一路青云直上天。
木叶轻风猿穴外,藤花细雨马蹄前。
山坡晓度荒村月,石栈春含野墅烟。
指愿中原从此去,莺声催送祖生鞭。

《茶庵鸟道》
清·朱廷硕
山径崎岖不易平,连山矗矗峥嵘势。
失群鸟向风头合,迷道人追虎迹行。
一线路通天上下,千寻峰夹树丛横。
筇节彳亍归来晚,犹幸庵前夕照明。

《茶庵鸟道》

清·单乾元

茅堂连石栈,清磬半天闻。

一径悬如线,两峰寒如云。

晚霜维马力,秋月少鸿群。

剩有雄心在,高吟对夕曛。

《茶庵鸟道》

清·牛稔文

猿猱宜此路,樵斧偶然闻。

径仄愁回马,峰危畏入云。

从兹登鸟道,或可近仙群。

岩下钟流响,昭晓日渐曛。

《茶庵鸟道》

清·牛稔文

仄径生机一线通,茶庵旅店暂停骢。

分明雉堞山头见,犹在盘回鸟道中。

从上述诗中,可以看出普洱茶马古道上的"茶庵鸟道"之险,马帮行人之难,诗人的感叹说出了亲历者的心声。

《普茶吟》

清·许廷勋

山川有灵气盘郁,不钟于人即于物。

蛮江瘴岭剧可憎,何处灵芽出岑蔚。

茶山僻在西南夷,鸟吻毒闵纷胶葛。

岂知瑞草种无方,独破蛮烟动蓬勃。

味厚还卑日注从,香清不数蒙阴窟。

始信到处有佳人,岂必赵燕与吴越。

千枝峭茜蟠陈根,万树槎芽带余蘖。

春雷震厉勾渐萌,夜雨沾濡叶争发。

绣臂蛮子头无巾,花裙夷妇脚不袜。

竞向山头采掇来,芦笙唱和声嘈赞。

一摘嫩蕊含白毛,再摘细芽抽绿发。

三摘青黄杂揉登,便知粳稻参糖核。

筥篮乱叠碧燥燥,榼炭微烘香馞馞。

夷人恃此御饥寒,贾客谁教半干没。

冬前给本春收茶,利重遒多同攘夺。

土官尤复事诛求,杂派抽分苦难脱。

满园茶树积年功,只与豪强作生活。

山中焙就来市中,人肩浃汗牛蹄蹶。
万片扬簸分精粗,千指搜别穷毫末。
丁妃壬女共薰蒸,笋叶腾丝重捡括。
好随筐箧贡官家,直上梯航到官阙。
区区茗饮何足奇,费尽人工非仓卒。
我量不禁三碗多,醉时每带姜盐吃。
休休两腋自生风,何用团来三百月。

　　这首七言古诗较为全面地反映了茶农的困苦不幸,茶商的重利盘剥,土官的重重压榨,苛捐杂税的苦难,入市卖茶的情景,精选贡茶的情形,以茶解酒的功效等,侧面再现了茶乡生活的真相。丰赡的内容,朴素的语言,自然平实的风格,是这首诗的主要特征。《普茶吟》中的"休休两腋自生风,何用团来三百月"使许廷勋被誉为品出普洱之气的第一人。

《赐贡茶二首·其一》
清·王士祯
朝来八饼赐头纲,鱼眼徐翻昼漏长。
青蒻红签休比并,黄罗犹带御前香。

《赐贡茶二首·其二》
清·王士祯
两府当年拜赐回,龙团金缕诧奇哉。
圣朝事事宽民力,骑火无劳驿骑来。

《烹雪用前韵》
清·乾隆皇帝
独有普洱号刚坚,清标未足夸雀舌。
点成一椀金茎露,品泉陆羽应惭拙。
寒香沃心俗虑蠲,蜀笺端砚几间设。
兴来走笔一哦诗,韵叶冰霜倍清绝。

《煮茗》
清·嘉庆皇帝
佳茗头纲贡,浇诗必月团。
竹炉添活火,石铫沸惊湍。
鱼蟹眼徐扬,旗枪影细攒。
一瓯清兴足,春盏避清寒。

《滇园煮茶》
清·阮元
先生茶隐处,还在竹林中。

秋笋犹抽绿,凉花尚闹红。
名园三径胜,清味一瓯同。
短榻松烟外,无能学醉翁。

《烹雪》
清·乾隆皇帝

瓷瓯沦净羞琉璃,石铛敲火然松屑。
明窗有客欲浇书,文武火候先分别。
瓮中探取碧瑶瑛,圆镜分光忽如裂。
莹彻不减玉壶冰,纷零有似琼华缬。
驻春才入鱼眼起,建城名品盘中列。
雷后雨前浑脆软,小团又惜双鸾坼。
独有普洱号刚坚,清标未足夸雀舌。
点成一椀金荃露,品泉陆羽应惭拙。
寒香沃心欲虑蠲,蜀笺端研几间没。
兴来走笔一哦诗,韵叶冰霜倍清绝。

《采茶曲》
清·黄炳堃

正月采茶未有茶,村姑一队颜如花。
秋千戏罢买春酒,醉倒胡麻抱琵琶。
二月采茶茶叶尖,未堪劳动玉纤纤。
东风骀荡春如海,怕有余寒不卷帘。
三月采茶茶叶香,清明过了雨前忙。
大姑小姑入山去,不怕山高村路长。
四月采茶茶色深,色深味厚耐思寻。
千枝万叶都同样,难得个人不变心。
五月采茶茶叶新,新茶还不及头春。
后茶哪比前茶好,买茶须问采茶人。
六月采茶茶叶粗,采茶大费拣工夫。
问他浓淡茶中味,可似檀郎心事无。
七月采茶茶二春,秋风时节负芳辰。
采茶争似饮茶易,莫忘采茶人苦辛。
八月采茶茶味淡,每于淡处见真情。
浓时领取淡中趣,始识侬心如许清。
九月采茶茶叶疏,眼前风景忆当初。
秋娘莫便伤憔悴,多少春花总不如。
十月采茶茶更稀,老茶每与嫩茶肥。
织缣不如织素好,检点女儿箱内衣。

冬月采茶茶叶凋,朔风昨夜又前朝。
为谁早起采茶去,负却兰房寒月宵。
腊月采茶茶半枯,谁言茶有傲霜株。
采茶尚识来时路,何况春风无岁无。

《茶山春夏秋冬》

民国·周学曾

《茶山春日》

本是生春第一枝,临春更好借题词。
雨花风竹有声画,云树江天无字诗。
大块文章供藻采,满山草木动神思。
描情写景挥毫就,正是香飘茶苑时。

《茶山夏日》

几阵薰风度夕阳,桃花落尽藕花芳。
画游茶苑神俱爽,夜宿茅屋梦亦凉。
讨蚤戏成千里檄,驱蝇焚起一炉香。
花前日影迟迟步,山野敲诗不用忙。

《茶山秋日》

玉宇澄清小苑幽,琴书闲写一山秋。
迎风芦苇清声送,疏雨梧桐雅趣流。
水净往来诗画舫,山青驰骋紫黄骝。
逍遥兴尽归来晚,醉初黄花酒一瓯。

《茶山冬日》

几度朔风草阁寒,雪花飞出玉栏杆。
天开皎洁琉璃界,地展箫疏图画观。
岭上梅花香绕白,江午枫叶醉流丹。
赏心乐事归何处,红树青山夕照残。

《普中春日竹枝词十首之四》

清·舒熙盛

鹦鹉簿前屡唤茶,春酒堂中笑语哗。
共说年来风物好,街头早卖白棠花。

二、现当代普洱茶古诗词鉴赏

《普洱茶吟》

沈信夫[1]

休道灵芝草,何如普洱茶。
滇南钟秀气,赤县孕奇葩。

---

[1]沈信夫,北京嘤鸣诗社副社长.

陆羽三杯赏,卢仝七碗夸。

环球堪一绝,昔贡帝王家。

《咏普洱茶》

张宝三[1]

普洱名茶誉四方,一杯足使满堂香。

茶姑惜爱春深绿,剪取春光运远洋。

《煮茶》

周砥中[2]

石泉烹煮用松根,普洱茶香诱煞人。

寒夜一杯待佳客,茅台能有此清醇?

《品茶》

谢瑜[3]

碧色堪延寿,清香合断魂。

仙津方入口,飒爽涤千烦。

《普洱茶乡情三首》

龚正涛[4]

名茶早已入红楼,佳品漂洋到五洲。

但得一杯常在手,留香口齿话春秋。

《贺首届中国普洱茶节》

张文勋[5]

香茗自古生华夏,普洱名茶早夺魁。

雅座华堂称上品,高人韵士佐琴台。

芬芳馥郁成茶道,碧绿晶莹透玉杯。

养性怡情文化热,嘉宾云集慕名来。

《风入松普洱茶叶节》

袁庆光[6]

边城佳节正春风,好景赏葱茏。

青山如黛莺声闹,登临意,寻觅芳踪。

---

①张宝三,云南省人大常委会副主任.

②周砥中,湖南省湘潭市老年大学诗词教师.

③谢瑜,福建作家诗人.

④龚正涛,思茅师范高级讲师、地区诗协副主席.

⑤张文勋,常务理事、云南省诗词学会会长、云南大学教授.

⑥袁庆光,思茅地区诗词协会副主席.

浓李妖桃争艳,朝霞影飞鸿。

友朋万里喜相逢,携手乐融融。

一杯春蕊情深重,飘香远、普洱茶浓。

改革契机开放,十年好雨腾龙。

《咏普洱》
近代·佚名

彩云天地涯,红土绽灵花。

本是神仙客,结缘普洱茶。

《咏普洱茶》

普洱名茶誉四方,一杯足使满堂香。

茶姑惜爱春深绿,剪取春光运远洋。

《普洱茶》
王明之

普洱名茶销万里,京城饮誉上红楼。

而今改革开放好,精茗香飘五大洲。

《普洱茶》
欧阳勋

独特香型普洱茶,横黄汤色蕴清华。

条型粗壮耐冲泡,浓强滋味最堪夸。

《吟普洱茶》
李格风

誉满乾坤普洱茶,堪称四绝一奇葩。

愁肠百结三杯净,饮后轻盈胜著裳。

《小梁州(正宫)·运销曲》

六大茶山驮运忙,铃响叮当,思茅集散去游洋。

声威壮,优质占市场。

平生足未践思茅,普洱名茶是至交。

炼字未安吟苦处,一杯清冽助推敲。

《普洱茶吟》
沈信夫

休道灵芝草,何如普洱茶。

滇南钟秀气,赤县孕奇葩。

陆羽三杯赏,卢仝七碗夸。

环球堪一绝,昔贡帝王家

《普洱茶赞》

王瑛

名茶生普洱,享誉遍全球。

常饮身康健,欣闻脑忘忧。

鲜醒居榜首,消食亦佳优。

《赞普洱沱茶》

张志英

爽鲜味厚气尤芳,煎泡移时满室香。

明目除烦增智慧,清心助兴赋华章。

迎宾代酒敦交谊,健体凭君涤胃肠。

昔有茗经文化史,今添茶节誉茶乡。

《咏云南普洱茶》

蚕月清风发嫩芽,红尘森伯映朝霞。

苍天雨露生灵气,壑野奇葩蕴秀华。

巧手频施鲜叶采,倾心研制敬神茶。

生津止渴平肝火,服务黎民百代夸。

《祝祷茶歌》

手捧三炷香,敬献大茶王;

众生福缘好,全靠大茶王;

百姓衣食住,都赖大茶王;

茶寨大丰收,仰仗大茶王;

万户吃穿用,依托大茶王;

手捧三炷香,叩谢大茶王。

《茶马世家》

彩云之南,大理故邦,无量之岗,大叶种茶,

冠盖翠葆,交柯成林,干如精铁,叶如青玉。

采之炒之,揉捻晾晒,渥堆蒸压,历载陈化,

终成普洱,沉郁含光,香清益远,甘冽悠长。

生津止渴,活络舒压,解肉膻腻,祛炎清吟,

舒寒化宁,涤荡昏寐,温润枯肠,四时无恙。

得饮普洱,法门万重,佛寿无量,如来妙境,

杏林桃源,竹林草堂,乘槎海上,飞锡凌云。

茶马世家,泽厚天下,内无恼热,外无衰病,
消脂轻身,搜肠刮魂,梦回古道,寻访茶马!

《七律·普洱茶》

普洱佳茗几度闻,一将呷口更生津。
氤氲香雾迷诗客,旖旎灵山孕宝珍。
都道俗生酣酒色,孰知雅客慕茶芬。
如能借我千顷地,愿做茶家普洱人。

现代描写云南普洱的茶诗妙句:

《普洱生态茶吟》

陈天一

采天地灵气,孕日月豪光。
汇山水丹秀,聚草木幽香。
融云雾甘露,吸谷雨琼浆。
成生态佳茗,得红楼赞扬。
分一滴玉液,醒四座尘网。
饮金芽三味,除众民病伤。
颂茶节盛会,扬洱茶名芳。
促经济发展,垦万顷茶乡。
会天下茶友,奔生活小康。

《品茶》

现代·陈治法

几个吟朋上小楼,迎来普洱两三瓯。
烟岚雨露长相润,馥郁芳香久久留。

《咏采茶》

现代·陈命钦

凤鬟雾鬓翠眉频,嘴上歌声指上春。
惜是陆翁耽嗜饮,茶经不著采茶人。

《茶马古道》

现代·张朝印

五尺来宽茶马道,蜿蜒曲折绕山冈。
风雷雨雪难阻挡,南北西东接友邦。
骡马驮篮装复郁,高峰峡谷尽飘香。
功勋不亚丝绸路,累累蹄痕在茶乡。

《板山银毫赞》
现代·袁庆光

一盏银毫举世夸,青峰峻岭饱烟霞。
东风栽就三春叶,沃土催开九夏花。
众口留香称绝品,群山拥翠吐新芽。
若教陆羽持公论,应是人间第一茶。

《普洱茶庵鸟道游》
现代·黄桂枢

茶庵品茗赏茶林,鸟道今有听鸟音。
碧岭千秋开眼界,云中瑞气爽人心。

《云山好茶》
现代·黄桂枢

云中鹿苑放幽香,山谷茗园韵味长。
好品闰芽飘过海,茶传友谊到滇疆。

《打酥油茶》
现代·佚名

黑茶叶汉地生产,黄酥油是我提炼。
白盐巴藏北生产,祝愿三兄弟团圆。
好唱的歌不动听,好喝的茶献别人。
身体健壮经脉通,毫不利己爱众生。

《普洱茶》
佚名

雾锁千树茶,云开万壑葱。
香飘十里外,味酽一杯中。

《十六字令·普洱茶》(三首)
王文井

茶,绿带环坡接翠霞,村姑聚,笑语满山洼。
茶,普洱名扬誉迩遐,优良质,四海竞相夸。
茶,求教诗词致友家,香飘远,不觉日西斜。

《咏普洱茶》
担当

冷艳争春喜烂然,山茶按谱甲于滇。
树头万朵齐吞火,残雪烧红半个天。

《咏普洱茶》
王兴麒

嫩绿邀春焙,余甘浃齿牙。
神清非澡雪,普洱誉仙家。

《咏普洱茶》(二首)
刘杰

一

普洱茶乡咏茗吟,驰名中外贯古今。
得天独厚春来早,雾锁云开万壑青。

二

含黄绿起泛芬芳,把盏忻吟留齿香。
肥减养生人喜爱,防癌功效待弘扬。

《普洱毫峰茶》
朱俊

兰洲藕榭假新辞,召我风清月霁时。
酝兴毫峰斟半盏,一分茶酿十分诗。

《评云南普洱名茶》
成与龄

云南普洱美名扬,腊茗春芽分外香。
多谢村姑精制作,遂教身价入华堂。

《赞普洱茶》
全德茶

灵山秀水吐香茗,日月精英润芳魂。
入药沏壶馨品意,通筋走脉喜沾唇。
一杯解暑松峰顶,两碗驱寒屋阁亭。
慕饮嫦娥抛桂酒,人间天上贺升平。

《普洱茶送北京》
李卫华

大雾青山名茗香,东风浩荡绕南疆。
深情厚意夸茶好,呼唤京华四海扬。

《贡品茶》

李哲初

普洱龙涎独占春,人间历久系芳名。

当年贡品香金殿,玉碗盘中动帝京。

《咏采茶》

陈命钦

风鬟雾鬓翠眉频,嘴上歌声指上春。

惜是陆翁耽嗜饮,茶经不著采茶人。

《普洱茶》

万栋才

瑞草翠南天,春尖煮矿泉。

绿波涤俗事,芳茗溢长轩。

《普洱茶山春曲》

于生

一叠清波一叠云,青岚绿雾卷红裙。

山泉玉笛鸣春鸟,领悟春吟脱俗人。

《咏普洱茶》

文若

天下茶乡第一村,茶名普洱久传闻。

物饶地利千山碧,时泰民康万户春。

雅友[①]相邀芬远逸,佳人[②]对饮味犹真。

何须远学仙家术,信手一杯便出神。

《赞普洱茶》(二首)

王坚

一

普洱古城锦秀乡,名茶载誉五洲扬。

春尖品饮一杯少,三碗搜肠味自芳。

二

名茗质优件件珍,诸多品种味温馨。

雪兰长寿能高寿,益肾螺春葆回春。

云雾马登无污染,玉芽玉冠散芳芬。

板山高峻雄风振,普洱茶乡处处新。

---

①唐宋以来历代文人都视茶为"雅友".

②苏东坡诗云"从来佳茗似佳人".

《普洱茶赋》

范星

大象无形，万物有度。大道三千，茶饮有席。史有神农尝百草，得茶解其毒；典记武王伐商纣，纳贡西南夷。茶出银生，始见蛮书；皇家贡茶，频现正史。

南蛮之茗，迥然中原。普洱之茶，别样江南。树蕴山川之秀逸，生有三丈之高；叶采天地之灵气，长有三指之宽。甘霖馨露，滋润千秋；日光月华，吐纳百年。翠叶默默，韬光坡野；铁骨铮铮，隐逸林间。

古树老茶，制作有法。炒而曝之，蒸而团之。浸则柔韧，泡则绵长。吃之除腻，喝之健身，饮之涤烦，品之净心。

西蕃求茶，方有茶马互市；君王倾心，始见茶马有司。上北京，下南洋，渡东瀛，走西域。四方六合，马铃不断；两栖五路，茶叶飘香。藏区悦之，日饮不辍；京师重之，名遍天下。

第三节 普洱茶楹联

对联是我国传统文化形式之一，有着悠久的历史。当茶进入百姓生活后，同样也被写进了对联。茶联成为对联中别有情趣的一种，千百年来流传甚广。

茶联通常悬于茶馆，有着招徕顾客的广告作用。"水汲龙脑液，茶烹雀舌春"，这副出自明人童汉臣之手的茶联一直流传至今。而"扬子江中水，蒙顶山上茶"不是广告却胜似广告。茶联的踪迹无处不在，遍及名山胜水、寺院宫观。

旧时的茶联，也常常见于人家的宅院、厅堂、书房，比如"诗写梅花井，茶煎谷雨春"，典雅精致，耐人寻味。

除诗词之外，人们还用其他艺术形式来歌颂普洱茶，从而把普洱茶的韵味展现出来。在中华普洱茶博览苑中，就有一副副字句作为门联。

瑞气横生，世上茶山唯此秀；
茗源纵写，人间普洱独为先。

——问茶楼联（黄桂枢撰）

普茶驰誉，能续东坡佳句；
贝叶遗篇，再传陆羽新经。

——茶祖殿联（朱培学撰）

解渴齿流芳，七碗生风，
当年传说卢仝腋；
清心人益寿，全球驰誉，
今世争夸普洱茶。

——茶祖殿联（张志英撰）

从南到北，观光最是银生地；
自古于今，品饮当推普洱茶。

——品鉴园联（陈文魁撰）

思茅昔办清皇贡;赤县今夸普洱茶。

——品鉴园联(王郁风撰)

它们成为一种艺术品为人们所欣赏。当普洱茶与楹联相遇,那又会是不同韵味的火花。

消虑三杯普洱馥,醒酒一韵诗情飞

——普洱茶楹联(和焕先撰)

烹来满室流香,七碗品尝,风生两腋醒诗梦;谱出茶经名著,一壶斟就,春溢一身超俗尘。

——普洱茶赞联(袁朗华撰)

《普洱茶乡楹联三十副》,其中有几副写到古茶树和茶都,今录三副如下:

(其一)题澜沧邦崴过渡型古茶树联:

茗槚野生到栽培,千年过渡称茶王,活文物在澜沧邦崴;

先民初用经驯化,百世遗传赞国宝,老祖宗为古代濮人。

(其二)题镇沅千家寨野生型古茶树联:

两千七百岁槚龄,枝繁叶茂,野生在哀牢山,地球自然遗产,世界堪称一绝矣;

多片余万株群落,骨硬身高,雄立当活化石,茶祖原始故居,专家盛赞奇观耶。

(其三)顶针格题思茅茶都联:

普洱贡茶香,香飘四海,海外宾客常来,来城乡考察研究,究其古今茶贸集散盛地;

思茅新港美,美串群邦,邦中友商互往,往水路营销拓开,开此东亚港航交流春天。

好水好山,自古名茶推普洱;新风新事,于今盛节在中华。

——庆首届中国普洱茶叶节联(辛自权撰)

此联表达了作者对普洱茶的夸赞和对普洱茶叶节的祝贺。

洞庭君眉、安徽六合、杭州龙井、福建武夷、江西乌夔,昔推名品洞庭浒;

普洱春茗、昆明十里、景谷白毫、临沧大叶、顺宁香片,今慕贡茶普洱陬。

——第一届中国普洱茶叶节楹联(许椿萱撰)

此联列举了全国名茶和云南名茶后,道出了作者爱慕普洱贡茶的心情。

烹来满室流香,七碗品尝,风生两腋醒诗梦;

谱出茶经名著,一壶斟就,春溢一身超俗尘。

——普洱茶赞联(袁朗华撰)

卧游万顷滇池水;渴解三盅普洱茶。

——普洱茶叶节对联(王澍撰)

此联说出了作者解渴爱饮普洱茶的生活习惯。

解酒、论奕、挑琴,无非清醒头脑,自来多借沏饮,名推普洱;

款宾、会谈、宴乐,总是拉开话题,大抵连上送喝,品重南疆。

——题赞普洱茶楹联(埂石撰)

此联巧妙地道出了普洱茶在人们精神生活中所起的助兴联谊作用。

集会论名茶,荟色艳味浓香永诸特长,品种逸凡推普洱;

生财寻热点,兼天时地利人和等优势,边陲拔萃数思茅。

——贺中国普洱茶文化研讨会楹联(唐润民)

以茶会友欢,广交天下佳客;于节吟诗乐,多颂世间哲人。

——赞普洱茶叶节对联(龚正涛撰)

普洱茶香,雅座常将茶当酒;思茅景秀,群山尽以景作图。

——普洱茶乡颂对联(潘贞志撰)

茗槚野生到栽培,千年过渡称茶王,活文物在澜沧邦崴;

先民初用经驯化,百世遗传赞国宝,老祖宗为古代濮人。

——黄桂枢撰

琴声戏声论茶声,声声闻耳,品普茶,雅听茗经,心底横生妙悟;

醅味香味陈韵味,味味入咽,知风韵,欣倡国饮,友人便可深交。

——黄桂枢撰

解渴齿留芳,七碗生风,当年传说卢仝腋;

清心人益寿,全球驰誉,今世争夸普洱茶。

——张志英撰

普洱茶香,雅座常将茶当酒;

思茅景秀,群山尽以景作图。

——潘贞志撰

第四节 普洱茶歌及民歌辑录

茶歌是由茶叶的生产、饮用这一主体文化派生出来的一种文化载体,是我国茶叶生产和饮用成为社会化生产和日常生活内容以后的产物。

最早的茶歌也许可以追溯到西晋孙楚的《出歌》,内有"姜桂茶荈出巴蜀"一句,"茶样"指的就是茶。至唐代有陆羽的《六羡歌》、刘禹锡的《西山兰若试茶歌》、皎然的《茶歌》等。

普洱茶似佳人,佳人仪态万千,人们不仅仅用诗词楹联来表现普洱茶的百态,更是以歌曲的形式来展现,关于日月星辰、关于山川河流、关于风土人情,唱历史、唱亘古、唱自然,唱盛情,歌深情。每一歌词、每一音符,都是对普洱茶的赞美与钟爱,为人们奉上一杯香高郁馥的普洱茶,让人们领略到了源远流长的普洱茶的甘醇、陈韵、芳香及其无穷的魅力。

《普洱茶之歌》:"普洱茶是诗,普洱茶是歌,它记录着各族儿女的苦与乐;普洱茶是情,普洱茶是爱,它香飘四海,香了万家的生活……"

有关普洱茶歌及民歌有:《普洱赶马调》《普洱茶乡》《相约吃茶去》《采茶歌》《普洱茶之歌》《茶马古道情歌》《阿佤人民唱新歌》《茶之魂》《普洱茶》《茶城圆舞曲》《哈尼的家乡在哪里》《普洱茶香迎宾客》《普洱姑娘最漂亮》《茶树的恩情》等等。

普洱茶谣:山连着山,水连着水。一杯普洱茶,千山万水。普洱几千年,日月共婵娟。阳光晒古道,漫漫过高原。萧萧马帮路,依稀辨河川。寥寥两三声,名满天地间。

普洱茶的歌谣宛如普洱茶一样,清新自然地诉说着它的故事。有马帮的故事,也有家乡的茶香。人们通过这一支支歌谣崇拜着大自然,也感激着这世间所给予的最美好的馈赠。

《喝茶要喝普洱茶》民歌
(柴天祥搜集整理)

唱支茶歌把茶夸,喝茶要喝普洱茶。

喝了一碗普洱茶,山歌调子嗓门大.

喝了两碗普洱茶,风吹雨打都不怕。

喝了三碗普洱茶,忧愁苦闷路边刷*。

喝了四碗普洱茶,笔下文章会生花。

喝了五碗普洱茶,肩扛大山压不垮。

喝了六碗普洱茶,脚下生风走天涯。

喝了七碗普洱茶,左邻右舍无冤家。

喝了八碗普洱茶,交得朋友遍天下。

喝了九碗普洱茶,晓得普洱茶文化,

一天喝上十大碗,跑到思茅来安家。

千杯万盏细品尝,不成茶仙成茶家。

你若不信试试瞧,喝茶要喝普洱茶。

《品茶民歌》

品茶不过喉,喉间稍停留。

细品后吐出,还要漱漱口。

再品另碗时,品法还依旧。

细品辨优劣,识别茶火候。

思考题

1. 什么是普洱茶诗词?请列举你熟悉的三首清代时期的普洱茶古诗。
2. 谈一谈你对阮福的《普洱茶记》的理解。
3. 谈一谈普洱茶文化的历史及发展。
4. 请赏析乾隆皇帝的《烹雪用前韵》以及你对乾隆皇帝喜茶的认识。
5. 试述普洱茶楹联与普洱茶文化的影响。
6. 谈谈你对普洱茶歌及民歌的认识与了解。

第八章　茶　席　设　计

第一节　茶席设计概论

一、茶席的概念

"席,指用芦苇、竹从篾、蒲草等编成的坐卧垫具。"(《汉语大辞典》)《诗·北体风·柏舟》有:"我心匪席,不可卷也。"《韩非子·存韩》有:"韩事秦三十余年,出则为扞蔽,入则为席荐。"都将席的质地、形状、作用说得十分清楚。席,后又引申为座位,席位。《论语·乡党》:"君赐食,必正席先尝之。"正席,即首要或主要的席位。

茶席的形成大致始于唐代,饮茶在上流社会开始普及,成为文人雅士、寺院僧侣和皇室君臣的风雅之事,于是便讲究起饮茶的环境和程式。至宋代,茶席不仅置于自然之中,宋人还把一些取型着意于自然的艺术品设在茶席上,而插花、焚香、挂画与茶一起被合称为"四艺",常在各种茶席间出现。查阅相关的茶文化资料,有关"茶席"的解释多是由"席""酒席"等演变而来。当饮茶发展到与喝酒、吃饭、娱乐等一样成为日常生活中不可或缺的行为之后,那么,与之相应的概念体系也会随之得到完善。

茶自中国传向世界之后颇得世界各地人们的喜爱,各国(地区)将从中国引进的茶与本国(地区)实际相融合,形成符合本国(地区)实用和审美标准的茶体系。

近代"茶席"一词出现的频率越来越多,我国台湾将茶会称为茶席,多指以茶为主题的聚会。台湾的"茶席"出现较多,茶席中的元素大致包括:烧水壶和炉、饮杯与闻香杯、茶则与茶匙、壶、杯笼、杯仓、壶承、杯托、茶贴、盖碗、水方、茶布包、碗、茶巾、茶棚、茶盅、茶席巾等,且根据茶席主题的不同所用的茶席元素也不尽相同。日本则将茶席称为茶屋、茶室,主要指喝茶、品茶的地方,包含要素比较多。茶席在日语中除了茶室的意思外,还有点茶的座席、喝茶客间及茶会的意思,江户时代以后方才用"茶席"一词。韩国也有茶席,更多的是指为了喝茶会友而摆放茶具和茶食的案几。韩国将"茶席"看成摆放各种点心、茶果、糖水等食物的席面。

近年来,一些学者开始探索"茶席"的概念。随着人们对茶席设计的关注和认识的提高,关于茶席概念的研究也增加了 2002 年浙江大学童启庆教授在《影像中国茶道》一书中指出"茶席是泡茶、喝茶的地方,包括所处的氛围和环境的布置"。2003 年中国茶叶博物馆研究员周文棠在《茶道》一书中指出"茶席是沏茶、饮茶的场所,包括沏茶者操作的场所和空间,需布置与茶道类型相宜的茶席、茶座、表演台、泡茶台、奉茶处所等"。后来上海茶道专家乔木森编著的《茶席设计》一书阐述茶席是以茶为灵魂,以茶具为主体,在特定的空间形态中,通过茶具这个载体,结合多种文化艺术形式,与其他艺术形式相结合,共同完成的一个有独立主题的茶道艺术组合。

综上可见,不同地区对于茶席的理解有着自己的习惯和传统,不同的专家对于茶席概念的总结也略有不同,但也有统一的共同点:一是茶席设计不仅仅指茶和茶具的摆设,还包括案几、氛围、空间等整体的设计;二是茶席设计是多种文化艺术碰撞而衍生的一种新的文化,它可以带来视觉、味觉等多种体感的享受。

二、茶席的功能

茶席的设计也根据不同的场合和需求,体现出不同的功能特征。大体上可分为三类:实用性功能、经营性功能和表演性功能。

1. 茶席的实用性功能

实用性是茶席最朴实的一种功能体现,应用到广大老百姓的生活中也是最常见的。如北方的大碗茶、南方的凉茶,不讲究排场、不追求档次,其消暑解渴之功能则是老百姓最看中的。在人们的日常生活中,家中的一套茶具、办公室的一方茶桌、朋友家人的一次茶会,无不体现出茶席泡茶、饮茶最基本的实用功能。茶席的实用性功能多体现在办公家居之中,对设计元素、格调也并无特殊要求,仅仅是闲谈聚会之余的一种点缀,但越基本的功能越体现老百姓的朴实生活。

2. 茶席的经营性功能

在生活中也较为常见,多体现在茶楼、茶馆、茶叶店等经营性场所。此类茶席设计在实用功能的基础上,以销售经营为目的,满足了人们对品茶趣谈场所的追求,是老百姓生活悠闲自在的体现。如扬州的富春茶社,往来客人络绎不绝,特别是《舌尖上的中国》热播后,一份糕点、一笼汤包更成了来往客人必点之品。熙熙攘攘的客人纷纷而至,背后是人们对生活品位与文化的双重享受。

3. 茶席的表演性功能

近年来越来越多见,逐渐受到业内外人士的重视和赏识,国内外已举办了多次影响面较大的茶席设计大赛。茶席的表演性功能以实用性为依托,结合多种艺术形式,满足人们对环境、空间、氛围等多方面的需求,实现人们对更高休闲品味与精神文化的享受。新时代的发展为中国的茶文化注入了新的血液,如融合民族风俗的茶艺表演、结合佛教文化的禅茶表演、体现儒家礼仪的茶礼表演等等,多种文化艺术与茶结合,呈现出丰富多彩的现代茶文化特征。

三、茶席设计的内容

茶席设计构成的元素多种多样,人们在设计茶席时受个人情感、爱好、背景等因素的影响,在设计时所使用的元素也有所差别,一般情况下包括:茶叶、茶具、茶席台面、环境氛围和故事背景。

1. 茶叶

茶,是茶席设计的灵魂,也是茶席设计的思想基础。因茶而有茶席,因茶席而有了茶席设计。茶,在一切茶文化以及相关的艺术表现形式中,既是源头,又是目标。

茶叶是茶席设计的必备之品,缺少茶叶谈不上茶文化和茶席设计。中国地大物博、幅员辽阔,是世界上茶叶种类最多的国家,根据不同的加工方式可将茶叶分为六大类。茶叶是茶席设计的源头,不同的茶叶类别其表现思想不同,冲泡手法不同,茶席的设计灵魂体现也千差万别。

2. 茶具

茶具也是茶席设计不可缺少的物品,指的是用来泡茶、饮茶的器具。自古人们对茶具的使用颇为讲究,种类越来越丰富,这也是茶文化发展的重要体现。唐代茶圣陆羽在《茶经·四之器》中就记载了24件茶具的使用。当代茶席设计中,茶具可多可少,可简可繁,是茶叶灵魂体现的载体。简单的一个玻璃杯,茶叶在杯中起起落落看出人生起伏,复杂的茶席设计常用到的有茶壶、茶杯、茶匙、茶漏、茶盘、茶碟等等。除了琳琅满目的茶具类别,茶具还有质地之分,常见的有瓷器、紫砂、玻璃、陶土、金属茶具等。不同的茶叶使用不同的茶具,是为了体现对茶叶完美的追求。

在茶席设置中,如何把不同材质、不同造型、不同装饰与烧成效果的茶具进行组合与配置,是一个很深的学问,它遵循几个原则:

(1)宜茶。无论是何种茶具,都应该根据其功能,最好地发挥其有益于茶性发挥的特点。

(2)切题,即根据茶席的主题选择合适的茶与器具,茶具的材质、造型、装饰及烧制的效果应与要表达的主题相宜。

(3)对比与统一,即茶具的材质、造型、装饰及烧成各方面效果与茶及其他器物是一种对比与统一的关系。对比的意义在于相互衬托,突出主体;统一的意义在于整体的和谐与协调。

3. 茶席台面

茶席台面是整个茶席设计的载体,是用来摆放茶叶、茶具的地方,主要由摆放器具的案几和铺垫组成。茶席台面的案几可以是茶桌、茶海,也可以是箱子、椅子、柜子等器具,也可以直接放在地上。现代茶席设计种类繁多,台面样式有高有低;材质有藤制、竹制、木制、石制;款式有现代的、有仿古的等。除了台面种类,茶席台面上的铺垫,有丝绸、麻布、棉布、草垫、竹垫等,不同材质的铺垫体现茶席台面不同的韵味。茶席台面要与茶席设计的主题一致,传达茶席设计的情感。

4. 环境氛围

茶席设计中环境氛围的营造是为了更好地表现设计主题和意境。自古人们就有将焚香、插花、挂画和点茶四艺融合,营造出品茶意境的做法。现代茶席设计表现手法更为丰富,除了茶席台面上茶叶、茶具和茶食的组合,还融入了插花、书法、礼仪等元素。

对于氛围的营造使用了背景音乐、投影显示、舞台表演等现代科技,让人们在一个特定的茶文化空间内得到更好的文化精神熏陶。

5. 故事背景

故事背景的加入是较为复杂的一种现代茶席设计,是某种人文情怀与茶文化的结合,目的是让人们置身于故事情节之中感受茶文化带来的精神文化享受。近年来各地争办不同类型的茶艺大赛,一方面推动了茶文化在百姓生活中的普及和发展,另一方面也提高和满足了人们精神文化生活的需求。越来越多的茶艺大赛中,参赛选手水平逐步提高,参赛作品百家争鸣,茶席设计已由简单的冲泡手法展示到融入舞台效果、电影作品、故事背景等复杂元素。

第二节 茶席设计实作

一、茶席设计的方法

当茶席介入到艺术领域之后,与设计挂钩,它便同其他任何艺术设计一样,需要获得灵感、需要巧妙地构思以及用最贴合的表现手法与之协和。

1. 确立茶席设计的理念

茶席设计的理念,必定要立足于茶文化的精神内涵,茶之本性清静净俭和。唐代陆羽在《茶经·一之源》中提出:"茶之为用,味至寒,为饮最宜精行俭德之人。"将茶德归之于饮茶人应具有的俭朴之美德。唐末刘贞亮在《茶十德》文中提出饮茶十德:以茶散郁气、以茶驱睡气、以茶养生气、以茶除病气、以茶利礼仁、以茶表敬意、以茶尝滋味、以茶养身体、以茶可行道、以茶可雅志。包括了人的品德修养,并扩大到和敬待人的人际关系上去。日本高僧千利休提出的茶道基本精神"和、敬、清、寂",本质上就是通过饮茶进行自我思想反省,在品茗的清寂中拂除内心的尘埃和彼此间的芥蒂,达到和敬的道德要求;朝鲜茶礼倡导的"清、敬、和、乐",强调"中正"精神,也是主张纯化人的品德的中国茶德思想的延伸。中国当代茶学专家庄晚芳提出的"廉、美、和、敬";程启坤和姚国坤先生提出的"理、敬、清、融";台湾学者范增平先生提出的"和、俭、静、洁",林荆南先生提出的"美、健、性、伦"等等,是在新的时代条件下因茶文化的发展与普及,从不同的角度阐述饮茶人的应用的道德要求,强调通过饮茶的艺术实践过程,引导饮茶人完善个人的品德修养,实现人类共同追求和谐、健康、纯洁与安乐的崇高境界。

2. 把握茶席设计的程序与技巧

茶席设计程序没什么特殊的固定模式,据茶席的性质功能不同、地方的不同和需要不同而定。但在设计的过程中还是有方法技巧可循。

(1)主题概念的确定。首先,设计茶席需要有一个主题。主题是茶席设计的灵魂,有了明确的主题,我们在设计茶席时才能有的放矢。主题的确定有助于茶席各个部分或各个因子的统一与协调,也有助于对茶席设计意义的提拔,使茶席更具有文化内涵与韵味。季节的更替,人事的变化,自我的觉悟等都可以成为我们设计茶席的素材。

其次,茶席设计要以"茶"为主。茶席设计,要展示的是茶技与艺术,更重要的是展示茶本身之特性。所以,"茶"的主体地位必须要明确,其他的相关元素只能起烘托和画龙点睛的作用。

如何来体现以"茶"为主的原则呢? 简而言之,就是"茶"的意味要表达出来。例如,茶汤泡得是否好喝、泡茶的方法是否合理、使用的茶道具是否清洁并符合泡茶所需等。香、花、挂轴等这些辅助元素摆放的位置,更不能抢占了"茶"的主体地位。如果以堆砌任何茶道具、装饰物品就可以叫作设计茶席的话,那么,茶席设计就丧失了茶为主体的核心价值,也就无法从其他艺术形式当中独立出来,最终沦为其他艺术形式的附属品。

所以,好的茶席,是使人一靠近,就能体会到"茶"的韵味。

最后,茶席设计必须是为人的设计。在古代中国的造物思想中,"利人"是一个较早得到广泛讨论的话题。先秦的墨子认为"利于人谓之巧,不利于人谓之拙",集中反映了我国传统的造物思想。在墨子看来,对人有利的"巧"的设计才是好设计,反之就"拙"。在这里,"拙"并不等同于中国传统美学范畴的概念,而是确指"不利于人"的东西。由此可见再美再实用的茶席最终都是要为人服务。茶席不论是为冲泡绝佳茶汤供人品饮而设计,还是为满足人们的视觉美感而设计,其根本目的都是为了满足人或物质或精神的美的享受,即"设计为人"。茶,文化底蕴博大、生化理论严格、艺术含量厚重,要将"文、艺、理"三位一体结合于方寸茶席之间,为人营造绝佳意境,必得巧思方见其高筹。所以茶席上的一壶一盅、一花一香对于每一个设计者和欣赏受众来说,不仅仅是茶汤色味的物理享受,更是茶席艺术带给人们的心灵的艺术精神熏陶与感染。

茶席设计是一门茶的艺术。在掌握这些基本原则之上,才能更好地去展示各自的个性与风格。

(2)器具配饰的选择。茶具组合是茶席设计的基础,也是茶席构成因素的主体。茶具组合的基本特征是实用性和艺术性相融合。实用性决定艺术性,艺术性又服务实用性。因此,茶具组合在它的质地、造型、体积、色彩、内涵等方面,应作为茶席设计的重要部分加以考虑,并使其在整个茶席布局中处于最显著的位置。

中国的茶具组合可追溯到唐代陆羽。陆羽在《茶经·四之器》设计和归整了二十四件茶器具及附件的茶具组合。此后,历代茶人又在形式和功能上对茶具不断创新、发展,并融入人文艺术精神,使茶具组合这一艺术表现形式不断充实和完善。

茶具组合的个件数量一般可按两种类型确定:一是必须使用而又不可替代的,如壶、杯、罐、则(匙)、煮水器等;二是齐全组合,包括不可替代和可替代的个件。如备水用具水方(清水罐)、煮水器(热水瓶)、水构等;泡茶用具茶壶、茶杯(茶盏、盖碗)、茶则、茶叶罐、茶匙等;品茶用具茶海(公道杯、茶盅)、品茗杯、闻香杯、杯托等;辅助用具茶荷、茶针、茶夹、茶漏、茶盘、茶巾、茶池(茶船)、茶滤及托架、茶碟、茶桌(茶几)等。

茶具组合既可按规范样式配置,也可创意配置,而且以创意配置为主。既可齐全配置,也可基本配置。创意配置、基本配置、齐全配置在个件选择上随意性、变化性较大,而规范样式配置在个件选择上一般较为固定,主要有传统样式和少数民族样式。

在茶席设计中器具配饰的选择除了以上的基本规范,还应把握最重要的一点就是,器具的选择一定要与所选茶品适合,符合茶性,具有典型性。做到这点,大多我们只要看茶具,基本就知道是什么茶类的茶席了。比如,绿茶所选器具可用盖碗、玻璃,不选用紫砂壶泡,否则茶会泡熟泡老,无法显现绿茶漂亮的外形与嫩绿,还会影响到绿茶的清香滋味。又如红茶用白瓷杯具或紫砂冲泡;花茶用盖碗;黑茶用紫砂壶等,视茶而变。因此,茶席设计中千万不能一味地为了美观而忽视茶品之本性,盲目从之。茶用器具的材质、型制、色泽及其组合,能够呈现茶品个性。器具的选用,反映的是你对茶叶的理解和相关知识的掌握;以此为前提,再来表达诸如艺术、境界等等才是站得住脚的。

除了茶具之外,茶席的整体设计自然离不开其他辅助配饰的整合。我国传统文化中的"四艺"(点茶、焚香、插花、挂画)的内容,通常被普遍应用于茶席设计之中以使茶席给人以美感,同时也体现茶德精神。

(3)主次分明的格局。在主题确立,器物配饰到位后,接下来就是空间上的布局了。世间万物,皆含矛盾,矛盾皆分主次,这在哲学里称之为主次矛盾原理和矛盾的主次方面原理。在具体的实施操作中,我们常会遇到这样一些问题:看着自己精心挑选的东西觉得什么都好,都不舍得或是不忍心把它置于偏僻之处,生怕冷落了它。结果适得其反,使得茶席整体凌乱,没有主次,所有的美器嘉物一股脑冲进观赏者的眼帘,处处皆美却失大美。依据事物形态整体性原则应着重考虑主次关系、局部为整体服务的必然。设计过程中,首先把握茶是灵魂、茶具是主体,然后围绕主题再进行艺术环境的营造,要尽可能做到主次分明、相得益彰的效果。

(4)和谐统一的审美。和谐统一的茶席空间即整个茶席环境的设计。它包括:泡茶台上茶具的组合放置以及插花、屏风、茶食等的搭配和摆放。整个环境设计与氛围的营造是茶席设计中不可或缺的一部分,环境设计为茶席展示与茶事活动创造了更大的空间,让人们在欣赏茶席艺术时得到更高的精神享受。

茶席空间的合理性:书画、插花、香薰、其他摆设物品和家具所构成的空间环境,每一处都是有机的,即在构图观感上和功能效用上,和茶席主人的立意思想融为一体,让身置其中的观者得以舒展自如地赏席品味,而没有磕磕碰碰的审美羁绊,最终顺畅地实现"艺""道"相合的审美过程。

二、茶席的文案创作

茶席设计文案表述的内容,一般由以下内容构成:文字类别、标题、主题阐述(或称"设计理念")、茶席结构说明、结构中各因素的用意、结构图示动态演示程序介绍、奉茶礼仪语、结束语,作者署名及日期、文案字数。

文字类别:指的是汉字的简体或繁体。虽然从书法角度看,繁体字似乎更具美感,但根据大多数人的认读习惯,在国内一般还是使用简体中文为佳。

茶席名称:每一席茶席都有特定的名称,而之所以取这样的名字,必定有特别的寓意,也就是所想要表达的主题。在书写用纸的头条中间位置书写标题,字号可稍大。

主题阐述:或称"设计理念",正文开始时以简短的文字,将茶席设计的主题思想表达清楚。为什么会选择这样一个主题,有什么特别的寄托或寓意,用简练优美的文字加以阐述。

茶席结构说明:这是茶席设计文案的主体,选用何种茶品(包括茶点),选用何种茶具,茶具的择配及其摆放位置和形式,环境及背景的营造,选用哪些配饰,背景音乐等,通过简洁的文字描述,将茶席的构成元素及摆放方案阐述清楚,希望达到怎样的效果等。

结构中各因素的创意说明:对结构中各器物选择,制作的用意表达清楚,不要求面面俱到,对特别用意之物可作突出说明。这一部分是对"茶席构成"部分文字说明的延展和深化。

如果说"茶席构成"部分的文字描述更多局限于"技术"层面的表述,那么在"创意说明"部分则可以将一些创意亮点以更多的主观角度加以阐发升华。

结构图示:以线条画勾勒出铺垫上各器物的摆放位置,如条件允许,可画透视图,也可使用实景照片。

动态演示程序介绍(解说词):有两种含义,一种是普通的茶席说明,即每一席茶席在设计完成与观众见面时,都有一个言简意赅的创作说明,类似作者创作手记。将上述几个要点以简明的文字加以描述,帮助观众理解茶席的设计理念。

另一种含义的解说词则是茶席设计完毕,需要加入动态演示时,解说人的台词脚本,就是将用什么茶、为什么用这种茶、冲泡过程各阶段(部分)的称谓、内容用意说明清楚。

人员分工:这是针对集体创作的茶席作品的特殊要求,各司其职,或主创意,或主表演,或主摆设,或主物料,井井有条,通过集体之力,完成一件完美的作品;若是单人创作的茶席作品则无此要求。

奉茶礼仪语:奉茶给宾客时所使用的礼仪语言。

结束语:全文总结性的文字内容,可包括个人的愿望。

作者署名:在正文结束后的尾行右下方署上设计者的姓名及文案表述的时间。

文案字数:将全文的字数(图以所占篇幅换算为文字字数)作一统计,然后记录在尾行左下方处,茶席设计文案表述(含图所占篇幅)一般控制在1000~2000字。

三、茶席文案鉴赏

1. 题目:枯木春

阐述:春回大地,万物复苏。自古以来,春就被人们赋予了无穷的意象,或吟唱,或伤怀,或遐想……不知何时枯干的树木,今年早春里重新绽出的嫩芽,充满了无限生机,令人思绪万千。

设计者:罗梓峻。

图 8-1　枯　木　春

2. 题目：曲径通幽·竹韵

阐述：曲径通幽处，禅房花木深。看着翠竹挺拔凌云的身姿，听着穿过竹丛、滑过竹叶的风声，呼吸着经竹丛过滤的清新空气。在幽静的小舍，沏一壶清茶，会几个好友，浅谈岁月静好。一壶光阴煮沉浮，沉浮间一林竹挺，幽美邈远的意境顿显眼前。竹子虚怀若谷的品格和那坚韧不拔的意志，如杯底沉淀的人生底蕴，透着陈年与旧往回甘的茶香韵味，沁入心底。浮生若茶，煮一壶寂静如竹。

设计者：李灿香、朱焜钰。

图 8-2　曲径通幽·竹韵

3. 题目：烟雨成烟

阐述：炎炎夏日，缓缓提壶泡一杯茶，茶香四溢。那时看着茶杯中静静的茶叶，吁吁向上的热气恍惚看到你的样子，细嗅浓郁的茶香，弥漫在我的身旁。古人说："惟日长人暇，心静手亲，幽兴忽来，开炉热火，徐挥羽扇，缓听瓶笙，此茶必佳。"要泡一杯好茶，必先择器、择茶、择水，讲究煎法、饮法。茶、器、水、火、烹、饮，讲究精辟，缺一不可。生活就犹如一盏茶般朴素。

设计者:王后巧。

图8-3 烟雨成烟

4. 题目:古道热肠

阐述:中国是个有文化的大国,茶之发于神农,历史悠久。红茶之温暖人心,敬之于茶,表之于礼。用恭敬之心看待事理,用敬畏之心看待自然,随理随人,真诚接纳。海内存知己,天涯若比邻,这一盏茶代表了我的情谊,醇醇的蜜香代表我淳朴深厚的情感。我在这里等你,这香蜜沉沉,属于你,属于我。

设计者:高治江。

图8-4 古道热肠

5. 题目:春去人依旧

阐述:人生总有一些刻骨铭心的约定,总有一些难以忘怀、依依不舍的挚友。或遗落在某一渡口,或消失在某段站台,或模糊在某页书籍。岁月洗礼而后,一一封存,装帧成册,遗忘的森林,层出不穷的景致,黯淡了记忆的门窗。当又一次轻扣,忽而想起那年夏天的故事。挚友来到茶厂,手心捧着的茶叶,茶叶清清,茶香浓浓,相处的日子,光阴开成了一朵思念的花,那妖,那艳。终难忘,年少时光,没有离别,没有伤痛,温暖如花,开满整个夏天。还记得那年的约定吗？愿春天离去后,蓦然回首,你依旧在夏天等我。

设计者:寸德馨。

图8-5 春去人依旧

6. 题目:抱朴守拙

阐述:人生在世,总不过时间的洗礼,岁月的迁徙,一眨眼,已是倏忽经年,而有多少人,守得住曾经的那一份质朴,那一份纯真。《菜根谭》里曾说"涉世浅,点染亦浅,历事深,机械亦深,故君子与其练达,不若朴鲁,与其曲谨,不若疏狂。"人的一生总是执着的太多,守住的却很少;活的累赘太多,轻松的却很少。如若时光荏苒,百折后却依旧初心不改,是否能避免世间圆滑事?是否能如老子《道德经》中一般抱朴守拙?又是否能人心似茶性,时时叶落水,时时是真味?

设计者:俞所。

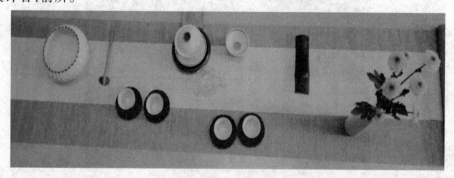

图8-6 抱朴守拙

7. 题目:一卷诗书半盏茶

阐述:春雨落,遥看,细雨朦胧;夏风起,启窗,清风徐来;秋月明,且坐,对饮邀月;冬雪飘,踏径,雪花纷飞。一捧香茗,一卷诗书;看落叶飘零,听雨敲窗棂。岁月沉淀下来的点滴美好,都在那半盏茶、那卷诗书里。袅袅茶香给唐诗宋词添了韵味,也给春花秋月增了馨香。携一卷诗书入世,享几多闲逸出尘,用半盏茶的时光,在袅袅茶香中细细品味悠悠书韵。

设计者:盘海艳。

图8-7　一卷诗书半盏茶

8. 题目:学其所成念吾师

阐述:"春蚕到死丝方尽,蜡炬成灰泪始干。"老师,您的初心永不更改,您的关爱温暖寒冬;您的两鬓一天天斑白,您的学子遍布四方。燃烧,日夜不停地燃烧,您为我们献出了所有的光与热!今日,请让学生为您泡一杯茶,感谢您"谆谆如父语,殷殷似友亲"的关怀。

设计者:刘文静。

图8-8　学其所成念吾师

9. 题目:所谓伊人,在水一方

阐述:"兼葭苍苍,白露为霜。所谓伊人,在水一方。"爱情这个词,被无数人说过千万遍,它古朴亦清雅,深情亦疏淡。可任何时候,它都是那么美丽,那么恰到好处。茶之美,美得让人心碎,我卷曲身骨,却内蕴了一腔芳华,只愿做最懂你的茶。伊人在水,青茶在盏。静煮一壶,地久天长。

设计者:任玲。

图8-9　所谓伊人,在水一方

10. 题目:善之乐——情暖人心

阐述:巍巍青山不是人性冷漠的高原,点滴关爱的雨露滋润林间嫩芽,永葆青葱一片;瑟瑟荒原不是人心干枯的沙漠,点滴责任的雨露,浸湿沙间枯草,永续弱水三千。他们,缺少关心和爱护,内心孤寂凄冷;缺少陪伴和关怀,内心孤独脆弱;缺少理解和保护,内心孤僻自卑,缺乏安全感。没错,他们就是孤儿。红茶,寓意着关心和爱护,为孤儿冲泡一杯红茶,给予他们温暖,用温暖治愈心灵的创伤。尽绵薄之力,为那被人所遗忘的角落点燃一丝希望的光芒,留守一份真情,奉献一片爱心,呵护孤独的心。

设计者:杨梦。

图8-10　善之乐——情暖人心

11. 题目:桃

阐述:桃之夭夭,灼灼其华。阳春三月,风似乎都暖了,"溪上桃花无数,枝上有黄鹂,我欲穿花寻路,直入白云深处",步入桃林,入眼的是一片霞光映照,那树树态优美、枝干扶疏,那花花朵丰腴、色彩艳丽,恍惚间似神游于太虚之境,那些桃花就像美人,含羞带嗔、一颦一笑间极具风情。漫步于这桃林,仿佛来到了一个桃花掩映的神仙境界,遇到眉眼含笑、身姿窈窕的美人。

设计者:潘玉凤。

图 8-11 桃

12. 题目:茶弈会友

阐述:品茗之用,其胜无穷,可以清心悦神、畅怀舒啸;可以远避睡魔、助情热意;可以遣寂除烦、佐欢解渴。茶能解生理之渴,而棋能解精神之渴,无茶口渴难耐,无棋思念难忍,人曰:观棋不语真君子,谈笑风生饮茶人。品茗对弈,乐哉;友人品茗对弈,美哉。

设计者:武跃莉。

图 8-12 茶弈会友

13. 题目:浮生若茶·荷韵

阐述:浮生若茶,岁月如水,一壶光阴煮沉浮,半生花开,半世花落,一池寂静画水墨。日照也好,月色也罢,一场茶事,无非是拿起,放下。一池荷开,亦是开始别离。心素如简,始终如一,如茶不言,却默默释放。一池荷落,一切自然脱俗,幽美邈远的意境,一切生活与岁月的点滴,都缓缓沉淀,却仍然怀着一颗明净若秋水天长的莲子心。如杯底沉淀的人生底蕴,透着陈年与旧往回甘的茶香韵味,沁入心底。浮生若茶,煮一壶寂静如荷。

　　设计者:赵志洁。

图 8-13　浮生若茶·荷韵

思考题

1. 哪些茶文化典籍中谈到了茶席?
2. 如何从历代茶画中欣赏与理解茶席?
3. 茶席由哪些要素组成?
4. 如何把握茶席的整体色彩?

第九章　普洱茶综合利用

第一节　普洱茶食品的制作

什么可以称为茶食?《大金国志·婚姻》给出了解释,它是我国古代最早出现"茶食"一词的历史文献。该书当中写道,财产观念对这种婚姻的影响作用不容忽视,酒是男方财产象征的一部分,是男方迎娶新娘的重要彩礼。虽然"茶食"这个称呼出现得比较晚,但事实上,茶食品的加工制作可以追溯到先秦时期,远远早于金朝。以前的人们通过实践创造了种类繁多的茶食品,使得茶食无论在内涵还是外表方面都取得了悠久的发展。

普洱茶食品具有绿色健康、纯天然的特点,在制作过程中除了添加其他可食用原料以外,还使用了普洱茶叶、普洱茶粉、普洱茶汁、普洱茶提取物或普洱茶天然活性成分等原料。普洱茶食品可以满足人们的保健需求,因为其能最大程度地利用普洱茶叶的营养成分,充分发挥普洱茶叶的保健功能,现已成为引领潮流的新型健康食品。

一、茶食品的历史与发展现状

1. 茶叶食用的历史

"茶食"一词首见于《大金国志·婚姻》,载有"婿纳币……次进蜜糕,人各一盘,曰茶食"。可见,茶食在中国人的心目中往往是一个泛指名称,既指掺茶作食作饮,又指用于佐茶的一切供馔食品,还可指用茶制作的食品等。在现代茶学界,"茶食"即茶食品,专指含茶的食品,是以茶、茶提取物等为原料,掺和其他可食原料加工而成的食品,如茶菜肴、茶粥饭、茶糕点、茶饮料等。

"茶食"与饮茶一样历史悠久、源远流长,我国云南基诺族至今仍保留着吃凉拌茶的习俗。茶叶被"食"用始于华夏祖先直接嚼食茶叶。"神农尝百草,日遇七十二毒,得茶而解之。"先秦时期以茶原汁原味的煮羹作食,这被称为茶食的原始阶段。《诗经》云:"采茶薪樗,食我农夫。"汉魏晋与南北朝时期是茶食的发育阶段,东汉壶居士写的《食忌》有"苦茶久食羽化,与韭同食,令人体重。"隋唐宋时期是茶食开始成熟阶段,唐代储光羲曾专门写过《吃茗粥作》;佛寺道观制作的茶叶饮料、茶叶菜肴等茶制食品颇多,风味独特,逐渐流传到民间;随着茶馆的繁荣,带动了茶食的盛行,各种"茶宴""茶会"进一步发展起来。元明清时期茶食达到兴盛。此时,皇家、民间有备受喜爱的茶食之作,如清代乾隆皇帝曾多次在杭州品尝名菜龙井虾仁,慈禧太后喜用樟茶鸭欢宴群臣等;许多有关茶菜、茶饮料方面的文献也相继出现,如元代忽思慧的《饮膳正要》中载有20多种茶饮药膳,明代松江人宋诩所著的《宋氏养生部》中论述了供撰茶果和茶菜达40种,清代袁枚的《随园食单》中也有关于茶菜的记载。进入现代社会后,随着科技的发展及人们对茶叶保健功能的认识逐渐加强,茶食品日趋丰富多彩,各种茶饮料、茶糕点、茶酒、茶糖果等食品如雨后春笋般涌现。

茶食的历史可谓是传承并延伸了古代的吃茶。纵观全局,可将其发展史划分成下列几个时期:

(1)先秦原始阶段,主要饮用原汁原味煮制的茶茗。

(2)汉晋南北朝发育阶段,主要饮用添加佐料煮制的茶茗。

(3)隋朝至宋代成熟阶段,主要食用茶调味品,制作茶风味品。

(4)元朝直至清朝兴盛阶段,主要使用茶调味品,制作茶风味品。

(5)现代黄金阶段,主要追求丰富复杂化,融合艺术气息,讲究科学的茶食与茗宴。

2. 茶食品的现状

与普通食品相比,茶食品是一种创新食品。茶食品可以将茶叶营养保健的能效充分发挥出来,还能够给食品带来茶香味,制作出纯天然无污染的新食品。不仅如此,研制茶食品还有效解决了目前我国中低档茶叶因香气、口感不尽人意而滞销的问题,尤其是随着采用超微粉碎技术将中低档茶叶制成超微茶粉添加到食品中,导致茶食品行业迅速蓬勃发展起来,也给滞销的中低档茶叶找到了出路。

茶食品早就已经变成国际上的畅销食品,流传于日本与欧美等地。除此之外,现如今台湾茶食品也一举成为本地居民日常消耗的一种食品。针对我国内地市场情况,除茶饮料外,茶食品在2010年还不为人们所知,有些茶叶商贩与企业的茶食品往往是为搭配饮用茶水所需而售卖。那时至今日,人们逐渐深入了解到深加工茶叶技术,宣传推广茶食,茶食品逐步在国内市场中开拓出自己的一番天地,愈来愈多的公司开始把目光聚焦于茶食品的生产销售系统上,如天福、八马、华祥苑、山国饮艺、安溪铁观音集团、中闽魏氏、元泰茶业等都上新了很多种类的茶类食品。根据有关数据显示,我国现如今已经有500余家茶食品企业。在这诸多的茶食品企业中,"领头羊"是福建的天福茶食品。

茶食品是一种将茶元素与食品进行有机结合的食品。目前市场上主要以饮料类、茶膳类、蜜饯类、糕点类和糖果类等为主。茶食品领域的飞跃性发展,让多个品牌、多种茶食品融于大众,比方说茶果冻,茶蜜饯,茶瓜子等。从最开始的"喝茶"到现如今的"吃茶",茶食品让人们对茶的消费更为健康方便,逐步由茶叶配角发展为可自成一家的主角。

与一般食品作对比,茶食品价格昂贵,但这并没有对消费者的消费产生消极作用。茶食品凭借其营养、保健、独有的特征,已占领了食品市场的大半份额,尤其在川、徽、闽等地,这几年间,茶食品一直销量领先,并已逐渐发展成为高端性食品。类型丰富、风味不一、品种齐全的茶食品充盈着食品市场,茶食品俨然已成为食品消费市场的新宠。

3. 茶食品的发展趋势

根据茶叶的营养与药效而制的含茶食品,即为茶食品。茶食品不仅是茶叶深加工发展的一个重要方向,它充分利用了茶叶资源,有效解决了中低档茶的销路;同时,茶品还有效改善了食品营养保健功能,满足人们追求保健营养丰富、低热量、方便快捷等饮食需要。随着超微茶粉的兴起,超微茶粉作为一种特色产品广泛用作各类食品的配料、添加剂或天然着色剂,开发了系列新型营养健康茶食品,推动了茶食品的迅速良性发展。

随着现代人生活节奏的加快与养生意识的增强,具有自然、健康、便捷等特点的茶食品必将成为引领世界潮流的健康食品。不过,茶食品行业在发展过程中要注意针对不同的消费群体,加强产品研发,在原有基础上积极开发多元化茶食品,着重指出营养功能效用,表明茶在含茶类食品中独特的营养保健功能。食品种类得以增加的同时,还要提高茶食品的加工技术,加大茶食品的宣传力度,开拓销售茶食品的渠道,进一步完善其流通系统,促进茶食品行业的发展。

二、茶叶在食品中的添加形式

1. 以原茶形式直接添加于食品

将茶叶以原茶形式直接添加于食品中的主要是茶膳,包括现在比较风行的茶菜类和茶食类,如猴魁焖饭、龙井虾仁、鸡丝碧螺春、祁红东坡肉等。

2. 以茶汁或茶粉形式添加于食品

茶叶在食品上的应用大多是以茶汁或茶粉的形式添加的,如各式茶饮料、茶糕点、茶面条等。随着超微茶粉的出现,因其具有很好的固香性、分散性、溶解性及营养保健成分易被人体吸收,作为一种优质食品原料,超微茶粉在食品工业上的应用得到了迅速发展,已广泛用于各种饮料、焙烤食品、冷饮制品、巧克力及糖果等食品。

3. 单一组分添加于食品

目前,茶叶所含的能添加于食品的单一组分主要是茶多酚和茶氨酸。1995年7月,我国召开了11届全国添加剂标准化技术委员会。此次会议中将茶多酚纳入食品添加剂的行列,在食品工业中作为抗氧化剂使用;2016年11月17日,国家卫计委根据《食品安全法》规定,扩大了茶多酚作为食品添加剂的食用范围,在原有允许用于基本不含水的脂肪和油、油炸面制品、即食谷物、方便米面制品、糕点、酱卤肉制品类、发酵肉制品类、预制水产品、复合调味料、植物蛋白饮料等食品类别的基础上,其使用范围扩大到果酱和水果调味糖浆。

因为茶多酚特殊、新鲜、清爽的味道,日本政府在1964年批准其成为食品添加剂。直至1985年,美国食品药品管理局鉴定了茶氨酸的安全性,并确认合成茶氨酸属于一般公认安全(GRAS)的物质,在使用过程中不作限制用量的规定。按照《新食品原料安全性审查管理办法》与《中华人民共和国食品安全法》的相关规则,2014年7月中旬,我国国家卫计委颁发了有关茶叶茶氨酸准入新食品原料行列等的通告(2014年第15号),

但使用范围不包括婴幼儿食品。将茶氨酸添加于食品中,在国外特别是日本用得较多,如日本麒麟公司将茶氨酸作为品质改良剂加入到其"生茶"饮料中,将茶氨酸作为风味改良剂添加到可可饮料、麦茶等产品中,改善产品独特的苦味或辣味等风味。

三、茶食品的分类

茶食品主要是利用茶叶的营养与功效成分加工而成的含茶食品。茶食品的分类方法很多,根据茶叶加入到食品中的方法不同,可将茶食品分为原茶型食品、茶汁型食品、茶粉型食品、茶成分型食品。按照食品分类系统,市面上常见的茶食品主要可分为以下几类:

1. 茶饮料类

茶饮料类是指一类以茶叶为主要原料加工而成的不含酒精或酒精含量小于0.5%的新型饮料,如速溶茶、罐装茶等。

2. 茶粮食制品

茶粮食制品是指各种以茶、米、面粉等为主要原料制成的食品,如茶饭、茶馒头、茶面条、茶饺子等。

3. 茶冷冻饮品

茶冷冻饮品是指以茶叶、饮用水、乳品、糖等为主要原料,加入适量食品添加剂经配料杀菌凝冻而制成的冷冻固态饮品,如茶冰淇淋、茶雪糕、茶冰棒等。

4. 茶酒

茶酒是指各种以茶叶为主要原料酿制或配制而成的酒类,如信阳毛尖茶酒、陆羽茶酒等。

5. 茶乳制品

茶乳制品是指各种以茶、牛羊奶等为主要原料加工制成的食品,如奶茶、茶酸奶等。

6. 茶焙烤食品

茶烘烤食品即基于小麦与茶等谷物粉状拌料,经由发面与高温烘焙等工艺而制成的食品,又名为烘烤食品,如茶饼干、茶面包、茶蛋糕等。

7. 茶水果、蔬菜、豆类、坚果及籽类等

此类食品如茶蜜饯、茶菜、抹茶豆腐、茶瓜子等。

8. 茶巧克力及糖果

茶巧克力及糖果是指以茶、可可豆制品及白砂糖、麦芽糖等为主要原料制成的一类食品,如茶巧克力、茶糖果等。

9. 茶调味品

茶调味品是指茶醋、抹茶酱等产品。

10. 茶保健食品

茶保健食品主要指茶爽口香糖、抹茶含片等。

11. 其他

茶还可用于加工各种肉及其制品、蛋及蛋制品、水产品等,如茶叶火腿、茶叶皮蛋等。

四、产品介绍

1. 普洱茶蛋黄酥

首先需要明确一点,目前,我国正处于茶叶茶能过剩的时期,将茶叶与产品加工相融合,不仅能够加快中低端茶叶的消耗速度,还可以通过产品创新的方式,将普洱茶具有的知名度、关注度进行提高。在蛋黄酥中加入普洱茶,一方面代表了传统点心的发展与创新,另一方面推动了美味和保健的有机结合。首先,需要认识到现如今我国茶叶过剩的现状,融合茶叶与产品加工,可以加速消耗中低端茶叶,还能创新产品,进一步提升普洱茶的关注度与知名度。把普洱茶融入蛋黄酥,不但表明了传统点心在创新发展,而且还促进了美味与保健融于一体的食品发展。

(1)材料。普洱熟茶粉、蛋黄液、红豆沙、咸蛋黄、芝麻、自发粉、纯净水、烘烤用糖、动物黄油。

(2)加工工艺。

①水油皮:充分均匀搅拌糖、自发粉、普洱熟茶粉与纯净水后,再添加一定量的动物黄油拌匀。

②油酥:均匀搅拌自发粉,普洱熟茶粉与动物淡黄油。

③内馅:咸蛋黄表层适量洒落较高浓度的白酒,加热到180℃,八分熟时和动物淡黄油一起搅拌,才能在中间放入红豆沙。

④酥皮:把油酥包裹在水油皮里,擀至适量长度再卷起来,多次进行该动作后,再用酥皮包裹住内馅。

⑤涂刷蛋液:把蛋黄液涂刷在蛋黄酥表层上,十分钟后再进行二次涂刷。

⑥点缀芝麻:把芝麻撒在蛋黄酥蛋液上,把定型的普洱茶蛋黄酥放入160～170℃火温的烤箱内烘焙。

(3)品质特点。微弱苦味与蛋黄酥的甜腻味道中和,"甜而不腻"。

2. 普洱茶风味酸乳

普洱茶风味乳酸的加工工艺。

(1)材料。普洱茶、白砂糖、生牛奶、明胶、牛奶浓缩蛋白粉、直投式发酵剂Y450B、红茶香精、乙酰化双淀粉己二酸酯、琼脂。

(2)加工工艺。

①把发酵剂放入生牛乳中发酵。

②把五分之一的生牛乳加温到85～90℃,预热后牛乳浸泡普洱茶,待二三十分钟后,用400目振动筛过滤祛除茶叶渣滓,得到无渣版普洱茶汁。

③将45～48℃下的五分之一生牛乳用于分解牛奶浓缩蛋白粉与乙酰化双淀粉己二酸酯,再用三成75～78℃下的原料生牛乳,经由15～20分钟的搅拌,溶化琼脂、白砂糖与明胶,再混合定容。

④预热定容物体,均质处理于60～65℃条件下。

⑤把均质处理物体放在94～96℃的环境下进行为时6分钟的乳酸杀菌。

⑥严格控制环境无菌,才可以进行发酵剂的接种,此时的温度需控制在41～43℃之间,过后缓慢搅拌10～15分钟,在同温度下保温发酵均匀溶解后的发酵剂。

⑦一旦满足72～75°T的酸度,pH4.4～4.5的条件,发酵即刻停止,快速搅拌破乳,用5分钟时间快速搅拌加入香精的混合物,在管道平滑器的帮助下将温度降低到22～24℃,才能进行灌装。

⑧灌装而成的酸奶在4～8℃下静置12～18小时会恢复黏度,调节香气过后即可食用。

(3)品质特点。光泽度明显,有普洱茶的味道且味道浓郁,没有散发出其他怪味,组织表现出细腻凝合的乳状,无乳清析出现象。

3. 普洱茶果冻

普洱茶果冻的加工工艺。

(1)材料。茶水比1:30、琼脂1.0%、卡拉胶0.05%、柠檬酸 0.05%、白砂糖15%、食盐0.05%、蜂蜜1.5%。

(2)加工工艺流程(图9-1)。

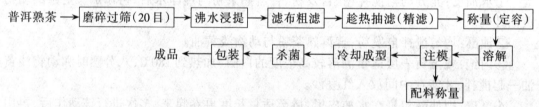

图9-1　普洱茶果冻的加工工艺流程

(3)品质特点。色泽均匀透亮,呈琥珀色,具有普洱茶特有的茶味,口感细腻,酸味、甜味适中,无苦涩味,表面光滑,柔软适中,有弹性,细腻均匀。

4. 普洱茶玫瑰花果冻

普洱茶玫瑰花果冻的加工工艺。

(1)材料。1:4的普洱茶玫瑰花配比、11毫克/毫升的普洱茶玫瑰花汁的浓度,0.3克、16克、0.9克的高透明果冻粉。

(2)加工工艺流程(图9-2)。

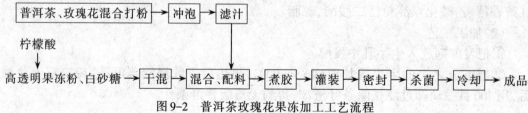

图9-2　普洱茶玫瑰花果冻加工工艺流程

（3）品质特点。色泽鲜亮，表面光滑，具有普洱茶、玫瑰花特有的香味，口感细腻，富有弹性和韧性，酸甜可口。

5. 普洱茶乳饼

普洱茶乳饼的加工工艺。

（1）材料。适量普洱茶、牛（羊）奶。

（2）加工工艺流程（图9-3）。

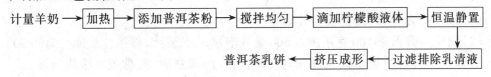

图9-3　普洱茶乳饼的加工工艺流程

（3）品质特点。具有浓郁的奶香味和良好的咀嚼性。

6. 普洱茶酸角果糕

普洱茶酸角果糕的加工工艺。

（1）材料。酸角汁与普洱茶汤比例1∶1（质量比），蔗糖21%，麦芽糖浆4%，柠檬酸0.3%，琼脂0.9%，果胶0.1%，卡拉胶0.1%。

（2）加工工艺流程（图9-4）。

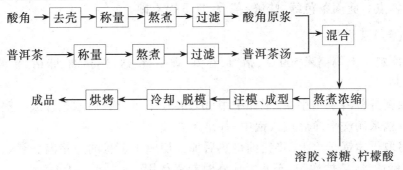

图9-4　普洱茶酸角果粒加工工艺流程

（3）品质特点。表面光滑细腻、不流糖，软硬适中，富有弹性，不粘牙，具有酸角和普洱茶特有的香气，香味浓厚，酸甜适口。

7. 普洱茶汁荞饼

（1）材料。荞面粉200克、蜂蜜50克、普洱茶汁、白糖、熟猪油各适量。

（2）加工工艺。

①面粉用普洱茶汁、白糖调和，搓揉上劲，放在案板上醒30分钟；下小剂，擀圆形。

②锅置火上，放油，把饼放入，两面炕黄。

③取蒸笼一个，放入荞面饼，大火蒸5分钟即可，带蜂蜜上桌。

（3）品质特点。色泽棕褐，古朴自然，健康美味。

8. 普洱抹茶包子

(1)原料。普洱茶抹茶、面粉及各种辅料。

(2)制法。将面粉与抹茶按比例用水和匀发酵,按一般包子备用包馅。待发酵成熟后,按常规操作进行造型,然后入笼蒸熟,即可食用。

(3)特点。普洱抹茶包子外观碧绿、清香扑鼻,色、香、味俱佳。

9. 茶馒头

(1)原料。普洱茶、面粉及各种辅料。

(2)制法。普洱茶100克用沸水500毫升泡制成浓茶汁,将茶汁放凉至20~30℃;将面粉、酵母、茶汁及适量水按比例和匀发酵;待发酵成熟后,按常规方法蒸制馒头。

10. 普洱茶面条

(1)原料。普洱茶、面粉以及各种辅料。

(2)制法。

制法一:取过200目筛网的茶粉,按1∶50与面粉和匀后,按常规制作面条工序制作面条。

制法二:取上等茶叶100克(推荐以普洱茶为主),加沸水500~600毫升泡成浓茶汁;以此茶汁和面,按常规制作面条工序制作面条。

(3)特点。此面条色绿、味鲜、茶香,且下锅不糊。

11. 普洱茶焖饭

(1)原料。上等糯米500克、猪肉、春笋、香菇、精盐、熟猪油、味精、普洱茶等。

(2)制法。

①取新鲜普洱茶一小撮,于杯中用80℃水泡开,5分钟后取茶汁放入锅中。

②将糯米淘洗干净后放入锅中,补足水煮饭。

③另取干净锅于火上,将猪油烧热后加入切成小丁状的瘦猪肉、春笋、香菇,再加入精盐、味精适量,翻炒均匀,至八九成熟时起锅待用。

④待饭烧至刚熟时,把炒好的三丁、普洱茶茶叶倒入锅中,与米饭一起翻炒均匀,再加盖焖5分钟即可。

(3)特点。本品系选用云南名茶"普洱茶生茶"制成。此茶香高持久,味浓鲜醇,回味甘美,品质超群。用它制作茶饭茶香弥室,沁心入脾,脍炙人口,美不胜收。素有"普洱茶入饭,美味佳肴,别具风情,引人入胜"之说。

12. 普洱茶粥

(1)原料。上等普洱茶10克、上等糯米50克、白糖适量。

(2)制法。将普洱茶先煮成100毫升去渣的浓茶汁,将糯米淘洗干净后,加入茶汁、白糖、400毫升左右的清水,用文火熬成稠粥。

(3)特点。该茶粥茶香显著,具有化痰消食、利尿消肿、益气提神等功效。常用不仅充饥解饿,对肠胃炎、慢性痢疾、肠炎等也有一定效果。《保生集要》有"茗粥,化痰消食,浓煎入粥"的记载。

13. 普洱茶香芋酥

（1）材料。茶汁150克、黄油500克、香芋馅500克、富强粉450克、净鸡蛋液50克、鸡蛋1个、白糖15克。

（2）加工工艺。

①皮面：筛出三分之二的富强粉，置于案板上，中间开窝，放入搅拌均匀的鸡蛋液、糖与茶汁，揉搓至表面光滑，放置盘上，表层加盖潮湿棉布，放在冰箱中以备使用。

②心面：筛出剩余的富强粉，和黄油一起放在案板上，酥锤捶打直到黄油表面色泽一致，放在盘上送入冰箱。

③把皮面擀至长方形，心面擀至面皮半大长条状，置于皮面上包裹严实，擀成长型条装面折叠三层放到冷冻层，长方形面片置于冰箱冷冻至一定硬度，再四折成薄片，上层覆盖潮湿棉布放入冰箱冻硬，以供使用。

④拿出冰箱里的酥片，下剂，压平，包入香芋馅，放在烤盘中。

⑤将烤炉烧至180～200℃，放入烤盘，一刻钟后取出，待凉透后放置于盘子上。

（3）品质特点。造型小巧，皮层酥脆，香芋糯甜。

14. 普洱茶粉蛋糕

（1）材料。低筋面粉200克、牛奶150克、普洱茶粉15克、鸡蛋5个、糖粉150克、蛋白粉80克、蛋糕油30克、香兰素1克。

（2）制作工艺。

①将鸡蛋调打开，下糖粉、蛋白粉、香兰素、牛奶、蛋糕油调化。

②将面粉与茶粉拌和过箩筛，与蛋汁轻轻拌和。

③将面糊倒入模型，烤箱预热180℃，烘烤20分钟，关掉上火继续烘烤30分钟取出放凉即可上桌。

（3）品质特点。色泽棕红，蛋糕松软，茶香味醇。

15. 普洱茶奶油饼干

（1）原料组成。面粉50%、油脂15%、白砂糖18%、鸡蛋12%、奶粉3%、鲜红茶汁、水等。

（2）工艺流程（图9-5）。

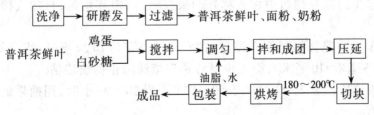

图9-5　普洱茶奶油饼干加工工艺流程

（3）产品特性。按此工艺加工而成的普洱茶奶油饼干茶香味突出，色泽鲜艳，松脆可口，具有普洱茶和奶油饼干的复合香气和美味。

16. 普洱茶软糖

（1）原料组成。

配方Ⅰ：卡拉胶18克,山梨糖醇360克,麦芽糖醇600克,异麦芽低聚糖240克,普洱茶25克,水900毫升,茶多酚0.10克。

配方Ⅱ：果胶8.5克,异麦芽低聚糖100克,柠檬酸钠6.5克,山梨糖醇150克,麦芽糖醇150克,水170毫升。

配方Ⅲ：柠檬1个。

（2）工艺流程（图9-6）。

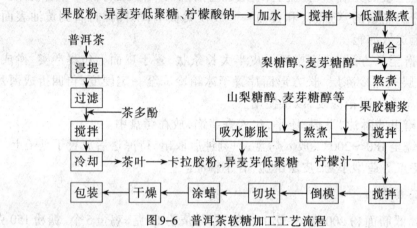

图9-6 普洱茶软糖加工工艺流程

（3）操作要点。

①茶汁的浸提。选用香气浓郁的普洱茶置于不锈钢锅内,加入100℃沸水盖上锅盖泡6分钟,筛网过滤茶叶,撒入茶多酚搅拌,冷却到常温后即可使用。

②制作果胶糖浆。按照配方Ⅱ将柠檬酸钠、异麦芽低聚糖与果胶粉按比例混合,缓速添入170毫升水,搅拌让果胶粉分散均匀。低温熬制果胶,搅拌至沸腾状态,1～2分钟后停止,全面混合柠檬酸钠、异麦芽低聚糖与果胶的溶解物,再添入山梨糖醇、麦芽糖醇,继续熬煮至温度为108～109℃,称取60克果胶糖浆待用。

③熬糖。将配方Ⅰ里的些许异麦芽低聚糖与卡拉胶粉充分混合,将冷却茶叶汁水倒入,使其膨胀;再添加剩下的异麦芽低聚糖、麦芽糖醇与山梨糖醇,熬制成68%混合液即可,停止加热。

④向操作③的混合物料中加入称好的果胶糖浆,搅拌均匀,再加入榨好的柠檬汁,搅拌均匀。

⑤将操作④的混合物料倒入模盘,在室温状态下冷却24小时;将冷却后的糖胚切块（30毫米×15毫米×10毫米）,涂上少量液状石蜡油防止糖块沾粘。

⑥将糖块放置模盘上,送烘房于50～55℃干燥30～36小时,用糖果纸将糖块包裹,即为保健茶糖。

该软糖加工以柠檬汁与普洱茶复配,使糖果的香味得到很好的提升;以功能性甜味剂替代传统蔗糖,引入普洱茶提取液和柠檬汁,使该软糖具有较好的保健功能。

17. 普洱茶硬糖

一种普洱茶硬糖的加工工艺如下：

（1）原料组成。普洱茶20克、白砂糖100克、淀粉糖浆50克、奶粉15克、奶油4克、普洱茶香精30毫升等。

（2）工艺流程（图9-7）。

图9-7　普洱茶硬糖加工工艺流程

（3）操作要点。茶叶以100℃沸水抽提3～5分钟,过滤,适度真空浓缩;向按原料组成配好的白砂糖、淀粉糖浆等中注入三成左右的水加热,用定量泵把融化而成的混合液和浓茶汁一同抽到真空熬锅汤内混合均匀。在真空气压86.66千帕的条件下熬煮3～5分钟,即可关火,稍微冷却后加入其他辅料,保温在80～90℃进行拉条成型,成型后降至室温进行包装。

18. 普洱茶奶糖

一种普洱茶奶糖的加工工艺如下:

（1）原料组成。茶4%（干茶对成品糖重）、白砂糖90克、饴糖130克、起酥油7.5克、奶油7.5克、炼乳10克、奶粉10克、单甘酯0.6克、食盐0.8克、方登10克、明胶6克、香兰素0.2克、LJ4818 0.2克、LJ1811 0.4克。

（2）工艺流程（图9-8）。

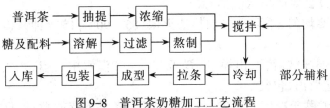

图9-8　普洱茶奶糖加工工艺流程

（3）操作要点。茶叶以100℃沸水抽提3～5分钟,过滤,适度真空浓缩;在普洱茶奶糖制作中,首先用部分水将砂糖和葡萄糖加热融化,然后采用约4.5千克/平方米蒸汽进行熬制糖膏,直至温度升至120℃。用搅拌锅搅拌糖膏、普洱茶浓缩汁与起泡剂,刚搅拌应当保持高速,四五分钟后糖膏透明就可停止搅拌。放凉,塑型,最后再包装。

19. 普洱茶口香糖

李维杰等（2009）介绍了一种普洱茶风味口香糖的加工工艺。

（1）工艺流程（图9-9）。

图9-9　普洱茶口香糖加工工艺流程

（2）操作要点。

①普洱茶风味物质的浸提。优质普洱茶用去离子水浸提，浸提温度85℃，浸提时间20分钟，茶与水质量比1:65。

②普洱茶茶汁的浓缩。向茶汁中加入β-环糊精至含量为3.0%，搅拌均匀后用旋转蒸发仪在55℃、0.08兆帕真空度下浓缩至原体积的5%左右。

③普洱茶茶粉的生产。加3倍原茶叶质量的白砂糖于浓缩后的普洱茶茶汁中搅拌溶解，在55℃、0.09兆帕真空度下对普洱茶进行真空干燥7小时，用固体粉碎机粉碎至粉末，过100目筛。

④普洱茶口香糖的制作。取胶基300克，放入60℃恒温水浴锅中软化0.5小时。取砂糖300克、木糖醇300克、普洱茶干粉50克，混合均匀，固体粉碎机粉碎，过100目筛，作为配料粉待用。将软化的胶基和一半的配料粉末放入捏合机混合捏合0.5小时，加入另一半配料粉末，同时加入甘油3毫升，继续捏合至颜色均一，即为毛坯。将毛坯置于室温下冷却至35℃左右，压制成条带形。继续冷却至室温，修整成一定形状，用蜡纸包装。

按此工艺生产的普洱茶风味口香糖色泽为棕红色，且均匀一致，具有普洱茶特有的发酵气息，香气持久。入口微凉，回味带甜，口味纯正，无异味，形态完整，有韧性。

20. 一种普洱茶奶油蛋糕的加工

（1）原料组成。炼乳11～12千克、白砂糖15千克、食用明胶1千克、精制淀粉1.5千克、净化水100千克、普洱茶鲜汁适量。

（2）制作要点。

①所用工具设备要严格清洗消毒。

②原料搅拌要均匀，采取间接加热法灭菌（85～90℃；15分钟），冷却，高压均质，冷却，冻结（-15℃）。

③待样品全部冻结后，取出模盘，置于15～40℃温水中烫盘，当雪糕表面融化并与模盘脱离时，迅速取出，包装。

④成品立即贮藏于冷库，在-22～-18℃的低温条件下存放数日，再投放市场。

21. 普洱茶冰淇淋

（1）工艺流程（图9-10）。

图9-10　普洱茶冰淇淋加工工艺流程

（2）操作要点。

①处理原料辅料：4克普洱茶以100毫升沸水煮2分钟，再浸泡10分钟后，过滤取茶汁备用；明胶、羧甲基纤维素、蔗糖脂肪酸酯预先用水溶解，便于均匀分布在原料中；奶油加热软化后使用。

②灭菌：采用巴氏灭菌法，灭菌温度70～77℃，灭菌时间20～30分钟。

③均质：压力保持在每厘米150～20千克，65～70℃。

④冷却：均质后的原料混合物温度降到2～4℃，为确保细菌快速繁衍。为了防止结

晶而对品质产生一定的影响,冷却温度必须在0℃以上。

⑤老化:把降温至2~4℃的原料混合物放在冷缸里,搅拌静置直至成熟,老化期间的温度把握在2~4℃,时间为8~24小时。

⑥凝固冻结:持续性凝固冻结搅拌混合原料,凝固冻结成冰晶的水分含量为45%~50%,凝冻后产品最终控制温度为-5~-4℃,如果温度过低,则灌注起来不方便。

⑦硬化:为维持冰淇淋形状,促使冰淇淋结晶期间具备一定的硬度,硬化后的冰淇淋必须要放置在-22℃以下、相对湿度85%~90%的冷库内。

(3)产品质量标准。按该方法制得的普洱茶冰淇淋色泽淡绿,清新自然;茶香与奶香融为一体,风味独特,口感清新,组织细腻嫩滑,口感绵软。

22.一种普洱茶汁冰棒的加工

(1)原料组成。

①普洱茶冰棒组成。白砂糖65%、淀粉18%、糖精0.08%、香精0.05%、奶粉3%、普洱茶生茶鲜汁2.3%。

②普洱茶冰棒组成。白砂糖75%、淀粉18%、糖精0.08% 、香精0.23%、奶粉5%、普洱茶熟茶鲜汁2.6%。

(2)加工工艺流程(图9-11)。

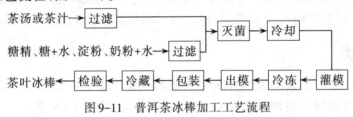

图9-11 普洱茶冰棒加工工艺流程

第二节 普洱茶茶膳

茶叶入膳,古已有之。《柴与茶博录》说:"茶叶可食,去苦味二三次,淘净,油盐酱醋调食。"古代医书《本草拾遗》记载,用茶水煮饭"久食令人瘦"。我国的传统茶菜"猴魁焖饭""龙井虾仁""鸡丝碧螺春""毛峰熏鸭"等更是闻名国内外。进入20世纪80年代,尤其是90年代至今,伴着茶文化与生产力的大力发展,茶膳开始融入人类社会,出现了许多新的茶食,如茶叶面条、茶叶馒头、茶叶饺子、茶叶盖浇饭、茶末海鲜汤等。

茶叶具有独特的色、香、味、形,用茶来料理美食,使茶与食物完美结合,为茶膳增香、调味、着色,使茶膳色泽鲜艳、茶香萦口、风味独特、增进食欲;同时,还能增加茶膳的营养、保健等功效。茶膳的代表产物有龙井竹荪汤、玉露凝雪、银针庆有余等北京特色;红茶凤爪、太极碧螺羹与碧罗腰果等上海特色;鲍鱼角、茉莉香片、武夷岩茶等香港特色;茶果冻、茶宴全席与乌龙茶烧鸡等台湾特色;茶沫紫菜汤与茶拌杂鱼等日本特色。这些茶食不仅风味新鲜独特,且具有一定的文化内涵,备受消费者的青睐。

一、茶膳制作原理

1. 增强茶膳的营养与保健功效

茶叶含有丰富的蛋白质、氨基酸、人体需要的多种维生素及矿质元素等营养成分和茶多酚、咖啡碱、膳食纤维等功能成分,将茶叶与膳食有机结合,既可增进食欲、解除饥饿、提供许多人体必需的营养,又能防治某些疾病和增强人体健康,具有营养与保健的双重功效。

2. 茶叶的色、香、味、形与茶膳的协调作用

茶叶含有多种芳香物质,特殊的芳香可增加茶膳的香味,诱人食欲;在茶膳中引入茶叶,茶叶特殊的滋味可使茶膳更加美味、可口;不同茶叶的色泽、形状与茶膳搭配,点缀茶膳,可增加茶膳的艺术性、观赏性,使茶膳更有美感、更加诱人。因此,在制作茶膳时,要考虑到茶叶的色泽与茶膳的有机结合,讲究茶叶香气、茶汤滋味与茶膳的协调,注意茶叶的形状与菜肴的搭配。总之,茶入膳食,既要保持食品原有的特色和营养价值,又要使其具有独特的茶味,真正起到良好的保健作用。

制作茶膳的茶叶原料主要是茶鲜叶与成品茶。以鲜叶为原料时,要考虑如何保持茶叶的绿色,如何使低沸点的青草气去掉,使茶叶的清香显露,增加茶膳的芳香。以成品茶为原料时,则要根据不同的菜式选用香味、色泽能较好协调的茶类,要显现茶的香味。

二、茶菜类

茶菜是指以茶叶或茶提取物作为主料或辅料烹制菜肴。以茶做菜自古有之,我国云南基诺族至今还保留着吃凉拌茶的习惯。现今以茶制作的茶菜肴已琳琅满目,如陈年普洱煮桂鱼、茶汁鱼糕、茶壶龙虾丸、佤族茶椒回锅鸡等。

1. 陈年普洱煮桂鱼

(1)材料。

①桂鱼一条700克、魔芋粉条150克、芦笋80克。

②精盐、葱姜汁、料酒、蘑菇精、鸡蛋清、淀粉、茶汁、高汤、食用油、芫荽各适量。

(2)烹制工艺。

①桂鱼洗净,取肉改刀为大片,用精盐、葱姜汁、料酒、蘑菇精腌10分钟,把鸡蛋清、淀粉调打后上浆;魔芋粉条水发后,用高汤泡养;芦笋改刀为段。

②锅置火上,放油,四成油温时,将鱼片放入划熟,捞出沥油,再把鱼头尾炸熟。

③取玻璃加温煲一个,放入茶汁、芦笋、粉条煮开,调味,将桂鱼摆放在上面,点缀后即可上桌。

(3)品质特点。造型美观,鱼片滑嫩,茶汤鲜美。

2. 茶汁鱼糕

(1)材料。

①青鱼肉200克、肥膘肉50克、蛋清2个。

②精盐、鸡精、葱姜汁、熟火腿粒各适量。

（2）烹制工艺。

①青鱼肉、肥膘肉捶成泥，加入蛋清、精盐、鸡精、葱姜汁、高汤调打为茸，加入火腿粒拌和。

②取模具将鱼泥塌入，刮平，分别做好，放到蒸笼中蒸熟取出。

③锅上火，注入高汤、茶汁，烧开，放入鱼糕、豌豆尖，淋上芝麻油即可装在汤碗中上桌。

（3）品质特点。茶汤清澈，鱼糕洁白，鲜嫩滑糯。

3. 普洱茶凉糕

（1）材料。琼脂150克、茶汁450克、冰糖100克、精盐1克。

（2）烹制工艺。

①琼脂用清水化开，取不锈钢锅一口，把茶汁煮沸，下冰糖、精盐熬化，倒入琼脂搅拌均匀。

②趁热倒入不锈钢盘子中，晾凉后，放入冰柜保存，食用时，改刀装盘。

（3）品质特点。冰凉爽滑，茶香暗闪，回味悠长。

4. 普洱茶烤羊腿

（1）材料。

①带皮嫩羊腿一只3000克、洋葱100克、西芹50克、胡萝卜50克、葱25克、25克、普洱茶汁200克。

②玫瑰酒、黑胡椒、孜然粉、精盐、葱油、芝麻油各适量。

（2）烹制工艺。

①洋葱、西芹、胡萝卜、葱姜洗净切碎，加入普洱茶汁、玫瑰酒、黑胡椒、孜然粉、精盐为卤汁，羊腿用竹签穿7～8个孔，放入卤汁中腌制3小时。

②把羊肉放入250℃的烤箱，带汁烤45分钟，烤制中分别三次翻身进行涮油，成熟时取出。

③装盘点缀，跟椒盐、辣酱味碟上桌。

（3）品质特点。色泽棕红，肉质细腻，香味浓郁。

5. 茶汁烟银雪鱼

（1）材料。

①银雪鱼500克、鲜嫩普洱茶20克、姜10克、红辣椒5克。

②生抽、芝麻油、生粉、精盐、鸡粉、高汤、食用油各适量。

（2）烹制工艺。

①银雪鱼去鳞、洗净，切成4厘米×3厘米×0.3厘米长方片，鲜嫩普洱茶洗净，用搅碎机打碎，加水过滤，用茶汁加入姜汁、生抽腌银雪鱼15分钟，取出用生粉逐一拍均匀。

②锅置火上，下油，烧至五成油温时，放入鱼片炸至外皮发硬，捞起。

③锅上火，放入红辣椒，加入雪鱼片、高汤、生抽调味，小火焗至茨收紧，撒红椒丝、麻油，翻匀装盘。

（3）品质特点。碧绿艳丽，脆香味美，有浓郁的茶香味。

6. 茶汁双珍

(1)材料。

①羊肚菌160克、鸡脯50克、鸡枞200克、火腿20克、青椒30克。

②茶汁、精盐、蘑菇精、食用油各适量。

(2)烹制工艺。

①羊肚菌水发好,清洗干净,扣入碗内,加高汤、茶汁蒸50分钟待用。鸡枞、鸡脯肉、火腿、青椒改刀切片。

②锅置火上,放油,把火腿、鸡枞、鸡脯肉、青椒煸炒,下精盐、蘑菇精调味,炒好与羊肚菌分别点缀装盘即可。

(3)品质特点。一菜两味,鲜香味美,且有养颜抗癌之功效。

7. 茶罐炖八珍

(1)材料。

①松茸100克、鸡枞100克、火腿丝50克、鸡脯肉150克、竹荪100克、鸡腿菇100克、芦笋80克、陈年普洱茶3克。

②精盐、蘑菇精、茶汁、高汤、芫荽各适量。

(2)烹制工艺。

①松茸、鸡枞、鸡腿菇洗净切丝,火腿丝过水,鸡脯肉煮熟切丝,竹荪水发改段,芦笋去老皮改段,陈年普洱茶泡茶汁200克。

②锅置火上,下高汤煮沸,加入茶汁调入精盐、蘑菇精。

③取10个小茶罐分别装进松茸、鸡枞、鸡腿菇、火腿丝、鸡脯肉、竹荪、芦笋,浇入茶汤,放在蒸箱里蒸3分钟,取出撒上芫荽即可上桌。

(3)品质特点。茶汤鲜美,营养丰富,茶罐古朴。

8. 老茶板栗鸡

(1)材料。

①山公鸡一只700克、鸡腰150克、板栗300克。

②精盐、葱姜汁、料酒、蘑菇精、草果、八角、茶汁、食用油各适量。

(2)烹制工艺。

①山公鸡宰杀清洗干净,改刀为坨,用精盐、葱姜汁、料酒、蘑菇精腌10分钟;板栗去壳。

②锅置火上,放油,六成油温时,将板栗放入炸黄,捞出滤油;然后下草果、八角炸香,将公鸡肉放入煸炒,调盐定味。

③取高压锅一口,放入鸡、板栗、鸡腰、茶汁,加盖焖20分钟,成熟时取出装盘加以点缀即可上桌。

(3)品质特点。香气扑鼻,爽口自然,乡村风味浓郁。

9. 茶壶龙虾丸

(1)材料。

①龙虾肉 250 克、肥膘肉 100 克、普洱茶 5 克。

②精盐、料酒、葱姜汁、胡椒、味精、蛋清各适量。

（2）烹制工艺。

①龙虾肉与肥膘肉放在猪肉皮上捶打成茸，放碗中加入精盐、料酒、葱姜汁、胡椒、味精、蛋清搅打上劲，做成丸子，放清水里慢慢加热成熟。

②普洱茶加水煮沸，捞出茶渣，放入茶壶内，调入淡盐，把龙虾丸捞出放入即可。

（3）品质特点。龙虾鲜嫩，茶汤淡雅，意味深长。

10. 茶枣老南瓜

（1）材料。老南瓜 500 克、红枣 20 克、普洱茶 3 克。

（2）烹制工艺。

①老南瓜削皮，掏去瓜瓤，改刀成碗形；红枣、普洱茶加水 200 克，小火熬煮 20 分钟。

②将红枣、老南瓜放在碗中，上蒸笼蒸 15 分钟，取出翻扣在盘中。

③将煮红枣的普洱茶汁装在茶壶里，上桌的时候淋入南瓜内即可。

（3）品质特点。老南瓜面，普洱茶香，大红枣甜，三味融合，味道鲜美，有利健康。

11. 茶汁冬瓜球

（1）材料。

①冬瓜 500 克、藏红花汁 20 克、普洱茶汁 50 克。

②精盐、味精、白糖各适量。

（2）烹制工艺。

①冬瓜削皮，掏去瓜瓤，改刀成球形；入沸水煮 3 分钟，捞出。

②把藏红花汁、普洱茶汁、精盐、味精、白糖调在碗中，下冬瓜球，上蒸笼蒸 15 分钟，取出码在盘中，点缀即可。

（3）品质特点。色泽鹅黄，味道咸鲜，爽滑利口。

12. 红汤老鹅肉

（1）材料。

①老鹅一只 2400 克、腐竹 150 克、黑笋 150 克、七甸老酱 150 克。

②普洱茶汤、姜块、花椒、辣椒、八角、草果、精盐、白糖、胡椒、味精、食用油各适量。

（2）烹制工艺。

①老鹅宰杀后，用清水漂净血污，捞取沥干水分。普洱茶汁 500 克，将鹅放入浸泡 60 分钟，捞出，放姜块、花椒、八角、草果、精盐、白糖、胡椒腌 2 小时，悬挂 2 小时，风干。

②炒锅下油，烧热时放八角、草果、辣椒、七甸老酱炒香，下老鹅、普洱茶汁烧开，打去浮沫，改小火煮 3～4 小时，成熟捞出。

③取品锅一口，放原汤，下黑笋、腐竹，调入精盐、味精、胡椒煮开，把鹅切片放入，点火上桌。

（3）品质特点。汤红肉沙，味道醇厚，茶香四溢。

13. 茶汤素翅

（1）材料。

①干笋 150 克、蟹黄 20 克。

②鹌鹑蛋、茶汤、盐、味精、淀粉、食用油各适量。

（2）烹制工艺。

①干笋用茶汤煨好，切片改丝，铺做成荷花状。

②鹌鹑蛋煮熟做成荷叶瓣，放在笋上。

③锅上火，把蟹黄炒熟，放笋上，浇上芡汁即可。

（3）品质特点。干笋味香浓，口味咸鲜。

14. 老茶汤浸石斑

（1）材料。

①石斑一条约 800 克、老茶汤 1200 克。

②葱花、精盐、味精、鸡粉、胡椒、食用油各适量。

（2）烹制工艺。

①石斑宰杀洗净，去头尾、去骨，改刀成双飞片，用精盐、味精、鸡粉、胡椒腌制入味。

②锅置火上，老茶汤烧沸调味，把鱼片放入汆熟，放入容器，头尾用油炸后放入点缀。

③用油炝锅将葱花撒在鱼片上，淋油即可。

（3）品质特点。鲜嫩软滑，咸鲜可口。

15. 云南普洱肉骨茶

（1）材料。

①猪排骨 700 克、普洱茶叶 5 克、甘草 3 克、当归 3 克、白芍 3 克、川芎 2 克、玉竹 5 克、冰糖 10 克、料酒 10 克、葱段和姜块各 5 克、大蒜 5 克。

②精盐、鸡精、胡椒、枸杞各适量。

（2）烹制工艺。

①将排骨斩成寸段用清水漂去血污，入沸水汆透，冲凉待用。

②把普洱茶叶、甘草、当归、白芍、川芎、玉竹、葱段、姜块、大蒜等用纱布扎好作为料包。

③取土锅一口注入清水 1500 克下料包、排骨，用大火烧沸，下冰糖、料酒打去浮沫，改微火炖制 25 分钟，排骨炖熟，捞出料包，用精盐、鸡精、胡椒调味，取玻璃器皿盛入，撒枸杞即可。

（3）品质特点。色泽鹅黄，味道咸鲜，爽滑利口。

16. 版纳四蘸碟

（1）材料。

①普洱茶 20 克、番茄 200 克、牛肉干巴 50 克、苦果 50 克、青苔 50 克、紫糯米饭 200 克、糯米 200 克。

②香叶、精盐、野花椒、大芫荽、小米辣、荆芥、生姜、大蒜等。

（2）烹制工艺。

①火上烘烤牛肉干巴,炒香普洱茶与青苔,串好洗净的苦果,烘烤小米辣,番茄与大蒜,用刀剁碎生姜、荆芥、香叶、野花椒与大芫荽,融入精盐,置于竹篮里。

②盘中放入捏成团的白糯米饭与紫糯米饭,以供蘸取使用。

(3)品质特点。这是傣族乡民们特有的调味料,炒香普洱茶与青苔之后其味道尤为特别。

17. 佤族茶椒回锅鸡

(1)材料。

①山地乌鸡一只1200克。

②姜块、葱段、草果、八角、花椒、料酒、精盐、茶椒粉、食用油各适量。

(2)烹制工艺。

①乌鸡宰杀清洗干净,用清水浸泡除去血污,放入汤桶中加入清水煮开,打去浮沫,下入姜块、葱段、草果、八角、花椒、料酒、精盐,改小火煮至八成熟时捞出放凉,砍成小坨。

②锅置火上,放油,五成油温时放鸡块煸炒,同时放入茶椒粉,炒出香味来即可出锅装盘。

(3)品质特点。鸡肉香醇,咀嚼有劲,风格朴实。

18. 原始茶味烤羊排

(1)材料。

①羊排肉500克、薄荷100克、小米辣20克、大芫荽10克、茶椒粉40克。

②卤水、精盐、味精、干淀粉、鲜花椒、姜蒜茸、食用油各适量。

(2)烹制工艺。

①将羊排肉砍为6厘米长的段,用清水浸泡4小时,放入卤水锅,卤2~3小时成熟捞出小米辣、大芫荽洗净,切碎。

②锅置火上,放油,五成热时把排骨拍上生粉,下油锅炸至金黄色,捞出;薄荷放入炸香捞出,装在盘中。

③锅置火上,放油,把小米辣、大芫荽、茶椒粉、鲜花椒、姜蒜茸倒入炒香,加羊排翻炒均匀,将其码在薄荷上即可。

(3)品质特点。古朴粗犷,味道浓郁,肉质酥烂。

19. 食上茶末烤节虾

(1)材料。

①竹节虾300克、茶椒粉20克。

②葱姜汁、料酒、精盐、食用油各适量。

(2)烹制工艺。

①竹节虾清水活养3小时,取出,从后背开刀,挑出虾线,洗净,用葱姜汁、料酒、精盐腌10分钟。

②把虾放在烤盘里,虾背上放上茶椒粉,进烤箱,在180℃火温中烤制3~4分钟,虾变为红色即可取出。

③把虾装在盘子中,涮上油,稍微点缀即可上桌。

(3)品质特点。形状自然,香辣鲜嫩,茶味浓郁。

20. 茶末炝洱海螺

（1）材料。

①洱海螺300克、茶椒粉20克。

②泡椒、葱花、海鲜酱油、葱姜汁、料酒、精盐、食用油各适量。

（2）烹制工艺。

①洱海螺清水活养3小时，取出，从后背开刀，挑出螺肉，洗净，用葱姜汁、料酒、精盐腌10分钟。

②用竹签把洱海螺串好，放在沸水中氽透，捞出。

③锅上火，放油，下茶椒粉炒香，下泡椒、海鲜酱油、螺串，入味即可。

④把洱海螺串放在盘子中，淋上汁水，撒上葱花，稍加点缀即可上桌。

（3）品质特点。螺肉香脆，鲜辣回甜，茶味清幽。

21. 版纳香茶熏牛肉

（1）材料。

①牛精肉500克、香茅草50克、熏香料200克。

②精盐、白糖、大芫荽、荆芥、香叶、小米辣、葱姜汁、料酒、芝麻油各适量。

（2）烹制工艺。

①牛肉改刀为大片，用精盐、白糖、葱姜汁、料酒腌15分钟，大芫荽、荆芥、香叶、小米辣洗净，剁碎，加芝麻油、精盐拌均匀。

②把牛肉铺在案板上，放剁细的大芫荽、荆芥、香叶、小米辣，卷裹成直径3厘米的筒状，外边用香茅草裹好。

③取铁锅一口，放入熏香料，垫上铁箅子，把牛肉卷放上，加盖，锅下生火，熏30分钟后取出，改刀，用香茅草垫盘底，即可上桌。

（3）品质特点。香辣可口，味道浓郁，别具民族风格。

22. 官渡茶熏肉

（1）材料。

①五花肉700克、茶熏料50克。

②姜块、葱段、料酒、冰糖、酱油、精盐各适量。

（2）烹制工艺。

①五花肉用清水漂洗干净，放入锅中，加水，烧开，打去浮沫，下姜块、葱段、料酒、精盐、冰糖、酱油煮熟。

②取熏锅一口，放入茶熏料，放好支架，把五花肉放上，盖上锅盖，锅下燃火，产生浓烟，熏5分钟，灭火，取出，涮上油，切3厘米大小的块即可装盘。

③品质特点。色泽棕红，肉肥不腻，香味浓郁。

23. 陈茶老卤熏板鸭

（1）材料。

①麻鸭一只1200克、茶熏料50克。

②姜块、葱段、料酒、精盐、卤水、芝麻油各适量。

（2）烹制工艺。

①麻鸭宰杀，脱毛去内脏，用清水漂洗干净，用姜块、葱段、料酒、精盐腌30分钟，放入卤水锅中加水，烧开，打去浮沫，卤制成熟，捞出，晾凉，压平。

②取熏锅一口，放入茶熏料，放好支架，把卤鸭放好，盖上锅盖，锅下燃火，产生浓烟，熏5分钟，灭火，取出，涮上芝麻油，改刀，即可装盘。

（3）品质特点。色泽黑褐，肉滑香浓，烟熏浓郁。

24. 普洱青茶嫩虾丸

（1）材料。

①洱海虾800克、青茶20克、黄瓜50克、蛋清15克、猪油10克。

②精盐、味精、料酒、醋、香油、胡椒粉、淀粉、葱姜水、食用油各适量。

（2）烹制工艺。

①把青茶用300克开水泡开，捞出茶叶另用；茶水放凉浸泡洱海虾15分钟。

②取虾肉600克搅碎，加蛋清、猪油、盐、味精、湿淀粉、葱姜水打上劲，挤成虾丸入水汆熟，捞出。

③锅置火上，放油，下洱海虾，调入精盐、味精、料酒、醋、香油爆熟。

④黄瓜切片摆盘四周，炒好的虾放上面，铺上青茶叶片，再把虾丸码上即可。

（3）品质特点。造型美观，虾丸鲜嫩，一菜两味，茶菜经典。

25. 版纳鲜茶熘鸡丝

（1）材料。

①鸡脯肉300克、普洱鲜茶10克、蛋清1个。

②精盐、味精、胡椒粉、淀粉、葱姜水、食用油各适量。

（2）烹制工艺。

①鸡脯肉改刀为丝，用蛋清、精盐、味精、胡椒粉、淀粉、葱姜水上浆。

②锅置火上，放油，五成热时，下鸡丝划熟，沥油。

③把鸡丝倒入锅中，加鲜茶翻炒片刻即可装盘。

（3）品质特点。色彩亮丽，带有普洱茶香，具有浓郁的西双版纳特色。

26. 软炸版纳嫩茶芽

（1）材料。

①西双版纳青普洱嫩茶叶片100克、鸡蛋3个。

②淀粉面粉、精盐、胡椒粉、味精花椒粉、食用油各适量。

（2）烹制工艺。

①青普洱嫩茶叶片洗净，鸡蛋取蛋清，加淀粉、面粉、油调为糊。

②锅置火上，下油，油温三成时，逐片取嫩茶叶片裹上蛋清糊下入锅中炸至成熟，沥油，装盘。

③精盐、胡椒粉、味精、花椒粉调拌为蘸碟上桌即可。

(3)品质特点。清香回味,色泽美观,别具特色。

27. 普洱茶酥红豆

(1)材料。

①红豆250克、普洱茶5克。

②精盐、味精、汤池老酱、青红椒、淀粉、五香粉、食用油、芝麻油各适量。

(2)烹制工艺。

①红豆煮粑,普洱茶用水泡开。

②锅置火上,放油,七成热时,把红豆、普洱茶加淀粉拌均匀下入炸酥,捞出沥油。

③锅置火上,放油,下汤池老酱炒焦香,放入普洱茶、红豆,调入五香粉、精盐、味精,三颠两簸,淋芝麻油出锅装盘。

(3)品质特点。味道丰富,红豆酥脆,茶香味浓。

28. 普洱老茶酥五果

(1)材料。

①红豆250克、普洱茶5克、花生20克、松仁20克、桃仁20克、南瓜子仁20克、芝麻20克。

②精盐、味精、汤池老酱、青红椒、淀粉、五香粉、食用油、芝麻油各适量。

(2)烹制工艺。

①红豆煮粑,普洱茶用水泡开;花生、松仁、桃仁、南瓜子仁炒香。

②锅置火上,放油,七成热时,把红豆、普洱茶加淀粉拌均匀下入炸酥,捞出沥油。

③锅置火上,放油,下汤池老酱炒焦香,放入普洱茶、红豆、花生、松仁、桃仁、南瓜子仁,调入五香粉、精盐、味精,三颠两簸,撒芝麻出锅点缀,装盘。

(3)品质特点。五果五味,香辣酥脆,茶香味浓。

29. 普洱茶爆虾仁

(1)材料。

①虾仁300克、普洱鲜茶10克、蛋清1个。

②精盐、味精、胡椒粉、淀粉、葱姜水、食用油各适量。

(2)烹制工艺。

①虾仁洗净,用茶汁浸泡20分钟,捞出用蛋清、精盐、味精、胡椒粉、淀粉、葱姜水上浆。

②锅置火上,放油,五成热时,下虾仁划熟,沥油。

③把虾仁倒锅中,加鲜茶翻炒片刻即可装盘。

(3)品质特点。色彩亮丽,虾肉滑嫩,普洱茶香。

30. 老茶煮火腿

(1)材料。

①宣威火腿800克、普洱茶叶12克、魔芋豆腐400克。

②精盐、味精、胡椒粉、葱姜、草果、八角、食用油各适量。

(2)烹制工艺。

①宣威火腿刮洗干净,放大砂锅中加水煮熟,捞出,晾凉,切大片;普洱茶叶用水泡开。

②锅置火上,下油,烧至四成热时,把葱姜、草果、八角放入炸香,把魔芋豆腐、普洱茶叶放入,烧沸,下火腿片,装入砂锅中,用小火炖20分钟,调入精盐、味精、胡椒粉即可上桌。

(3)品质特点。粗犷大气,肉粑味醇,不肥不腻。

31. 脆皮香茶鸡

(1)材料。

①山鸡一只1200克、普洱茶叶50克。

②葱姜汁、白糖、生抽、茶酒、普洱茶汁、卤水、食用油各适量。

(2)烹制工艺。

①山鸡宰杀洗净,漂去血污,用普洱茶汁、葱姜汁、白糖、生抽、茶酒腌12小时;普洱茶叶用水泡开。

②把普洱茶叶放在山鸡的腹中,用铁签封好;卤锅烧开,放入腌过的山鸡,卤60分钟左右,捞出,晾凉。

③锅置火上,放油,六成热时,放山鸡炸至金黄,捞出,改刀,茶叶垫在下面装盘即可。

(3)品质特点。色泽金红,肉香皮酥,茶味浓郁。

32. 普洱茶香鸽

(1)材料。

①肉鸽4只、普洱茶叶50克。

②葱姜汁、白糖、生抽、料酒、普洱茶卤水、食用油各适量。

(2)烹制工艺。

①肉鸽洗净,漂去血污,把普洱茶叶水发后,塞进鸽子的腹中,用铁签封好,放入葱姜汁白糖、生抽、料酒腌12小时。

②把普洱茶卤桶烧开,放入腌过的鸽子,卤30分钟左右,捞出,清除茶叶,晾凉。

③锅置火上,放油,六成热时,放鸽子炸至金黄,捞取,改刀装盘。

(3)品质特点。色泽金红,肉质酥嫩,茶香浓郁,风味突出。

33. 茶卤肉包骨

(1)材料。

①猪耳朵2只、普洱茶叶5克。

②葱姜汁、白糖、生抽、料酒、普洱茶卤水、食用油各适量。

(2)烹制工艺。

①猪耳朵洗净,漂去血污,用普洱茶叶、葱姜汁、白糖、生抽、料酒腌2小时。

②把普洱茶卤桶烧开,放入腌过的猪耳朵,卤120分钟左右,捞出,晾凉后改刀装盘,带蘸碟上桌。

③品质特点。肉夹骨脆,茶香浓郁,佐酒佳肴。

34. 茶卤锅烧肉

(1)材料。

①猪脊肉500克、普洱茶叶5克。

②葱姜汁、白糖、生抽、胡椒粉、料酒、普洱茶卤水、食用油各适量。

（2）烹制工艺。

①猪脊肉洗净，漂去血污，用普洱茶叶、葱姜汁、白糖、生抽、胡椒、料酒腌2小时。

②锅置火上，放油，六成热时，放猪脊肉炸至金黄，捞出，沥油。

③把普洱茶卤桶烧开，放入腌过的猪脊肉，卤120分钟左右，成熟时捞出，晾凉。

④改刀装盘，带蘸碟上桌。

（3）品质特点。肉香浓郁，滇味风格，佐酒佳肴。

35. 茶卤四品

（1）材料。

①鹅头2、鹅掌4只、豆腐200克、牛肚300克。

②葱姜汁、白糖、生抽、料酒、普洱茶卤水、食用油各适量。

（2）烹制工艺。

①鹅头、鹅掌洗净，漂去血污，用葱姜汁、白糖、生抽、料酒腌2小时。豆腐放入油锅内炸制金黄；牛肚用开水汆制。

②把普洱茶卤桶烧开，放入腌过的鹅头、鹅掌、豆腐、牛肚卤制成熟，捞出，晾凉。

③把卤制的鹅头、鹅掌、豆腐、牛肚改刀点缀装盘。

（3）品质特点。色泽搭配得当，质感厚实多样，茶香卤味浓郁。

36. 普洱茶卤三黄鸡

（1）材料。

①三黄鸡1只、普洱茶叶50克。

②葱姜汁、白糖、生抽、料酒、卤水、食用油各适量。

（2）烹制工艺。

①三黄鸡宰杀清除内脏洗净，漂去血污，用普洱茶叶、葱姜汁、白糖、生抽、料酒腌12个小时。

②把卤桶烧开，放入腌过的鸡，卤30分钟左右，捞出晾凉。

③锅置火上，放油，六成热时，放鸡炸至金黄，捞出，改刀分两盘，另用白斩鸡半只拼装在一盘，带四味汁水同上桌。

（3）品质特点。肉质酥嫩，茶香浓郁，两鸡四味。

37. 茶酒大鱼头

（1）材料。

①花鲢鱼头800克、茶酒50克、鱼露20克、豉汁100克、姜块20克、葱段10克、蒜150克。

②鸡粉、精盐白糖、茶油、芝麻油各适量。

（2）烹制工艺。

①将花鲢鱼头清洗干净，入沸水锅加姜块、葱段腌制20分钟。

②取砂锅一口，将姜块、葱段、大蒜垫下面，花鲢鱼头放入，加入茶酒、鱼露、豉汁、鸡粉、精盐、白糖用小火慢慢烤40分钟，待汤汁收干、鱼头耙烂、香味四溢时取出，淋茶

油、芝麻油出锅上桌。

（3）品质特点。香味浓郁，鱼肉滑软，老少皆宜。

38. 茶酒焖猪脯

（1）材料。

①五花肉800克、茶酒50克、当归100克、姜块50克、葱段10克、西兰花30克。

②草果、八角、胡椒粉、老抽、鸡粉、精盐、味精、食用油各适量。

（2）烹制工艺。

①五花肉清洗干净，入沸水锅氽透，改刀为3厘米的块；西兰花过水。

②锅置火上，放油，五成热时，下肉炸至金黄捞出，沥油。

③将五花肉放在砂锅里，加入草果、八角、姜块、葱用大火烧开，淋上茶酒、老抽、精盐、胡椒、味精，用小火慢慢煮2小时，待成熟时，用鸡粉调味，点缀西兰花即可。

（3）品质特点。肉质粑烂，肥而不腻，入口即化。

39. 石锅烹鸭肠

（1）材料。

①鸭肠600克、洋葱100克、西芹50克、胡萝卜50克、普洱茶汁100克、泡辣椒50克。

②姜末、葱段、精盐、酱油、白糖、茶油、淀粉、鸡精、食用油各适量。

（2）烹制工艺。

①鸭肠洗涤干净，改刀为4厘米的段，用普洱茶汁浸泡30分钟；洋葱、西芹、胡萝卜洗净改刀成条。

②锅置火上，放食用油，把鸭肠捞出，上淀粉，过油；取石锅一口，内装烧热的鹅卵石，保持温度在150℃左右。

③炒锅内放茶油，把泡辣椒、姜末、葱段爆香后，下鸭肠、洋葱、西芹、胡萝卜翻炒，紧接着调入精盐、酱油、白糖、鸡精翻拌均匀，装入石锅内，上桌。

（3）品质特点。香味浓郁，滑软滋嫩，佐酒下饭均宜。

40. 茶油焙小洋芋

（1）材料。

①小洋芋600克、茴香50克。

②精盐、干辣椒段、茶油、鸡精各适量。

（2）烹制工艺。

①小洋芋洗涤干净，上蒸笼蒸熟；茴香洗净切段。

②锅置火上，放茶油，把干辣椒段炸至金黄，下小洋芋焙出香味，调精盐、鸡精，放茴香段，三颠两簸出锅，装盘上桌。

（3）品质特点。色泽金黄，油润干香，民间风味。

41. 茶油炒粉丝

（1）材料。

①蚕豆粉丝300克、大葱段20克、干红辣椒段20克。

②普洱茶汁、精盐、茶油、鸡精、拓东酱油各适量。

（2）烹制工艺。

①蚕豆粉丝水洗后沥干水分。

②锅置火上,放茶油,五成油温时,放干红辣椒段、大葱段炒香,放粉丝煸炒,随后调入普洱茶汁、精盐、鸡精、拓东酱油三颠两簸,淋茶油装盘,即可上桌。

（3）品质特点。家常风味,香辣适口,百吃不厌。

42. 茶鲊大鱼头

（1）材料。

①鱼头400克、腌韭菜花20克、茶鲊50克、泡小米辣50克、黄瓜20克。

②葱姜汁、蒸鱼汁、茶酒、茶汁、精盐、胡椒、食用油各适量。

（2）烹制工艺。

①鱼头破为两瓣洗净,用茶水浸漂2小时,捞出用葱姜汁、茶酒、精盐、胡椒煨味;茶鲊、小米辣改刀为粒。

②把鱼头放在盘子里,放入蒸笼内,大火蒸5分钟,抬出,滗掉汁水,撒上茶鲊、小米辣,淋上蒸鱼汁。

③锅置火上,下油,烧至九成热时,浇在鱼头上,用黄瓜切片,点缀装盘即可。

（3）品质特点。色泽清爽,鲜辣可口,营养丰富。

43. 茶鲊炒豆茸

（1）材料。

①豆腐渣200克、嫩豆腐100克、茶鲊100克、小米辣20克、青菜20克。

②精盐、味精、白糖、生抽、芝麻油、食用油各适量。

（2）烹制工艺。

①豆腐渣上蒸笼蒸透;嫩豆腐塌茸;茶鲊、小米辣剁细。青菜洗净过水,切丝。

②锅置火上,放油,四成热时放豆腐渣、茶鲊、小米辣煸炒出香味,下嫩豆腐,放精盐、味精、白糖、生抽调味。

③把炒好的豆茸放在盘子中,用青菜丝拌芝麻油点缀即可。

（3）品质特点。粗菜细做,色青味爽。

44. 茶汁猫耳朵

（1）材料。

①面粉200克、嫩茶10克、大红辣椒油20克。

②普洱茶汁、姜汁、白糖、生抽、精盐、味精、鸡精各适量。

（2）烹制工艺。

①面粉用普洱茶汁、姜汁、白糖调和,搓揉上劲,放在案板上醒30分钟。下小剂,沿案板搓制成猫耳状。

②锅置火上,放水,烧沸,下猫耳煮熟,捞出。

③锅里放普洱茶汁烧开,调入精盐、味精、鸡精,下猫耳、嫩茶,装在汤碗中即可。辣

椒油随意放入。

(3)品质特点。面质筋道,滑润爽口,茶汤鲜浓。

45. 普洱浓茶烩汤圆

(1)材料。

①糯面粉200克、玫瑰馅120克、葱花10克、嫩豆腐30克。

②普洱茶汁、白糖、精盐、醋精、番茄汁、熟猪油、熟芝麻各适量。

(2)烹制工艺。

①面粉用普洱茶汁、白糖调和,搓揉上劲,放在案板上醒30分钟;下小剂,擀皮;将玫瑰馅、熟猪油、熟芝麻、白糖拌和,包入糯米面中,表皮裹上熟芝麻。

②锅置火上,放水,烧沸,下汤圆煮熟,捞出。

③锅置火上,放熟猪油、番茄汁、白糖、精盐、醋精煸炒,淋浓茶,下嫩豆腐、汤圆,翻拌均匀,装在小碗中即可。

(3)品质特点。酸甜适口,软糯香甜,中点西吃,面食大菜。

46. 茶油烤云腿

(1)材料。

①云南宣威火腿300克、酥炸豆皮100克、发面小夹饼150克。

②普洱茶汁、蜂蜜、白糖、茶油、食用油各适量。

(2)烹制工艺。

①宣威火腿洗净,煮熟,改大片刀,用普洱茶汁浸泡30分钟。

②锅置火上,放茶油,五成油温时,把火腿放入,煎两面黄,下普洱茶汁、蜂蜜、白糖,用小火烤20分钟,见汤汁收干时取锅。

③把一片豆皮、一个小夹饼、一片火腿配套装在盘中,按客人需求上桌。

(3)品质特点。火腿蜜香味浓,豆皮酥脆诱人,小夹饼甘甜,可三味共食,也可分而食之。

47. 茶汁海带球

(1)材料。

①魔芋粉400克、海带粉50克。

②葱姜汁、白糖、生抽、普洱茶汁、淀粉、精盐、味精、食用油各适量。

(2)烹制工艺。

①魔芋粉、海带粉加葱姜汁、白糖、生抽、精盐、味精调为泥,做成丸。

②锅置火上,放油,六成热时,放丸子炸至金黄,捞出,沥油。

③锅里放普洱茶汁烧开,下海带球,用淀粉勾芡,即可装盘。

(3)品质特点。色泽金黄,营养丰富,茶味浓郁。

48. 鸡汁茶面

(1)材料。

①面粉200克、鸡汤300克、菜胆120克。

②普洱茶汁、姜汁、精盐、味精、鸡汤各适量。

（2）烹制工艺。

①面粉用普洱茶汁、精盐调和,搓揉上劲,放在案板上醒30分钟;擀成大片,折叠后切细面条。

②锅置火上,放水,烧沸,下面条煮熟,捞出。

③锅里放鸡汤烧开,调入精盐、味精、面条,菜胆氽后装在汤碗中,放面条即可。

（3）品质特点。面质筋道,滑润爽口,鸡汤鲜浓。

49. 鸡纵炒茶面

（1）材料。

①面粉200克、鸡纵30克、火腿丝20克、辣椒油20克。

②普洱茶汁、菠菜汁、生抽、精盐、味精、鸡精、白糖各适量。

（2）烹制工艺。

①面粉用普洱茶汁、菠菜汁调和,搓揉上劲,放在案板上醒30分钟;擀成大片,折叠后切面条。

②锅置火上,放水,烧沸,下面条煮至八成熟,捞出。

③锅置火上,放油,下火腿丝、鸡纵、面条翻炒,调入生抽、精盐、味精、鸡精、白糖,三颠两簸即可。

（3）品质特点。色泽碧绿,面筋柔道,滑润爽口。

第三节　普洱茶茶酒的制作

中国是世界茶叶的发祥地,也是酒的故乡,是世界上酿酒最早的国家,早在公元前7000多年的新石器时代,中国人的老祖先已经开始酿酒了。茶酒是利用茶叶为原料酿制或配制的酒。

茶属温和性饮料,酒属刺激性饮料,两者属性不同。茶酒是一种将茶与酒完美结合后制成的保健药酒,同时具备茶风味、保健效能与酒香的特点。

茶酒的原材料是茶叶经由发酵配制成的各类饮用酒,源自于20世纪40年代,我国是创始国。茶酒融合了酒与茶两种物质,让它同时具备酒与茶的独特口感,饱含茶叶的活性与营养,可用于补充营养与强身健体。这些年间,人们逐渐认识到健康的重要性,开始深入研究茶酒,茶酒类型已经增加到二三十余种。现如今市场里存有的茶酒主要是湖北陆羽茶酒、黄山茶酒、四川茶露、信阳毛尖茶、浙江健尔茗茶汽酒与庐山云雾茶酒等,其生产形式主要有3种:以四川茶露为代表的汽酒型、以黄山茶酒为代表的配制型以及以信阳毛尖茶酒为代表的发酵型。

一、茶酒的定义

茶酒,即主要由茶叶制成,经由发酵制作而成的各类饮用酒。茶酒同时具备酒与茶的特点和优势,除个别茶酒外,大多数茶酒的酒精含量低于20%,属于低度酒。茶酒色泽鲜明透亮,入口绵软,不刺喉,不上头,既有酒固有的风格,也具有茶的风味,是一种色、香、味俱佳的健康饮品。

二、茶酒的历史与现状

茶酒一词由来已久,为我国首创。早在上古时期就有关于茶酒的记载,但那时的茶酒仅仅是以米酒浸茶,而非真正意义上的酿制茶酒。800余年前北宋大学士苏轼提出了以茶酿酒的创想,"茶酒采茗酿之,自然发酵蒸馏,其浆无色,茶香自溢"。继苏轼提出以茶酿酒之后,历代不断有人尝试以茶酿酒,但未能实现。20世纪40年代,复旦大学茶叶专修科王泽农教授用发酵法研制和生产过茶酒,但当时由于战乱而未能面世。20世纪80年代以来,我国研究工作者相继开展研究和试制,茶酒逐渐面世,如西南农业大学(现西南大学)研制的乌龙茶酒、河南信阳酿酒总厂研制生产的信阳毛尖茶酒、湖北省天门市陆羽酒厂研制生产的陆羽茶酒等。我国台湾地区以及国外的日本也很重视茶酒的研制,相继开发了系列乌龙茶酒、红茶酒、绿茶酒等。

用茶、酒强身健体,延年益寿,是中国人经过千百年实践证明的智慧。古有"茶为万病之药""酒为百药之长"和"茶酒治百病"的誉称,茶酒集营养与保健为一体,兼具茶与酒的优势,具有茶香、味纯、爽口和醇厚等特点,且茶酒酒精度数低、老少皆宜。因此,茶酒自面世以来深受消费者的喜爱。随着人们保健意识的增强和消费观念的转变,茶酒逐渐成为市场的新宠,茶酒产业迅速发展起来。至今,我国已研制出20多个花色品种,主要有绿茶酒、红茶酒、花茶酒以及乌龙茶酒等产品,加工技术已日臻完善,茶酒品质不断提高,茶酒消费人群和消费量日趋增加。

我国是产茶大国,茶叶资源丰富。以茶制酒大多利用低档茶叶,这个仅充分利用了茶叶资源,且开发了一种发展潜力巨大的保健酒,极大地提高了茶产业的经济效益;同时,茶酒工艺技术易于掌握,生产周期短,产品销售快,经济效益显著。因此,茶酒作为一个新兴的产业发展前景非常广阔,开发和研制具有茶香风味的高级保健茶酒将对茶叶深加工和酒类新型产品开发产生深远的影响。

三、茶酒对人体的作用

我国传统医学认为:"酒乃水谷之气,辛甘性热,入心肝二经,有活血化瘀、疏通经络、祛风散寒、消积健胃之功效。""酒为百药之长"是对酒的医药价值的最高评价,并一直延用在酒内加泡药材的方法,用以防病治病。适量饮酒能加速血液循环,活血化瘀,减轻心脏负担,有效地预防心血管疾病,减缓动脉硬化,降低心肺病发作危险。

茶酒加工的主要原料是茶叶,在加工过程中,茶叶中的大部分营养成分和功效成分溶于酒中,因此,茶酒是既具有茶叶和酒的风味,又含有茶叶的活性成分和保健功能,是一种集营养、保健功能于一体的保健酒。

1. 营养作用

茶叶富含氨基酸、维生素、矿质元素等多种营养成分以及大量有利于改善人体新陈代谢和增强人体免疫力的营养物质,在制备茶酒时这些营养成分大多溶于酒中,因此,茶酒有利于增加营养、提高体质、增进健康。

2. 保健作用

茶叶含有大量的茶多酚、咖啡碱、茶多糖、茶氨酸等活性成分,具有抗氧化、抗衰老、抗癌、抗辐射、降血糖、降血脂、兴奋、助消化、强心利尿、防治心脑血管疾病等多种功效。制酒时这些成分溶入酒体中,成为茶酒的重要活性成分。因此,适量饮用茶酒,可以起到提神健胃、醒脑、消除疲劳、增进食欲、预防心脑血管疾病等多种保健作用。

四、茶酒的分类

按照加工工艺的不同,茶酒可分为汽酒型、配制型和发酵型3种类型。

(一)汽酒型

汽酒型茶酒模仿一般香槟酒的风味特征,原料是茶叶与其他辅料,人工充二氧化碳制成的一种低酒度碳酸饮料。汽酒型茶酒的酒精含量通常为4%～8%,比方说四川茶露、浙江健儿茗茶汽酒与安徽茶汽酒等。

下面简单介绍普洱茶熟茶汽酒与普洱茶生茶汽酒的制备方法。

1. 普洱茶熟茶汽酒

(1)原料配比。普洱茶熟茶2.5克、蔗糖30克、食用酒精15毫升、净化水500毫升、抗坏血酸0.01克、柠檬酸2克、二氧化碳等。

(2)制法。

①普洱茶熟茶经沸水浸提后,过滤得茶汁。

②蔗糖加热溶解,过滤。

③其他辅料溶解,过滤。

④茶汁、糖浆、辅料液与脱臭食用酒精充分搅拌均匀后冷却。

⑤冷却液充入二氧化碳后立即灌装,密封后即得成品。

2. 普洱茶生茶汽酒

(1)原料配比。普洱茶生茶2.5克、蔗糖28克、食用酒精12毫升、抗坏血酸0.008克、柠檬酸4克、食用小苏打4克、普洱茶生茶香精微量、净化水500毫升等。

(2)制法。

①普洱茶生茶经沸水浸提后,过滤得茶汁。

②蔗糖加热浴解,过滤。

③其他辅料溶解,过滤。

④茶汁、糖浆、辅料液与脱臭食用酒精充分搅拌均匀后冷却。

⑤上述料液灌装后,加入食用小苏打并立即密封即得成品。

(二)配制型

配置型茶酒是模拟果酒的营养、风味和特点,采用浸提勾兑的方法,将茶叶用浸液浸泡、过滤得到茶汁,与固态发酵酒基或食用酒精、蔗糖、酸味剂等食品添加剂按某种特定比率和程序调配制成。比方说庐山云雾茶酒、四川茶酒与安徽黄山茶酒等。

下面介绍一种普洱茶生茶、普洱茶熟茶配制酒的制备方法。

1. 原料

普洱茶生茶、普洱茶熟茶、60°优质口子酒、纯净水、蔗糖、食用柠檬酸、食用维生素C等。

2. 工艺流程

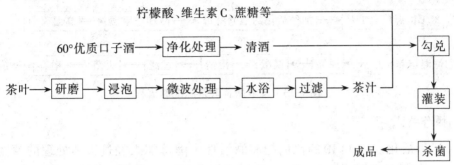

图9-12 普洱茶(生茶、熟茶)酒配制流程

3. 操作要点

(1)原料挑选。选择品质较好、色泽较鲜、杂质少、价格适宜的中档普洱茶生茶。

(2)粉碎。为有效提升浸提效率,应当事先粉碎茶叶。粉碎茶叶的最佳平均半径应当控制在0.246毫米,太细会致使难于过滤,得出的液体也会过于浑浊。

(3)浸提。采用微波结合水浴的方法提取。按料液比1:20(质量/体积)向茶粉中加入纯净水,微波处理2次,每次3分钟,微波功率(600±10)瓦,再用50℃水浴浸1次10分钟,茶多酚浸出率可达90%。茶汤用400目的滤布过滤。

(4)勾兑。60°优质口子酒勾兑前先经净化处理成清酒,再与过滤后的茶汁混合,用纯净水降度至酒度22°。根据口子酒及茶的风味、色泽、香味等特点,并考虑市场消费者对甜酸的要求,确定调配方案进行调配。

(5)杀菌。将调配后的茶酒在60℃环境中杀菌20分钟。

4. 感官指标

(1)色泽。清亮透明,淡绿色(淡红色),无明显悬浮物和沉淀物。

(2)香气。具有普洱茶生茶、普洱茶熟茶和酒的复合香气。

(3)口感。柔和,爽口,协调。

(4)风格。具有本品特殊风格。

(三)发酵型

发酵型茶酒运用发酵,将技术原料为茶叶、糖、酵母等物质,在某种特殊环境下进行发酵,最终调和配制而成的。属于这类酒的有河南信阳毛尖茶酒、四川邛崃蜂蜜茶酒和湖北陆羽茶酒等。

下面简单介绍发酵型普洱茶酒的研制方法。

1. 原料

普洱茶(3~4级)、一级白砂糖、食用酒、酿酒活性干酵母、柠檬酸、乳酸、软化自来水等。

2. 工艺流程

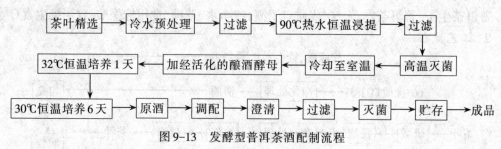

图9-13　发酵型普洱茶酒配制流程

3. 操作要点

（1）酵母活化。以1∶10的比例把酿酒活性干酵母加入经过灭菌处理的糖度为2%的糖水中,在恒温水浴锅中于35～40℃恒温培养15～20分钟,再把活化液移入34℃的恒温水浴锅中恒温培养1～2小时,最后放入冰箱保存备用。

（2）冷水预处理。以1∶10的比例用冷水浸泡茶叶20～30分钟,除去茶叶中一部分产生涩味的物质及其他杂质和异杂味,使茶汁更清爽,降低成品茶酒的苦涩味;过滤茶汁,取茶渣备用。

（3）茶叶浸提。按1∶70的茶水比,用90℃热水恒温浸提经过冷水预处理的茶叶20～25分钟,使茶叶中的有效成分及香味成分充分浸出,用200目滤布过滤,取茶汁备用。

（4）调糖度、灭菌。向过滤后的茶汁中加入蔗糖,使茶汁的含糖量控制在12%左右,否则会影响酵母菌的发酵[酵母菌在酒精度为10%（体积分数）左右就会停止发酵]。茶汁加入蔗糖后搅拌,使蔗糖充分溶解,然后把茶汁放入高压灭菌锅中121℃灭菌15分钟,冷却至室温备用。

（5）酵母的接种。以1∶30的比例向灭菌后的茶汁中加入活化后的酵母液。整个接种过程都应该在无菌的环境中进行,防止杂菌污染。

（6）发酵。将接种后的茶汁放入恒温箱进行培养。开始发酵的第1天,温度控制为32～34℃,待酵母菌大量繁殖后将温度控制为25～30℃。冬季培养温度要偏高些,夏季培养温度要偏低些。

在酒精发酵过程中定期测量酒精度以及糖度。发酵过程应不断搅拌发酵液,避免酵母菌沉积在酵母液的底部,从而提高发酵的效率。待发酵进行7天左右,测定酒精度大于9%且不再升高,残糖量小于1%即可停止发酵。

（7）调味、灭菌和贮存。将发酵完成的发酵液分别用白砂糖、冰糖、蜂蜜调整糖度,将糖度控制为3～5克/100毫升,有微甜感即可。根据口感的需要,将3种甜味剂制备的茶酒按一定的比例混合即可。

将调味后的茶酒经沸水浴10～15分钟灭菌,以杀死茶酒中的酵母菌等微生物;待茶酒冷却至室温后放入4℃冷藏2天,用膜过滤器过滤后即可装瓶、封口。

4. 产品特点

该酒呈亮黄褐色,色泽晶莹透亮,酒体澄清透明,总体酒质良好,具有茶和酒融合后的香气,口感柔和协调,且具有一定的保健功能。

发酵速度明显缓慢。醋酸菌、乳酸菌等是茶酒中常见的有害杂菌,它不仅影响发酸的正常进行,而且还关系到酒质的好坏。

五、茶酒常见质量问题

茶酒,顾名思义兼具了酒的醇厚和茶的清冽,因此具有良好的保健效果。从成分来看,茶酒之所以具有保健效果,应当归因于其中的多酚类物质,此类物质不仅具有较强的抗氧化性,能够清除自由基活性的能力,具有抗癌、抗辐射、降血压、预防心脑血管疾病等作用。然而,茶酒中茶多酚等物质的存在,也对茶酒的品质有很多影响。

(一)浑浊和沉淀

茶酒在加工、贮藏过程中很容易出现浑浊、沉淀等现象,可能主要有如下原因:

1. 大分子物质聚合沉淀

茶酒中含有蛋白质、多酚及其氧化产物、果胶、多糖类物质等,此类物质本身并不具有浑浊的属性,但是在发酵的过程中会产生一系列的物理反应和化学反应,因此会出现大分子凝聚以及沉淀物析出等,而这也正是酒体出现浑浊的原因。

2. 茶酒用水质量

加工茶酒所用水硬度较高时,水中的钙、镁离子易与多酚物质发生络合反应而产生浑浊、沉淀;当酒体中酒精度较高时,水中的钙以及镁盐类物质就会出现硫酸钙、硫酸镁及碳酸钙沉淀。为避免产生沉淀,最好使用蒸馏水或离子交换树脂处理过的水。

3. 其他

在茶酒加工过程中,由容器、管道中引入了 Fe^{2+},在贮存过程中被氧化为 Fe^{3+},Fe^{2+} 与 Fe^{3+} 均易与多酚等物质络合形成沉淀。配制茶酒及茶酒降度时如果所用食用酒精质量不佳,常会出现白色浑浊,这是由一些高级醇、酯析出所致。

为了提高茶酒的澄清度和稳定性,在茶酒生产中加入澄清剂。茶酒中的常用剂有皂土、壳聚糖、硅藻土、干酪素、明胶等,且往往几种澄清剂复合使用效果更佳。在生产过程中也要尽量注意食用酒精的质量,避免加工、盛酒容器与酒体发生反应。

(二)变色

茶酒在生产和贮藏期间,色泽易发生褐变,在一定程度上影响了其产品的货架期和外观质量。茶酒溶液褐变在很大程度上是由于茶多酚类物质氧化而来,因此茶酒极易出现一些不稳定现象,例如色泽变深等,最终产生褐变。在茶酒贮存期间,氧气是导致多酚类物质氧化以及茶酒褐变的最主要原因,同时光照强度以及温度等因素的改变也会加剧这种氧化过程。以绿茶酒为例对此进行进一步的说明:绿茶酒具有酸性,因此叶绿素中的镁离子会和氢离子发生作用,最终形成脱镁叶绿素,而脱镁叶绿素又是褐色,绿茶酒的褐变程度自然也就因此而加深。

茶酒的变色可通过采取一些化学或物理护色方法来降低褐变程度,主要有:

(1)通过添加抗氧化剂、pH调节剂或酶处理使茶酒中的物质成分尽可能稳定。

(2)将环境因子作为改变因素,剔除易导致茶酒褐变的环境因子,或是降低其产生的化学反应程度,可以把含氧量以及贮藏温度等因素作为切入点。

(3)以茶酒的生产工艺条件作为切入点进行改变,如改变茶汁提取工艺,采用冷灭菌方法灭菌,通过加澄清剂适当降低茶酒中多酚类物质的含量等。

(三)变味

导致茶酒滋味不佳的原因很多。茶叶本身质量不佳、食用酒精质量差、茶酒成分调整不合适、添加剂使用过量及杂菌污染等均会导致茶酒口感差。为提高茶酒口感,所用食用酒精一定要脱臭除杂,可采用复合甜味剂来矫味,茶叶质量不能太差,提取茶汁时可先用冷水浸提去除茶叶苦涩味物质,且所用茶叶风味要与所用辅料风味相匹配等。茶发酵酒发酵时要避免杂菌污染,茶酒在生产、贮藏过程中要避免异物的侵入与污染。

1. 苦味

茶酒出现苦味主要有4个原因:

(1)选用的酒精质量次。

(2)添加的糖精量多。

(3)糖醛过量。

(4)醇类过量使用。

解决方法为:

(1)对质量较次的酒精进行净化处理。

(2)加入适量精盐,这里需要注意的是加糖的方法只能导致茶酒先甜后苦,并不能从根本上缓解茶酒的苦味。

2. 辣味

茶酒中必不可少的一个味道就是辣味,但是这种辣不同于白酒的辛辣,是一种带着温和的绵长的辣,出现这种辣味有2个原因:

(1)过高的醛类含量。

(2)使用了过量的杂醇油。

3. 涩味

没有涩味的茶酒不是好茶酒,但是这种涩味不应当让人觉得难以入口,而是一种涩不露头的感觉,出现这种涩味有3个原因:

(1)使用了过量的乳酸或乳酸乙酯。

(2)使用了过量的异丁醇、异戊醇,而异丁醇、异戊醇均带有苦涩味。

(3)配酒的水硬度较高。

4. 臭味

茶酒出现臭味有3个原因:

(1)使用过量的丁酸乙酯,会使茶酒具有汗臭味。

(2)使用过量的乳酸乙酯,会使茶酒具有青草臭。

(3)使用过量的丁酸、乙酸,会使茶酒具有脂肪臭。

5. 腥味

茶酒之所以会出现腥味,多半同水质有关,若是配酒的水为生长藻类的水,那么酿制的茶酒就极易产生腥味。此外,白酒之所以会出现腥味,同铁锈也具有一定的关联性。

6. 油味

茶酒出现油味的情况并不常见,出现这种情况有2个原因:

(1)灌装操作过程中误入机油。

(2)回收的瓶子清洁措施未到位。

7. 其他杂味

部分厂家在生产过程中选用的输酒管为劣质橡胶管,因此酿制出来的茶酒难免会带上橡胶臭味。

(四)茶发酵酒风味差

茶发酵酒风味的好坏与酵母的发酵密不可分。茶汁中所含的茶多酚有抑菌能力,对茶发酵酒酵母的生长有一定的影响,因此接种前酵母如果不进行驯化处理,酵母的生产繁殖会受到影响,从而影响发酵。酵母生长繁殖需要一定浓度的糖液,茶汁含糖量低,如果发酵液中不补充糖量,酵母就会处于饥饿状态,无法完成发酵,甚至会导致杂菌生长。另外,酵母发酵时的温度、发酵液的酸度等因素都会影响发酵,从而影响发酵酒的风味。

第四节　普洱茶粉的生产工艺

普洱茶粉,也称普洱速溶茶,是以云南大叶种茶树制成的成品茶,或以鲜叶为原料,通过提取、过滤、浓缩、干燥等工艺过程,生产加工成的一种小颗粒状的易溶入水而无茶渣,且有茶叶香味,冲饮方便,可制成便于携带的固体饮料。

一、普洱茶粉的生产概况

20世纪40年代,随着速溶咖啡的发展,美国首先进行了速溶红茶的试制。到20世纪50年代,速溶茶在美、英等国均已发展成为一种茶叶饮料新产品并在市场销售。50年代末至60年代初,速溶茶制造技术改进,并已形成一整套的茶粉加工工艺和加工设备,美、英等国在一些产茶国投资办厂,用成品茶来生产速溶茶粉。60年代末到70年代初,速溶茶粉的研究和生产发展较快,中国及日本、苏联等国开展了大规模研究,发表了许多速溶茶粉加工的专利和论文,并产生了能保存茶叶香气的先进技术和设备,速溶茶的制造技术得到了发展,开始由成品茶制造发展到用茶叶副产品和鲜叶直接生产茶粉。70年代以后茶粉生产加工技术发展更快,从单一的红茶速溶茶粉发展到绿茶速溶茶、乌龙茶速溶茶、去咖啡因速溶茶和各种保健型速溶饮料。在加工设备上采用了连续回流提取、香气回收、膜浓缩技术、振动流化床干燥等,在产品品质上添加环状糊精,以保存茶叶的香气和降低茶粉的吸湿作用。速溶茶粉这个新兴的再加工茶类,从20世纪40年代开始到现在,大约经历了80年的不断改进和提高,产品质量提高,加工成本降低,倍受广大消费者的欢迎。

目前我国生产的速溶茶粉产品有普洱茶速溶茶粉、红茶速溶茶粉、绿茶速溶茶粉、乌龙茶速溶茶粉、花茶速溶茶粉等。根据产品的速溶度可分为热溶型和冷溶型两种。这些产品在内质上,热溶型香味较浓,汤色红明,其中速溶绿茶香味浓而鲜爽,汤色黄绿明亮。除纯速溶茶外,还有调味速溶茶粉(柠檬速溶茶粉、果味速溶茶粉、果汁奶茶粉、混合冰茶粉)、添加天然草药的各种保健速溶茶粉、除去咖啡因的低咖啡因速溶茶粉等。这些新产品迎合了人们要求饮料有益健康和饮用方便的愿望,上市后发展很快,特别是保健茶和低咖啡因茶有增长趋势。

速溶茶粉由于有喷雾干燥产品和冷冻干燥产品之分,因此,外形亦有所不同,前者呈颗粒状或粉状,后者呈鳞片状。但不论哪种产品,其外形状况和容量,都直接反映产品的结构,是产品质量和包装要求的一个重要指标。一般最佳颗粒为直径200～500微米,外观优美,溶解性好,最适容重控制在6～17克/100毫升,而以13克/100毫升为最好;外形容重超过13克/100毫升,颗粒小于150微米则溶解性能下降;容重小于6克/100毫升,则结构松泡,易破碎粘聚。

速溶茶粉的品质与其所含的化学成分有关,这些成分含量的高低,因原料和加工方法而不同。目前我国生产的速溶茶粉,经分析,茶多酚及其氧化物含量一般在30%～40%,茶红素与茶黄素的比值差异很大,一般比值在1:40～80的范围内;咖非碱含量都在7%～10%之间,冷溶性速溶茶含量低,热溶性含量高,氨基酸含量一般在3%～12%之间,其中茶氨酸占氨基酸总量的44%～76%。对品质影响最大的有茶氨酸、谷氨酸、天门冬氨酸、苯丙氨酸等;糖类和水化果胶在速溶茶的滋味"厚度"和造型方面有作用,含量一般在4%～9%之间。以上这些成分是形成茶粉的物质基础,因此,在速溶茶粉的加工工艺各个环节中,都要防止这些对热敏感的有益成分的损失。

二、普洱茶粉的加工方法

普洱茶粉的加工,主要包括原料处理、提取、净化、浓缩、干燥、包装和贮藏等过程。其基本原理是将茶叶中提取的水可溶物进行转化和转溶,增进速溶茶粉的色、香、味,然后进行干燥,成为一种速溶的固体饮料。这种饮料对异味、温度、氧气、水分非常敏感,因此对包装条件的要求非常严格。

1. 原料处理

普洱速溶茶粉大部分是用普洱茶的成品茶和茶叶副产品为原料,也有用经处理后的干制品做原料的,但无论哪种原料,在加工前都必需进行原料的预处理:成品茶和干制品要轧碎,通过40～60目筛;也可用不同品质的原料拼配,能提高汤色的亮度、香味的浓度和鲜爽度。为了保持茶叶原有的香气,可在提取之前将茶叶先用液态二氧化碳进行气提,使茶叶香气物质溶入液态二氧化碳中,防止茶叶香气物质的氧化,然后将含有香精油的二氧化碳通入浓缩液中进行喷雾干燥,或者在受粉器中进行芳构作用,以提高速溶茶粉的香气。

2. 提取

普洱茶粉的提取是以符合饮用标准的沸水作为溶剂,抽取普洱茶叶中的水可溶物质。提取系统可以分为3种组分,即溶剂(水)、溶质(提取液)、惰性固体(茶叶),而溶质包括了固相和液相,因此,固相中的液质浓度与液相中的溶质浓度就存在一定的浓度差,可溶物由固体向液体扩散,固体浓度随时间而不断降低,是一种不稳定扩散的过程,其平衡关系甚为复杂。因此,根据这一提取理论,在操作上采用单一批次的单桶提取或多桶连续提取等方法,通常茶叶可溶物总量控制在30%左右,因为过量提取会使一些不可口的植物性提取物溶解出来,形成速溶茶的不良味道。

3. 过滤与转溶

普洱茶提取液中含有碎末茶和悬浮杂质,必须经过净化处理。主要方法是通过离心过滤或减压过滤。离心过滤通过布滤袋,除去颗粒大的杂质,而后再进行减压过滤。过滤后的提取液无沉淀物。但是在茶提取液中,还存在一种当提取液冷到5℃时就会产生的絮状沉淀,称为"乳络物",通常称之为"冷后浑",这种物质的多少是茶叶质量的标志。在热溶型速溶茶粉中不会产生沉淀,其茶汤明亮,滋味浓醇。而在冷管型速溶茶中,必须对"茶乳酪"进行转溶,才能成为冰茶和冷饮料的原料。转溶的方法主要有酶促障解和碱法转溶。

酶促降解,采用单宁酶切断儿茶酚与没食子酸的酯键,解离的没食子酸阴离子又能同茶黄素和茶红素竞争咖啡喊,形成分子量较小的水溶物,其阳离子在有氧的条件下与喊中和。

碱法转溶,是速溶茶生产中普遍使用的方法。基本原理是在茶提取液的沉淀物中,加入一定浓度的氢氧化钾或氢氧化钠溶液,使解离的羟基带有明显的极性,打开茶乳酪的氢键,与茶红素、茶褐素等竞争咖啡碱,改组为小分子可溶物。主要方法是根据茶提取液沉淀物中可溶物的浓度,加6%~7%的碱量,这时溶液的pH达9左右,搅拌增加氧气使茶乳酪溶解,然后加一定浓度的食用酸中和后,使经pH转溶液达到原提取液的pH水平,并经过滤除去杂质。经过这样转溶的提取液,制成的速溶茶粉,就称为冷溶型速溶茶粉。用冷水冲饮,茶汤清澈明亮,无沉淀物。冷冻离心沉淀,根据茶乳酪在冷冻条件下易聚沉的特性,温度越低析出量就越多的原理,采用冷冻离心法使胶体浑浊物分离,其处理方法简单,不经任何转溶处理。除去胶体浑浊物的提取液,茶味淡薄。离心沉淀后的茶乳酪沉淀物可加入热溶型速溶茶提取液中去,以增加速溶茶的浓度。

总之,以上3种处理方法,解决了冷溶速溶茶的澄清度问题,但损失了部分有效可溶物,因此,冷溶型速溶茶比热溶型速溶茶味淡,可溶物含量低。

4. 浓缩

经过净化处理的低浓度提取液(可溶物含量2%~4%),必须加以浓缩,才能进行干燥,否则将降低速溶茶的干燥效率,增加速溶茶的加工成本。因此,浓缩处理是速溶茶加工中重要的过程。速溶茶的浓缩方法,目前常用的有加热真空浓缩,另外还有冷冻浓缩和反渗透浓缩。这3种方法前者是生产上广泛使用的一种方法,成本低,效率高,缺点是对茶叶品质有影响。后两种方法对茶叶品质有利,但生产成本较高,随着科学技术的进展,这种先进的浓缩方法将会逐渐在速溶茶生产中应用。

加热真空浓缩,在浓缩器内保持一定的真空度 和温度,使水的沸点降低而快速蒸发。特点是真空度高,液体沸点低,受热时间短,浓缩时间大大缩短。据试验,在同等真空度条件下,不加温浓缩和加温浓缩相比,浓缩时间后者只有前者的1/7,茶浓缩液的质量也好。加热真空浓缩的技术条件,要求浓缩液达到20%～40%的浓度,真空度700～720毫米汞柱,浓缩温度视茶叶情况而定,茶叶老嫩不同,其耐热性也不同:一般上档原料不低于45℃,下档原料不低于50℃,茶叶副产品可达60℃。

冷冻浓缩,这种浓缩方法是利用水溶液在共晶点与低共熔点前,部分水分呈冰晶析出的原理,来提高提取液的浓度。如茶提取液浓度很低,当逐步冷却到0℃时,就有部分冰晶在提取液中析出,浮在液体的表面,余下的溶液浓度提高,再继续进行降温到新的冷结点,再次析出冰晶,如此反复进行。总的冰晶析出量增加,提取液的浓度不断提高。由此可知冷冻的温度越低,析出的冰晶越多,溶液的浓度也愈高。提取液的浓度要求,可由析出的冰晶数量(即去水量)来计算得出百分浓度也可用波美表来测定浓缩液的浓度。这种方法需要一定制冷量的冷冻设备。

反渗透浓缩,是一种膜分离技术,已在溶液的浓缩、物质的分离和精制等方面得到应用,效果很好。膜分离技术是利用膜的微孔分离亚微细粒的大分子团物质,以高压泵产生的压力,推动溶液强制通过膜的微孔,产生溶剂和溶质分离,水的分子能顺利通过膜孔,而物质的微粒不能通过。这样经多次循环浓缩,溶液就能达到一定的浓度。在此浓缩技术中,对膜的选择是非常重要的,各种膜均有使用的专一性,否则浓缩的效果不好。反渗透浓缩在整个浓缩工艺过程中,不加温,不蒸发汽化,因此物质的风味和香气成分不易散失,不存在相变过程,故能耗费用少。

5. 干燥

在速溶茶粉的生产中,目前国内外使用的主要干燥方法有喷雾干燥和真空冷冻干燥两种,其中使用最多的是喷雾干燥。喷雾干燥,是将浓缩液通过雾化器雾化成为极细的雾滴,与炽热的空气进行剧烈的热交换,干燥成为粉状或颗粒状、含水量低的速溶茶,通过旋风分离器,排出湿空气,使速溶茶沉降于集粉罐中。这种干燥方法的特点是干燥速度快。茶浓缩液被雾化成很小的微粒,增大了液体蒸发的表面积,如1立方厘米的液体,雾化的液滴直径为100微米,则其总的液滴的表面积为600平方厘米,这样大的表面积与高温热介质接触,进行迅速的热交换,一般只需几秒到几十秒就能干燥完毕,具有瞬间干燥的特点。虽然喷腔中空气温度较高,热空气进口温度达150～250℃,但液滴有大量水分蒸发,其干燥温度一般不超过热空气的湿球温度,适合热敏性物料的干燥,且制品有良好的分散性和溶解性,产品干后成为粒径不同的空气球,制品疏松,产品在密封的容器中干燥不会污染,生产过程简单,操作方便,适合连续化生产。其主要缺点是单位产品耗热量大,容积干燥纯度小,因此干燥设备体积大。在速溶茶的干燥中,喷腔的温度随喷腔的体积大小而不同,一般控制温度在150～250℃,排湿温度85～95℃。

真空冷冻干燥,是将浓缩液先结冻到冰点以下,使水变成固体冰,然后在低于水的三相点压力的真空条件下,将冰直接转化为汽而除去,而茶浓缩液被干燥。具体干燥方法是将茶浓缩液放入真空冷冻箱内,在极冷(-35℃)条件下结冻成冰块,然后在箱中造成真空状态,真空度保持余压0.6～0.1毫米汞柱,使茶浓缩液结冻的冰块中水分汽化蒸发,然后以每小时升温3℃的速度升到0℃,再以每小时升温5℃的速度升到25～30℃,保持1～2小时,使产品的含水量达到3%～4%,解除真空状态,取出速溶茶,在干燥的条件下粉碎、过筛后密封于容器中保存。真空冷冻干燥的缺点是需要一套真空和制冷设备,投资和操作费用大,成本高。

喷雾干燥和真空冷冻干燥的产品品质不同,前者外形呈球形颗粒状,内质香味较差;后者外形呈鳞片状,内质能保持原茶的香味。这两种干燥方法,每脱水1千克的成本,真空冷冻干燥是喷雾干燥的6倍。

6. 包装

普洱茶粉是一种亲水性物质,吸湿性很强,包装不好极易潮解,结块变质,茶叶香味俱减,汤色转暗,溶解性差,丧失商品价值。因此,茶粉的含水量应控制在3%～4%,过高过低都会影响速溶性。根据速溶茶粉的这一特性,包装车间要有调温、调湿设备,以控制包装过程中速溶茶的吸湿。一般要求空气状态参数为:温度20℃,相对湿度60%以下,用轻质玻璃瓶或聚乙烯复合袋包装,贮于低温干燥的仓库内。

第五节　普洱茶膏的生产工艺

普洱茶膏是精选极品普洱茶,经过浸取、过滤、浓缩、干燥、定型而成的。普洱茶膏生产工艺十分复杂,技术要求很高,出量极少。特别在清朝作为皇家独有、禁止流入民间的皇家特权物品,其独特的品质,神奇的保健功能,使得普洱茶膏更显神奇、珍贵和神秘。

一、普洱茶膏的历史起源

据史料记载,茶膏制作始于唐代。南唐闽宗通文二年(公元937年),就有茶膏入贡的记载:"贡建洲茶膏,胶似金缕。"到宋代已形成一定的规模和比较成熟的加工技术。但由于茶膏制作需要长时间熬制,要花费大量的人力物力,而且茶汤在熬制过程中,茶叶香气大量挥发,在长时间高温过程中,茶叶内含物也会发生氧化和水解,使茶膏的口感和原茶有很大不同,品饮价值降低,所以茶膏生产也慢慢被淘汰。

后来,云南土司借鉴唐宋茶膏生产工艺,自制普洱茶膏,用以提高自己的身份,普洱茶茶膏成为一种奢侈品。由于普洱茶具有越陈越香、越陈越纯、越陈保健功能越好的特点,因此普洱茶膏在长时间熬制的过程中,加快了茶的陈化和内含物的转化,使普洱茶膏一面世就具有与其他茶膏不同的品质和特点,具有其他茶膏无法比拟的品质优势。高贵、纯正、卫生、神奇,使普洱茶膏极受当时权贵们的青睐。

普洱茶膏随茶马古道传入西藏后,迅速被西藏上层人物接受并牢牢控制。

清朝统一中国后,清朝皇室对普洱茶情有独钟,普洱茶独特的口感和保健功能使其很快成为皇家宫廷饮料。而被西藏上流社会所掌控的普洱茶膏更是引起了清皇朝的关注,雍正七年(1729年)清政府在云南设立普洱府,统管普洱茶交易及普洱贡茶的生产和加工,不准私商贩茶。同年,雍正皇帝责成云南总督鄂尔泰亲自监督,选最好的茶菁制成普洱团茶、女儿茶及茶膏,进贡朝廷。自此,普洱茶膏开始了长达200年的贡茶历程,直到清朝垮台方止。

清乾隆年间,清王朝一是出于对普洱茶膏生产技术和对普洱茶膏产品的垄断控制,二是为了提高普洱茶膏的生产技术和品质,把普洱茶膏的生产迁入皇宫御茶房。从此普洱茶膏成为宫廷制品,禁止流入民间。皇帝每年拿出部分普洱茶膏赏赐有功大臣,能得到普洱茶膏的大臣也如获至宝,不会轻易饮用而是珍藏起来。因此,民间更是难得一见。

二、普洱茶膏的生产工艺

传统普洱茶膏生产工艺十分复杂,技术要求很高,这也是普洱茶膏十分珍贵的重要原因之一。据记载,传统的普洱茶膏生产需要186道工序,加工周期长达72天。根据其工艺分类大概可分为八大主要工序:

(1)选料:普洱茶膏生产用料的挑选十分精细和复杂。作为贡茶的普洱茶膏原料挑选,从山头、树种、树龄、时节、采摘的天气、时辰、芽叶标准等都有严格要求,采茶人员都是通过严格挑选和培训过的。

(2)初制:采摘的鲜叶经过杀青、揉捻,晒干后就是备用的普洱毛茶。这一系列初制工艺中的每道工序都有严格的技术要求。

(3)精选:初制后的毛茶要经过精选,挑出符合标准的芽叶,剔除不合格的芽叶。

(4)浸提:通过精选的干茶按茶水比的一定比例浸提。浸提的用水水源、水质水温、茶水比、浸提时间都有严格要求。

(5)过滤:浸提后茶汤需要严格过滤,如果过滤不干净,普洱茶膏溶解后就会出现浑汤,有杂质沉淀等现象而影响品质。

(6)浓缩:经过滤后的茶汤要通过反复熬制,不断蒸发水分,浓缩精华。

(7)干燥:茶汤浓缩到一定程度后进入干燥程序。干燥工序对温度要求十分严格,因为茶汤浓缩到一定程度后,茶汤已成膏状,温度高最容易造成茶膏糊化或焦化而影响茶膏品质。

(8)凝聚、定型、包装:干燥达到水分要求后,将茶膏倒入特制的模具内冷却、凝固、定型、包装。

为继承和发扬普洱茶膏这一中华民族的传统文化瑰宝,根据普洱茶膏生产的传统工艺,茶叶工作者利用生物萃取、离心过滤、真空干燥等现代科学技术成功生产出普洱茶膏,不仅在茶膏纯度、卫生指标等方面比传统技术有了革命性提高,而且提高了出膏率,降低了人力物力及能源的消耗。昔日皇家独有的神秘物,今天因此才能呈现在普洱茶爱好者的面前。

三、普洱茶膏的保健功能

普洱茶膏就是因为其独特的保健功能而更显神秘、神奇和珍贵。《本草纲目拾遗》记载:"普洱茶膏能治百病,如肚胀受寒,用茶膏汤发散,出汗即可愈;口破喉桑,受热疼痛,用茶膏五分,噙口过夜即愈;受暑擦破皮者,研敷立愈。""普洱茶膏黑如漆,醒酒第一,消食化痰,功力尤大也。"

　　过去西藏的一些僧侣,在给一些藏民治病时常用一种黑色膏药,就是普洱茶膏。对一些咽喉肿痛、口舌生疮、腹胀腹泻、皮肤破烂者,服之或涂抹后即愈。平民不知是普洱茶膏而以为是一种神药。

　　普洱茶膏浓缩了普洱茶的精华,其中的茶多酚、茶色素比普通茶高得多。现代科学研究证明,茶多酚主要由儿茶素等黄酮类物质组成。黄酮类分子结构中的多个(-OH)羟基可终止人体中自由基链式反应,清除超氧离子,对超氧离子与过氧化氢自由基的消除率在80%以上。茶多酚对细胞壁和细胞膜有保护作用,对脂质过氧化自由基消除作用十分明显。茶多酚还有抑菌杀菌作用,能有效降低大肠对胆固醇的吸收,防止动脉粥样硬化,也是艾滋病毒逆转酶的强抑制剂,其具有增强机体免疫能力、抗肿瘤、抗辐射、抗氧化和延缓衰老的作用。

四、普洱茶膏的品质特点

　　普洱茶膏的品质特点可以用"高贵、纯正、卫生、健康、方便"10个字来形容。

　　高贵:普洱茶膏浓缩了普洱茶的精华,去除了普洱茶的糟粕,故产出量极少,是珍品中的珍品。而且普洱茶膏历来就是宫廷制品,皇家专用,禁止流入民间。所以,普洱茶膏处处彰显着它的高贵。

　　纯正:普洱茶膏香气、口感都十分纯正,入口即化,满口生津,回味无穷,是其原茶存放15年以上才能到达的口感效果。

　　卫生、健康:现代普洱茶膏通过萃取,过滤了全部杂质,能全部溶入水。普洱茶膏提取了普洱茶全部有效物质,浓缩了普洱茶的全部精华,保健功能无与伦比。

　　方便:普洱茶膏量小、体小,便于运输、携带、储存。特别是其能够全部溶入水,冲泡、品饮十分方便。

思考题

1. 谈谈开发茶食品的优势与发展前景。
2. 影响茶酒品质的因素有哪些?
3. 简述普洱茶酒的发酵原理及影响茶酒发酵的因素。
4. 简述茶酒对人体的作用。
5. 简述茶酒的种类。

第十章 茶与素质教育

　　茶文化是中华传统优秀文化的组成部分,其内容十分丰富,涉及科技教育、文化艺术、医学保健、历史考古、经济贸易、餐饮旅游和新闻出版等学科与行业,包含茶叶专著、茶叶期刊、茶与诗词、茶与歌舞、茶与小说、茶与美术、茶与婚礼、茶与祭祖、茶与禅教、茶与楹联、茶与谚语、茶事掌故、茶与故事、饮茶习俗、茶艺表演、茶馆茶楼、冲泡技艺、茶食茶疗、茶事博览和茶事旅游等方面。

第一节 茶文化的功能

　　茶文化有广义和狭义之分。广义的茶文化应包括茶的自然科学和茶的人文科学两个方面,是指人类社会历史实践过程中所创造的与茶有关的物质财富和精神财富的总和。狭义的茶文化则是专指其"精神财富"部分,即在人类社会实践中产生的以茶为基源的、可以继承、延续、发展的物质与精神的优秀创造物。其着重于茶的人文科学,主要指茶对精神和社会的功能。茶文化是以茶为载体,并通过这个载体来传播各种文化,是茶与文化的有机融合,这包含和体现了一定时期的物质文明和精神文明。就广义的茶文化而言,具体包括4个层次:

　　(1)物态文化——人们从事茶叶生产的活动方式和产品的总和。即有关茶叶的栽培、制造、加工、保存、化学成分及疗效研究等等,也包括品茶时所使用的茶叶、水、茶具以及茶室等看得见摸得着的物品和建筑物。

　　(2)制度文化——人们在从事茶叶生产和消费过程中所形成的社会行为规范。如随着茶叶生产的发展,历代统治者不断加强其管理措施,称之为"茶政",包括纳贡、税收、专卖、内销、外贸等等。从唐代开始,对茶叶征收赋税:"税天下茶、漆、竹、木,十取其一。"(《旧唐书,食货志》)。太和九年(公元835年)开始实行榷茶制,即实行茶叶专卖制(《旧唐书,文宗本纪》),自宋至清,为了控制对西北少数民族的茶叶供应,设茶马司,实行茶马贸易,以达到"以茶治边"的目的。对汉族地区的茶叶贸易也严加限制,多方盘剥。

　　(3)行为文化——人们在茶叶生产和消费过程中的约定俗成的行为模式,通常是以茶礼、茶俗以及茶艺等形式表现出来。如"客来敬茶"就是我国的传统礼节;民间旧时行聘以茶为礼,称"茶礼",古时谚语曰"一女不吃两家茶",即女家受了"茶礼"便不再接受别家聘礼;还有以茶敬佛,以茶祭祀等。至于各地、各民族的饮茶习俗更是异彩纷呈,各种饮茶方法和茶艺形式也多姿多彩、各具特色。

(4)心态文化——人们在应用茶叶的过程中所孕育出来的价值观念、审美情趣、思维方式等主观因素。如人们在品饮茶汤时所追求的审美情趣,在茶艺操作过程中所追求的意境和韵味,以及由此发生的丰富联想;反映茶叶生产、茶区生活、饮茶情趣的文艺作品;将饮茶与人生处世哲学相结合,上升至哲理高度,形成所谓茶德、茶道等。这些是茶文化的最高层次,也是茶文化的核心部分。

当然,茶对于精神和社会的功能,都必须以茶为物质载体和文化载体来完成。因此,茶不像思想、观念、文学、艺术、法律、制度等全属于精神的范畴,也不像物质生产那样,完全以物质的形式出现。它是一种典型的"中介文化",是一种介于物质和精神之间的雅俗共赏的文化。中国俗话有云"柴米油盐酱醋茶"和"琴棋书画诗酒茶",茶如一位真正的智者,可以入世,也可以出世。

茶文化既然是一种"中介文化",就离不开自然属性。因此,在讨论茶文化的时候,必须从茶的自然发展着手,探讨其从物质到精神的过程,研究茶在被利用过程中所产生的文化和社会效应,故中国茶文化是一个跨时代大、涉及面广、内容丰富的大题目。

一、茶文化的基本特性

1. 物质性

茶文化首先是物质的文化,没有茶,就没有茶的物质功能,没有茶的生产等物质创造的全过程,没有丰富多彩的茶叶物质,也不可能有茶的物质文明,从而,也不具备产生茶叶精神文明的基础,更不可能形成茶文化大观。

2. 继承性

只有优秀的东西,才能在社会发展的长河中继承下来,发展起来,延续下去。在社会发展过程中,不科学、不健康的成分会被淘汰,历史会自行弃其糟粕,去伪存真,最后保留下来的是优秀的创造物。因此,茶文化是那些可以继承的优秀创造物。

3. 时代性

不同的时代具有不同的社会生产力,因而就具有不同水平的物质生产,从而具有不同的文化。所以茶文化在不同的时代就具有不同的形式和内容,它被深深地打上了时代的烙印。茶叶在我国西周时期是被作为祭品使用的,到了春秋时代茶鲜叶被人们作为菜食,而战国时期茶叶作为治病药品,西汉时期茶叶已成为主要商品之一了。从三国到南北朝300多年的时间,特别是南北朝时期,佛教盛行,佛家利用饮茶来解除坐禅瞌睡的问题,于是在寺院庙旁的山谷间普遍种茶。饮茶推广了佛教,而佛教又促进了茶灶的发展,这就是历史上有名的所谓"茶佛一味"的来源。到了唐代,茶叶才正式作为普及民间的大众饮料。宋朝流行斗茶、贡茶和赐茶。清朝,曲艺进入茶馆,茶叶对外贸易发展。于是茶文化伴随商品经济的出现和城市文化的形成而孕育诞生。物质文明和精神文明建设的发展,给茶文化注入了新的内涵和活力,在新时期,茶文化内涵及表现形式正在不断扩大、延伸、创新和发展。新时期的茶文化融进现代科学技术、现代新闻媒体和市场经济精髓,使茶文化的价值功能更加显著,对现代化社会的作用进一步增强。茶的价值使茶文化的核心意识进一步确立,使国际交往日益频繁。新时期茶文化的传播形式呈现大型化、现代化、社会化和国际化的趋势。其内涵迅速膨胀,影响不断扩大,为世人所瞩目。

4. 民族性

我国是一个多民族的国家,各民族酷爱饮茶,由于各民族所处的地理环境不同,历史文化有别,生活风俗各异,饮茶风俗也各有千秋,饮茶方法多种多样。但均能以通晓明白、生动活泼的形式,反映各族人民与茶的种种联系。并从一个侧面反映了各族人民对茶文化不同程度的接受和解释,以及茶文化在各个历史时期自身的发展和沿革。茶与民族文化生活相结合,形成各自民族特色的茶礼、茶艺、饮茶习俗及喜庆婚礼,以民族茶饮方式为基础,经艺术加工和锤炼而形成的各民族茶艺,更富有生活性和文化性,表现出饮茶的多样性和丰富多彩的生活情趣,也充分展示了茶文化的民族性。

5. 全球性

茶文化自从在中国母体诞生,就越过疆域国界,在国际社会实践中进行交流传播,为全人类共有、共享、共发展。茶叶自古以来就成为中日两国人民友谊的纽带。唐朝时,日本僧人最澄来我国浙江天台山国清寺研究佛学,回国时带回茶籽种植于日本贺滋县,并由此传播到日本的中部和南部。南宋时,日本荣西禅师两次来到中国,到过天台、四明、天童等地,宋孝宗赠他"千光法师"称号。荣西禅师不仅对佛学造诣颇深,对中国茶叶也很有研究,并写有《吃茶养生记》一书,被日本人民尊为茶祖。南宋时期,日本佛教高僧禅师来到浙江径山寺攻研佛学,回国时带去了径山寺的"茶道具""茶台子",并将径山寺的"茶宴"和"抹茶"制法传播到日本,启发和促进了日本茶道的兴起。

古老的中国传统茶文化同各国的历史、文化、经济及人文相结合,衍生出了英国茶文化、日本茶文化、韩国茶文化、俄罗斯茶文化及摩洛哥茶文化等各具民族特色的茶文化。在英国,饮茶成了生活的一部分,它是英国人表现绅士风格的一种礼仪,也是英国女王生活中必不可少的程序和重大社会活动中必需的议程。日本茶道源于中国,它具有浓郁的日本民族风情,并形成独特的茶道体系、流派和礼仪。韩国人认为茶文化是韩国民族文化的根,每年的5月24日为他们的全国茶日。可见,中国茶文化是各国茶文化的摇篮。茶人不分国界、种族和信仰,茶文化可以把全世界的茶人联合起来进行茶艺切磋、学术交流和经贸洽谈。

6. 多样性

由于自然地理环境不同,国家不同,民族不同,政治、经济、社会领域繁多,层次结构复杂,使茶文化在民俗、宗教、文学、茶艺、茶道等方面产生了极高的多样性,又由多样性构成了茶文化大观园。

二、茶文化的分类

茶叶之所以成为五彩缤纷的文化,源于本身具有的第一性的物质功能,由物质功能的激发,通过人的思维拓展,渗透到思想意识范畴,产生了第二性的精神功能,第一、第二两性功能在社会生活的方方面面起作用,形成了宏大而多样的茶文化范畴,因此,可以将茶文化分为物质领域与精神领域的两大类。

1. 物质领域的茶文化

茶的发现和利用,始于炎帝神农氏,至今已约5000年的历史。茶的最初利用极为简单,可能主要是生食鲜叶,后来发展为煮食、腌食、凉拌、烧烤或晒干后煮食,或者是自然干燥又带点自然发酵的茶叶,再后来发展到加工成可以携带传递的干品。由于科学技术的发展,演变为不发酵、半发酵、全发酵、后发酵、再加工、添加其他成分等等外形各异、内质不同的多种茶类和琳琅满目的名茶。但不管是什么茶,其原料都是茶树上的嫩叶,其差别的出现,主要由于工艺技术的不同而形成。因此,可以说是技术与科学给简单的茶叶着上了丰富的色彩,这也是茶文化丰富内涵形成的重要源泉。

生物化学的发展,分析技术的进步,把茶文化推向了全球。过去,人们只知道饮茶有好处,但说不出所以然。近代,由于生物化学的发展,带动了茶叶化学的发展,分析技术随之提高,检测出了各种营养元素和药理成分,揭示了茶叶的功能本质,解释了人们的疑惑,推进了茶饮的普及,保健、长寿的心理欲望又把茶饮推到了历史的高峰,使茶饮在规模上全球化,从而吸引了广泛的阶层和人群加入到茶文化中来。

2. 精神领域的茶文化

茶树四季常青,蓬勃久荣;茶园满山披绿,固土养水;茶花冰清玉洁,芬芳宜人;茶叶清雅淡泊,延年益寿。这些科学、美学、营养学、医药学的第一性功能,渗透到意识范畴,衍生为第二性功能的茶文化。由于茶叶高雅洁净,人们常以茶作为真纯、尊敬的表达物。亲朋好友,上下交往,馈赠茶叶,以示关系的亲密。客来敬茶,已成为中国的民间礼俗。

在多种民族中,茶叶被视为喜庆吉祥之物,用作订婚结婚的礼物,称之为"茶礼"。茶树是常绿树,以茶行聘,不仅象征着爱情的坚贞不移,而且意喻爱情的永世常青。从唐代茶作为礼物伴随子女出嫁,宋代的"吃茶"订婚,到今日傣族定亲茶,都反映了茶在婚俗中的重要作用。在古老的种茶民族哈尼族中,订婚、结婚、庆典、盖新房、开山种地、祭祖、祭诸神、见头人、会亲朋都要带上茶叶。他们称茶叶为"诺博","诺"就是祝愿、祈祷、敬奉的意思,"博"的原意为发蓬,引申为发达、繁荣、吉祥。"诺博"就是祝愿幸福,祈祷吉祥,敬祝繁荣。茶叶的名字有如此深刻的内涵,为其他民族所未见。他们把茶叶作为本民族的图腾,与民族的荣枯相连。基诺族也是早期种茶民族,茶的命名与哈尼族相同。

儒家推崇仁、义、礼、智、信,讲求自我修养,胸怀大志。在为人处世中,以礼相待。清茶一杯无过无不及,茶与琴、棋、书、画、诗、词、歌、赋形影不离。

佛家认为茶叶使人不眠不乏,修身养性,可以大彻大悟。中国佛教文化与中国茶文化在唐代同时盛行,二者神质相通,诵经参禅,唯茶是求,饮茶成为佛家的风尚礼制。以至有唐代从谂禅僧说话之前,都有"吃茶去"的机锋语脱口而出。茶佛相通,茶禅一体,许多名茶都出自寺院所在,出自僧家之手,茶饮的学问先从僧家开始做起。茶佛融合是第二性功能茶文化形成的重要标志,对中国乃至世界茶文化的发展产生了深刻的影响。

　　茶与文学、艺术相互融合,相互渗透,历代著名文人墨客,均留有茶的佳作。以茶作诗词、楹联,以茶题碑刻匾。以茶为歌,以茶为舞,以茶作戏,以茶唱曲,以茶为题的书法、画卷、雕刻,不仅在中国历史中留下了浩瀚的卷帙,洋洋大观,就连日、英、美、法等国的博物院,陈列着许多关于茶叶的文物。自从中国,也是世界上第一部《茶经》问世以来,迄今为止,据不完全统计,中国已有数百部茶叶专著问世,可谓琳琅满目。其中既有内容深奥的理论专著,又有通俗易懂的普及读物;既有严谨实用的科技书籍,又有引人入胜的文化读物;既有系统全面的大型著作,又有某一事项的专题论述,无论其字数多寡,无论其篇幅大小,每一部书无不闪烁着隽永的理想之光,构成了现代茶叶精神文化的一部分,并辉映着前行的茶叶之路。它们是精神茶文化十分重要的一个方面。

三、茶文化的社会功能

　　当文化的各个层次明确之后,就可以明白茶文化与一般的饮食文化有着很大的区别,即它除了满足人们的生理需要之外,更重要的是为了满足人们的心理需求。今天,当人们走进茶室,并不是单纯是为了解渴,也不仅仅是为了保健的需要,更多的是一种文化上的满足,是高品位的文化休闲,可以说是一种高档次的文化消费。是人们在品茗活动中一种高品位的精神追求。那么,茶文化到底具有哪些社会功能呢?前述的众多有关茶道、茶德的论述,已包括这方面内容,也就是说,那些茶德所要求做到的,就是茶文化的社会功能,就是茶文化对社会的贡献。茶文化的社会功能简化归纳为以下几个方面:

　　(1)以茶雅心:茶文化具有知识性、趣味性和娱乐性的特点。茶道中的"清、寂、廉、美、静、俭、洁、性"等,侧重个人的修身养性,通过茶艺活动来提高个人道德品质和文化修养。其中的品尝名茶、鉴赏茶具、观看茶艺表演,都给人一种美的享受,可以陶冶个人情操。提高人的道德品质和文化修养。此外,茶文化以德为中心,重视人的群体价值,倡导无私奉献,反对见利忘义和唯利是图。主张义重于利,注重协调人与人之间的相互关系,提倡对人尊敬,重视修生养德,因此,有利于人的心态平衡,解决现代人的精神困惑,提高人的文化素质。

　　(2)以茶敬客:茶文化是应付人生挑战的益友,可以协调人际关系。茶道中的"和、敬、融、理、伦"等,侧重于人际关系的调整,要求和诚处世,敬人爱民,化解矛盾,增进团结,有利于社会秩序的稳定。在激烈的社会竞争和市场竞争下,紧张的工作、应酬,复杂的人际关系,以及各类依附在人们身上的压力都不轻,参与茶文化,可以使精神和身心放松一番,以应付人生的挑战,通过以茶敬客,有利于人们之间和诚处世、敬人爱民、化解矛盾、增进团结,有利于社会的安定团结。

　　(3)以茶行道:在当今的现实生活中,商品大潮汹涌,物欲膨胀,生活节奏加快,竞争激烈,人心浮躁,心理易于失衡,人际关系趋于紧张,而茶文化是雅静、健康的文化,它能使人们绷紧的心灵之弦得以松弛,倾斜的心理状态得以平衡。以"和"为核心的茶道精神,提倡和诚处世,以礼待人,对人多奉献一点爱心、一份理解,建立和睦相处、相互尊重、互相关心的新型人际关系。经济上去了,但文化不能落后,社会风气不能污浊,道德不能沦丧和丑恶。改革开放后茶文化的传播表明,茶文化在改变社会不正当消费活动、创建精神文明、促进社会进步等方面具有的积极作用,因此,茶文化有利于社会风气的净化。

(4)以茶促贸:通过各种茶文化活动,可以促进我国的对外开放和国际文化交流,促进对外经济贸易的发展,促进开放,推进国际文化交流。国际茶文化的频繁交流,使茶文化跨越国界,广交天下,成为人类文明的共同精神财富。

四、茶文化的育人功能

中国茶文化博大精深,源远流长。茶的功能涉及身体与心灵、人生与社会的各个层面,它不但可以促进身体健康,而且可以修身养性,陶冶人的思想情操,引导人们养成良好的行为习惯。同时,也可以增长知识,提高审美情趣,促进校园的精神文明建设。其育人功能具体表现在:

1. 培育学生的品性修养

"君子爱茶,因为茶性无邪"。儒家极其看重人格思想,注重提高个人品德修养,追求一种崇高的精神境界,努力探索人生的意义。儒家推崇仁、义、礼、智、信,讲求自我修养,胸怀大志。在为人处事中,以礼相待。

在茶道中,宋代著名诗人欧阳修《双井茶》诗中的"岂知君子有常德,至宝不随时变易,君不见建溪龙凤团,不改旧时香味色"已成了茶人传颂的名句。可见欧阳修是精通儒学的,也对茶道颇有研究,他借茶喻德,借茶性之洁,歌颂人的高尚情操。唐代儒家诗人韦应物对茶热爱无比,写下了不少赞美茶的诗篇。《喜园中茶生》有名句"洁性不可污,为饮涤尘烦,此物信灵味,本自出山原"。他把茶视为"灵物",将茶的洁净比作人品之高洁,信仰茶为一种高雅的象征。唐《茶述》称:"茶……其性精清,其味浩洁,其用涤烦,其功致和。"

唐代刘贞亮喜欢饮茶,并提倡饮茶修身养性,他将饮茶的好处概括为"十德",他不仅把茶作为养生之术,而且,还作为修身之道。最值得谈的是陆羽的《茶经·一之源》中开宗明义地指出的茶人必须是"精行俭德之人",强调品茶是进行自我修养、陶冶情操的方法。而"精行俭德"正是陆羽所提倡的茶道精神,反映出他作为一个儒者淡泊明志,宁静致远的心态。

中国著名茶学家、浙江农业大学的庄晚芳教授,生前曾多次发表文章,倡导"廉、美、和、敬"的"中国茶德"。他说:"中国茶德,四字守则,四句诠释为:廉俭育德,美真康乐,和诚处世,敬爱为人。"清茶一杯,推行清廉,勤俭育德,以茶敬客,以茶代酒,减少"洋饮",节约外汇。清茶一杯,共品美味,共赏清香,共叙友情,康乐长寿。清茶一杯,德重茶礼,和诚相处,做好人际关系。清茶一杯,敬人爱民,助人为乐。庄晚芳先生倡导的四字茶德,有它的内在联系。廉是前提,以茶敬客,以茶代酒,是转变风气的需要;美是内容,从品味中得到精神上和物质上的美好享受,是品茶的真谛;和是目的,以茶为媒介,联络感情,调整关系,和衷共济,和睦相处;敬是条件,敬重对方,实际也是敬重自己。敬重对方,不仅要有好的态度,而且要有好的处事方法。

由此可见,茶文化是以德为中心,并体现出文明行为的道德规范。弘扬校园茶文化,可以引导学生树立正确的人生观、世界观和价值观。通过茶清新雅淡的品性,可潜移默化地教育学生树立勤俭节约、不计名利得失的优良品质。一盏清茶苦尽甘来的茶性又能启迪人们先苦后甜,"先天下之忧而忧,后天下之乐而乐"的思想品德。饮茶的意境又能孕育出良好的心态,净化和滋润人的生命。因此,茶文化具有陶冶人、引导人的功能。

2. 激发学生的爱国热情

茶源于中国。目前,世界上种茶、产茶国家近60个,饮茶之风遍及全球。追本溯源,其最初的种质资源、栽培方法、加工方式、品饮习俗等都是直接或间接地由中国传播出去的,故人们把中国称为"茶的故乡"。英国的中国科技史专家李约瑟长期从事中国科技史研究,他把茶称为继火药、造纸、指南针、印刷术四大发明之后中国对人类作出的第五大贡献。几千年来,随着饮茶风俗不断深入中国人民的生活,茶文化也在我国悠久的民族文化长河中日益丰厚和发展起来,并成为中华民族五千年文化中的一颗璀璨明珠。可以说,我国的茶区之广,茶类之多,饮茶之盛,茶艺之精,茶文化内涵之丰富,久负盛名。茶,不仅浸润着中华民族的人生理想,也成为连接世界各族人民友谊的绿色纽带。茶文化又是中华民族传统文化的缩影,通过茶文化的宣传,让学生了解茶的历史、茶的贡献,可激发学生的爱国热情,培育他们的民族自尊心、自信心和自豪感。

3. 提高学生文化素养

"茶文化"具有涉及内容多样化和对学生教育全面性的特点。中华茶文化延绵数千年,中国堪称喝茶历史最久远、饮茶人口最广泛、饮茶方式又最为多样的国家。自茶被人类发现利用开始,茶就以其优良的品质体现出与人类自然亲和的关系。古老而厚重的"茶文化"蕴含着高度的艺术与文化价值,它使人性和情操得到陶冶,使人豁然旷达,自得其乐。茶文化之所以能成为华夏文明的一个组成部分,是因为茶文化与中国传统文化的精神实质相谐相和。茶文化可以说是中国传统文化佛、儒、道、老、庄、墨诸家优秀思想的集结。它涉及社会的方方面面,包容了文、史、哲、艺术、美学等多学科的内容,具有综合性、知识性和全面性的特点。今天,当我们端起茶盏时,会觉得不仅是在喝一杯茶,而是在品饮历史、品饮礼仪、品饮各民族丰富多彩的习俗,又仿佛是用茶去洗涤灵魂,陶冶情操,获取精神上的愉悦。开展不同形式的"茶文化"活动,可对学生起着全方位的教育作用。既能给予学生物质的享受,知识的拓宽,同时又能使学生得到心灵的净化、精神的愉悦和熏陶。如内容丰富、各具特色的茶礼、茶道都容纳了礼仪道德,科学艺术的内容,学习欣赏的过程,便可提高学生欣赏美、创造美的能力。而以茶为内容所产生的各种茶诗、茶画、茶曲、楹联都能拓宽学生的知识视野,增加他们的人文知识。

总之,对高校学生而言,通过茶文化学的宣传,不仅可拓展学生的知识面,增加其对五千年茶文化丰富内涵的理解,培养相应的文化素质,而且可提高大学生的文化辐射力,促进校园的精神文明建设及校园文化氛围的多姿多彩。同时,通过茶文化的传播,可倡导一种对人生、对困难的独特理解和态度,包容着浓郁的和谐精华,培养祥和自然的人生态度,从而能坦然地面对大千世界,做到宠辱不惊,泰然处之。

第二节 中国茶德与茶人精神

弘扬茶文化,提倡"国饮",不仅有益于民族身体素质的提高,也有利于民族精神素质的健全发展。中国古代传统的茶礼,其主要内容是俭、清、和、静。这四个字既是文化礼俗,又是对人文素质的要求。俭,就是节俭朴素;清,就是清正廉洁;和,就是和睦处世;敬,就是敬爱为人。它表达的社会内容和伦理道德,是中华民族的传统美德,我们不仅要继承发扬"中国茶德"这一民族传统美德,而且还应倡导与时代精神相结合的茶德精神。

一、中国茶德

廉:勤俭育德。勤俭朴素是中国劳动人民的传统美德。清饮一杯,推行清廉,勤俭育德,以茶敬客,以茶代酒。茶德的主要精神是勤俭朴素奉献的精神。

美:美其康乐。饮茶以品为主,这不仅要求茶叶形状美,沏茶用具美,水美,境美,而且要求美中不能作假。同时要求饮茶人行为美、语言美,并以此为茶德精神的主要内容,使在饮茶的同时增添些情趣,从而达到心旷神怡,健身益寿的效果。

和:和诚处世。饮茶也是人际间往来的桥梁,以茶会友,客来敬茶,人与人之间要和睦相处,和衷共济,增进人情。朋友相见手捧一杯茶,共叙友谊,无不感到亲切温馨。除了外表之外,内心要诚,才能把和与诚结合在一起。

敬:敬爱为人。指以茶敬客而言,是一种尊敬的礼仪。宾客有来自东西南北的男女老少,因此,在应用茶艺待人时不能一成不变,要尽量适应和满足客人的要求。"敬"字在茶道和茶礼上均作为主要宗旨,要敬人爱民,敬老爱幼。

二、茶人精神

茶是常绿植物,茶入口苦涩而味回甘,给人们带来无穷的思考。茶体现了一种纯洁无私的奉献精神,多少年来,人们以茶为楷模,茶人精神也由此产生。

茶人精神可归纳为精行俭德,即廉俭、纯洁、自强、奉献。这种精神正是当代所提倡的,以茶人精神来要求自己,默默地无私奉献。只要坚持发扬茶人精神,就会像茶一样先苦后甜,这也是做人的哲理。所以说做一个真正的"茶人"是值得称赞的。只要严于律己,做一个真正的"茶人",是能够实现的。发扬茶人精神,就要发扬团结奉献的精神,如茶一样,为人类作贡献。

第三节 茶 礼 仪

茶艺是茶文化的精粹和典型的物化形式。作为茶艺师,应该具有较高的文化修养,得体的行为举止,熟悉和掌握茶文化知识以及泡茶技能,做到以神、情、技动人。也就是说,无论在外形、举止乃至气质上,都有更高的要求。

一、礼仪

1. 礼仪美

礼仪最基本的三大要素:语言、行为表情、服饰。

(1)茶艺的主人应适当修饰仪表,一般女性可以淡妆,表示对客人的尊重,以恬静素雅为基调,切忌浓妆艳抹,有失分寸。

(2)优美的手型,不戴手饰,手指干净,指甲无污物,洗手液不能有味道,不涂指甲,需要特别注意的是手上不能残存化妆品的气味,以免影响茶叶的香气。

①女士:纤小结实。

②男士:浑厚有力。

2. 体态美

当人处于行茶过程中时,即使不说话不行动,其体态都流露出了礼仪的表达。应该说,体态美是一种极富魅力和感染力的美,它能使人在动静之中展现出人的气质、修养、品格和内在的美,传达着茶事活动对美的诠释。

(1)站立。在行茶过程中,男士要求"站如松",刚毅洒脱;女士则应秀雅优美,亭亭玉立。

标准的站姿可以从以下几个方面来练习:

①身体重心自然垂直,从头至脚有一直线的感觉,取重心于两脚之间,不向左、右方向偏移。

②头正,双目平视,嘴角微闭,下颌微收,面容平和自然。

③双肩放松,稍向下沉,人有向上的感觉。

④躯干挺直,挺胸,收腹,立腰。

⑤女士双臂自然下垂在体前交叉,右手虎口架在左手虎口上;男士双臂自然下垂于身体两侧,两手自然放松。

⑥双腿立直、并拢,脚跟相靠。两脚尖张开约60°,身体重心落于两脚正中。

(2)端坐。在行茶过程中,应该让人觉得安详、舒适、端正、舒展大方。人坐时要轻、稳、缓,若是裙装,应用手将裙子稍稍拢一下,不要待坐下后再拉拽衣裙,会造成不优雅的感觉。正式场合一般从椅子的左边入座,离座时也要从椅子左边离开,这也是一种礼仪上的要求。

行茶过程中的标准坐姿则可以从以下几个方面来练习:

①坐在椅子上,要立腰,挺胸,上体自然挺直。

②与站姿一样神态从容自如,嘴唇微闭,下颌微收,面容平和自然。

③双肩平正放松,女士右手虎口在上交握双手置放胸前或面前桌沿,男士双手分开如肩宽,半握拳轻搭于前方桌沿。

④作为来宾,女士可正坐,或双腿并拢侧向一边侧坐,脚踝可以交叉,双手交握搭于

腿根,男士可双手搭于扶手。

⑤双膝自然并拢,双腿正放或侧放,双脚并拢或交叠或成小"V"字形。男士两膝间可分开一拳左右的距离,脚态可取小八字步或稍分开以显自然洒脱之美。

⑥坐在椅子上,应至少坐满椅子的2/3,宽座沙发则至少坐1/2。

⑦谈话时应根据交谈者方位,将上体双膝侧转向交谈者,上身仍保持挺直,不要出现自卑、恭维、讨好的姿态。

讲究礼仪要尊重别人但不能失去自尊。行茶过程中的坐姿还有一种席地盘腿坐,一般只限于男性,要求双腿向内屈伸相盘,挺腰放松双肩,头正下颌微敛,双手分搭于两膝。

(3)跪。由于茶事活动的特殊性,还不得不说说跪。中国人习惯于跪,以表达最高的礼节。古时人们要坐,多半是席地而坐。坐时两膝着地,脚面朝下,身子的重心落在脚后跟上,这种坐姿与现在的跪一样。如果上身挺直,这种坐姿叫长跪。跪和长跪都是古人常用的一种坐姿,与通常所说的跪地求饶的"跪",姿势虽然相似,含义却不相同,完全没有卑贱、屈辱的意思。而茶事活动中的"跪",正是沿用了古人的礼仪。一般的跪姿都是双膝着地并拢与头同在一线,上身(腰以上)直立,臀置于足踵之上,袖手或手臂自然垂放于身体两膝上,抬头、肩平、腰背挺直,目视前方。而男士可以与女士略有不同,将双膝分开,与肩同宽。

3. 发型

要求发型原则上要根据自己的脸型,适合自己的气质,给人一种很舒适、整洁、大方的感觉,不论长短,都要按泡茶时的要求进行梳理。头发不要挡住视线(操作时),长发挽起,不染发。

4. 服饰

新鲜,淡雅,中式为宜,袖口不宜过宽,服装和茶艺表演内容相配套。

5. 表情

在茶事活动中应保持恬淡、宁静、端庄的表情。一个人的眼睛、眉毛、嘴巴和面部表情肌肉的变化,能体现出一个人的内心,对人的语言起着解释、澄清、纠正和强化的作用,对茶主人的要求是表情自然、典雅、庄重,眼睑与眉毛要保持自然的舒展。

(1)目光。目光是人的一种无声语言,往往可以表达有声语言难以表达的意义和情感,甚至能表达最细微的表情差异。

茶事活动中的良好形象,目光是坦然、亲切、和蔼、有神的。特别是在与客人交谈时,目光应该是注视对方,这既是一种礼貌,又能帮助维持一种良好的联系,使谈话在频频的目光接触中持续不断。比较好的做法是用眼睛看着对方的三角部位,这个三角是以两眼为上线,嘴为下顶角,也就是双眼和嘴之间。当然要注意不可将视线长时间固定在对方的眼睛或是其他注视的位置上,应适当地将视线从固定的位置上移动片刻,这样能使茶事活动中的各方心理放松,感觉平等、舒适,从而更加享受茶事活动的美好。

如果是在茶事活动中进行表演,则应神光内敛,眼观鼻,鼻观心,或目视虚空、目光笼罩全场,切忌表情紧张、左顾右盼、眼神不定。

(2)微笑。微笑与茶一样,带着亲和力而来。微笑可以说是社交场合中最富吸引力、最令人愉悦也最有价值的面部表情,它可以与语言和动作相互配合,起互补作用。微笑不但能够传递茶事活动中友善、诚信、谦恭、和谐、融洽等最美好的感情因素,而且反映出茶主人的自信、涵养与和睦的人际关系及健康的心理。微笑的美在于文雅、适度、亲切自然、符合礼仪规范。微笑要诚恳和发自内心,做到"诚于中而形于外",切不可假意奉承。只有用善良、包容的心对待他人,才能够展现出表里如一的微笑。

6. 语言美

"话有三说,巧说为妙"。

美学家朱光潜:"话说得好就会如实地达意,使听者感到舒适,发生美的感受,这样的话就成了艺术。"

在茶事活动展示的过程中,茶主人还需要通过语言来进一步说明与表现自己的作品,并与客人进行良好的沟通与交流。语言作为一门艺术,也是个人礼仪的一个重要组成部分。

首先,语言的生动效果常常是依赖语言的变化而实现的,语音变化主要是声调、语调、语速和音量,如果这些要素的变化控制得好,会使语言增添光彩,产生迷人的魅力。在茶事活动中发言,声音大小要适宜,对音量的控制要视茶事活动所在环境以及听众人数的多少而定。同时,根据不同的场景应当使用不同的语速。而速度平和适中则可以给人留下稳健的印象,也比较符合茶事活动作品的气质。根据内容表达的需要,还应恰当地把握自己的语调,形成有起有伏、抑扬顿挫的效果,做到语言清晰明白,不要随便省略主语,切忌词不达意。注意文言词和方言词的使用和说话的顺序。

其次,进行茶艺活动时,通常主客一见面,冲泡者就应落落大方又不失礼貌地自报家门,最常用的语言有:"大家好!我叫某某,很高兴能为大家泡茶!有什么需要我服务的,请大家尽管吩咐。"冲泡开始前,应简要地介绍一下所冲泡的茶叶名称,以及这种茶的文化背景、产地、品质特征、冲泡要点等。但介绍内容不能过多,语句要精炼,用词要正确,否则会冲淡气氛。在冲泡过程中,对每道程序、用一两句话加以说明,特别是对一些带有寓意的操作程序更应及时指明,起到画龙点睛的作用。当冲泡完毕,客人还需要继续品茶而冲泡者得离席时,不妨说:"我准备随时为大家服务,现在我可以离开吗?"这种征询式的语言,显示对客人的尊重。

总之,在茶艺过程中,冲泡者须做到语言简练、语意正确、语调亲切,使饮者真正感受到饮茶也是一种高雅的享受。

7. 心灵美

孟子认为善心包括:仁、义、礼、智,即"恻隐之心、善恶之心、辞让之心、是非之心、爱国之心。"

儒家对"仁"的理解有3个层次:人爱—爱人—爱己(最高境界)。"爱己"是对自己人格的自信、自尊、自爱,不是自私。茶人从爱己之心出发,表现出"爱人"之行,才是最感人的心灵美,这方面日本茶人做得很好(一切为客人着想)。

二、茶人礼仪

1. 基本要求

茶艺表演时要注意两件事:一是将各项动作组合的韵律感表现出来;二是将泡茶的动作融进与客人的交流中。

茶艺师在茶事活动中要做到"三轻":说话轻、操作轻、走路轻。

(1)礼。在服务过程中,要注意礼貌、礼仪、礼节,以礼待人,以礼待茶,以礼待器,以礼待己。

(2)雅。茶乃大雅之物,尤其在茶艺馆这样的氛围中,服务人员的语言、动作、表情、姿势、手势等要符合雅的要求,努力做到言谈文雅,举止优雅,尽可能地与茶叶、茶艺、茶艺馆的环境相协调,给顾客一种高雅的享受。

(3)柔。茶艺师在进行茶事活动时,动作要柔和,讲话时语调要轻柔、温柔、温和,展现出一种柔和之美。

(4)美。主要体现在茶美、器美、境美、人美等方面。茶美,要求茶叶的品质要好,货真价实,并且要通过高超的茶艺把茶叶的各种美感表现出来。器美,要求茶具的选择要与冲泡的茶叶、客人的心理、品茗环境相适应。境美,要求茶室的布置、装饰要协调、清新、干净、整洁,台面茶具应干净、整洁且无破损等。茶、器、境的美,还要通过人美来带动和升华。人美体现在服装、言谈举止、礼仪礼节、品行、职业道德、服务技能和技巧等方面。

(5)静。主要体现在境静、器静、心静等方面。茶艺馆的音乐要柔和,交谈声音不能太大,做到动中有静、静中有动、高低起伏、错落有致。心静,就是神定气闲,茶艺员的心态在泡茶时能够表现出来,并传递给顾客,表现不好,就会影响服务质量,引起客人的不满。因此,管理人员要注意观察茶艺师的情绪,及时调整他们的心态,对情绪确实不好且短时间内难以调整的茶艺师,最好不要让其为顾客服务,以免影响茶艺馆的形象和声誉。

2. 茶艺师的人格魅力

一位推销大师说得好:推销自己比推销商品更重要。茶艺师吸引贵客靠的是自己的人格魅力,那么,怎样做足自己,实现个性化服务呢?

(1)微笑。茶艺师的脸上永远只能有一种表情,那就是微笑。有魅力的微笑,发自内心的得体的微笑,这样的微笑才会光彩照人。

(2)语言。茶艺师用语应该是轻声细语。但对不同的客人,茶艺员应主动调整语言表达的速度,对善于言谈的客人,你可以加快语速,或随声附和,或点头示意;对不喜欢言语的客人,你可以放慢语速,增加一些微笑和身体语言,如手势、点头等。总之,与客人协调一致,你才会受到欢迎。

(3)交流。茶艺师讲茶艺不要讲得太满,从头到尾都是自己在说,这会使气氛紧张。应该给客人留出空间,引导客人参与进来,除了让客人品茶外,还要让客人开口说话。引出客人话题的方法有很多,如赞美客人,评价客人的服饰、气色、优点等,这样可以迅速缩短你和客人之间的距离。

(4)功夫。这是茶艺师的专业。知茶懂茶,知识面广,表演得体等,这是优秀茶艺师的先决条件。

接待中要注意不同地域宾客的服务,不同民族宾客的服务,不同宗教宾客的服务。

3. 茶事活动礼节

(1)鞠躬礼。鞠躬是中国的传统礼仪,即弯腰行礼。一般用在茶艺表演者迎宾、送客或开始表演时。鞠躬礼有全礼与半礼之分。行全礼应两手在身体两侧自然下垂,立正后弯腰90°鞠躬;行半礼弯腰45°即可。除此之外,鞠躬的场合还包括大会发言前后,向老师、长辈问早、问好等。

(2)伸手礼。伸手礼是在茶事活动中常用的特殊礼节。行伸手礼时五指自然并拢,手心向上,左手或右手从胸前自然向左或向右前伸。伸手礼主要在向客人敬茶时所用,送上茶之后,同时讲"请您品茶"。

(3)注目礼和点头礼。注目礼即眼睛庄重而专注地看着对方。点头礼即点头致意。这两个礼节可在向客人敬茶或送上某物品时同时使用。

(4)寓言礼。

①叩手礼。

②凤凰三点头。

③双手逆时针内旋。

④壶嘴不对客人。

⑤不同民族的忌讳。

蒙古族敬茶,客人应鞠身双手接,不可单手。土家族忌用裂缝或缺口茶碗。藏族人忌把茶具倒扣(死人用过的碗才是)。西北人忌高斟茶、起泡沫。广东人要客人揭开茶杯才能掺水。香港人、广东人习惯说"愉快",不说"快乐"。海外华人长者忌再三请其饮茶,因古人有再三请茶提醒客人离去之说。

(5)茶桌上的其他礼节。

①敬茶要礼貌,一定要洗净茶具,切忌用手抓茶,茶杯无论有无柄,端茶一定要在下面加托盘。

②敬茶时温文尔雅、笑容可掬、和蔼可亲,双手托盘,至客人面前,躬腰低声说"请用茶",客人应起立说声"谢谢",并用双手接过茶托。

③斟茶时只能斟到七分满;为客人斟茶一定要顺时针方向。

④陪伴客人饮茶时,在客人已喝去半杯时即添加开水,使茶汤浓度、温度前后大略一致。

三、茶艺馆岗位责任

茶艺馆的经营管理概括起来主要包括:人员岗位职责的确定、日常事务管理、营销管理、现场管理、人事管理、服务管理、品牌管理等。

1. 岗位职责

(1)经理的岗位职责:经理是茶艺馆经营管理的主要实施者,是现场管理的中心。经理不仅要具有经营管理的能力,而且还要具有丰富的茶艺和茶文化知识,通晓茶艺馆服务的全部过程和各种细节,要善于培训、指挥和调动员工,能应对各种类型的顾客,具有促进销售的能力。

①营业前。

•服务现场的检查,包括灯光、室内温度、装饰、商品陈列、家具摆放、卫生状况、台面物品是否齐备等。

•检查出勤人数。

•检查服务人员的仪容仪表。

•召开班前会,总结前一天的工作,提出新的要求,传达领导的指示。

•掌握员工的情绪。

②营业中。

•检查服务人员的服务态度和劳动纪律。

•了解茶艺馆内的气氛并及时调节。

•处理顾客投诉。

•处理突发事件。

•随时了解客人上座情况、订台情况。

•接待重要的或特殊的客人。

•处理客人的一些特殊问题,如优惠、购物等。

•了解顾客的意见和建议。

•督导服务。

③营业后。

•进行安全检查,如电器是否已经关好、是否有未熄烟头等。

•召开班后会。总结当天工作。

•填写营业日志。

•填写交班日志。

•检查有关物品,如家具、电器、茶具等的完好程度,茶叶、茶具、茶点等商品的存量,是否需要领购等。

•离开茶艺馆前全面巡视检查1次。

④其他职责。

•组织员工培训,提高员工的茶艺、茶文化知识水平和服务技能。

•主持茶艺馆例会。

•适时推出促销活动。

•茶艺馆的对外宣传活动。

•员工招聘、面试。

•抓好员工队伍建设。熟悉和掌握员工的思想状况、工作表现和业务水平,引导员工树立正确的人生观和道德观。

•检查各项管理制度的落实情况。

•建立、健全和不断完善管理制度。

•对员工的考核和奖惩。

•对员工进行安全、卫生、消防、法制教育。

•控制经营成本。控制茶叶、茶具等商品的质量。

•了解茶叶、茶具市场的行情,不断开辟新的货源渠道。

•了解其他茶艺馆的经营管理状况,提出必要的对策;保持重要客户的联系,促进新客户的开发。

(2)领班的岗位职责。(略)

(3)迎宾员的岗位职责。(略)

(4)茶艺员的岗位职责。

①熟悉服务流程,严格按服务程序和标准为顾客服务。

②保持服务区域的整齐与清洁。

③负责台面的摆设,确定所需物品的齐备和完好无损。

④对客人的适当推销。

⑤处理客人提出的问题,必要时请示领班。

⑥遵守茶艺人员的职业准则和职业道德。

⑦遵守茶艺馆制定的各项规章制度。

(5)吧员的岗位职责。(略)

2. 日常事务管理

从茶艺馆的角度讲,日常管理的内容主要包括:物品管理、商品管理、采购管理、仓库管理、单据管理、发票管理、吧台管理、财务管理、会议管理、电话管理、对外联络等。

现场管理是茶馆管理的核心,而这个核心的"核心"就是人。现场管理主要围绕3个方面进行,即人的管理、物的管理、环境管理。

服务现场是指参与服务的各要素和谐而有机的结合。服务现场主要包括4个要素:

(1)服务者为顾客提供服务,是现场管理的中心。

(2)服务活动是顾客消费的主要内容,服务活动的质量影响到顾客对服务的认识和评价。

(3)场所提供的服务空间。

(4)设施、材料、用具是服务所必需的物质条件。这4个要素有机结合,使服务现场成为具有生机和活力的统一体。

①服务人员的管理。

•仪容仪表的管理要求。

•言谈举止的管理要求:站立、坐姿、行走;看、听、交谈。

•礼仪礼节的要求:对顾客要热情服务、耐心周到、百挑不厌、百问不烦。

•服务。按茶艺服务的动作标准、程序、规定进行。

a. 与客人交谈时要掌握技巧,注意分寸,不得打听客人的隐私。

b. 全面了解茶艺馆的情况,不得对客人的问题一问三不知。

c. 收放物品时要小心,轻拿轻放,不能声音过大。

d. 不能不理会其他服务员招待的客人的招呼。

e. 不得当着客人的面打扫卫生。

f. 严禁向客人索取小费,客人付小费时要婉言谢绝。

g. 不得使用破损、有缺口、污渍的茶具。

h. 不准与顾客争吵。

i. 不准坐着接待顾客,对待顾客要礼貌、热情、主动。

j. 不得随地吐痰、乱扔杂物,要保持工作区域的清洁。

k. 不得表现出对客人的冷淡、不耐烦及轻视,对所有客人要一视同仁。

l. 保持良好的站立姿势,不可靠墙或服务台,不可袖手或倒背双手。

m. 不能因点货、收拾台面、结账等原因不理睬顾客。

n. 不得当面或背后议论客人,不得对客人评头论足。

o. 递送物品要用双手,轻拿轻放,不急不躁。

p. 不能与客人发生争执、争吵。

q. 不能带情绪上岗,不能带着不悦的情绪接待顾客。

r. 对特殊客人要了解其禁忌,避免引起客人的不快或发生冲突。

s. 尊重客人的习惯,不得议论、模仿、嘲笑客人。

t. 保持愉快的情绪,微笑服务,态度和蔼、亲切;进入房间要先敲门,经许可方能入内;同事之间要和谐相处,团结互助,以礼相待。

u. 劳动纪律。

②物品和设施的管理。

③环境管理。茶艺馆服务环境的要求是:整洁、美观、舒适、方便、有序、安全、安静。

3. 茶馆经营法规

茶馆的经营人员应掌握和了解与茶馆经营关系最密切的《中华人民共和国食品卫生法》《中华人民共和国消费者权益保护法》《中华人民共和国价格法》中的有关内容。

第四节　茶艺师的职业道德

一、道德

道德是人们共同生活及行为的准则和规范,是人的人生观和价值观的具体体现。不同时代的不同职业都有其特殊的行为规范。茶艺人员的职业道德是社会主义道德基本原则在茶艺服务中的具体体现,是评价茶艺从业人员职业行为的总准则。其作用是调整好茶艺人员与客人之间的关系,树立起热情友好、信誉第一、忠于职守、文明礼貌、一切为客人着想的服务思想和作风。

二、遵守职业道德的必要性和作用

（1）遵守职业道德有利于提高茶艺人员的道德素质、修养。茶艺人员个人良好的职业道德素质和修养是其整体素质和修养的重要组成部分。具备良好的职业道德素质和修养能够激发茶艺人员的工作热情和责任感，使茶艺从业人员努力钻研业务、热情待客、提高服务质量，即人们常说的"茶品即人品，人品即茶品"。

（2）遵守职业道德有利于树立茶艺行业良好的职业道德风尚。茶艺行业作为一种新兴行业，要树立良好的职业道德风尚，成为服务行业的典范，不可能在一朝一夕形成。它必须依靠加强茶艺从业人员的职业道德教育，使全体茶艺从业人员遵守职业道德来逐步形成。反之，如果茶艺从业人员不遵守职业道德，就会给茶艺行业良好道德风尚的形成带来不利影响。

（3）遵守职业道德有利于促进茶艺事业的发展。在社会主义市场经济条件下，茶艺从业人员遵守职业道德不仅有利于提高茶艺从业人员的个人修养，形成茶艺行业的良好道德风尚，而且能够提高茶艺从业人员的工作效率，提高经济效益，从而促进茶艺事业的发展。茶艺从业人员的职业道德水平直接关系到茶艺人员的精神面貌和茶艺馆的形象，只有奋发向上、情绪饱满的精神风貌和良好的行业形象，才可能被公众认同，茶艺事业才有可能得到长足的发展。

二、职业道德的基本准则

茶艺师的职业道德在整个茶艺工作中具有重要的作用，它反映了道德在茶艺工作中的特殊内容和要求，不仅包括具体的职业道德要求，而且还包括反映职业道德本质特征的道德原则。只有在正确地理解和把握职业道德原则的前提下，才能加深对具体的职业道德要求的理解，才能自觉地按照职业道德的具体要求去做。

（1）职业道德原则是职业道德最根本的规范原则，就是人们活动的根本准则；规范，就是人们言论、行动的标准。在职业道德体系中，包含着一系列职业道德规范，而职业道德的原则，就是这一系列道德规范中所体现出的最根本的、最具代表性的道德准则，它是茶艺从业人员进行茶艺活动时，应该遵守的最根本的行为准则，是指导整个茶艺活动的总方针。职业道德原则不仅是茶艺从业人员进行活动的根本指导原则，而且是对每个茶艺工作者的职业行为进行职业道德评价的基本标准。同时，职业道德原则也是茶艺工作者茶艺活动动机的体现。如果一个人从保证茶艺活动全局利益的角度出发，另一个人则从保证自己利益的角度出发，虽然二人同样遵守了规章制度，但是贯穿于他们行动之中的动机（道德原则）不同，那么他们所体现的道德价值也是不一样的。

（2）热爱茶艺工作是茶艺行业职业道德的基本要求。热爱本职工作，是一切职业道德最基本的要求。热爱茶艺工作作为一项道德原则，首先是一个道德认识问题，如果对茶艺工作的性质、任务以及它的社会作用和道德价值等毫无了解，那就不是真正的热爱。

茶艺是一门新兴的学科，同时它已成为一种行业，并承载着宣扬茶文化的重任。茶是和平的象征，通过各种茶艺活动可以增加各国人民之间的相互了解，增进各国友谊。

同时开展民间性质的茶文化交流,可以实现政治和经济的双丰收。可见,茶艺事业在人们的经济文化生活中是一件大事。作为一项文化事业,茶艺事业能促进祖国传统文化的发展,丰富人们的文化生活,满足人们的精神需求,其社会效益是显而易见的。

茶艺事业的道德价值表现为:人们在品茶过程中得到了茶艺从业人员所提供的各种服务,不仅品了香茗,而且增长了茶艺知识,开阔了视野,陶冶了情操,净化了心灵,更看到了中华民族悠久的历史和灿烂的茶文化。另外,茶艺从业人员在茶艺服务过程中处处为品茶的来宾着想,尊重他们,做到主动、热情、耐心、周到,而且诚实守信、一视同仁、不收小费,充分体现了新时代人与人之间的新型关系。对于茶艺从业人员来说,只有真正了解和体会到这些,才能从内心激起热爱茶艺事业的道德情感。

(3)不断改善服务态度,进一步提高服务质量是茶艺行业职业道德的基本原则。尽心尽力为品茶的来宾服务,不只是道德意识问题,更重要的是道德行为问题,也就是说必须要落实到服务态度和服务质量上。所谓服务态度,是指茶艺人员在接待品茶对象时所持的态度,一般包括心理状态、面部表情、形体动作、语言表达和服饰打扮等。所谓服务质量,是指茶艺人员在为品茶对象提供服务的过程中所应达到的要求,一般包括服务的准备工作、品茗环境的布置、操作的技巧和工作效率等。

在茶艺服务中,服务态度和服务质量具有特别重要的意义。

首先,茶艺服务是一种"面对面"的服务,茶艺人员和品茶对象之间的感情交流和互相反应非常直接。

其次,茶艺服务的对象是一些追求较高生活质量的人,他们在物质享受和精神享受上不但比一般服务业的宾客要高,而且也超出他们自己日常生活的要求,所以他们都特别需要人格的尊重和生活方面的关心、照料。

再次,茶艺服务的产品往往是在提供的过程中就被宾客享用了的,所以要求一次性达标。从茶艺服务的进一步发展来看,也要重视服务态度的改善和服务质量的提高,使茶艺人员不断增强自制力和职业敏感性,形成高尚的职业风格和良好的职业习惯。

思考题

1. 茶事礼仪有哪些?
2. 茶艺师的人格魅力如何体现?
3. 茶艺师在为客人服务时要注意哪"三轻"?
4. 茶艺馆服务现场主要包括哪4个要素?
5. "三心"服务准则是什么意思?
6. 试述茶艺师职业道德的内容。
7. 茶艺师在冲泡茶叶前要向客人介绍些什么?
8. 谈谈发展茶文化对精神文明建设的作用。

参考文献

[1] 安徽农学院. 茶叶生物化学[M]. 第2版. 北京: 农业出版社, 1980.

[2] 金人海, 朱敏. 茶与化学[J]. 化学教育, 2001 (9): 1-4.

[3] 林青, 南菱. 茶医生——把茶当医生, 健康保一生[M]. 北京: 人民军医出版社, 2007.

[4] 杨贤强, 王岳飞, 陈留记, 等. 茶多酚化学[M]. 上海: 上海科学技术出版社, 2003.

[5] 高绪评, 王萍. 饮茶摄氟量的探讨[J]. 植物资源与环境, 1998, 7 (3): 54-58.

[6] 黄存仁, 邵光敏. 浅议茶叶氟含量与人体健康[J]. 贵州茶叶, 1999 (4): 38.

[7] 陈巧玲, 胡叶碧, 李忠海, 等. 砖茶中氟的释放条件与饮用摄入量的研究[J]. 现代食品科技, 2010 (9): 934-937.

[8] 陈巧玲. 湖南省砖茶中氟的饮用安全性研究[D]. 长沙: 中南林业科技大学, 2011

[9] 王勤, 高京, 程绰约, 等. 茶叶防龋研究: 茶水的氟离子含量及其影响因素[J]. 北京医科大学学报, 1994 (4): 271-272.

[10] 百病防治丛书编写组. 茶酒治百病[M]. 上海: 上海科学技术文献出版社, 2009.

[11] 柴奇彤. 科学饮茶[J]. 中国食品, 2009 (22), 48-49.

[12] 柴玉花. 茶、药茶在我国起源与发展的探讨[J]. 药膳食疗, 2003 (6): 3-5.

[13] 方元超, 赵晋府. 茶饮料生产技术[M]. 北京: 中国轻工业出版社, 2001.

[14] 高夫军, 陆建良, 梁月荣, 等. 茶叶降氟措施研究[J]. 信阳农业高等专科学校学报, 2002 (3): 36-38.

[15] 龚永新, 蔡烈伟, 黄启亮. 三峡茶区不同水质泡茶效果的研究[J]. 湖北农学院学报, 2002 (2): 131-134.

[16] 郭炳莹, 程启坤. 茶汤组分与金属离子的络合性能[J]. 茶叶科学, 1991 (2): 139-144.

[17] 江春柳. 不同水质浸提、调配茶饮料品质技术的研究[D]. 福州: 福建农林大学, 2010.

[18] 王雨竹. 科学饮茶"十不宜"[J]. 东方食疗和保健, 2006 (12): 20.

[19] 林乾良, 陈小忆. 中国茶疗[M]. 北京: 中国农业出版社, 2000.

[20] 陆松侯, 施兆鹏. 茶叶审评与检验[M]. 第3版. 北京: 中国农业出版社, 2001.

[21] 朱自振, 沈冬梅, 增勤. 中国古代茶书集成[M]. 上海: 上海文化出版社, 2010.

[22] 熊昌云. 茶叶深加工与综合利用[M]. 昆明: 云南大学出版社, 2014.

[23] 罗庆芳. 中国药茶大全[M]. 贵州: 贵州科技出版社, 2003.

[24] 罗淑华, 贾海云, 童雄才, 等. 砖茶中氟的浸出规律研究[J]. 茶叶科学, 2002 (1):

38-42.

[25]马立锋,石元值,阮建云,等.我国茶叶氟含量状况研究[J].农业环境保护,2002,
(6):537-539.

[26]孙册.饮茶与健康[J].生命的化学,2003(1):44-46.

[27]王元荪.保健茶专利浏览[J].茶叶机械杂志,2002(4):46.

[28]王汉生,黄文钊,吴定新.试论泡茶的用水选择[J].广东茶业,2008(1):8-11.

[29]吴树良.茶疗药膳[M].北京:中国医药科技出版社,1999.

[30]杨军国,王丽丽,陈林.茶叶多糖的药理活性研究进展[J].食品工业科技,2018,
39(6):301-307.

[31]熊江鸿.泡茶饮茶温度与营养健康[J].农业考古,1996(2):157-158.

[32]杨延群.矿泉乌龙茶的研制[J].食品科学,1995(11):23-25.

[33]姚国坤,陈佩芳.饮茶健身全典[M].上海:上海文化出版社,1995.

[34]尹军峰.茶饮料加工用水的基本要求及处理技术[J].中国茶叶,2005(6):10-11.

[35]纪荣全,张凌云.论泡茶用水[J].福建茶叶,2015(1):4-7.

[36]张云桂,张昊,朱雯.砖茶氟的防龋功效及其应用[J].茶叶通讯,2010(4):7-8.

[37]朱永兴,Herve Huang.茶与健康[M].北京:中国农业科学技术出版社,2004.

[38]朱永兴,Herve Huang,杨昌云.饮茶不当对健康的危害:现象、机理及对策[J].科
技通报,2005(5):571-576.

[39]朱永兴,王岳飞.茶医学研究[M].杭州:浙江大学出版社,2005.

[40]陈宗道,周才琼,童华荣.茶叶化学工程学[M].重庆:西南师范大学出版社,1999.

[41]郭颖,陈琦,黄峻榕,等.茶叶滋味与其品质成分的关系[J].茶叶通讯,2015(3):
13-15.

[42]金孝芳.绿茶滋味化合物研究[D].重庆:西南大学,2007.

[43]刘爽.绿茶鲜爽味的化学成分及判别模型研究[D].北京:中国农业科学院,2014.

[44]刘霞林.茶叶中糖类研究进展[J].福建茶叶,2004(3):27-28.

[45]刘阳,陈根生,许勇泉,等.冲泡过程中西湖龙井茶黄酮苷类浸出特性及滋味贡献
分析[J].茶叶科学,2015(3):217-224.

[46]刘阳.龙井茶加工过程中黄酮苷动态变化及其浸出特性[D].北京:中国农业科学院,
2015.

[47]穆春芳,鲍晨炜,罗三纲,等.饮用水感官评价的研究现状[J].食品科技,2012
(5):77-81.

[48]蒲晓亚,袁毅君,王延璞,等.茶叶的主要呈味物质综述[J].天水师范学院学报,2011
(2):40-44.

[49]施兆鹏,刘仲华.夏茶苦涩味化学实质的数学模型探讨[J].茶叶科学,1986(2):
7-12.

[50]施兆鹏.茶叶审评与检验[M].第4版.北京:中国农业出版社,2010.

[51]王茹茹,肖孟超,李大祥,等.黑茶品质特征及其健康功效研究进展[J].茶叶科
学,2018,38(2):113-124.

[52]宛晓春. 茶叶生物化学[M]. 北京:中国农业出版社,2003.

[53]李捷,邱湘,范萍,等. 普洱茶片调节高脂血症60例[J]. 中国中医药现代远程教育,2009(11),22-23.

[54]吴文华. 晒青毛茶和普洱茶降血脂作用比较试验[J]. 中国茶叶,2005(1):15.

[55]侯艳,肖蓉,徐昆龙,等. 普洱茶对非酒精性脂肪肝保护作用[J]. 中国公共卫生,2009,25(12):1445-1447.

[56]陈朝银,叶燕,熊向峰,等. 普洱茶多糖的提取工艺及抗氧化活性研究[J]. 食品研究与开发,2008(4):13-15.

[57]揭国良,何普明,丁仁凤,等. 普洱茶抗氧化特性的初步研究[J]. 茶叶,2005(3):162-165.

[58]揭国良,何普明,张龙泽,等. 普洱茶提取物对高糖作用下人胚肺成纤维细胞的保护作用[J]. 食品科学,2008(4):366-369.

[59]林智,吕海鹏,崔文锐,等. 普洱茶的抗氧化酚类化学成分的研究[J]. 茶叶科学,2006(2):112-116.

[60]王小雪,邱隽,宋宇,等. 茶氨酸的抗疲劳作用研究[J]. 中国公共卫生,2002(3):315-317.

[61]黄业伟,邵宛芳,冷丽影,等. 普洱茶生茶抗疲劳作用研究[J]. 西南农业学报,2010(3),801-804.

[62]张冬英,黄业伟,汪晓娟,等. 普洱茶熟茶抗疲劳作用研究[J]. 茶叶科学,2010(3):218-222.

[63]龚加顺,陈文品,周红杰,等. 云南普洱茶特征成分的功能与毒理学评价[J]. 茶叶科学,2007(3):201-210.

[64]倪德江,谢笔钧,宋春和. 不同茶类多糖对实验型糖尿病小鼠治疗作用的比较研究[J]. 茶叶科学,2002(2):160-163.

[65]李捷,吉俊翠,李修宇,等. 普洱熟茶片调节血糖的临床观察[J]. 云南中医学院学报,2009(2),47-48.

[66]张冬英,刘仲华,施兆鹏,等. 高通量筛选法对普洱茶降血糖血脂作用的研究[J]. 茶叶科学,2006(1):49-53.

[67]赵欣,王强. 普洱茶粗提物的体外抗癌及体内抗肿瘤转移效果研究[J]. 营养学报,2013(6):563-566.

[68]韩莎莎,高雄林,林晓蓉,等. 普洱茶挥发性组分的抗癌、抗炎功能特性[J]. 食品工业科技,2019(3):97-105.

[69]陈玉琼,樊蓉,刘思思,等. 普洱茶提取物主要活性成分及抗氧化作用[J]. 食品科学,2013,34(19):133-137.

[70]王绍梅. 基于外物提取的普洱茶抗氧化活性成分分析[J]. 山东农业大学学报(自然科学版),2019(2):319-322.

[71]ZENG L, YAN J, LUO L, et al. Effects of Pu-erh Tea Aqueous Extract(PTAE)on Blood Lipid Metabolism Enzymes[J]. Food&Function,2015(6):2008.

[72] DENG Y T, LIN S Y, SHYUR L F, et al. Sun Y Pu-erh Tea Polysacchari Desdecrease Blood Sugar by Inhibition of A-glucosidase Activity in Vitro and in Mice[J]. Food & Function. 2015(5):1539-1546.

[73] 苏静静, 王雪青, 宋文军, 等. 普洱茶对小鼠血糖的干预作用[J]. 食品科学, 2014 (9):260-263.

[74] 张婷婷, 吴恩凯, 彭春秀, 等. 普洱茶茶褐素对高糖饮食大鼠血糖血脂指标的影响 [J]. 食品科技, 2018, 43(07):53-59.

[75] 田富明, 杨华甫, 梁迎东等. 普洱茶对牛切牙抗酸脱矿的动力学研究[J]. 大理大学学报, 2016(12):47-49.

[76] 程志斌, 黄启超, 曹振辉, 等. 普洱茶缓解小鼠被动吸烟烟毒危害的研究初报[J]. 中国农学通报, 2007(6):198-202.

[77] 刘旸, 程志斌, 高峻, 等. 普洱茶对被动吸烟小鼠生长性能和血液指标的影响[J]. 中国农学通报, 2007(6):207-210.

[78] 赵航, 盛婧雪, 李洪广. 普洱茶提取物对宫颈癌细胞HeLa的诱导凋亡作用[J]. 中国生物制品学杂志, 2011(2):137-140.

[79] 赵欣, 王强. 普洱茶粗提物的体外抗癌及体内抗肿瘤转移效果研究[J]. 营养学报, 2013(6):563-566.

[80] 薛志强, 李亚莉, 秘鸣, 等. 普洱茶保健功效研究进展[J]. 中国保健营养: 下半月, 2012(7):2449-2451.

[81] 卢添林, 黄梦蛟, 程悦, 等. 普洱茶水提物体外抑菌效果研究[J]. 现代预防医学, 2015(2):313.

[82] 宛晓春. 茶叶生物化学[M]. 第3版. 北京: 中国农业出版社, 2003.

[83] LEE L K, FOO K Y. Recent Advances on the Beneficial Use and Health Implications of Pu-Erh Tea[J]. Food Research International, 2013(2):619-628.

[84] 周红杰, 李家华, 赵龙飞, 等. 渥堆过程中主要微生物对云南普洱茶品质形成的研究[J]. 茶叶科学, 2004(3):212-218.

[85] 龚加顺, 周红杰, 张新富, 等. 云南晒青绿毛茶的微生物固态发酵及成分变化研究[J]. 茶叶科学, 2005(4):300-306.

[86] ZHAO Z J, HU X C, LIU Q J. Recent Advances on the Fungi of Pu-erh Ripe Tea[J]. International Food Research Journal, 2015(3):1240-1246.

[87] ABE M, TAKAOKA N, IDEMOTO Y, et al. Characteristic Fungi Observed in the Fermentation Process for Puer Tea[J]. International Journal of Food Microbiology, 2008(2):199-203.

[88] ZHAO M, ZHANG D L, SU X Q, et al. An Integrated Metagenomics / Metaproteomics Investigation of the Microbial Communities and Enzymes in Solid-state Fermentation of Pu-erh Tea[J]. Scientific Reports, 2015(5):10117.

[89] 周才碧, 张敏星, 蒋陈凯, 等. 黑曲霉及其与普洱茶品质关系研究进展[J]. 微生物学杂志, 2014(2):88-91.

[90]邵宛芳,CLIFFORD M N,POWELL C. 红茶及普洱茶主要成分差异的初步研究[J]. 云南农业大学学报,1995(4):285-291.

[91]罗龙新,吴小崇. 云南普洱茶渥堆过程中生化成分的变化及其与品质形成的关系[J]. 茶叶科学,1998(1):58-60.

[92]李家华,赵明,胡艳萍,等. 普洱茶发酵过程中黄酮醇类物质含量变化的研究[J]. 西南大学学报(自然科学版),2012(2):59-65.

[93]WANG Q,GONG J,CHISTI Y,et al. Fungal Isolates from a Pu-erh Type Tea Fermentation and Their Ability to Convert Tea Polyphenols to Theabrownins[J]. Journal of Food Science,2015(4):809-817.

[94]WANG Q,GONG J,CHISTI Y,et al. Bioconversion of Tea Polyphenols to Bioactive Theabrownins by Aspergillus Fumigatus[J]. Biotechnology Letters,2014(12):2515-2522.

[95]方祥,陈栋,李晶晶,等. 普洱茶不同贮藏时期微生物种群的鉴定[J]. 现代食品科技,2008(2):105-108.

[96]陈可可,张香兰,朱宏涛,等. 曲霉属真菌在普洱茶后发酵中的作用[J]. 云南植物研究,2008(5):624-628.

[97]杨瑞娟,吕杰,严亮,等. 普洱茶渥堆发酵中嗜热真菌的分离和鉴定[J]. 茶叶科学,2011(4):371-378.

[98]孙云,蒙肖虹,张惠芬,等. 普洱茶渥堆发酵过程中益生菌群的研究[J]. 昆明理工大学学报:理工版,2008(5):72-75.

[99]陈宗道,刘勤晋,周才琼. 微生物与普洱茶发酵[J]. 中国茶叶,1988(4):4-7.

[100]陈可可,朱宏涛,王东,等. 普洱熟茶后发酵加工过程中曲霉菌的分离和鉴定[J]. 云南植物研究,2006(2):123-126.

[101]赵冰,李中皓,陈再根,等. 外源多酚氧化酶对普洱茶品质的影响研究[J]. 安徽农业科学,2012(30):14940-14943.

[102]柴洁,马存强,周斌星,等. 普洱茶固态发酵过程中多酚氧化酶酶学活性研究[J]. 食品工业科技,2013(21):153-156.

[103]杨富亚,许波,李俊俊,等. 普洱茶渥堆过程中复合酶制剂的应用研究[J]. 安徽农业科学,2013,41(9):4057-4060.

[104]吴祯. 普洱茶渥堆发酵过程中主要生化成分的变化[D]. 重庆:西南大学,2008.

[105]周斌星,孔令波,李发志. 普洱茶(熟茶)发酵过程中不同堆层主要生化成分的变化[J]. 江西农业学报,2010,22(7):63-68.

[106]李中皓,刘通讯. 外源酶对成品普洱茶品质的影响研究[J]. 食品工业科技,2008,(2):152-154.

[107]林夏丹,李中皓,刘通讯,等. 不同酶处理对普洱茶香气成分的影响研究[J]. 现代食品科技,2008,24(5):420-423.

[108]郝瑞雪,杜丽平,徐瑞雪,等. 普洱茶发酵过程中酶活性与主要品质成分关系初探[J]. 食品工业科技,2012,33(11):59-62.

[109]付秀娟.普洱茶发酵优势微生物、酶与主要功能物质关系的研究[D].天津:天津商业大学,2012.

[110]廖东兴.渥堆中几种微生物及酶与普洱茶品质关系研究[D].重庆:西南大学,2008.

[111]吕海鹏,林智,谷记平,等.普洱茶中的没食子酸研究[J].茶叶科学,2007,27(2):104-110.

[112]罗龙新,吴小崇.云南普洱茶过程中生化成分的变化及其与品质形成的关系[J].茶叶科学,1998,18(1):53-60.

[113]高力,刘通讯.不同年份普洱茶儿茶素等组成及含量变化研究[J].食品工业,2013(8):175-178.

[114]刘通讯,凌萌乐.不同氨基酸对普洱熟茶呈味物质和香气成分的影响[J].现代食品科技,2013,29(9):2199-2205.

[115]王茹芸,李亚莉,周红杰.普洱茶中氨基酸与贮期、级别及品质关系的研究[J].西南农业学报,2012,26(4):1222-1226.

[116]姚军,谢莉,陈胜兰,等.茶色素对年轻恒牙𬌗面窝沟封堵的对比观察研究[J].福建医科大学学报,2017,51(2):121-125.

[117]杨巍.咖啡碱的药理作用与开发利用前景[J].茶叶科学技术,2006(4):9-11.

[118]王泽农.茶叶咖啡碱的保健功能[J].贵州茶叶,1992(2):24-27.

[119]崔普会,周斌星,崔文学.普洱茶发酵过程中咖啡碱含量的变化研究[J].福建茶叶,2011,33(3):15-17.

[120]周春红,黄振兴,阮文权,等.微生物对普洱茶渥堆过程中特定风味成分变化的影响[J].食品与发酵工业,2009(7):36-39.

[121]刘玲.普洱茶特征风味成分分析[D].重庆:西南大学,2010.

[122]吕海鹏,钟秋生,林智.陈香普洱茶的香气成分研究[J].茶叶科学,2009,29(3):219-224.

[123]张灵枝,王登良,陈维信,等.不同贮藏时间的普洱茶香气成分分析[J].园艺学报,2007,34(2):504-506.

[124]张灵枝,陈维信,王登良,等.不同干燥方式对普洱茶香气的影响研究[J].茶叶科学,2007,27(1):71-75.

[125]张峻松,张常记,郑峰洋,等.超高压处理对普洱生茶香味成分的影响研究[J].茶叶科学,2008,28(4):267-272.

[126]郑科勤.茶多酚的药理作用探讨[J].福建茶叶,2018(1):33-34.

[127]申雯,黄建安,李勤,等.茶叶主要活性成分的保健功能与作用机制研究进展[J].茶叶通讯,2016,43(1):8-13.

[128]陈宇宏,王振,文祎,等.茶叶咖啡碱的研究进展[J].茶叶通讯,2016,43(3):3-7.

[129]官兴丽,刘跃云.茶叶咖啡碱的功效及含量测定研究进展[J].福建茶叶,2012(3):5-8.

[130]岳翠男,王治会,毛世红,等.茶叶主要滋味物质研究进展[J].食品研究与开发,2017,38(1):219-224.

[131]刘洋,李颂,王春玲.茶氨酸健康功效研究进展[J].食品研究与开发,2016,37(17):211-214.

[132]富丽,韩国柱,李楠,等.茶色素体外抗氧化作用研究[J].医药导报,2012,31(5):562-564.

[133]陈来荫,陈荣山,叶陈英,等.茶色素的提取、功效及应用研究进展[J].茶叶通讯,2013,40(2):31-35.

[134]徐梅生.茶的综合利用[M].北京:中国农业出版社,1994.

[135]屠幼英.茶的综合利用[M].北京:中国农业出版社,2017.

[136]屠幼英.茶与健康[M].北京:中国农业出版社,2017.

后 记

　　经过编委会的具体安排、布置、指教和各位执笔老师近一年的辛勤笔耕,《普洱茶学》终于面世了。在这里,要感谢国家林业和草原局院校教材建设办公室、中国林业教育学会等的大力支持,感谢各位参编老师的付出。

　　普洱茶除了是一种饮品,还拥有深厚的文化内涵,希望本书的面世能帮助更多的普洱茶学习者及爱好者更充分地了解普洱茶,同时为普洱茶业的发展贡献一份绵薄之力。

　　《普洱茶学》的编写是一项探索性工作,初稿几易其稿,由主编、编委反复加工、修改、统稿、校对,再经特邀专家审阅、补充,最后开评审会审定。尽管如此,由于时间仓促,这本教材难免还有不足之处,欢迎各使用单位及个人对教材提出宝贵的意见和建议,以便今后修订时补充更正。